M. I. PETRASCHEN · E. D. TRIFONOW

ANWENDUNG DER GRUPPENTHEORIE IN DER QUANTENMECHANIK

M. I. PETRASCHEN · E. D. TRIFONOW

ANWENDUNG DER GRUPPENTHEORIE IN DER QUANTENMECHANIK

In deutscher Sprache herausgegeben

von

Prof. Dr. rer. nat. habil. ARMIN UHLMANN

Leipzig

Mit 22 Abbildungen und 16 Tabellen

AKADEMIE-VERLAG · BERLIN

1969

М. И. ПЕТРАШЕНЬ · Е. Д. ТРИФОНОВ
Применение теории групп в квантовой механике
Verlag Nauka, Moskau

Übersetzt aus dem Russischen:
Dr. ADOLF KÜHNEL

Erschienen im Akademie-Verlag GmbH, 108 Berlin, Leipziger Straße 3—4

Lizenznummer: 202 · 100/526/69
Gesamtherstellung: VEB Druckhaus „Maxim Gorki" 74 Altenburg
Bestellnummer: 5709, ES 18 B 7, 19 B 2

VORWORT

Dieses Buch ist aus Vorlesungen über die Anwendung gruppentheoretischer Methoden auf Probleme der Quantenmechanik hervorgegangen, die die Verfasser an der physikalischen Fakultät der Leningrader Universität für theoretisch interessierte Studenten des vierten Studienjahres gehalten haben.

Nachdem eine gewisse Zeitlang der Gruppentheorie als Hilfsmittel zur Untersuchung physikalischer Systeme Mißtrauen entgegengebracht wurde, hat diese mathematische Theorie schließlich die allgemeine Anerkennung der Physiker gefunden. Der Apparat der Gruppentheorie wird gegenwärtig weit verbreitet in verschiedenen Gebieten der Quantenphysik benutzt, zum Beispiel in der Atomtheorie, der Festkörpertheorie, der Quantenchemie u. a. Die durch Anwendung der Gruppentheorie in den letzten Jahren erzielten Fortschritte in der Elementarteilchentheorie haben das Interesse an den Anwendungsmöglichkeiten gruppentheoretischer Methoden in physikalischen Untersuchungen beträchtlich gesteigert und noch einmal gezeigt, wie wichtig und natürlich die Verwendung der Gruppentheorie in der Quantentheorie ist.

Es gibt bereits eine recht große Zahl von Lehrbüchern und Monographien, die den Problemen der Anwendung der Gruppentheorie in der Physik gewidmet sind. Am bekanntesten sind bei uns die Bücher[1]) von WIGNER [1], VAN DER WAERDEN [2], WEYL [3], LJUBARSKI [4] und HEINE [5]. Sehr wertvoll sind auch die von Mathematikern geschriebenen Darstellungen der Gruppentheorie für Physiker; vor allem muß dabei das Kapitel über Gruppentheorie im Lehrbuch der höheren Mathematik von W. I. SMIRNOW erwähnt werden. Eine ausgezeichnete Darlegung der Darstellungstheorie der Drehgruppe und der LORENTZ-Gruppe findet man in dem Buch von I. M. GELFAND, R. A. MINLOS und S. JA. SCHAPIRO [6]. Die Monographien von MURNAGHAN [7] und BÖRNER [8] sind sehr nützlich. Bezüglich der Anwendungen der Gruppentheorie auf die Physik können auch die Bücher von LOMONT [9], HAMERMESH [10] und MCWEENY [11] erwähnt werden.

Der Anwendungsbereich gruppentheoretischer Methoden in der Physik wird ständig größer; daher kann man gegenwärtig wohl kaum eine Monographie schreiben, die alle diese Anwendungen umfaßt. Offensichtlich ist es zweckmäßiger, die entsprechenden Anwendungen der Gruppentheorie in Monographien und Lehrbücher einzubeziehen, die speziellen physikalischen Problemen gewidmet sind, wie es zum Beispiel im Lehrbuch der theoretischen Physik von LANDAU und LIFSCHITZ getan worden ist. Man kann erwarten, daß sich diese Tendenz im Laufe der Zeit weiter verstärken wird.

---

[1]) Ein Verzeichnis dieser Bücher ist auf S. 238 zu finden.

Gleichzeitig ist es aber für den theoretischen Physiker nützlich, allgemeine Vorstellungen von den Grundideen und Methoden der Gruppentheorie, die in der Physik verwendet werden, zu haben. Dieses Ziel hatten wir uns in unseren Vorlesungen gestellt. Außerdem haben wir als es zweckmäßig erachtet, in das Buch eine Reihe von Problemen aufzunehmen, die in den uns bekannten Monographien nicht, oder nicht eingehend genug, behandelt worden sind. In erster Linie bezieht sich das auf die Untersuchung der Symmetrie der SCHRÖDINGERschen Wellenfunktion, auf die Erklärung der „zufälligen" Entartung im COULOMB-Feld und auf einige Probleme in der Festkörpertheorie.

Wir haben uns in unserer Vorlesung auf die Anwendung der Gruppentheorie auf quantenmechanische Probleme beschränkt. Man kann dieses Buch somit als ersten Teil eines umfangreicheren Lehrbuches ansehen, dessen zweiter Teil sich mit der Anwendung gruppentheoretischer Methoden in der Quantenfeldtheorie befassen müßte. Am Schluß dieses Buches behandeln wir einige Probleme der relativistischen Invarianz in der Quantentheorie.

Die Autoren danken M. N. ADAMOW für das Lesen des Manuskripts und eine Reihe wertvoller Bemerkungen sowie A. G. SHILITSCH und I. B. LEWINSON für die Durchsicht einzelner Kapitel. Bei der Vorbereitung des Manuskripts für den Druck haben wir die liebenswürdige Hilfe von A. A. KISSELJOW, B. JA. FRESINSKI, R. A. EWARESTOW, A. A. BERESIN und G. A. NATANSON in Anspruch genommen.

INHALTSVERZEICHNIS

KAPITEL I

EINLEITUNG

Im ersten Kapitel bemühen wir uns, soweit es am Anfang des Buches möglich ist, zu zeigen, wie natürlich und zweckmäßig die Gruppentheorie bei der Lösung physikalischer Probleme ist. Wir hoffen, damit dem vorwiegend an der Anwendung der Gruppentheorie in der Physik interessierten Leser zu helfen, sich einige dafür erforderliche allgemeine Kenntnisse über abstrakte Gruppen anzueignen.

1. Symmetrien physikalischer Systeme

Bei der Untersuchung verschiedener physikalischer Systeme gelingt es häufig, die entdeckten Eigenschaften und Gesetzmäßigkeiten in Form von Symmetriegesetzen darzustellen. Diese Gesetze besagen die Invarianz (Unabhängigkeit der Gestalt) der Bewegungsgleichungen des betrachteten physikalischen Systems bezüglich bestimmter Transformationen. Wenn zum Beispiel die Bewegungsgleichungen gegenüber orthogonalen Transformationen der kartesischen Koordinaten im dreidimensionalen Raum invariant sind, dann äußert sich die Symmetrie folgendermaßen: Die in bestimmter Weise gegeneinander orientierten Bezugssysteme sind bei der Beschreibung des betreffenden physikalischen Systems äquivalent. Als äquivalente Bezugssysteme bezeichnet man solche Systeme, in denen identische Erscheinungen unter gleichen Anfangsbedingungen in gleicher Weise ablaufen. Wenn umgekehrt in einer physikalischen Theorie die Äquivalenz gewisser Bezugssysteme postuliert wird, dann müssen die Bewegungsgleichungen gegenüber den Transformationen invariant sein, die die Koordinaten in diesen Systemen miteinander verknüpfen. So findet zum Beispiel das Postulat der Relativitätstheorie, daß geradlinig und gleichförmig gegeneinander bewegte Bezugssysteme äquivalent sein sollen, seinen Ausdruck in der Invarianz der Bewegungsgleichungen gegenüber LORENTZ-Transformationen. Die Klasse der äquivalenten Bezugssysteme für ein bestimmtes Problem wird häufig aus anschaulichen geometrischen Überlegungen bestimmt, die an einem Modell des betrachteten physikalischen Systems angestellt werden; das trifft zum Beispiel für symmetrische Moleküle, Kristalle usw. zu.

Aber nicht immer kann man die Transformationen, bei denen die Bewegungsgleichungen invariant sind, als Transformationen auf ein neues Bezugssystem interpretieren. Die Symmetrie eines physikalischen Systems braucht nicht geometrisch anschaulich zu sein. Wie von FOCK gezeigt worden ist, ist zum Beispiel die SCHRÖDINGER-Gleichung für das Wasserstoffatom gegenüber Drehungen in einem vierdimensionalen Raum, der mit dem Impulsraum zusammenhängt, invariant.

Die Symmetrieeigenschaften physikalischer Systeme sind allgemeine und sehr wesentliche Eigenschaften. Da diese Eigenschaften allgemein sind, sind sie gewöhnlich bei der Präzisierung unserer Kenntnisse über ein bestimmtes physikalisches System unverändert gültig. Man darf sie jedoch nicht als absolut ansehen. Wie jede beliebige Beschreibung eines physikalischen Systems sind sie nur näherungsweise gültig. Die Gültigkeit gewisser Symmetrieeigenschaften kann oft experimentell verifiziert oder aus fundamentalen physikalischen Gesetzen erschlossen werden; andere Symmetrieeigenschaften ergeben sich als Folge einer bewußten Vereinfachung des Modells für ein physikalisches System zur Erleichterung der Lösung eines Problems.

Wir werden also unter der Symmetrie eines Systems immer die Invarianz seiner Bewegungsgleichungen gegenüber einer Gesamtheit von Transformationen verstehen. Folgende wichtige Eigenschaft ist immer vorhanden: Wenn eine Gleichung gegenüber den Transformationen A und B invariant ist, dann ist sie auch gegenüber der Transformation C invariant, die das Ergebnis der sukzessiven Ausführung der Transformationen A und B ist. Man bezeichnet die Transformation C als das Produkt der Transformationen A und B. Die Gesamtheit der Symmetrietransformationen eines gegebenen physikalischen Systems ist somit bezüglich der eben definierten Operation, der Multiplikation, abgeschlossen. Diese Gesamtheit von Transformationen wird als Gruppe der Symmetrietransformationen des betrachteten physikalischen Systems bezeichnet.

Wir wollen die strenge Definition einer Gruppe geben.

2. Definition einer Gruppe

Als *Gruppe* G bezeichnet man eine Gesamtheit von Objekten oder Operationen (Gruppenelementen) mit folgenden Eigenschaften:

1. Für diese Gesamtheit ist ein *Multiplikationsgesetz* definiert, d. h., zwei beliebigen, in einer bestimmten Reihenfolge genommenen Elementen A und B der Gesamtheit G wird eindeutig ein gewisses Element C dieser Gesamtheit zugeordnet, das das *Produkt* der Elemente A und B genannt wird; $C = AB$.

2. Diese Multiplikation muß *assoziativ* sein, d. h., es muß die Gleichung $(AB)D = A(BD)$ für beliebige Elemente A, B und D der Gesamtheit gelten. Kommutativ braucht diese Multiplikation nicht zu sein; im allgemeinen ist $AB \neq BA$. Diejenigen Gruppen, in denen die Multiplikation kommutativ ist, heißen *abelsche* Gruppen.

3. Unter den Elementen der Gesamtheit gibt es ein Einselement, d. h. ein solches Element E, für das die Gleichung

$$AE = EA = A$$

mit jedem beliebigen Element A der Gesamtheit gilt.

4. Für jedes Element A gibt es in der Gesamtheit G ein Element F, so daß

$$AF = E$$

ist. Dieses Element F wird ein zu A *inverses* Element genannt und mit A^{-1} bezeichnet.

Diese vier Eigenschaften bestimmen eine Gruppe. Wir sehen, daß eine Gruppe eine Gesamtheit ist, die bezüglich des darin definierten Multiplikationsgesetzes abgeschlossen ist. Aus den genannten Eigenschaften ergeben sich die Folgerungen:

a) In einer Gruppe gibt es nur ein Einselement. Wenn wir nämlich annehmen, daß in einer Gruppe G zwei Einselemente E und E' existieren, dann bekommen wir auf Grund der dritten Gruppeneigenschaft

$$EE' = E = E'E = E',$$

d. h. $E = E'$.

b) Wenn F das zu A inverse Element ist, dann ist das Element A invers zu F, d. h., falls $AF = E$ ist, dann ist auch $FA = E$. Multiplizieren wir die erste dieser Gleichungen von links mit F, so erhalten wir tatsächlich

$$FAF = F.$$

Für das Element F ist wie für jedes beliebige Element der Gesamtheit G das inverse Element F^{-1} in der Gesamtheit enthalten. Multiplizieren wir die letzte Gleichung von rechts mit F^{-1}, so ergibt sich $FAFF^{-1} = FF^{-1}$, d. h. $FA = E$.

c) Zu jedem Element der Gesamtheit existiert nur ein inverses Element. Nehmen wir an, es gäbe für das Element A aus G zwei inverse Elemente F und D, d. h. $AF = E$ und $AD = E$. Durch Multiplikation der Gleichung $AF = AD$ mit A^{-1} von links erhalten wir $F = D$.

d) Wenn $C = AB$ ist, dann ist $C^{-1} = B^{-1} A^{-1}$ auf Grund der Assoziativität der Gruppenmultiplikation.

Ist die Zahl der Elemente in einer Gruppe endlich, dann bezeichnet man diese Gruppe als *endliche Gruppe*, anderenfalls als *unendliche* Gruppe. Die Zahl der Elemente einer endlichen Gruppe wird als *Ordnung* der Gruppe bezeichnet.

Wir wollen einige Beispiele für Gruppen angeben:

1. Die Gesamtheit aller ganzen Zahlen einschließlich der Null bildet eine unendliche Gruppe, wenn die Addition als Gruppenmultiplikation verwendet wird. Die Null ist in dieser Gruppe das Einselement. Das inverse Element zu einer Zahl A ist $-A$. Diese Gruppe ist offensichtlich eine abelsche Gruppe.

2. Die Gesamtheit aller rationalen Zahlen ohne die Null bildet eine Gruppe mit der üblichen Multiplikation als Gruppenmultiplikation. Die Eins ist das Einselement. Diese Gruppe ist ebenfalls eine unendliche abelsche Gruppe. Die positiven rationalen Zahlen allein bilden ebenfalls eine Gruppe, die negativen rationalen Zahlen dagegen nicht.

3. Die Gesamtheit der Vektoren eines n-dimensionalen linearen Raumes bilden eine Gruppe. Die Vektoraddition ist die Gruppenmultiplikation; der Nullvektor ist das Einselement; das inverse Element zu einem Vektor $\boldsymbol{a}$ ist der Vektor $-\boldsymbol{a}$.

4. Als Beispiel einer nichtabelschen Gruppe kann die Gesamtheit aller nichtsingulären n-reihigen Matrizen dienen (oder die entsprechenden linearen Transformationen in einem n-dimensionalen Raum). Diese Matrizen bilden die sogenannte allgemeine lineare Gruppe $GL(n)$. Die Elemente dieser Gruppe hängen offensichtlich von n^2 stetig veränderlichen Parametern ab (von den Matrixelementen). Die Einheitsmatrix ist das Einselement in der Gruppe $GL(n)$; den inversen Elementen entsprechen inverse Matrizen. Die Gruppenmultiplikation stimmt mit der Matrizenmultiplikation überein, die bekanntlich nicht kommutativ

ist. Unendliche Gruppen, deren Elemente von stetig veränderlichen Parametern abhängen, werden als *stetige* Gruppen bezeichnet.[1])

3. Beispiele für in der Physik verwendete Gruppen

Wir wollen jetzt einige Gruppen aufzählen, die in den Anwendungen benutzt werden.

1. Die Gruppe der *Translationen* im dreidimensionalen Raum: Die Elemente dieser Gruppe sind die Verschiebungen des Koordinatenursprungs um einen beliebigen Vektor $\boldsymbol{a}$:

$$\boldsymbol{r}' = \boldsymbol{r} + \boldsymbol{a}.$$

Offenbar ist das eine dreiparametrige (drei Komponenten des Vektors $\boldsymbol{a}$) kontinuierliche Gruppe.

2. Die *Drehgruppe* $O^+(3)$: Die Gruppenelemente sind die Drehungen des dreidimensionalen Raumes oder die entsprechenden orthogonalen Matrizen mit der Determinante 1. Es handelt sich wieder um eine kontinuierliche dreiparametrige Gruppe. Zwischen den neun Elementen einer orthogonalen Transformationsmatrix bestehen bekanntlich sechs Bedingungen. Als unabhängige Parameter einer Drehung können zum Beispiel die Winkel $\{\varphi, \vartheta, \psi\}$ gewählt werden. Die Polarwinkel φ und ϑ bestimmen die Lage der Drehachse durch den Koordinatenursprung. Der Winkel ψ gibt die Drehung um diese Achse an.[2]) Die Invarianz gegenüber der Gruppe $O^+(3)$ ist der Ausdruck der Isotropie (d. h. der Gleichwertigkeit aller Richtungen) des dreidimensionalen Raumes.

Nimmt man zur Drehgruppe die Operation der Inversion (Spiegelung an einem Punkt) $x' = -x, y' = -y, z' = -z$ hinzu, dann erhält man die *orthogonale* Gruppe $O(3)$.

3. Die Symmetriegruppen der Moleküle, oder die *Punktgruppen*, bestehen aus einigen orthogonalen Transformationen des dreidimensionalen Raumes. Zum Beispiel besteht die Symmetriegruppe eines Moleküls mit Oktaederkonfiguration aus 48 Elementen: Drehungen und Drehspiegelungen, die die Ecken eines Würfels ineinander überführen.

4. Die Symmetriegruppen der Kristalle, oder die *Raumgruppen*, bestehen aus endlich vielen orthogonalen Transformationen, aus diskreten Translationen und aus den Produkten dieser Transformationen. Streng genommen haben nur ein unendlicher Kristall oder das Kristallmodell mit periodischen Randbedingungen eine derartige Symmetrie.

5. Die Gruppe der *Permutationen* von n Symbolen, zum Beispiel der Koordinaten von n identischen Teilchen. Das ist eine endliche Gruppe der Ordnung $n!$

6. Die LORENTZ-*Gruppe* L^+ besteht aus den Transformationen, die die Koordinaten zweier geradlinig und gleichförmig gegeneinander bewegter Bezugssysteme verknüpfen. Diese Gruppe enthält die Drehgruppe $O^+(3)$ und hängt von sechs Parametern ab: von den drei Winkeln, die die Orientierung der räumlichen Achsen festlegen und den drei Komponenten der Relativgeschwindigkeit. Die Forderung

---

[1]) Diese Gruppen werden auch LIE-*Gruppen* genannt. Anm. der dt. Red.

[2]) S. Aufgabe 1.1.

nach der Invarianz der Bewegungsgleichungen gegenüber der LORENTZ-Gruppe ist eine Folge der Postulate der Relativitätstheorie.

Wir haben natürlich nicht alle Gruppen aufgezählt, die in der Physik angewandt werden. Unsere Hauptaufmerksamkeit wird aber im folgenden gerade diesen Gruppen gelten.

4. Bedingungen für die Invarianz der Bewegungsgleichungen

Wir wollen jetzt die Bedingungen für die Invarianz der Bewegungsgleichungen eines physikalischen Systems gegenüber den Transformationen der zugehörigen Symmetriegruppe feststellen. In der klassischen Mechanik wird die Bewegung eines Systems durch die LAGRANGEschen Gleichungen beschrieben. Die Symmetrie eines physikalischen Systems gegenüber einer bestimmten Transformationsgruppe wird sich daher in der Invarianz der LAGRANGEschen Gleichungen (und der Nebenbedingungen, wenn solche existieren) gegenüber diesen Transformationen ausdrücken. Die mit Hilfe der LAGRANGE-Funktion $\mathscr{L}$ aufgeschriebenen Bewegungsgleichungen haben bei beliebiger Wahl der verallgemeinerten Koordinaten q_i immer ein und dieselbe Gestalt:

$$\frac{d}{dt}\frac{\partial \mathscr{L}}{\partial \dot{q}_i} - \frac{\partial \mathscr{L}}{\partial q_i} = 0. \tag{1.1}$$

Die Invarianz dieser Gleichungen ist daher gesichert, wenn die LAGRANGE-Funktion selbst diese Eigenschaft hat. Es muß aber bemerkt werden, daß die Forderung nach der Invarianz der LAGRANGE-Funktion sehr streng ist. Wir wissen, daß die Bewegungsgleichungen unverändert bleiben, wenn wir die LAGRANGE-Funktion mit einer Zahl multiplizieren oder die totale Zeitableitung einer beliebigen Funktion der verallgemeinerten Koordinaten addieren. Zum Beispiel entspricht die Symmetrieeigenschaft eines eindimensionalen harmonischen Oszillators, Koordinate und Impuls gegeneinander austauschen zu können (sogenannte Berührungstransformation in der klassischen Mechanik), einer Vorzeichenänderung der zugehörigen LAGRANGE-Funktion $\mathscr{L} = p^2/2 - q^2/2$.

In der Quantenmechanik wird der Zustand eines physikalischen Systems durch die Wellenfunktion $\psi(x, t)$ beschrieben, die eine Lösung der SCHRÖDINGER-Gleichung ist:

$$\hat{H}(x)\,\psi(x, t) = i\hbar \frac{\partial}{\partial t}\,\psi(x, t). \tag{1.2}$$

Daher erscheint die Symmetrie eines quantenmechanischen Systems bezüglich einer gewissen Gruppe als Invarianz der SCHRÖDINGER-Gleichung gegenüber den Transformationen dieser Gruppe. Besteht die Symmetriegruppe aus Transformationen des Konfigurationsraumes

$$x' = ux,$$

so erfolgt die Prüfung der Invarianz der SCHRÖDINGER-Gleichung durch die Substitution

$$x = u^{-1}x', \ \psi'(x') = \psi(u^{-1}x'). \tag{1.3}$$

Wenn die SCHRÖDINGER-Gleichung gegenüber der Transformation u invariant ist, dann muß sie nach der Substitution (1.3) in (1.2) die ursprüngliche Gestalt haben. Offensichtlich ist das erfüllt, wenn diese Substitution die Gestalt des HAMILTON-Operators $\hat{H}(x)$ nicht ändert.

Die Gruppentheorie bietet die Möglichkeit, die Zustände eines physikalischen Systems allein auf Grund der Symmetrieeigenschaften zu klassifizieren, ohne die Bewegungsgleichungen selbst zu lösen. Gerade darin besteht der Wert der gruppentheoretischen Methoden; denn bekanntlich ist sogar eine näherungsweise Lösung der Bewegungsgleichungen oft sehr beschwerlich. Durch Anwendung gruppentheoretischer Methoden können wir die Symmetrieeigenschaften der exakten Lösungen dieser Gleichungen feststellen und damit eine wichtige Information über das physikalische System erhalten.

Obwohl wir vorläufig keine Möglichkeit haben, den Apparat der Gruppentheorie zu benutzen, wollen wir versuchen, diese Überlegungen an einem Beispiel aus der klassischen Mechanik zu erläutern. Wir wissen, daß in der klassischen Mechanik die Bewegungen eines gegebenen Systems nach den Werten der Integrale der Bewegung klassifiziert werden. Wir werden zeigen, daß die Existenz von Integralen der Bewegung durch die Symmetrie des Systems bezüglich Gruppen stetiger Transformationen verursacht wird. Betrachten wir ein System von Massenpunkten, dessen LAGRANGE-Funktion gegenüber der Gruppe der Translationen im dreidimensionalen Raum invariant ist. Das bedeutet, die Änderung der LAGRANGE-Funktion infolge der Translation

$$\boldsymbol{r}_i' = \boldsymbol{r}_i + \boldsymbol{a}, \; \delta \boldsymbol{r}_i = \boldsymbol{a} \tag{1.4}$$

muß Null sein. Wir sehen $\boldsymbol{a}$ als infinitesimalen Vektor an und erhalten

$$\delta \mathscr{L} = \sum_i \frac{\partial \mathscr{L}}{\partial \boldsymbol{r}_i} \delta \boldsymbol{r}_i = \boldsymbol{a} \sum_i \frac{\partial \mathscr{L}}{\partial \boldsymbol{r}_i} = 0. \tag{1.5}$$

Auf Grund der LAGRANGEschen Gleichungen ist

$$\frac{\partial \mathscr{L}}{\partial \boldsymbol{r}_i} = \frac{d}{dt} \frac{\partial \mathscr{L}}{\partial \dot{\boldsymbol{r}}_i}. \tag{1.6}$$

Da $\boldsymbol{a}$ willkürlich gewählt werden kann, bekommen wir

$$\frac{d}{dt} \sum_i \frac{\partial \mathscr{L}}{\partial \dot{\boldsymbol{r}}_i} = 0 \tag{1.7}$$

oder

$$\sum_i \frac{\partial \mathscr{L}}{\partial \dot{\boldsymbol{r}}_i} \equiv \sum_i \boldsymbol{p}_i = \boldsymbol{P} = \text{const.} \tag{1.8}$$

Aus der Invarianz der LAGRANGE-Funktion gegenüber den Translationen im dreidimensionalen Raum folgt auf diese Weise, daß der Gesamtimpuls des Systems ein Integral der Bewegung ist.

Analog kann man zeigen: Aus der Forderung nach der Invarianz gegenüber Verschiebungen in der Zeit folgt, daß die Energie des Systems ein Integral der Bewegung ist.

Wir werden später analoge Resultate in der Quantentheorie beweisen.

Übungsaufgaben

1.1. Man beweise, daß eine beliebige Drehung des dreidimensionalen Raumes als Drehung um einen bestimmten Winkel um eine bestimmte Achse durch den Koordinatenursprung dargestellt werden kann!

1.2. Man zeige: Aus der Invarianz der LAGRANGE-Funktion gegenüber der Gruppe der dreidimensionalen Drehungen folgt, daß der Gesamtdrehimpuls eines Systems ein Integral der Bewegung ist.

KAPITEL II

ABSTRAKTE GRUPPEN

Bei der Untersuchung der allgemeinen Eigenschaften einer Gruppe ist die konkrete Realisierung der Gruppenelemente (durch Transformationen, Matrizen, Permutationen usw.) unwesentlich. Bezeichnen wir die Gruppenelemente mit irgendwelchen Symbolen, für die ein bestimmtes Multiplikationsgesetz gegeben ist, dann erhalten wir eine sogenannte *abstrakte* Gruppe. In diesem Kapitel befassen wir uns mit einigen Eigenschaften abstrakter Gruppen.

1. Bewegungen in der Gruppe

Die Gruppe G bestehe aus m Elementen $g_1, g_2, \ldots, g_m$. Wir multiplizieren jedes Gruppenelement von rechts mit ein und demselben Element g_i, oder, wie man sagt, wir führen eine Rechtsbewegung in der Gruppe aus. Dabei erhalten wir die Folge

$$g_1 g_i, g_2 g_i, \ldots, g_m g_i. \tag{2.1}$$

Wir zeigen, daß jedes Gruppenelement in dieser Folge einmal und nur einmal vorkommt. g_1 sei ein beliebiges Gruppenelement. Offenbar ist $g_1 = (g_1 g_i^{-1}) g_i$, und folglich ist das Element g_1 in der Folge (2.1) enthalten. Da die Zahl der Elemente in unserer Folge gleich der Gruppenordnung ist, kann jedes Element nur einmal darin enthalten sein. Dieselbe Eigenschaft hat die Folge der Elemente

$$g_i g_1, g_i g_2, \ldots, g_i g_m, \tag{2.2}$$

die sich bei einer Linksbewegung ergibt.

2. Untergruppen

Ein Teil der Elemente der Gruppe G, die selbst eine Gruppe mit demselben Multiplikationsgesetz bilden, wird als *Untergruppe* der Gruppe G bezeichnet. Der restliche Teil der Gruppe G kann keine Gruppe bilden, da er zum Beispiel kein Einselement enthält.

3. Die Ordnung eines Elementes

Wir nehmen ein beliebiges Element g_i der Gruppe G und bilden verschiedene Potenzen dieses Elementes $g_i, g_i^2, g_i^3, \ldots$. Da wir eine endliche Gruppe betrachten, müssen sich die Glieder in dieser Folge zwangsläufig wiederholen. Es sei zum

Beispiel

$$g_i^{k_1} = g_i^{k_2} = g_l, \; k_2 > k_1 .$$

Dann ist

$$g_i^{k_2} = g_i^{k_1} g_i^{k_2-k_1} = g_l g_i^{k_2-k_1} = g_l$$

und folglich

$$g_i^{k_2-k_1} = E .$$

Der kleinste Exponent h, für den die Gleichung

$$g_i^h = E$$

gilt, wird als *Ordnung des Elementes* g_i bezeichnet. Die Gesamtheit der Elemente $g_i, g_i^2, \ldots, g_i^h = E$ heißt *Periode* oder *Zyklus* des Elementes g_i. Offensichtlich bildet die Periode eines Elementes eine Untergruppe der Gruppe G. Man kann leicht sehen, daß alle Elemente dieser Untergruppe miteinander kommutieren; diese Untergruppe ist demnach abelsch.

Wenn h die Ordnung des Elementes g_i ist, dann ist $g_i^{h-1} = g_i^{-1}$. Die Existenz inverser Elemente ist daher für endliche Gruppen eine Folge der drei anderen Gruppeneigenschaften.

4. Nebenklassen

H sei eine Untergruppe der Gruppe G mit den Elementen $h_1, h_2, \ldots, h_m$; m ist die Ordnung von H. Wir stellen folgende Folge von Gesamtheiten aus Gruppenelementen von G zusammen. Zunächst nehmen wir die Elemente der Untergruppe H, dann wählen wir aus der Gruppe G irgendein Element g_1, das nicht in H enthalten ist, und bilden die Gesamtheit der Elemente $g_1h_1, g_1h_2, \ldots, g_1h_m$, die wir mit g_1H bezeichnen werden. Jetzt wählen wir aus der Gruppe G ein Element g_2, das weder in H noch in g_1H enthalten ist, und bilden eine weitere Gesamtheit g_2H. Wir können die Konstruktion derartiger Gesamtheiten solange fortsetzen, bis die ganze Gruppe erfaßt ist. Als Ergebnis erhalten wir die Folge

$$H, g_1H, g_2H, \ldots, g_{k-1}H . \tag{2.3}$$

Die Gesamtheiten der Elemente g_iH werden als *linke Nebenklassen* der Untergruppe H bezeichnet.

Die konstruierten Nebenklassen haben keine gemeinsamen Elemente. Um das zu zeigen, setzen wir voraus, daß in den Nebenklassen g_1H und g_2H ein gemeinsames Element vorkommt, zum Beispiel $g_1h_1 = g_2h_2$. Dann ist $g_2 = g_1h_1h_2^{-1} = g_1h_3$, und wir erhalten, daß g_2 zur Nebenklasse g_1H gehört. Dieses Ergebnis widerspricht aber der Konstruktion der Nebenklasse. Jedes Element der Gruppe G geht somit nur in eine Nebenklasse ein. Da die Gruppe G n Elemente und jede Nebenklasse m Elemente enthalten, ist $m = n/k$. Die Zahl k ist der *Index* der Untergruppe H für die Gruppe G. Wir sehen, daß die Ordnung der Untergruppe ein Teiler der Gruppenordnung ist.

Analog kann man die Zerlegung der Gruppe G in rechte Nebenklassen durchführen:

$$H, Hg_1', Hg_2', \ldots, Hg_{k-1}' . \tag{2.4}$$

Bei der Konstruktion der Nebenklassen ist die Wahl der Elemente g_i willkürlich. Wir wollen zeigen, daß man bei einer beliebigen zulässigen Wahl der Elemente g_i ein und denselben Satz von Nebenklassen erhält und somit auch ein und dieselbe Zerlegung. Dieses Ergebnis folgt unmittelbar aus dem Satz: Zwei Nebenklassen $g_i H$ und $g_k H$ (g_i und g_k sind zwei beliebige Elemente der Gruppe G) sind entweder gleich oder haben kein einziges gemeinsames Element. Hätten diese Nebenklassen wenigstens ein gemeinsames Element $g_i h_\alpha = g_k h_\beta$, dann wäre $g_k = g_i h_\alpha h_\beta^{-1}$ und folglich $g_k \in g_i H$. Dann stellen wir aber ein beliebiges Element der Nebenklasse $g_k H$ in der Gestalt $g_k h_\gamma = g_i h_\alpha h_\beta^{-1} h_\gamma = g_i h_\delta$ dar, und es gehört ebenfalls zur Nebenklasse $g_i H$.

Die Gruppe G kann also eindeutig in linke (oder rechte) Nebenklassen zur Untergruppe H zerlegt werden.

5. Konjugierte Elemente und Klassen

g sei ein Element der Gruppe G. Wir bilden das Element $g' = g_i g g_i^{-1}$; $g_i \in G$. Die Elemente g und g' heißen zueinander *konjugiert*. g_i soll jetzt alle Elemente der Gruppe G durchlaufen. Wir erhalten dann n Elemente, von denen auch einige gleich sein können. Die Zahl der verschiedenen Elemente sei k; wir bezeichnen sie mit $g_1, g_2, \ldots, g_k$. Offenbar enthält diese Gesamtheit alle Elemente der Gruppe G, die zum Element g konjugiert sind. Man kann leicht zeigen, daß alle Elemente dieser Gesamtheit zueinander konjugiert sind. Es sei $g_1 = g_\alpha g g_\alpha^{-1}$, $g_2 = g_\beta g g_\beta^{-1}$; dann sind $g = g_\alpha^{-1} g_1 g_\alpha$ und $g_2 = g_\beta g_\alpha^{-1} g_1 g_\alpha g_\beta^{-1} = g_\beta g_\alpha^{-1} g_1 (g_\beta g_\alpha^{-1})^{-1}$. Die Gesamtheit aller zueinander konjugierter Elemente bezeichnet man als *Klasse*. Die Elemente $g_1, g_2, \ldots, g_k$ bilden also eine Klasse konjugierter Elemente. Wie wir sehen, ist eine Klasse durch die Vorgabe eines Elementes vollständig bestimmt. Die Zahl der Elemente in einer Klasse wird die *Ordnung der Klasse* genannt. Jede endliche Gruppe kann in einige Klassen konjugierter Elemente zerlegt werden. Das Einselement einer Gruppe bildet für sich eine Klasse. Man kann sich leicht davon überzeugen, daß alle Elemente einer Klasse dieselbe Ordnung haben.

Wir wollen zeigen, daß die Gesamtheit der Produkte von Elementen zweier Klassen aus ganzen Klassen besteht. Dieser Sachverhalt soll in folgender Form geschrieben werden:

$$C_i C_j = \sum_k h_{ijk} C_k, \tag{2.5}$$

wobei C_i die Gesamtheit der Elemente der i-ten Klasse bedeutet und die h_{ijk} ganze Zahlen sind. Zunächst beweisen wir: Wenn das Element $g_p \in C_i C_j$ ist, dann gehört auch die ganze Klasse C_p, in der g_p enthalten ist, zur Gesamtheit $C_i C_j$. Es sei $g_p = g_i g_j$, $g_i \in C_i$, $g_j \in C_j$, dann ist tatsächlich für beliebiges $g \in G$

$$g^{-1} g_p g = g^{-1} g_i g g^{-1} g_j g \in C_i C_j. \tag{2.6}$$

Für den Beweis der Formel (2.5) bleibt noch zu zeigen, daß jedes Element der Klasse C_p in der Gesamtheit $C_i C_j$ gleich oft enthalten ist. Das Element g_p sei zum Beispiel zweimal enthalten, d. h.

$$g_i g_j = g_p \quad \text{und} \quad g_{i'} g_{j'} = g_p \tag{2.7}$$

mit

$$g_i \neq g_{i'}, \quad g_j \neq g_{j'}. \tag{2.8}$$

Jedes Element $g^{-1} g_p g'$ ($g' \in G$) wird dann in der Gesamtheit $C_i C_j$ mindestens zweimal vorkommen. Tatsächlich ist

$$\left.\begin{aligned} g'^{-1} g_p g' &= g'^{-1} g_i g_j g' &= (g'^{-1} g_i g')\,(g'^{-1} g_j g'), \\ g'^{-1} g_p g' &= g'^{-1} g_{i'} g_{j'} g' &= (g'^{-1} g_{i'} g')(g'^{-1} g_{j'} g'), \end{aligned}\right\} \tag{2.9}$$

und aus (2.8) folgt

$$g'^{-1} g_i g' \neq g'^{-1} g_{i'} g' \quad \text{und} \quad g'^{-1} g_j g' \neq g'^{-1} g_{j'} g'. \tag{2.10}$$

Es ist klar, daß das Element $g'^{-1} g_p g'$ nicht öfter als zweimal vorkommen kann; anderenfalls könnten wir mit Hilfe einer ähnlichen Überlegung zeigen, daß auch das Element g_p öfter als zweimal enthalten ist, was unserer ursprünglichen Voraussetzung widerspricht.

6. Normalteiler

H sei eine Untergruppe der Gruppe G und $g_i \in G$. Wir bilden die Gesamtheit der Elemente $g_i H g_i^{-1}$ (das Element g_i wird festgehalten). Diese Gesamtheit ist ebenfalls eine Gruppe, da die Gruppenaxiome für sie erfüllt sind. Eine solche Untergruppe wird als *ähnlich*[1]) zur Untergruppe H bezeichnet. Für $g_i \in H$ stimmt die ähnliche Untergruppe offensichtlich mit H überein. Wenn aber $g_i \notin H$ ist, dann erhalten wir im allgemeinen eine von H verschiedene Untergruppe der Gruppe G. Falls die Untergruppe H mit allen ihren ähnlichen Untergruppen übereinstimmt, wird sie als *invariante Untergruppe* oder *Normalteiler* bezeichnet. Wir werden einen Normalteiler mit dem Buchstaben N bezeichnen. Wenn ein Normalteiler ein Element g der Gruppe G enthält, dann folgt aus der Definition, daß mit g auch die ganze Klasse enthalten ist, zu der g gehört. Man sagt deshalb, daß ein Normalteiler aus ganzen Klassen der Gruppe besteht.

Für einen Normalteiler N der Gruppe G sind linke und rechte Nebenklassen gleich. Tatsächlich ist

$$g_i N = g_i N g_i^{-1} g_i = N g_i \tag{2.11}$$

wegen

$$g_i N g_i^{-1} = N. \tag{2.12}$$

Jede Gruppe hat zwei triviale Normalteiler: Der eine besteht aus der ganzen Gruppe, der andere aus dem Einselement der Gruppe. Gruppen ohne nichttriviale Normalteiler heißen *einfache* Gruppen.

7. Faktorgruppen

N sei ein Normalteiler der Gruppe G. Wir zerlegen die Gruppe G in Nebenklassen zur Gruppe N:

$$N, g_1 N, g_2 N, \ldots, g_{k-1} N.$$

---

[1]) Man sagt auch *konjugiert*. Anm. der dt. Red.

Jetzt bilden wir die Gesamtheit g_1Ng_2N, die aus den verschiedenen Elementen $g_1n_\alpha g_2n_\beta$ besteht, wenn n_α und n_β unabhängig voneinander die ganze Untergruppe N durchlaufen. Man erkennt leicht

$$g_1Ng_2N = g_1g_2g_2^{-1}Ng_2N = g_1g_2NN = g_1g_2N = g_3N. \tag{2.13}$$

Die Gesamtheit g_1Ng_2N wird als Produkt der Gesamtheiten g_1N und g_2N bezeichnet. Das Produkt zweier Nebenklassen zu N ergibt nach (2.13) wieder eine Nebenklasse zu N. Multipliziert man (im eben angegebenen Sinne) eine Nebenklasse zu N mit N von links oder von rechts, so wird dabei diese Nebenklasse nicht verändert:

$$Ng_1N = g_1g_1^{-1}Ng_1N = g_1NN = g_1N. \tag{2.14}$$

Zu jeder Nebenklasse g_iN gibt es eine solche Nebenklasse $g_i^{-1}N$, daß das Produkt der beiden gleich N ist:

$$g_i^{-1}Ng_iN = NN = N. \tag{2.15}$$

Aus diesen Ergebnissen folgt, daß man die Nebenklassen eines Normalteilers als Elemente einer neuen Gruppe auffassen kann, in der N die Rolle des Einselementes spielt. Diese Gruppe heißt *Faktorgruppe* zu dem Normalteiler; ihre Ordnung ist gleich dem Index des Normalteilers.

8. Isomorphismen und Homomorphismen von Gruppen

Sind die Elemente zweier Gruppen eindeutig einander zugeordnet und wird durch diese Zuordnung die Gruppenmultiplikation nicht gestört, dann bezeichnet man diese Gruppen als *isomorph*. G und $\tilde{G}$ seien isomorphe Gruppen. Die Elemente g_i und g_k der Gruppe G sollen den Elementen $\tilde{g}_i$ und $\tilde{g}_k$ der Gruppe $\tilde{G}$ entsprechen:

$$g_i \leftrightarrow \tilde{g}_i, \quad g_k \leftrightarrow \tilde{g}_k,$$

dann gilt

$$g_ig_k = g_l \leftrightarrow \tilde{g}_l = \tilde{g}_i\tilde{g}_k.$$

Die Feststellung eines Isomorphismus von Gruppen ermöglicht, die Untersuchung einer Gruppe auf das Studium einer anderen Gruppe zurückzuführen, die zur ersten isomorph ist.

Ein anderer wichtiger Begriff in der Gruppentheorie ist der Begriff des *Homomorphismus*. Jedem Element einer Gruppe G sei ein bestimmtes Element einer Gruppe $\tilde{G}$ zugeordnet. Dabei können verschiedene Elemente aus G dem gleichen Element aus $\tilde{G}$ zugeordnet sein. Weiter werde dem Produkt zweier Elemente das Produkt ihrer Bilder zugeordnet. Man sagt dann, die Gruppe $\tilde{G}$ sei *homomorph* zur Gruppe G.[1]) Homomorphe Gruppen haben folgende Eigenschaften:

(a) Wenn die Gruppe $\tilde{G}$ homomorph zur Gruppe G ist, dann entspricht dem Einselement der Gruppe G das Einselement der Gruppe $\tilde{G}$. Es sei E das Einselement

[1]) Die Abbildung $g \to \tilde{g}$ heißt *Homomorphismus* oder *homomorphe Abbildung* von G auf $\tilde{G}$. Anm. der dt. Red.

der Gruppe G; tatsächlich ist dann für jedes beliebiges $g \in G$ $Eg = gE = g$. $\tilde{E}$ und $\tilde{g}$ seien die E und g entsprechenden Elemente der Gruppe $\tilde{G}$. Auf Grund des Homomorphismus der Gruppen ist $\tilde{E}\tilde{g} = \tilde{g}\tilde{E} = \tilde{g}$, und daraus folgt, daß E das Einselement der Gruppe $\tilde{G}$ ist.

(b) Wenn die Gruppe $\tilde{G}$ homomorph zur Gruppe G ist, dann entsprechen den zueinander inversen Elementen der Gruppe $\tilde{G}$ zueinander inverse Elemente der Gruppe $\tilde{G}$. Tatsächlich haben wir für $g_i g_k = E$ infolge des Homomorphismus $\tilde{g}_i \tilde{g}_k = \tilde{E}$.

(c) Wenn die Gruppe $\tilde{G}$ homomorph zur Gruppe G ist, dann bilden alle Elemente der Gruppe G, die auf das Einselement der Gruppe $\tilde{G}$ abgebildet werden, einen Normalteiler N der Gruppe G. Die Elemente $g_1', g_2', \ldots, g_s'$ der Gruppe G sollen auf das Einselement $\tilde{E}$ der Gruppe $\tilde{G}$ abgebildet werden. Dem Produkt $g_i' g_k'$ entspricht dann $\tilde{E}\tilde{E} = \tilde{E}$. Folglich ist $g_i' g_k' = g_l'$, und die Gesamtheit $g_1', g_2', \ldots, g_s'$ ist bezüglich der Gruppenmultiplikation abgeschlossen. Auf Grund der Eigenschaft (a) muß das Einselement darin enthalten sein. Da das Einselement $\tilde{E}$ zu sich selbst invers ist, muß nach (b) zu jedem Element g_i' auch das dazu inverse Element g_k' vorkommen. Ferner folgt aus der Gleichung $\tilde{g}\tilde{E}\tilde{g}^{-1} = \tilde{E}$ mit einem beliebigen Element g der Gruppe G die Beziehung $g g_i' g^{-1} = g_f'$ für ein beliebiges Element g der Gruppe G. Die hier festgestellten Eigenschaften der Gesamtheit $g_1', g_2', \ldots, g_s'$ sind hinreichend für die Behauptung, daß sie ein Normalteiler der Gruppe G ist.

(d) Wenn die Gruppe $\tilde{G}$ homomorph zur Gruppe G ist, dann bilden alle dem Element $\tilde{g}_i$ zugeordneten Elemente der Gruppe G eine Nebenklasse Ng_i; g_i ist dabei ein auf $\tilde{g}_i$ abgebildetes Element der Gruppe G; N ist der Normalteiler, der dem Einselement der Gruppe $\tilde{G}$ entspricht.

Zum Beweis dieser Eigenschaft zerlegen wir die Gruppe G in die Nebenklassen

$$N,\, g_1 N,\, g_2 N,\, \ldots,\, g_{k-1} N.$$

Alle Elemente der Nebenklasse $g_i N$ werden auf das Element $\tilde{g}_i \tilde{E} = \tilde{g}_i$ abgebildet, d. h. auf ein und dasselbe Element $\tilde{g}_i$ der Gruppe $\tilde{G}$. Es bleibt zu zeigen, daß verschiedene Nebenklassen verschiedenen Elementen entsprechen. Wir setzen das Gegenteil voraus. Die Nebenklassen $g_1 N$ und $g_2 N$ sollen auf dasselbe Element $\tilde{g}_1$ der Gruppe $\tilde{G}$ abgebildet werden. Dem Element $g_1^{-1} g_2$ entspricht dann $\tilde{g}_1^{-1}\tilde{g}_1 = \tilde{E}$; daraus folgt, daß $g_1^{-1} g_2$ zu N gehört. Dann aber sind $g_1^{-1} g_2 = g_k'$ und $g_2 = g_1 g_k'$, was unserer obigen Voraussetzung widerspricht, daß die Nebenklassen $g_1 N$ und $g_2 N$ verschieden sind. Zwischen den Nebenklassen $g_i N$ und den Elementen der Gruppe $\tilde{G}$ besteht also ein eindeutiger Zusammenhang. Die Gruppe $\tilde{G}$ ist folglich der Faktorgruppe zum Normalteiler N isomorph.

Damit schließen wir die Behandlung der allgemeinen Eigenschaften endlicher Gruppen ab. Einige speziellere Sätze werden später, direkt bei den Anwendungen gruppentheoretischer Methoden auf physikalische Probleme bewiesen.

Übungsaufgaben

2.1. Die Elemente E, A, B, C, D, F bilden die Gruppe S_6 sechster Ordnung mit der Gruppentafel (die ersten Faktoren stehen in der Spalte, zum Beispiel $AB = D$)

	E	A	B	C	D	F
E	E	A	B	C	D	F
A	A	E	D	F	B	C
B	B	F	E	D	C	A
C	C	D	F	E	A	B
D	D	C	A	B	F	E
F	F	B	C	A	E	D

a) Man bestimme die Ordnungen aller Elemente!

b) Es sind die Untergruppen aufzufinden.

c) Man zerlege die Gruppe in Nebenklassen und überzeuge sich von der Eindeutigkeit dieser Zerlegung!

d) Man zerlege die Gruppe in Klassen konjugierter Elemente!

e) Man bestimme die Normalteiler! Man überzeuge sich, daß rechte und linke Nebenklassen für einen Normalteiler übereinstimmen!

f) Es ist die Gruppentafel für die entsprechende Faktorgruppe aufzuschreiben.

g) Man zeige, daß die abstrakte Gruppe S_6 folgende Realisierungen haben kann: Gruppe der Permutationen dreier Elemente und Gruppe der zweireihigen Matrizen derjenigen Drehungen und Spiegelungen an Ebenen, die die Ecken eines gleichseitigen Dreiecks ineinander überführen.

2.2. Beweise: Die Gruppenordnung ist ein ganzzahliges Vielfaches der Ordnung eines beliebigen Elementes.

2.3. Unter Verwendung des Begriffes der Ordnung eines Gruppenelementes sind die Gruppentafeln für die möglichen Gruppen mit der Ordnung 3 und der Ordnung 4 aufzustellen.

2.4. Man beweise, daß alle Elemente einer Klasse dieselbe Ordnung haben!

2.5. Beweise: Eine beliebige Untergruppe mit dem Index 2 ist ein Normalteiler.

2.6. Beweise: In der Gesamtheit gg_ig^{-1} mit einem beliebigen Gruppenelement g kommt jedes Element der Klasse, zu der g_i gehört, gleich oft vor.

KAPITEL III

DARSTELLUNGEN ENDLICHER GRUPPEN

1. Definition der Darstellung einer Gruppe

Wir betrachten eine endliche Gruppe G mit den Elementen $g_1, g_2, \ldots, g_m$. Eine Gruppe T linearer Operatoren $\hat{T}_{g_i}$ in einem gewissen linearen Raum R sei homomorph zur Gruppe G; die Gruppe T bildet dann eine *Darstellung* der Gruppe G. Auf Grund des Homomorphismus haben wir

$$\hat{T}_{g_i}\hat{T}_{g_k} = \hat{T}_{g_i g_k}.\ ^{1)} \tag{3.1}$$

Ist der Raum R ein n-dimensionaler Vektorraum R_n, dann kann man ein beliebiges Element $\boldsymbol{x}$ dieses Raumes mit Hilfe einer Basis aus n Einheitsvektoren darstellen:

$$x = x_1\boldsymbol{e}_1 + x_2\boldsymbol{e}_2 + \cdots + x_n\boldsymbol{e}_n.$$

Der Operator $\hat{T}_{g_i}$ ist definiert, wenn wir seine Wirkung auf jeden Einheitsvektor $\boldsymbol{e}_k$ angeben. Es sei

$$\hat{T}_{g_i}\, \boldsymbol{e}_k = \sum_{r=1}^{n} D_{rk}(g_i)\, \boldsymbol{e}_r. \tag{3.2}$$

Wir sehen, daß jedem Element g_i unserer Gruppe eine Matrix $\|D_{rk}(g_i)\|$ zugeordnet wird. Dem Einselement der Gruppe muß natürlich die Einheitsmatrix entsprechen, zu inversen Elementen gehören inverse Matrizen. Wir wollen zeigen, daß für die Matrizen D die Gleichung

$$D(g_i)D(g_j) = D(g_i g_j) \tag{3.3}$$

erfüllt ist. Nachdem wir auf den Einheitsvektor $\boldsymbol{e}_k$ die Operatoren $\hat{T}_{g_j}$ und $\hat{T}_{g_i}$ angewendet haben, erhalten wir

$$\begin{aligned}\hat{T}_{g_i}\hat{T}_{g_j}\boldsymbol{e}_k &= \hat{T}_{g_i} \sum_r D_{rk}(g_j)\, \boldsymbol{e}_r \\ &= \sum_{f,r} D_{rk}(g_j)\, D_{fr}(g_i)\, \boldsymbol{e}_f = \sum_f \Big(\sum_r D_{fr}(g_i)\, D_{rk}(g_j)\Big) \boldsymbol{e}_f.\end{aligned} \tag{3.4}$$

---

[1]) Anders gesagt: Wird jedem Element g_i aus G ein nicht-singulärer linearer Operator $\hat{T}_{g_i}$ zugeordnet und gilt (3.1), so ist die Zuordnung $g_i \to \hat{T}_{g_i}$ eine Darstellung von G. Anm. der dt. Red.

Andererseits ist aber

$$\hat{T}_{g_i}\hat{T}_{g_j}e_k = \hat{T}_{g_ig_j}e_k = \sum_f D_{fk}(g_ig_j)\, e_f. \tag{3.5}$$

Der Vergleich der Endergebnisse in (3.4) und (3.5) zeigt, daß die Gleichung (3.3) tatsächlich erfüllt ist. Wir werden sagen, daß die Matrizen $D(g_i)$ eine Darstellung der Gruppe G der Ordnung n bilden. Der Raum R_n wird als *Darstellungsraum* bezeichnet, eine Basis in diesem Raum ist eine *Basis für diese Darstellung*. Durch Anwendung des Operators $\hat{T}_{g_i}$ auf einen beliebigen Vektor $\boldsymbol{x}$ des Raumes R_n erhalten wir

$$\hat{T}_{g_i}\boldsymbol{x} = \sum_k x_k \hat{T}_{g_i}e_k = \sum_{k,r} x_k D_{rk}(g_i)\, e_r = \sum_r x_r' e_r \tag{3.6}$$

mit $x_r' = \sum_k D_{rk}(g_i)\, x_k$. Wir wollen sehen, wie sich eine Darstellungsmatrix ändert, wenn wir im Raum R_n eine neue Basis e_i' wählen, die mit der Basis e_k über eine lineare Transformation zusammenhängt:

$$e_i' = \sum_k V_{ki}e_k, \quad e_i = \sum_k \{V^{-1}\}_{ki}e_k'. \tag{3.7}$$

Dazu wenden wir den Operator $\hat{T}_{g_i}$ auf den Einheitsvektor e_j' an. Unter Verwendung von (3.7) bekommen wir

$$\begin{aligned}\hat{T}_{g_i}e_j' &= \sum_k V_{kj}\hat{T}_{g_i}e_k = \sum_{k,s} V_{kj}D_{sk}(g_i)\, e_s \\ &= \sum_{k,s,r} V_{kj}D_{sk}\{V^{-1}\}_{rs}e_r' = \sum_r \{V^{-1}DV\}_{rj}e_r'.\end{aligned} \tag{3.8}$$

Beim Übergang zu einer neuen Basis erfahren die Darstellungsmatrizen eine Ähnlichkeitstransformation. Die Darstellung durch die Matrizen $V^{-1}DV$ heißt *äquivalent* zur Darstellung durch die Matrizen D.

Sind alle Matrizen einer Darstellung unitär, dann nennt man die Darstellung *unitär*.

Falls die Gruppe der Matrizen $D(g_i)$ zur Gruppe G isomorph ist, bilden diese Matrizen eine *eineindeutige* Darstellung der Gruppe G.

2. Beispiele für Darstellungen

Unter den Darstellungen einer Gruppe gibt es immer die triviale *identische* Darstellung, bei der jedem Gruppenelement die Eins zugeordnet wird. Sind die Gruppenelemente lineare Transformationen, so bilden die Matrizen für diese Transformationen selbst eine zur Gruppe isomorphe Darstellung. Diese beiden Darstellungen entsprechen den beiden trivialen Normalteilern, die im vorigen Kapitel angegeben worden sind.

Als Beispiel für andere Darstellungen einer Gruppe sehen wir uns an, wie man eine Darstellung für die Gruppe der Matrizen C der eigentlichen linearen Transformationen der n Veränderlichen $x_1, x_2, \ldots, x_n$ gewinnt:

$$x_i' = \sum_k C_{ik}x_k. \tag{3.9}$$

Wir betrachten die quadratische Form

$$\sum_{i,k} a_{ik} x_i x_k, \quad a_{ik} = a_{ki}. \tag{3.10}$$

Eine Transformation der Veränderlichen $x_1, x_2, \ldots, x_n$ induziert eine Transformation der Koeffizienten in dieser quadratischen Form. Tatsächlich erhalten wir durch die Substitution

$$x_j = \sum_s \{C^{-1}\}_{js} x'_s \tag{3.11}$$

einen Ausdruck für die quadratische Form (3.10) in den neuen (gestrichenen) Veränderlichen

$$\sum_{i,k,j,l} a_{ik} \{C^{-1}\}_{ij} x'_j \{C^{-1}\}_{kl} x'_l = \sum_{j,l} a'_{jl} x'_j x'_l \tag{3.12}$$

mit

$$a'_{jl} = \sum_{i,k} \{C^{-1}\}_{ij} a_{ik} \{C^{-1}\}_{kl}. \tag{3.13}$$

Mit der Bezeichnung $\|a_{ik}\| = A$ können wir die Transformation der Koeffizienten a_{ik} in Matrixform folgendermaßen schreiben:

$$A' = C^{-1*} A C^{-1}. \tag{3.14}$$

C^{-1*} ist die transponierte Matrix zu C^{-1}. Wir wenden jetzt nacheinander die Transformationen C_1 und C_2 auf die Veränderlichen $x_1, x_2, \ldots, x_n$ an und erhalten die Matrix

$$A'' = C_2^{-1*} A' C_2^{-1} = C_2^{-1*} C_1^{-1*} A C_1^{-1} C_2^{-1}$$

oder

$$A'' = (C_2 C_1)^{-1*} A (C_2 C_1)^{-1}. \tag{3.15}$$

Die Anwendung der Transformationen C_1 und C_2 in der Reihenfolge zuerst C_1 und dann C_2 ist der Anwendung der Transformation $C_2 C_1$ äquivalent. Wir können deshalb behaupten, daß die Tranformationen (3.13) der Koeffizienten in der quadratischen Form eine Darstellung der Gruppe C bilden.

3. Die mit Hilfe der Eigenfunktionen realisierte Darstellung der Symmetriegruppe der Schrödinger-Gleichung

Da unser Hauptziel die Behandlung der Anwendung gruppentheoretischer Methoden auf physikalische Probleme ist, ist es am Platze zu zeigen, wie wichtig das Studium der Darstellungen einer Gruppe für diese Anwendungen ist. Als Beispiel betrachten wir ein quantenmechanisches System, das durch die SCHRÖDINGER-Gleichung

$$\left[-\frac{\hbar^2}{2m}\Delta + V(\boldsymbol{r})\right]\psi(\boldsymbol{r}) = E\psi(\boldsymbol{r}) \tag{3.16}$$

beschrieben wird. Die Symmetriegruppe dieses Systems bestehe aus den orthogonalen Transformationen u_s:

$$\boldsymbol{r}' = u_s \boldsymbol{r}. \tag{3.17}$$

Wie wir aus Kapitel I wissen, muß die Gleichung (3.16) bei der Substitution

$$\boldsymbol{r} = u_s^{-1} \boldsymbol{r}' \tag{3.18}$$

ihre Form beibehalten. Da der LAPLACE-Operator gegenüber beliebigen orthogonalen Koordinatentransformationen invariant ist, erhalten wir nach dieser Substitution

$$\left[-\frac{\hbar^2}{2\,m}\Delta_{r'} + V\,(u_s^{-1}\boldsymbol{r})\right]\psi(u_s^{-1}\boldsymbol{r}) = E\,\psi(u_s^{-1}\boldsymbol{r}). \tag{3.19}$$

Infolge der Invarianz der SCHRÖDINGER-Gleichung gegenüber den Transformationen u_s muß die Gleichung

$$V(u_s^{-1}\boldsymbol{r}) = V(\boldsymbol{r}) \tag{3.20}$$

gelten. Daher ist die transformierte Wellenfunktion

$$\psi'(\boldsymbol{r}') = \hat{T}_{u_s}\psi(\boldsymbol{r}) \equiv \psi(u_s^{-1}\boldsymbol{r}) \tag{3.21}$$

ebenfalls eine Eigenfunktion der SCHRÖDINGER-Gleichung (3.9) zu demselben Eigenwert E. $\psi_1(\boldsymbol{r}), \ldots, \psi_k(\boldsymbol{r})$ sei ein vollständiger Satz orthonormierter Eigenfunktionen dieser Gleichung zum Eigenwert E. Wir werden beweisen, daß diese Funktionen die Basis für eine Darstellung der Gruppe bilden. Tatsächlich kann man jede transformierte Funktion $\hat{T}_{u_s}\psi_i(\boldsymbol{r})$ in der Gestalt

$$\hat{T}_{u_s}\psi_i(\boldsymbol{r}) = \psi_i(u_s^{-1}\boldsymbol{r}) = \sum_{j=1}^{k} D_{ji}(u_s)\,\psi_j(\boldsymbol{r}) \tag{3.22}$$

darstellen. Die Funktionen $\hat{T}_{u_s}\psi_i(\boldsymbol{r})$ $(i = 1, 2, \ldots, k)$ müssen auch orthonormiert sein; denn die Orthonormierungsbedingung bleibt unverändert, wenn man die Veränderliche entsprechend der orthogonalen Transformation (3.18) ersetzt:

$$\int \overline{\psi}_i(u_s^{-1}\boldsymbol{r})\,\psi_j(u_s^{-1}\boldsymbol{r})\,d\tau = \int \overline{\psi}_i(\boldsymbol{r})\,\psi_j(\boldsymbol{r})\,d\tau = \delta_{ij}. \tag{3.23}$$

Daraus folgt, daß die Matrizen $\|D_{ij}(u_s)\|$ unitär sein müssen. Jeder Transformation u_s aus der Symmetriegruppe der SCHRÖDINGER-Gleichung wird auf diese Weise eine k-reihige unitäre Matrix zugeordnet. u_s und u_t seien zwei Transformationen der Gruppe. Wir führen diese nacheinander aus und bekommen

$$\begin{aligned}\hat{T}_{u_s}\hat{T}_{u_t}\psi_i(\boldsymbol{r}) &= \hat{T}_{u_s}\psi_i(u_t^{-1}\boldsymbol{r}) = \psi_i(u_t^{-1}u_s^{-1}\boldsymbol{r})\\ &= \psi_i\big((u_s u_t)^{-1}\boldsymbol{r}\big) = \sum_{l=1}^{k} D_{li}(u_s u_t)\,\psi_l(\boldsymbol{r}).\end{aligned} \tag{3.24}$$

Andererseits haben wir

$$\begin{aligned}\hat{T}_{u_s}\hat{T}_{u_t}\psi_i(\boldsymbol{r}) &= \hat{T}_{u_s}\sum_{j=1}^{k} D_{ji}(u_t)\psi_j(\boldsymbol{r}) \\ &= \sum_{j=1}^{k} D_{ji}(u_t)\sum_{l=1}^{k} D_{lj}(u_s)\psi_l(\boldsymbol{r}) \\ &= \sum_{l=1}^{k}\{D(u_s)\,D(u_t)\}_{li}\psi_l(\boldsymbol{r}).\end{aligned} \tag{3.25}$$

Wir vergleichen die Endergebnisse in (3.24) und (3.25) und erhalten

$$D(u_s u_t) = D(u_s)D(u_t), \tag{3.26}$$

was zu beweisen war.

Die Bedeutung des Studiums der Darstellungen von Gruppen besteht bei dem vorliegenden Problem darin, daß wir jedem Energieeigenwert eine gewisse Darstellung der Gruppe zuordnen können und somit die möglichen Symmetrietypen der Wellenfunktionen des Systems feststellen können, ohne die SCHRÖDINGER-Gleichung zu lösen.

Wir kommen jetzt zum Studium der Eigenschaften von Darstellungen endlicher Gruppen.

4. Die Existenz einer äquivalenten unitären Darstellung

Wir wollen beweisen, daß jede Darstellung einer endlichen Gruppe einer unitären Darstellung äquivalent ist.

Es sei eine Darstellung D der Gruppe G gegeben, die aus den m Elementen $g_1, g_2, \ldots, g_m$ besteht. Wir werden die Darstellungsmatrizen $D(g_i)$ als Transformationsmatrizen in einem n-dimensionalen Vektorraum R_n betrachten. $\boldsymbol{x}(x_1, x_2, \ldots, x_n)$ und $\boldsymbol{y}(y_1, y_2, \ldots, y_n)$ seien Vektoren in diesem Raum. Das Skalarprodukt zweier Vektoren definieren wir wie üblich

$$(\boldsymbol{x}, \boldsymbol{y}) = x_1\bar{y}_1 + x_2\bar{y}_2 + \cdots + x_n\bar{y}_n. \tag{3.27}$$

Die Transformation $D(g_i)$ führt den Vektor $\boldsymbol{x}$ in den Vektor $\boldsymbol{x}^{(i)}$ über:

$$\boldsymbol{x}^{(i)} = D(g_i)\,\boldsymbol{x}, \quad x_\alpha^{(i)} = \sum_{\beta=1}^{n} D_{\alpha\beta}(g_i)\,x_\beta, \tag{3.28}$$

den Vektor $\boldsymbol{y}$ in den Vektor $\boldsymbol{y}^{(i)}$:

$$\boldsymbol{y}^{(i)} = D(g_i)\,\boldsymbol{y}. \tag{3.29}$$

Wir nehmen an, daß die Transformation $D(g_i)$ nicht unitär ist und demzufolge das Skalarprodukt $(\boldsymbol{x}, \boldsymbol{y})$ verändert, und werden zeigen, daß man im Raum R_n eine neue Basis wählen kann, so daß die Transformationsmatrizen für die Vektorkomponenten in diesem Raum unitär werden. Zum Beweis mitteln wir das Skalarprodukt (3.27) über die Gruppe, d. h., wir bilden den Ausdruck

$$\sum_{i=1}^{m} \left(\overset{\bullet}{D}(g_i)\, x,\, D(g_i)\, y\right) = \sum_{i=1}^{m} (x^{(i)}, y^{(i)}) \tag{3.30}$$

und zeigen, daß man (3.30) in der Gestalt

$$\sum_{i=1}^{m} (x^{(i)}, y^{(i)}) = (Lx, Ly) \tag{3.31}$$

mit einer bestimmten linearen Transformation L darstellen kann. Dazu schreiben wir (3.30) folgendermaßen:

$$\sum_{i=1}^{m} \left(D(g_i)\, x,\, D(g_i)\, y\right) = \left(\sum_{i=1}^{m} D^+(g_i)\, D(g_i)\, x,\, y\right). \tag{3.32}$$

Die Matrix $\sum_{i=1}^{m} D^+(g_i)\, D(g_i)$ ist hermitesch und kann daher mit Hilfe einer unitären Transformation V auf Diagonalform gebracht werden. Wir erhalten

$$d = V^{-1} \sum_{i=1}^{m} D^+(g_i)\, D(g_i) V \tag{3.33}$$

und daraus

$$\sum_{i=1}^{m} D^+(g_i)\, D(g_i) = V d V^{-1} \tag{3.34}$$

mit einer Diagonalmatrix d.

Mit der Bezeichnung $\tilde{D}(g_i) = V^{-1} D(g_i) V$ können wir schreiben

$$d = \sum_{i=1}^{m} V^{-1} D^+(g_i) V V^{-1} D(g_i) V = \sum_{i=1}^{m} \tilde{D}^+(g_i)\, \tilde{D}(g_i). \tag{3.35}$$

Die Diagonalelemente der Matrix d sind daher

$$d_{\alpha\alpha} = \sum_{i=1}^{m} \sum_{\beta=1}^{n} \tilde{D}^+_{\alpha\beta}(g_i)\, \tilde{D}_{\beta\alpha}(g_i) = \sum_{i=1}^{m} \sum_{\beta=1}^{n} |\tilde{D}_{\beta\alpha}(g_i)|^2 > 0. \tag{3.36}$$

Wir definieren die Diagonalmatrix $d^{1/2}$ mit den Elementen $\{d^{1/2}\}_{\alpha\alpha} = \sqrt{d_{\alpha\alpha}}$; offensichtlich ist $d^{1/2} d^{1/2} = d$. Da die Matrix $d^{1/2}$ selbstadjungiert ist, bekommen wir

$$\begin{aligned} \sum_{i=1}^{m} (x^{(i)}, y^{(i)}) &= (V\, d\, V^{-1} x, y) \\ &= (d^{1/2} d^{1/2} V^{-1} x, V^{-1} y) = (d^{1/2} V^{-1} x, d^{1/2} V^{-1} y). \end{aligned} \tag{3.37}$$

Auf diese Weise gelangen wir tatsächlich zur Gleichung (3.31), und die gesuchte Transformation L hat die Gestalt

$$L = d^{1/2} V^{-1}. \tag{3.38}$$

Jetzt werden wir zeigen, daß die Darstellung der Gruppe G durch die Matrizen LDL^{-1} unitär ist. Zunächst zeigen wir für ein beliebiges Element g_k der Gruppe G die Beziehung

$$\big(LD(g_k)\,\boldsymbol{x},\, LD(g_k)\boldsymbol{y}\big) = (L\boldsymbol{x},\, L\boldsymbol{y}). \tag{3.39}$$

Tatsächlich ist nach (3.30) und (3.31)

$$\begin{aligned}\big(LD(g_k)\boldsymbol{x},\, LD(g_k)\boldsymbol{y}\big) &= \sum_{i=1}^{m} \big(D(g_i)\, D(g_k)\boldsymbol{x},\, D(g_i)\, D(g_k)\boldsymbol{y}\big)\\ &= \sum_{i=1}^{m} \big(D(g_i g_k)\boldsymbol{x},\, D(g_i g_k)\boldsymbol{y}\big).\end{aligned} \tag{3.40}$$

Wir wissen aber, daß das Element $g_i g_k$ die ganze Gruppe durchläuft, wenn das Element g_i die ganze Gruppe durchläuft. Deshalb können wir endgültig schreiben

$$\big(LD(g_k)\boldsymbol{x},\, LD(g_k)\boldsymbol{y}\big) = \sum_{l=1}^{m} \big(D(g_l)\boldsymbol{x},\, D(g_l)\boldsymbol{y}\big) = (L\boldsymbol{x},\, L\boldsymbol{y}). \tag{3.41}$$

Führt man jetzt die Vektoren $\boldsymbol{x}' = L^{-1}\boldsymbol{x}$ und $\boldsymbol{y}' = L^{-1}\boldsymbol{y}$ ein, dann kann man die Gleichung (3.39) in der folgenden Gestalt darstellen:

$$\big(LD(g_k)L^{-1}\boldsymbol{x}',\, LD(g_k)L^{-1}\boldsymbol{y}'\big) = (\boldsymbol{x}',\, \boldsymbol{y}'). \tag{3.42}$$

Daraus folgt, daß die Matrizen $LD(g_k)L^{-1}\,(g_k \in G)$ tatsächlich unitär sind.

5. Reduzible und irreduzible Darstellungen einer Gruppe

Im Raum R_n sei eine Darstellung D der Gruppe G gegeben. Wenn es im Raum R_n einen Unterraum R_k $(k < n)$ gibt, der gegenüber allen Transformationen D invariant ist, d. h., wenn wir für $\boldsymbol{x} \in R_k$ auch $D\boldsymbol{x} \in R_k$ haben, dann heißt die Darstellung *reduzibel.* Wir wählen die Einheitsvektoren des Unterraumes R_k als die ersten k Einheitsvektoren im Raum R_n. Die Darstellungsmatrizen müssen dann folgende Gestalt haben:

$$\left|\begin{array}{cccc|ccc} D_{11} & D_{12} & \dots & D_{1k} & D_{1k+1} & \dots & D_{1n}\\ D_{21} & D_{22} & \dots & D_{2k} & D_{2k+1} & \dots & D_{2n}\\ \cdot & \cdot & \cdot & \cdot & \cdot & \cdot & \cdot\\ D_{k1} & D_{k2} & \dots & D_{kk} & D_{kk+1} & \dots & D_{kn}\\ \hline 0 & 0 & \dots & 0 & D_{k+1\,k+1} & \dots & D_{k+1n}\\ \cdot & \cdot & \cdot & \cdot & \cdot & \cdot & \cdot\\ 0 & 0 & \dots & 0 & D_{nk+1} & \dots & D_{nn} \end{array}\right|$$

Wenn man im Raum R_n keinen invarianten Unterraum finden kann, dann heißt die Darstellung *irreduzibel.*

Falls eine reduzible Darstellung D unitär ist, dann ist das orthogonale Komplement des Unterraumes R_k, das wir mit R_{n-k} bezeichnen wollen, ebenfalls invariant gegenüber den Transformationen D; das wollen wir jetzt zeigen. Es sei $\boldsymbol{x} \in R_k$, $\boldsymbol{y} \in R_{n-k}$; dann ist $(\boldsymbol{x}, \boldsymbol{y}) = 0$. Auf Grund der Invarianz des Unterraumes R_k haben wir

$$\big(D(g)\boldsymbol{x}, \boldsymbol{y}\big) = 0, \tag{3.43}$$

aber es ist

$$\big(D(g)\boldsymbol{x}, \boldsymbol{y}\big) = \big(\boldsymbol{x}, D^{+}(g)\boldsymbol{y}\big) = \big(\boldsymbol{x}, D^{-1}(g)\boldsymbol{y}\big) = \big(\boldsymbol{x}, D(g^{-1})\boldsymbol{y}\big) = 0 \tag{3.44}$$

und daher

$$D(g^{-1})\boldsymbol{y} \in R_{n-k}. \tag{3.45}$$

Mit g durchläuft auch das inverse Element g^{-1} die ganze Gruppe. (3.45) ist deshalb für alle Matrizen der betrachteten Darstellung erfüllt, und die Invarianz von R_{n-k} ist bewiesen. Jetzt wählen wir als die ersten k Einheitsvektoren die Einheitsvektoren des Unterraumes R_k und als die $n - k$ letzten die Einheitsvektoren des Unterraumes R_{n-k}. Die Darstellungsmatrizen werden dann folgende Quasidiagonalform (Blockform) haben:

$$\left\|\begin{array}{cccc|ccc} D_{11} & D_{12} & \dots & D_{1k} & 0 & \dots & 0 \\ D_{21} & D_{22} & \dots & D_{2k} & 0 & \dots & 0 \\ \cdot & \cdot & \cdot & \cdot & \cdot & \cdot & \cdot \\ D_{k1} & D_{k2} & \dots & D_{kk} & 0 & \dots & 0 \\ \hline 0 & 0 & \dots & 0 & D_{k+1k+1} & \dots & D_{k+1n} \\ \cdot & \cdot & \cdot & \cdot & \cdot & \cdot & \cdot \\ 0 & 0 & \dots & 0 & D_{nk+1} & \dots & D_{nn} \end{array}\right\|.$$

Wenn der Raum R so in invariante Unterräume zerlegt werden kann, daß in jedem Unterraum eine irreduzible Darstellung realisiert ist, dann heißt die Darstellung D *vollständig reduzibel*. Die Matrizen dieser Darstellung haben bei geeigneter Wahl der Einheitsvektoren Quasidiagonalform

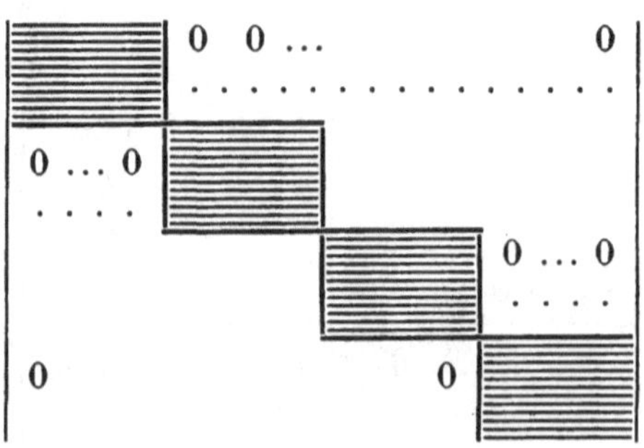

Aus obigen Überlegungen folgt:

1. Eine unitäre Darstellung einer Gruppe ist immer entweder irreduzibel oder vollständig reduzibel.

2. Eine Darstellung einer endlichen Gruppe ist entweder irreduzibel oder vollständig reduzibel (da sie einer unitären Darstellung äquivalent ist).

Die Matrizen einer reduziblen Darstellung D werden, wie wir gesehen haben, auf Diagonalform gebracht, indem man zu einem neuen System von Einheitsvektoren übergeht. Wir wissen, daß die Darstellungsmatrizen in diesem Falle einer Ähnlichkeitstransformation unterworfen werden

$$D \to V^{-1} D V.$$

V ist dabei die Matrix, die den Zusammenhang zwischen den Einheitsvektoren der alten und der neuen Basis vermittelt (s. (3.7)). Die Bedingung dafür, wann eine Darstellung reduzibel ist, kann daher folgendermaßen formuliert werden: Eine Darstellung D ist reduzibel, wenn es eine nichtsinguläre Matrix V gibt, so daß die Matrizen $V^{-1} DV$ quasidiagonal sind.

6. Das erste Schursche Lemma

Wir werden jetzt einen für die Anwendungen wichtigen Satz (das erste SCHURsche Lemma) beweisen:

Satz: *Eine Matrix, die mit allen Matrizen einer irreduziblen Darstellung kommutiert, ist ein Vielfaches der Einheitsmatrix.*

Beweis: $D(g)$ sei eine Matrix einer irreduziblen Darstellung der Gruppe G mit der Ordnung n, $g \in G$. Wir setzen voraus, daß die Matrix M mit allen Matrizen $D(g)$ kommutiert

$$M D(g) = D(g) M. \tag{3.46}$$

Den Raum, in dem die Darstellung $D(g)$ realisiert wird, bezeichnen wir mit R_n. Im Raum R_n muß mindestens ein Eigenvektor der Matrix M existieren; wir bezeichnen diesen mit $\boldsymbol{x}$ und haben

$$M\boldsymbol{x} = \lambda \boldsymbol{x}. \tag{3.47}$$

Wir transformieren den Vektor $\boldsymbol{x}$ mit der Darstellungsmatrix $D(g)$

$$D(g)\,\boldsymbol{x} = \boldsymbol{x}_g. \tag{3.48}$$

Der dabei entstehende Vektor $\boldsymbol{x}_g$ ist ebenfalls ein Eigenvektor der Matrix M mit demselben Eigenwert λ. Tatsächlich haben wir nach (3.46)

$$M\boldsymbol{x}_g = M D(g)\,\boldsymbol{x} = D(g)\, M\boldsymbol{x} = \lambda D(g)\,\boldsymbol{x} = \lambda \boldsymbol{x}_g. \tag{3.49}$$

Der Unterraum der Eigenvektoren der Matrix M zu ein und demselben Eigenwert ist demnach gegenüber den Transformationen $D(g)$ invariant. Nach unserer Voraussetzung ist aber die Darstellung $D(g)$ irreduzibel, deshalb muß dieser

Unterraum gleich dem ganzen Raum R_n sein, und die Matrix M, die einen beliebigen Vektor des Raumes R_n mit der Zahl λ multipliziert, muß die Gestalt

$$M = \begin{pmatrix} \lambda & 0 & 0 & \dots & 0 \\ 0 & \lambda & 0 & \dots & 0 \\ \cdot & \cdot & \cdot & \cdot & \cdot \\ 0 & 0 & 0 & \dots & \lambda \end{pmatrix}.$$

haben.

Damit ist der Satz bewiesen.

Wenn eine Darstellung vollständig reduzibel ist, d. h., wenn die Matrizen Quasidiagonalform haben, dann existiert immer eine Matrix, die kein Vielfaches der Einheitsmatrix ist und die mit allen Matrizen dieser Darstellung kommutiert. Man kann leicht nachprüfen, daß man als eine derartige Matrix eine Diagonalmatrix wählen kann, deren Diagonalelemente, die verschiedenen Blöcken einer Darstellungsmatrix entsprechen, voneinander verschieden sind.

Man kann daraus folgenden Schluß ziehen: *Wenn die einzige, mit allen Matrizen einer Darstellung vertauschbare Matrix ein Vielfaches der Einheitsmatrix ist, dann ist diese Darstellung irreduzibel.*

7. Das zweite Schursche Lemma

Satz: *$D^{(1)}(g)$ und $D^{(2)}(g)$ seien die Matrizen zweier irreduzibler, nicht äquivalenter Darstellungen der Gruppe G mit den Ordnungen n_1 bzw. n_2. Jede rechteckige Matrix M mit n_1 Spalten und n_2 Zeilen, die die Beziehung*

$$M D^{(1)}(g) = D^{(2)}(g)\, M \tag{3.50}$$

für alle $g \in G$ erfüllt, muß die Nullmatrix sein.

Beweis: Wir bilden das hermitesch Konjugierte zu beiden Seiten der Gleichung (3.50) und erhalten

$$D^{(1)+}(g)\, M^+ = M^+ D^{(2)+}(g). \tag{3.51}$$

Sind die Darstellungen $D^{(1)}$ und $D^{(2)}$ unitär, dann können wir schreiben

$$D^{(1)^{-1}}(g)\, M^+ = M^+ D^{(2)^{-1}}(g) \tag{3.52}$$

oder

$$D^{(1)}(g^{-1})\, M^+ = M^+ D^{(2)}(g^{-1}). \tag{3.53}$$

Durchläuft das Element g die ganze Gruppe, dann läuft auch das Element g^{-1} durch die ganze Gruppe. Daher können wir die letzte Gleichung auch in der Gestalt

$$D^{(1)}(g)\, M^+ = M^+\, D^{(2)}(g) \tag{3.54}$$

schreiben. Wir multiplizieren beide Seiten dieser Gleichung von links mit der Matrix M

$$M D^{(1)}(g)\, M^+ = M M^+\, D^{(2)}(g).$$

Unter Benutzung der Bedingung (3.50) finden wir

$$D^{(2)}(g)\, M M^+ = M M^+ D^{(2)}(g)\,. \tag{3.55}$$

Nach dem ersten SCHURschen Lemma können wir daraus schließen, daß die Matrix $M M^+$ ein Vielfaches der Einheitsmatrix sein muß

$$M M^+ = \lambda E_{n_2}. \tag{3.56}$$

Hier ist E_{n2} die n_2-reihige Einheitsmatrix.

Wir betrachten jetzt die drei möglichen Fälle: 1. $n_1 = n_2$, 2. $n_2 > n_1$ und 3. $n_1 > n_2$.

1. $n_1 = n_2$. In diesem Falle muß die Matrix M unbedingt singulär sein, d. h. $\det M = 0$; denn anderenfalls würden wir aus der Gleichung (3.50) die Bedingung für die Äquivalenz der Darstellungen erhalten

$$D^{(1)}(g) = M^{-1} D^{(2)}(g)\, M\,. \tag{3.57}$$

Wir rechnen jetzt die Determinanten von beiden Seiten der Gleichung (3.56) aus und bekommen

$$\det M \det M^+ = \lambda^{n_2} = 0 \tag{3.58}$$

und daraus $\lambda = 0$. Auf der anderen Seite finden wir aus (3.56)

$$\lambda = \sum_j M_{ij} \overline{M}_{ij} = \sum_j |M_{ij}|^2, \tag{3.59}$$

und folglich kann λ nur dann gleich Null sein, wenn alle Matrixelemente M_{ij} gleich Null sind.

2. $n_2 > n_1$. Wir ergänzen die Matrix M durch $n_2 - n_1$ Spalten mit Nullen zu einer quadratischen Matrix, entsprechend ergänzen wir die Matrix M^+ durch die gleiche Zahl von Zeilen mit Nullen. Die neuen Matrizen bezeichnen wir mit $\tilde{M}$ bzw. $\tilde{M}^+$. Es ist klar, daß auch für diese Matrizen die Gleichung (3.56) erfüllt ist

$$\tilde{M} \tilde{M}^+ = \lambda E_{n_2}. \tag{3.60}$$

Entsprechend der Konstruktion der Matrizen $\tilde{M}$ und $\tilde{M}^+$ ist

$$\det \tilde{M} = \det \tilde{M}^+ = 0\,.$$

Durch Wiederholung der im ersten Fall angestellten Überlegungen erhalten wir deshalb wiederum

$$M_{ik} = 0\,. \tag{3.61}$$

3. $n_2 < n_1$. Dieser Fall reduziert sich auf den vorhergehenden, und wir überlassen die erforderlichen Überlegungen dem Leser.

Zum Beweis des SCHURschen Lemma haben wir die Unitarität der Darstellungen $D^{(1)}$ und $D^{(2)}$ benutzt. Wir werden jetzt zeigen, daß diese Beschränkung unwesentlich ist. Wir wissen, daß jede Darstellung einer endlichen Gruppe einer unitären Darstellung äquivalent ist. Es seien zum Beispiel $D^{(1)}$ und $D^{(2)}$ zwei nicht unitäre Darstellungen. Man kann immer solche nichtsingulären Matrizen V und W finden, daß die Darstellungen

$$\tilde{D}^{(1)} = V^{-1} D^{(1)} V, \quad \tilde{D}^{(2)} = W^{-1} D^{(2)} W \tag{3.62}$$

unitär werden. Die Bedingung (3.50) kann dann in der Gestalt

$$M V \tilde{D}^{(1)} V^{-1} = W \tilde{D}^{(2)} W^{-1} M \tag{3.63}$$

dargestellt werden. Daraus erhalten wir

$$(W^{-1} M V) \tilde{D}^{(1)} = \tilde{D}^{(2)} (W^{-1} M V) \tag{3.64}$$

oder mit der Bezeichnung $N = W^{-1} M V$

$$N \tilde{D}^{(1)} = \tilde{D}^{(2)} N. \tag{3.65}$$

Das Problem ist somit auf das oben behandelte zurückgeführt. Die Matrix N kann nur die Nullmatrix sein. Wenn aber die Matrix N die Nullmatrix ist, dann ist natürlich auch die Matrix $M = W N V^{-1}$ Null.

8. Die Orthogonalitätsrelation für die Matrixelemente irreduzibler Darstellungen

Mit Hilfe des ersten und des zweiten SCHURschen Lemma kann man einige Beziehungen zwischen den Matrixelementen irreduzibler Darstellungen ableiten.

Satz: *$D^{(i)}(g)$ und $D^{(j)}(g)$ seien die Matrizen zweier irreduzibler nicht äquivalenter unitärer Darstellungen der Gruppe G aus m Elementen. Wir bezeichnen die Dimensionen dieser Darstellungen mit n_i und n_j. Zwischen den Elementen der Matrizen $D^{(i)}$ und $D^{(j)}$ bestehen die folgenden Beziehungen:*

$$\sum_{g \in G} D^{(i)}_{\mu\nu}(g)\, \overline{D}^{(j)}_{\alpha\beta}(g) = 0, \tag{3.66}$$

$$\sum_{g \in G} D^{(i)}_{\mu\nu}(g)\, \overline{D}^{(i)}_{\alpha\beta}(g) = \frac{m}{n_i}\, \delta_{\mu\alpha} \delta_{\nu\beta}. \tag{3.67}$$

Beweis. Wir bilden die Matrix

$$M = \sum_{g \in G} D^{(i)}(g)\, X D^{(j)}(g^{-1}),$$

wobei X eine beliebige Matrix mit n_i Zeilen und n_j Spalten ist. Wir werden beweisen, daß die Matrix M die Beziehung erfüllt

$$D^{(i)} M = M D^{(j)}. \tag{3.68}$$

Tatsächlich ist

$$\begin{aligned} D^{(i)}(g')M &= D^{(i)}(g')\sum_{g\in G} D^{(i)}(g)X D^{(j)}(g^{-1}) \\ &= \sum_{g\in G} D^{(i)}(g')\,D^{(i)}(g)X\,D^{(j)}(g^{-1})\,D^{(j)}(g'^{-1})\,D^{(j)}(g') \\ &= \sum_{g\in G} D^{(i)}(g'g)X\,D^{(j)}\big((g'g)^{-1}\big)\,D^{(j)}(g') \\ &= \sum_{g''\in G} D^{(i)}(g'')X\,D^{(j)}(g''^{-1})\,D^{(i)}(g') = M\,D^{(j)}(g'). \end{aligned}$$

Daraus folgt nach dem zweiten SCHURschen Lemma, daß M die Nullmatrix ist, d. h.

$$M_{\mu\alpha} = \sum_{g\in G}\sum_{s,k} D^{(i)}_{\mu s}(g)X_{sk}\,D^{(j)}_{k\alpha}(g^{-1}) = 0\,. \tag{3.69}$$

Die Matrix X ist beliebig zu wählen, und wir können $X_{sk} = 1$ für $s = \nu$ und $k = \beta$, und $X_{sk} = 0$ für alle anderen Indizes s und k setzen. So bekommen wir

$$\sum_{g\in G} D^{(i)}_{\mu\nu}(g)\,D^{(j)}_{\beta\alpha}(g^{-1}) = 0\,. \tag{3.70}$$

Bisher haben wir noch nicht die Unitarität der Darstellungen ausgenutzt, deshalb gilt die Gleichung (3.70) auch für nicht unitäre Darstellungen. Sind die Darstellungen $D^{(i)}$ und $D^{(j)}$ unitär, dann erhalten wir aus (3.70) die Beziehung (3.66).

Wir kommen jetzt zum Beweis der zweiten Orthogonalitätsrelation.

Dazu bilden wir die Matrix

$$N = \sum_{g\in G} D^{(i)}(g)\,X D^{(i)}(g)\,. \tag{3.71}$$

Hier ist X eine beliebige quadratische n_i-reihige Matrix. Man kann analog zeigen, daß sie mit allen Matrizen der irreduziblen Darstellung $D^{(i)}$ kommutiert. Demzufolge ist die Matrix N nach dem ersten SCHURschen Lemma ein Vielfaches der Einheitsmatrix, d. h.

$$N_{\mu\alpha} = \sum_{g\in G}\sum_{s,k} D^{(i)}_{\mu s}(g)\,X_{sk}\,D^{(i)}_{k\alpha}(g^{-1}) = \lambda\delta_{\mu\alpha}\,. \tag{3.72}$$

Wir wählen jetzt als X eine Matrix, bei der das einzige von Null verschiedene Element $X_{\nu\beta}$ gleich 1 ist. Die entsprechende Konstante λ bezeichnen wir mit $\lambda_{\nu\beta}$ und erhalten

$$\sum_{g\in G} D^{(i)}_{\mu\nu}(g)\,D^{(i)}_{\beta\alpha}(g^{-1}) = \lambda_{\nu\beta}\delta_{\mu\alpha}\,. \tag{3.73}$$

Zur Bestimmung von $\lambda_{\nu\beta}$ setzen wir in dieser Gleichung $\mu = \alpha$ und summieren beide Seiten über μ von 1 bis n_i; es ergibt sich

$$\sum_{g\in G}\sum_{\mu} D^{(i)}_{\mu\nu}(g)\,D^{(i)}_{\beta\mu}(g^{-1}) = \lambda_{\nu\beta}n_i \tag{3.74}$$

oder

$$\sum_{g \in G} D^{(i)}_{\beta\nu}(E) = \delta_{\nu\beta} m = \lambda_{\nu\beta} n_i . \tag{3.75}$$

Hieraus finden wir

$$\lambda_{\nu\beta} = \delta_{\nu\beta} \frac{m}{n_i} . \tag{3.76}$$

Wir haben somit

$$\sum_{g \in G} D^{(i)}_{\mu\nu}(g) D^{(i)}_{\beta\alpha}(g^{-1}) = \delta_{\mu\alpha} \delta_{\nu\beta} \frac{m}{n_i} . \tag{3.77}$$

Wenn die Darstellung $D^{(i)}(g)$ unitär ist, dann erhalten wir aus (3.77) die Beziehung (3.67).

Die eben bewiesenen Orthogonalitätsrelationen (3.66) und (3.67) können zu einer Formel zusammengefaßt werden:

$$\sum_{g \in G} D^{(i)}_{\mu\nu}(g) \overline{D}^{(j)}_{\alpha\beta}(g) = \frac{m}{n_i} \delta_{ij} \delta_{\mu\alpha} \delta_{\nu\beta} . \tag{3.78}$$

Man kann die Beziehung (3.78) als Orthogonalitätsbedingung und Normierungsvorschrift für ein System von Vektoren in einem m-dimensionalen Raum interpretieren. Jeder Faktor wird durch drei Indizes bestimmt: i, μ und ν; die Vektorkomponenten sind die Matrixelemente der nichtäquivalenten irreduziblen Darstellungen. Der Vektor $D^{(i)}_{\mu\nu}$ hat zum Beispiel die Komponenten $D^{(i)}_{\mu\nu}(g_1)$, $D^{(i)}_{\mu\nu}(g_2)$, $\ldots$, $D^{(i)}_{\mu\nu}(g_m)$. Die Zahl dieser Vektoren zu einer irreduziblen Darstellung, sagen wir zu $D^{(i)}$, ist n_i^2. Die Gesamtzahl der orthonormierten Vektoren in diesem System ist daher

$$\sum_i n_i^2 , \tag{3.79}$$

wobei nur über nicht äquivalente irreduzible Darstellungen zu summieren ist. Infolge der Orthogonalität müssen alle diese Vektoren linear unabhängig sein. Die Zahl der linear unabhängigen Vektoren kann nicht größer als die Dimension des Vektorraumes sein, deshalb ist

$$\sum_i n_i^2 \leqq m . \tag{3.80}$$

Daraus erhalten wir insbesondere die wichtige Feststellung, daß die Zahl der verschiedenen irreduziblen Darstellungen einer endlichen Gruppe endlich ist. Im Abschnitt 10 dieses Kapitels werden wir zeigen, daß tatsächlich immer folgende Gleichung gilt:

$$\sum_i n_i^2 = m . \tag{3.81}$$

9. Die Charaktere von Darstellungen

Wir wollen den Begriff des *Charakters* einer Darstellung einführen. Als Charakter $D(g)$ wird die durch die Formel

$$\chi(g) = \sum_i D_{ii}(g) = \operatorname{Sp} D(g) \tag{3.82}$$

definierte Funktion der Gruppenelemente bezeichnet. Wir wollen einige Eigenschaften der Charaktere von Darstellungen feststellen.

a) Äquivalente Darstellungen haben gleiche Charaktere; denn die Spur einer Matrix ist gegenüber einer Ähnlichkeitstransformation invariant, und folglich ist $\operatorname{Sp} V^{-1} D(g) V = \operatorname{Sp} D(g)$.

b) Die Charaktere der Darstellungsmatrizen zu den Elementen einer Klasse sind gleich.

c) Die Charaktere der irreduziblen Darstellungen haben die Orthogonalitätseigenschaft

$$\sum_{g \in G} \chi^{(i)}(g) \bar{\chi}^{(j)}(g) = m\, \delta_{ij}, \tag{3.83}$$

wenn $\chi^{(i)}(g)$ und $\chi^{(j)}(g)$ die Charaktere der irreduziblen Darstellungen $D^{(i)}$ bzw. $D^{(j)}$ sind. Unter Beachtung der Eigenschaft a) braucht man den Beweis von (3.83) nur für unitäre Darstellungen führen. Nach (3.78) haben wir

$$\sum_{g \in G} D^{(i)}_{\mu\mu}(g) \bar{D}^{(j)}_{\alpha\alpha}(g) = \frac{m}{n_i} \delta_{ij} \delta_{\mu\alpha}. \tag{3.84}$$

Wir summieren beide Seiten dieser Gleichung über μ und α, und es entsteht

$$\sum_{g \in G} \chi^{(i)}(g) \bar{\chi}^{(j)}(g) = \frac{m}{n_i} n_i \delta_{ij} = m \delta_{ij}, \tag{3.85}$$

was zu beweisen war. Für die Elemente einer Klasse hat $\chi(g)$ denselben Wert, deshalb kann man die gewonnene Beziehung auch in der Gestalt

$$\sum_{s} k_s \chi^{(i)}_s \bar{\chi}^{(j)}_s = m \delta_{ij} \tag{3.86}$$

schreiben; darin sind k_s die Zahl der Elemente in der Klasse C_s und $\chi^{(i)}_s$ der Charakter der Darstellung für die Elemente dieser Klasse.

d) Der Charakter einer reduziblen Darstellung D ist gleich der Summe der Charaktere der irreduziblen Darstellungen, in die sie zerlegt werden kann. Um diese Aussage zu begründen, brauchen wir nur an die Quasidiagonalform einer reduziblen Darstellung erinnern und die Eigenschaft a) auszunutzen. Der Charakter der reduziblen Darstellung sei $\chi(g)$, es gilt

$$\chi(g) = \sum_{j} r_j \chi^{(j)}(g). \tag{3.87}$$

Die Zahl r_j gibt an, wie oft die irreduzible Darstellung $D^{(j)}$ in der reduziblen Darstellung D vorkommt. Aus der Orthogonalitätsrelation (3.83) für die Charaktere können wir leicht die für die Anwendungen sehr wichtige Formel

$$r_j = \frac{1}{m} \sum_{g \in G} \bar{\chi}(g) \chi^{(j)}(g) \tag{3.88}$$

ableiten. Daraus folgt insbesondere, daß die Zerlegung einer reduziblen Darstellung in irreduzible Bestandteile eindeutig ist.

Wir werden die Zerlegung einer reduziblen Darstellung D in irreduzible Darstellungen symbolisch als Summe schreiben

$$D = \sum_j^{\oplus} r_j D^{(j)}.$$

Das Symbol $\oplus$ neben dem Summenzeichen soll daran erinnern, daß der Ausdruck auf der rechten Seite der Gleichung keine Summe von Matrizen im üblichen Sinne ist.

10. Die reguläre Darstellung

Wir wollen den Begriff der *regulären* Darstellung einführen. Es sei eine Gruppe G gegeben. Wir nehmen ein beliebiges Gruppenelement g_s und führen eine Bewegung in der Gruppe aus, d. h., wir multiplizieren jedes Gruppenelement von links mit g_s. Wie wir wissen, bleibt dann für $g_s \neq E$ kein Gruppenelement „an seinem Platze". Für $g_s = E$ geht überhaupt keine Bewegung vor sich.

Die einem beliebigen Element g_s entsprechende Bewegung kann man formal mit Hilfe der m-reihigen Matrix $R_{ij}(g_s)$ beschreiben

$$g_s g_i = \sum_t R_{ti}(g_s) g_t. \tag{3.89}$$

Offensichtlich steht in jeder Spalte der Matrix R nur ein von Null verschiedenes Element, dieses ist gleich 1. Für $g_s g_i = g_j$ ist $R_{ji}(g_s) = 1$, $R_{ti}(g_s) = 0$ für $t \neq j$. Die so konstruierten Matrizen $R(g_s)$ bilden eine m-dimensionale Darstellung der Gruppe G, diese Darstellung wird als *reguläre* Darstellung bezeichnet.

Aus der Definition der regulären Darstellung folgt für die zugehörigen Charaktere

$$\left.\begin{aligned} \chi^{(R)}(g_s) &= m \quad \text{für} \quad g_s = E, \\ \chi^{(R)}(g_s) &= 0 \quad \text{für} \quad g_s \neq E. \end{aligned}\right\} \tag{3.90}$$

Wir wollen die reguläre Darstellung in irreduzible Bestandteile zerlegen, d. h., wir wollen feststellen, wie oft jede irreduzible Darstellung $D^{(j)}$ darin enthalten ist. Dazu benutzen wir die Formel (3.88) und bekommen

$$r_j = \frac{1}{m} \sum_g \bar{\chi}^{(R)}(g)\, \chi^{(j)}(g) \tag{3.91}$$

oder nach (3.90)

$$r_j = \frac{1}{m} m \chi^{(j)}(E) = \chi^{(j)}(E) = n_j. \tag{3.92}$$

Jede irreduzible Darstellung kommt also in der regulären Darstellung so oft vor, daß die Häufigkeit gleich der Dimensionszahl ist.

Mit Hilfe dieses Satzes können wir die Dimension der regulären Darstellung durch die Dimensionen der irreduziblen Darstellungen ausdrücken, in die sie zerfällt; es ist

$$\sum_j n_j^2 = m. \tag{3.93}$$

Wir erinnern uns jetzt daran, daß der Ausdruck auf der linken Seite dieser Gleichung die Zahl der orthogonalen Vektoren $D^{(j)}_{\alpha\beta}$ angibt. Diese Zahl ist gleich der Dimension des Vektorraumes, und die Vektoren $D^{(j)}_{\alpha\beta}$ bilden deswegen ein vollständiges System darin. Dieses Ergebnis werden wir im folgenden Abschnitt zum Beweis des Satzes über die Zahl der verschiedenen irreduziblen Darstellungen einer endlichen Gruppe benutzen.

11. Die Zahl der irreduziblen Darstellungen

Man kann auch die Charaktere einer Darstellung $\chi(g_1), \chi(g_2), \ldots, \chi(g_m)$ als Komponenten eines Vektors im m-dimensionalen Raum R_m auffassen. Dabei bilden die Charaktere der irreduziblen Darstellungen ein System orthonormierter Vektoren, wie aus (3.83) folgt. Da die Elemente einer Klasse gleiche Charaktere haben, gehören alle entsprechenden Vektoren zum Unterraum $R_\varkappa$ des Raumes R_m. Der Raum $R_\varkappa$ wird dadurch bestimmt, daß die zu den Elementen einer Klasse gehörigen Vektoren gleiche Komponenten haben. Die Komponenten eines beliebigen Vektors $\boldsymbol{F}(F(g_1), F(g_2), \ldots)$ des Unterraumes $R_\varkappa$ haben die Eigenschaft

$$F(g') = F(g^{-1}g'g) \tag{3.94}$$

für beliebige g' und g aus der Gruppe G. Da die Zahl der verschiedenen Komponenten des Vektors $\boldsymbol{F}$ nicht größer als die Zahl der Klassen in der Gruppe G sein kann, ist die maximale Zahl $\varkappa$ der linearen unabhängigen Vektoren im Unterraum $R_\varkappa$ gleich der Zahl der Klassen in der Gruppe. Ein beliebiger Vektor $\boldsymbol{F}$ des Unterraumes $R_\varkappa$ kann nach den Vektoren $\chi^{(j)}$ zerlegt werden, die den irreduziblen Darstellungen der Gruppe G entsprechen, das werden wir jetzt zeigen.

Da der Vektor $\boldsymbol{F}$ zum Raum R_m gehört, kann er in dem vollständigen System der Vektoren $D^{(j)}_{\alpha\beta}$ in Komponenten zerlegt werden, und wir bekommen für diese Komponenten

$$F(g') = \sum_{j,\alpha,\beta} C^{(j)}_{\alpha\beta} D^{(j)}_{\alpha\beta}(g'). \tag{3.95}$$

Unter Ausnutzung der Eigenschaft (3.94) können wir schreiben

$$F(g') = F(g^{-1}g'g) = \sum_{j,\alpha,\beta} C^{(j)}_{\alpha\beta} D^{(j)}_{\alpha\beta}(g^{-1}g'g). \tag{3.96}$$

Wir mitteln die erhaltene Gleichung über das Element g und bekommen

$$\begin{aligned} F(g') &= \frac{1}{m} \sum_g \sum_{j,\alpha,\beta} C^{(j)}_{\alpha\beta} D^{(j)}_{\alpha\beta}(g^{-1}g'g) \\ &= \frac{1}{m} \sum_g \sum_{j,\alpha,\beta} C^{(j)}_{\alpha\beta} \sum_{\gamma,\delta} D^{(j)}_{\alpha\gamma}(g^{-1}) D^{(j)}_{\gamma\delta}(g') D^{(j)}_{\delta\beta}(g) \\ &= \frac{1}{m} \sum_g \sum_{j,\alpha,\beta,\gamma,\delta} C^{(j)}_{\alpha\beta} \overline{D}^{(j)}_{\gamma\alpha}(g) D^{(j)}_{\delta\beta}(g) D^{(j)}_{\gamma\delta}(g'). \end{aligned} \tag{3.97}$$

Weiter wird daraus unter Verwendung der Orthogonalitätsrelationen (3.67)

$$F(g') = \frac{1}{m} \sum_{j,\alpha,\beta,\gamma,\delta} C_{\alpha\beta}^{(j)} \frac{m}{n_j} \delta_{\gamma\delta} \delta_{\alpha\beta} D_{\gamma\delta}^{(j)}(g')$$

$$= \frac{1}{m} \sum_{j,\alpha,\delta} C_{\alpha\alpha}^{(j)} \frac{m}{n_j} D_{\delta\delta}^{(j)}(g') = \sum_j B_j \chi^{(j)}(g') \tag{3.98}$$

mit

$$B_j = \frac{1}{n_j} \sum_\alpha C_{\alpha\alpha}^{(j)}.$$

Wir sehen, daß ein beliebiger Vektor $F \in R_\varkappa$ nach den Vektoren $\chi^{(j)}$ in Komponenten zerlegt werden kann. Daraus folgt, daß das System der Vektoren $\chi^{(j)}$ im Unterraum $R_\varkappa$ vollständig ist und daß demnach die Zahl dieser Vektoren gleich der Zahl $\varkappa$ der Klassen in der Gruppe G ist.

Wir haben auf diese Weise folgenden wichtigen Satz erhalten:

Satz: *Die Zahl der verschiedenen irreduziblen Darstellungen einer Gruppe ist gleich der Zahl der Klassen in der Gruppe.*

12. Berechnung der Charaktere irreduzibler Darstellungen

Wie wir wissen, erfüllen die Charaktere der irreduziblen Darstellungen die Orthogonalitätsrelationen und die Normierungsbedingung (3.83). Wir können außerdem nach (3.93) die Dimensionen der irreduziblen Darstellungen finden, indem wir die Gruppenordnung m in $\varkappa$ Quadratzahlen (Quadrate ganzer Zahlen) zerlegen. Diese Dimensionen sind offensichtlich gleich den dem Einselement der Gruppe entsprechenden Charakteren dieser Darstellungen. Im allgemeinen reichen aber diese Bedingungen zur eindeutigen Bestimmung aller Charaktere der irreduziblen Darstellungen nicht aus. Wir wollen jetzt zeigen, daß man für die Charaktere der irreduziblen Darstellungen zusätzlich quadratische Beziehungen ableiten kann, die eine Lösung des Problems ermöglichen. In Kapitel II ist bewiesen worden, daß alle möglichen Produkte aus Elementen zweier Klassen einer Gruppe eine Gesamtheit bilden, die aus ganzen Klassen dieser Gruppe besteht. Dieses Ergebnis hatten wir in der Gleichung (2.5) formuliert

$$C_i C_j = \sum_k h_{ijk} C_k. \tag{3.99}$$

Jetzt wollen wir eine n_p-dimensionale irreduzible Darstellung $D^{(p)}$ der Gruppe G betrachten. Wir bilden die Produkte der Matrizen dieser Darstellung, die den Produkten der Elemente entsprechen, aus denen die Gesamtheit $C_i C_j$ aufgebaut ist:

$$D^{(p)}(g_i) D^{(p)}(g_j), \quad g_i \in C_i, \quad g_j \in C_j.$$

Nun schreiben wir die Darstellungsmatrizen $D^{(p)}$ für die Elemente der Gesamtheit $\sum_k h_{ijk} C_k$ auf. Offenbar müssen die so konstruierten Gesamtheiten von Darstellungsmatrizen infolge von (3.99) übereinstimmen, und es gilt die Gleichung

$$\sum_{\substack{g_i \in C_i \\ g_j \in C_j}} D^{(p)}(g_i) D^{(p)}(g_j) = \sum_{g_k \in C_k} h_{ijk} D^{(p)}(g_k). \tag{3.100}$$

Mit der Bezeichnung

$$S_i^{(p)} \equiv \sum_{g_i \in C_i} D^{(p)}(g_i) \tag{3.101}$$

kann die Formel (3.100) in die Gestalt

$$S_i^{(p)} S_j^{(p)} = \sum_k h_{ijk} S_k^{(p)} \tag{3.102}$$

gebracht werden. Die Matrizen $S_i^{(p)}$ sind aber Vielfache der Einheitsmatrix (s. Übungsaufgabe 3.3)

$$S_i^{(p)} = \lambda_i^{(p)} E_{n_p}. \tag{3.103}$$

Wir bilden jetzt die Spur der Matrix $S_i^{(p)}$. Einerseits haben wir

$$\mathrm{Sp}\, S_i^{(p)} = \sum_{g_i \in C_i} \mathrm{Sp}\, D^{(p)}(g_i) = k_i \chi_i^{(p)}, \tag{3.104}$$

wenn k_i die Zahl der Elemente in der Klasse C_i ist; andererseits ist

$$\mathrm{Sp}\, S_i^{(p)} = n_p \lambda_i^{(p)} \tag{3.105}$$

und daher

$$\lambda_i^{(p)} = \frac{k_i}{n_p} \chi_i^{(p)}. \tag{3.106}$$

(3.103) wird in (3.102) eingesetzt, und unter Verwendung von (3.106) ergeben sich die Beziehungen

$$k_i k_j \chi_i^{(p)} \chi_j^{(p)} = n_p \sum_l h_{ijl} k_l \chi_l^{(p)}, \tag{3.107}$$

die die Charaktere der irreduziblen Darstellungen erfüllen müssen. In der Regel werden wir diese Gleichung praktisch nicht zu lösen brauchen, weil die Charaktere der Darstellungen für die meisten der in Anwendungen benötigten endlichen Gruppen ausgerechnet und tabelliert sind.

Übungsaufgaben

3.1. Beweise: Eine beliebige Darstellung einer einfachen Gruppe (d. h. einer Gruppe ohne Normalteiler) ist isomorph zur Gruppe selbst.

3.2. Man beweise mit Hilfe des ersten Schurschen Lemma, daß alle irreduziblen Darstellungen einer abelschen Gruppe eindimensional sind!

3.3. Mit Hilfe des ersten SCHURschen Lemma ist zu beweisen, daß die Summe der den Elementen einer Klasse entsprechenden Matrizen einer irreduziblen Darstellung ein Vielfaches der Einheitsmatrix ist.

3.4. Es sind die Matrizen der regulären Darstellung für die Gruppe sechster Ordnung (s. Übungsaufgabe 2.1) anzugeben.

3.5. Man beweise, daß inversen Elementen konjugiert komplexe Charaktere einer Darstellung entsprechen!

3.6. Man beweise, daß die Gleichung $\frac{1}{m} \sum_g \chi(g) \chi(g) = 1$ eine hinreichende Bedingung für die Irreduzibilität einer Darstellung ist!

3.7. Man beweise, daß die Summe der Matrixelemente einer beliebigen irreduziblen Darstellung, außer der identischen Darstellung, über die Gruppe gleich Null ist!

KAPITEL IV

KOMPOSITION VON DARSTELLUNGEN UND DIREKTES PRODUKT VON GRUPPEN

Bevor wir zu den Anwendungen übergehen, führen wir noch den Begriff der Komposition oder des direkten Produktes[1]) von Darstellungen einer Gruppe und den Begriff des direkten Produktes von Gruppen ein. Mit diesem Ziel führen wir zunächst den Begriff des direkten Produktes von Matrizen ein.

1. Das direkte Produkt von Matrizen

Es seien zwei quadratische Matrizen gegeben: die n-reihige Matrix A und die m-reihige Matrix B mit den Elementen

$$\left.\begin{aligned} &a_{ik} \quad (i,\ k = 1, 2, \ldots, n), \\ &b_{\alpha\beta} \quad (\alpha, \beta = 1, 2, \ldots, m). \end{aligned}\right\} \tag{4.1}$$

Als *direktes Produkt* der Matrix A mit der Matrix B bezeichnet man die n-reihige Übermatrix $A \times B$, deren (i, k)-tes Element die m-reihige Matrix $a_{ik}B$ ist. Als Beispiel schreiben wir das direkte Produkt zweier zweireihiger Matrizen auf:

$$\begin{pmatrix} a_{11} a_{12} \\ a_{21} a_{22} \end{pmatrix} \times \begin{pmatrix} b_{11} b_{12} \\ b_{21} b_{22} \end{pmatrix} = \begin{pmatrix} a_{11} B \ a_{12} B \\ a_{21} B \ a_{22} B \end{pmatrix}$$

$$= \begin{pmatrix} a_{11}b_{11} & a_{11}b_{12} & a_{12}b_{11} & a_{12}b_{12} \\ a_{11}b_{21} & a_{11}b_{22} & a_{12}b_{21} & a_{12}b_{22} \\ a_{21}b_{11} & a_{21}b_{12} & a_{22}b_{11} & a_{22}b_{12} \\ a_{21}b_{21} & a_{21}b_{22} & a_{22}b_{21} & a_{22}b_{22} \end{pmatrix}. \tag{4.2}$$

Die Elemente der Matrix $A \times B$ sind, wie wir sehen, alle möglichen Produkte der Matrixelemente von A und B. Zur Numerierung der Zeilen und Spalten des direkten Produktes zweier Matrizen verwendet man zweckmäßig nicht einen sondern zwei Indizes. Wir können dann schreiben

$$\{A \times B\}_{i\alpha,\, k\beta} = a_{ik} b_{\alpha\beta}. \tag{4.3}$$

Offenbar ist die Anzahl der Reihen des direkten Produktes zweier Matrizen gleich dem Produkt der Reihenzahlen der Faktoren.

[1]) Das direkte Produkt wird auch KRONECKER-*Produkt* genannt. Anm. der dt. Red.

Aus der Definition des direkten Produktes von Matrizen folgt, daß das direkte Produkt von Diagonalmatrizen wieder eine Diagonalmatrix ist, das direkte Produkt von Einheitsmatrizen ist wieder eine Einheitsmatrix.

Sehen wir uns einige Eigenschaften des direkten Produktes von Matrizen an.

a) $A^{(1)}$ und $A^{(2)}$ seien n-reihige Matrizen, $B^{(1)}$ und $B^{(2)}$ seien m-reihige Matrizen. Es ist dann

$$(A^{(1)} \times B^{(1)})\,(A^{(2)} \times B^{(2)}) = A^{(1)} A^{(2)} \times B^{(1)} B^{(2)}. \tag{4.4}$$

Zum Beweis schreiben wir das $(i\alpha, k\beta)$-te Element für die linke und für die rechte Seite dieser Gleichung auf. Das Matrixelement auf der linken Seite ist

$$\{(A^{(1)} \times B^{(1)})\,(A^{(2)} \times B^{(2)})\}_{i\alpha,\,k\beta}$$
$$= \sum_{l,\delta} \{A^{(1)} \times B^{(1)}\}_{i\alpha,\,l\delta}\,\{A^{(2)} \times B^{(2)}\}_{l\delta,\,k\beta} = \sum_{l,\delta} a_{il}^{(1)} b_{\alpha\delta}^{(1)} a_{lk}^{(2)} b_{\delta\beta}^{(2)}. \tag{4.5}$$

Das Matrixelement auf der rechten Seite der Formel (4.4) kann man in die Gestalt

$$\{(A^{(1)} A^{(2)}) \times (B^{(1)} B^{(2)})\}_{i\alpha,\,k\beta} = \{A^{(1)} A^{(2)}\}_{ik}\,\{B^{(1)} B^{(2)}\}_{\alpha\beta}$$
$$= \sum_{l} a_{il}^{(1)} a_{lk}^{(2)} \sum_{\delta} b_{\alpha\delta}^{(1)} b_{\delta\beta}^{(2)} = \sum_{l,\delta} a_{il}^{(1)} a_{lk}^{(2)} b_{\alpha\delta}^{(1)} b_{\delta\beta}^{(2)} \tag{4.6}$$

bringen, und es ist demnach gleich dem entsprechenden Matrixelement auf der linken Seite der Formel (4.4). Wir sehen auf diese Weise, daß die Formel (4.4) tatsächlich richtig ist.

b) Sind die Matrizen A und B unitär, dann ist auch die Matrix $A \times B$ unitär. Tatsächlich folgt aus der Eigenschaft a)

$$(A \times B)^{-1} = A^{-1} \times B^{-1}. \tag{4.7}$$

Andererseits ist offensichtlich

$$(A \times B)^{+} = A^{+} \times B^{+}. \tag{4.8}$$

Da die Matrizen A und B unitär sind, sind $A^{+} = A^{-1}$ und $B^{+} = B^{-1}$, und wir haben

$$(A \times B)^{+} = A^{+} \times B^{+} = A^{-1} \times B^{-1} = (A \times B)^{-1}, \tag{4.9}$$

was zu beweisen war.

Wir haben den Begriff des direkten Produktes für quadratische Matrizen eingeführt. Manchmal ist es aber auch nützlich, den Begriff des direkten Produktes für rechteckige Matrizen einzuführen, das direkte Produkt wird in diesem Falle genau wie für quadratische Matrizen definiert. Offensichtlich kann man auch direkte Produkte aus beliebig vielen (nicht nur aus zwei) Matrizen bilden.

2. Das direkte Produkt von Darstellungen einer Gruppe

Wir können jetzt den Begriff der *Komposition* oder des *direkten Produktes* von Darstellungen einer Gruppe einführen.

Es seien zwei (nicht unbedingt irreduzible) Darstellungen D und D' der Gruppe G gegeben. Wir werden die Darstellungsmatrizen als Transformationsmatrizen in den l_1- bzw. l_2-dimensionalen Räumen R_{l_1} und R_{l_2} auffassen. Für die Einheitsvektoren u_k des Raumes R_{l_1} gilt dann

$$\hat{T}_g \boldsymbol{u}_i = \sum_m D_{mi}(g)\, \boldsymbol{u}_m, \tag{4.10}$$

und für die Einheitsvektoren v_k des Raumes R_{l_2} erhalten wir

$$\hat{T}'_g \boldsymbol{v}_k = \sum_n D'_{nk}(g)\, \boldsymbol{v}_n. \tag{4.11}$$

Wir nehmen aus dem Raum R_{l_1} den Vektor $\boldsymbol{x}(x_1, x_2, \ldots, x_{l_1})$ und aus dem Raum R_{l_2} den Vektor $\boldsymbol{y}(y_1, y_2, \ldots, y_{l_2})$ und bilden die $l_1 l_2$ Produkte $x_i y_k$ aus den Komponenten der Vektoren $\boldsymbol{x}$ und $\boldsymbol{y}$. Die so erhaltenen Zahlen sehen wir als die Komponenten eines Vektors im Raum $R_{l_1 l_2}$ an, und wir bezeichnen diesen Vektor als das direkte Produkt der Vektoren $\boldsymbol{x}$ und $\boldsymbol{y}$. Den Raum $R_{l_1 l_2}$ werden wir direktes Produkt der Räume R_{l_1} und R_{l_2} nennen und mit $R_{l_1} \times R_{l_2}$ bezeichnen. Es ist klar, daß eine Basis des Raumes $R_{l_1} \times R_{l_2}$ aus den direkten Produkten der Basisvektoren $\boldsymbol{u}_i$ und $\boldsymbol{v}_k$ der Räume R_{l_1} und R_{l_2} gebildet werden kann:

$$\boldsymbol{w}_{ik} = \boldsymbol{u}_i \times \boldsymbol{v}_k. \tag{4.12}$$

Wir definieren jetzt lineare Operationen $\hat{T}''_g$ im Raum $R_{l_1} \times R_{l_2}$ durch die Formel

$$\begin{aligned} \hat{T}''_g \boldsymbol{w}_{ik} = \hat{T}_g \boldsymbol{u}_i \times \hat{T}'_g \boldsymbol{v}_k &= \sum_{m,n} D_{mi}(g)\, \boldsymbol{u}_m \times D_{nk}(g)\, \boldsymbol{v}_n \\ &= \sum_{m,n} D_{mi}(g)\, D'_{nk}(g)\, \boldsymbol{w}_{mn}. \end{aligned} \tag{4.13}$$

Wir sehen, daß den Operatoren $\hat{T}''_g$ die Matrizen entsprechen, die sich als direktes Produkt der Matrizen $D(g)$ und $D'(g)$ ergeben.

Wir wollen prüfen, ob die Matrizen $D(g) \times D'(g)$ eine Darstellung der Gruppe G bilden. Für $g_i g_k = g_l$ ist tatsächlich

$$\left.\begin{aligned} D(g_i)\, D(g_k) &= D(g_l), \\ D'(g_i)\, D'(g_k) &= D'(g_l). \end{aligned}\right\} \tag{4.14}$$

Weiter benutzen wir die Eigenschaft a) des direkten Produktes von Matrizen und bekommen

$$\begin{aligned} &\bigl(D(g_i) \times D'(g_i)\bigr) \bigl(D(g_k) \times D'(g_k)\bigr) \\ &= \bigl(D(g_i)\, D(g_k)\bigr) \times \bigl(D'(g_i)\, D(g_k)\bigr) = D(g_l) \times D'(g_l). \end{aligned} \tag{4.15}$$

Die Darstellung durch die Matrizen $D(g) \times D'(g)$ heißt *Komposition* oder *direktes Produkt* der Darstellungen $D(g)$ und $D'(g)$. Sind die Darstellungen D und D' unitär, dann ist nach der Eigenschaft b) auch ihr direktes Produkt unitär.

Das direkte Produkt zweier irreduzibler Darstellungen $D^{(i)}$ und $D^{(j)}$ wird im allgemeinen eine reduzible Darstellung sein. Die Zerlegung eines direkten Produktes von Darstellungen in irreduzible Darstellungen wird als CLEBSCH-GORDAN-Zerlegung bezeichnet:

$$D^{(i)}(g) \times D^{(j)}(g) = \sum_l^{\oplus} \gamma_{ijl} D^{(l)}(g), \tag{4.16}$$

wobei die $D^{(l)}(g)$ irreduzible Darstellungen der Gruppe G sind. Wie wir wissen, kann man mit Hilfe der Orthogonalitätsrelationen für die Charaktere der irreduziblen Darstellungen und aus den bekannten Charakteren einer reduziblen Darstellung ermitteln, wie oft eine irreduzible Darstellung in der reduziblen enthalten ist. Unter Verwendung der Formel (3.88) erhalten wir

$$\gamma_{ijs} = \frac{1}{m} \sum_g \bar{\chi}^{(s)}(g)\, \chi^{(ij)}(g), \tag{4.17}$$

mit $\chi^{(ij)}(g)$ sind darin die Charaktere der Darstellung $D^{(i)} \times D^{(j)}$ bezeichnet. Wir wollen einen Ausdruck für die Charaktere $\chi^{(ij)}$ angeben. Da die Matrixelemente von $D^{(i)} \times D^{(j)}$ die Gestalt

$$\{D^{(i)} \times D^{(j)}\}_{l\alpha,\, k\beta} = D^{(i)}_{lk} D^{(j)}_{\alpha\beta} \tag{4.18}$$

haben, ist der Charakter dieser Darstellung offensichtlich

$$\begin{aligned} \chi^{(ij)}(g) &= \mathrm{Sp}\left(D^{(i)}(g) \times D^{(j)}(g)\right) = \sum_{l,\alpha} \{D^{(i)}(g) \times D^{(j)}(g)\}_{l\alpha,\, l\alpha} \\ &= \sum_{l,\alpha} D^{(i)}_{ll}(g)\, D^{(j)}_{\alpha\alpha}(g) = \chi^{(i)}(g)\, \chi^{(j)}(g). \end{aligned} \tag{4.19}$$

Der Charakter des direkten Produktes zweier Darstellungen ist also gleich dem Produkt der Charaktere der Faktoren. Wir setzen dieses Ergebnis in die Formel (4.17) ein und bekommen

$$\gamma_{ijs} = \frac{1}{m} \sum_g \bar{\chi}^{(s)}(g)\, \chi^{(i)}(g)\, \chi^{(j)}(g). \tag{4.20}$$

Das direkte Produkt der irreduziblen Darstellungen $D^{(i)}$ und $D^{(j)}$ sei in die irreduziblen Bestandteile zerlegt, so daß die Matrizen dieser Darstellung Blockform haben. Wir wissen, daß eine derartige Zerlegung durch den Übergang zu einer neuen Basis entsteht. In unserem Falle handelt es sich dabei um den Übergang von der Basis $\boldsymbol{w}_{pk} = \boldsymbol{u}_p^{(i)} \times \boldsymbol{v}_k^{(j)}$ zur Basis $\boldsymbol{w}_q^{(s\gamma_s)}$; s numeriert dabei die nicht äquivalenten irreduziblen Darstellungen, und der Index γ_s gibt die Vielfachheit der irreduziblen Darstellung $D^{(s)}$ an. Die neuen Einheitsvektoren sind eine Linearkombination der alten:

$$\boldsymbol{w}_q^{(s\gamma_s)} = \sum_{p,k} (ip, jk \mid s, \gamma_s, q)\, \boldsymbol{u}_p^{(i)} \times \boldsymbol{v}_k^{(j)}. \tag{4.21}$$

Die Koeffizienten $(ip, jk \mid s, \gamma_s, q)$ in dieser Formel werden als CLEBSCH-GORDAN-Koeffizienten oder als WIGNER-Koeffizienten bezeichnet.

Wenn die Einheitsvektoren $w_q^{(s\gamma_s)}$ und $u_p^{(i)} \times v_k^{(j)}$ jeweils eine orthonormierte Basis bilden, dann muß die Transformationsmatrix mit den Elementen $(ip, jk \mid s, \gamma_s, q)$ unitär sein. In diesem Falle gelten für die CLEBSCH-GORDAN-Koeffizienten die folgenden Orthogonalitätsrelationen:

$$\sum_{p,k} \overline{(ip, jk \mid s, \gamma_s, q)}\,(ip, jk \mid s', \gamma'_s, q') = \delta_{qq'}\delta_{ss'}\delta_{\gamma_s\gamma'_s}, \tag{4.22}$$

$$\sum_{s,\gamma_s,p} \overline{(ip, jk \mid s, \gamma_s, q)}\,(ip', jk' \mid s, \gamma_s, q) = \delta_{pp'}\delta_{kk'}. \tag{4.23}$$

Analog kann man das direkte Produkt aus drei oder mehr Darstellungen behandeln.

3. Das direkte Produkt von Gruppen

Wir wollen den Begriff des direkten Produktes von Gruppen einführen und die irreduziblen Darstellungen dieses direkten Produktes untersuchen.

Es seien zwei Gruppen gegeben: $G^{(1)}$ mit den Elementen $g_\alpha^{(1)}$ und $G^{(2)}$ mit den Elementen $g_\beta^{(2)}$. Wir definieren die neue Gruppe $G^{(1)} \times G^{(2)}$ mit den Elementen $(g_\alpha^{(1)}, g_\beta^{(2)})$; die Reihenfolge der Elemente eines Paares in einer Klammer ist dabei unwesentlich. Die so definierte Gruppe bezeichnen wir als das *direkte Produkt der Gruppen* $G^{(1)}$ und $G^{(2)}$. Das Multiplikationsgesetz für die neue Gruppe wird folgendermaßen definiert:

$$(g_\alpha^{(1)}, g_\beta^{(2)})\,(g_{\alpha'}^{(1)}, g_{\beta'}^{(2)}) = (g_{\alpha''}^{(1)}, g_{\beta''}^{(2)}) \tag{4.24}$$

mit

$$g_{\alpha''}^{(1)} = g_\alpha^{(1)} g_{\alpha'}^{(1)}, \quad g_{\beta''}^{(2)} = g_\beta^{(2)} g_{\beta'}^{(2)}. \tag{4.25}$$

Man kann leicht zeigen, daß das Einselement des direkten Produktes von Gruppen das Paar der Einselemente der Faktoren ist. Das zu $(g_\alpha^{(1)}, g_\beta^{(2)})$ inverse Element ist $(g_\alpha^{(1)-1}, g_\beta^{(2)-1})$. Eine wichtige Realisierung des direkten Produktes zweier Gruppen ist der Fall, daß die Gruppen $G^{(1)}$ und $G^{(2)}$ miteinander kommutierende Untergruppen einer Gruppe sind. In diesem Fall ist das Paar $(g_\alpha^{(1)}, g_\beta^{(2)})$ als das Ergebnis der Gruppenmultiplikation der Elemente aufzufassen. Wir wollen zeigen, daß man aus nicht kommutierenden Untergruppen auf diese Weise kein direktes Produkt bilden kann. Nach dem Multiplikationsgesetz (4.24) haben wir tatsächlich

$$(g_\alpha^{(1)}, g_\beta^{(2)})\,(g_{\alpha'}^{(1)}, g_{\beta'}^{(2)}) = g_\alpha^{(1)} g_{\alpha'}^{(1)} g_\beta^{(2)} g_{\beta'}^{(2)}. \tag{4.26}$$

Nehmen wir jetzt als $g_\alpha^{(1)}$ und $g_{\beta'}^{(2)}$ die Einselemente der Gruppe, so erhalten wir die Beziehung

$$g_\beta^{(2)} g_{\alpha'}^{(1)} = g_{\alpha'}^{(1)} g_\beta^{(2)}, \tag{4.27}$$

die nicht erfüllt ist, wenn die betrachteten Untergruppen nicht miteinander kommutieren.

Die Zahl der Klassen der Gruppe $G^{(1)} \times G^{(2)}$ ist gleich dem Produkt der Zahlen der Klassen der Faktoren. Das wollen wir jetzt beweisen. Dazu betrachten wir die Gesamtheit derjenigen Elemente der Gruppe $G^{(1)} \times G^{(2)}$, in denen der erste Faktor zu einer bestimmten Klasse der Gruppe $G^{(1)}$ und der zweite Faktor zu einer bestimmten Klasse der Gruppe $G^{(2)}$ gehören, und zeigen, daß diese Elemente der Gruppe $G^{(1)} \times G^{(2)}$ eine Klasse bilden. Wenn das Element $(g_\alpha^{(1)}, g_\beta^{(2)})$ zu der herausgegriffenen Gesamtheit gehört, dann gilt in der Tat für ein beliebiges Element $(g_\gamma^{(1)}, g_\delta^{(2)})$ der Gruppe

$$\begin{aligned}(g_\gamma^{(1)}, g_\delta^{(2)})^{-1} (g_\alpha^{(1)}, g_\beta^{(2)}) (g_\gamma^{(1)}, g_\delta^{(2)}) &= (g_\gamma^{(1)-1}, g_\delta^{(2)-1}) (g_\alpha^{(1)}, g_\beta^{(2)}) (g_\gamma^{(1)}, g_\delta^{(2)}) \\ &= (g_\gamma^{(1)-1} g_\alpha^{(1)} g_\gamma^{(1)}, g_\delta^{(2)-1} g_\beta^{(2)} g_\delta^{(2)}),\end{aligned} \tag{4.28}$$

d. h., wir erhalten ein Element, das wieder zu derselben Gesamtheit gehört. Es ist unschwer zu erkennen, daß alle Elemente der Gesamtheit durch Bildung der konjugierten Elemente aus einem einzigen Element gewonnen werden können. Die herausgegriffene Gesamtheit von Elementen bildet also tatsächlich eine Klasse in der Gruppe $G^{(1)} \times G^{(2)}$. Daraus folgt, daß die Zahl der Klassen eines direkten Produktes gleich dem Produkt der Zahlen der Klassen der Faktoren ist.

4. Irreduzible Darstellungen eines direkten Produktes von Gruppen

Wir kommen jetzt zur Behandlung der Darstellungen eines direkten Produktes von Gruppen. Es sei die l_1-dimensionale Darstellung $D(g_\alpha^{(1)})$ der Gruppe $G^{(1)}$ und die l_2-dimensionale Darstellung $D'(g_\beta^{(2)})$ der Gruppe $G^{(2)}$ gegeben. Wir werden zeigen, daß das direkte Produkt der Matrizen $D(g_\alpha^{(1)}) \times D'(g_\beta^{(2)})$ eine $l_1 l_2$-dimensionale Darstellung der Gruppe $G^{(1)} \times G^{(2)}$ bildet.

Wenn die Beziehung

$$(g_\alpha^{(1)}, g_\beta^{(2)}) (g_{\alpha'}^{(1)}, g_{\beta'}^{(2)}) = (g_{\alpha''}^{(1)}, g_{\beta''}^{(2)}) \tag{4.29}$$

gilt, dann erhalten wir tatsächlich nach (4.4) für die direkten Produkte der Matrizen

$$D(g_\alpha^{(1)}) \times D'(g_\beta^{(2)}) \quad \text{und} \quad D(g_{\alpha'}^{(1)}) \times D'(g_{\beta'}^{(2)})$$

die analoge Gleichung

$$\begin{aligned}\big(D(g_\alpha^{(1)}) \times D'(g_\beta^{(2)})\big) \big(D(g_{\alpha'}^{(1)}) \times D'(g_{\beta'}^{(2)})\big) &= \big(D(g_\alpha^{(1)})\, D(g_{\alpha'}^{(1)})\big) \times \big(D'(g_\beta^{(2)})\, D'(g_{\beta'}^{(2)})\big) \\ &= D(g_{\alpha''}^{(1)}) \times D'(g_{\beta''}^{(2)}).\end{aligned} \tag{4.30}$$

Falls die Darstellungen D und D' irreduzibel sind, dann ist die Darstellung $D \times D'$ der Gruppe $G^{(1)} \times G^{(2)}$ ebenfalls irreduzibel, das werden wir jetzt beweisen. Zu diesem Zwecke zeigen wir, daß die einzige Matrix, die mit allen Matrizen $D \times D'$ vertauschbar ist, ein Vielfaches der Einheitsmatrix ist. Wir bezeichnen diese Matrix mit X. Wie wir wissen, kann man die Matrix $D \times D'$ als Übermatrix mit den Matrizen $D_{ik} D'$ als Elemente auffassen. Wir schreiben die Matrix X ebenfalls als Übermatrix mit den Elementen X_{ik}, die ihrerseits Matrizen mit der gleichen Reihenzahl wie D' sind. Übermatrizen der gleichen Struktur kann man wie gewöhnliche Matrizen multiplizieren (s. Üb. 4.2). Wir setzen also voraus, daß die Matrix X mit allen Matrizen $D \times D'$ kommutiert. Zuerst schreiben wir die Vertauschungsregel für die Matrizen auf, die dem Einselement der Gruppe $G^{(1)}$ entsprechen, d. h. für die Matrizen $E_{l_1} \times D'(g_\beta^{(2)})$. Als Übermatrizen geschrieben haben diese die Gestalt von Vielfachen der Einheitsmatrix mit der Matrix D' als Diagonalelemente. Wir haben

$$\begin{pmatrix} X_{11} & X_{12} \dots X_{1l_1} \\ \dots & \dots \\ X_{l_11} & X_{l_12} \dots X_{l_1l_1} \end{pmatrix} \begin{pmatrix} D' & 0 & 0 \dots 0 \\ 0 & D' & 0 \dots 0 \\ \dots & \dots & \dots \\ 0 & 0 & 0 \dots D' \end{pmatrix}$$

$$= \begin{pmatrix} D' & 0 & 0 \dots 0 \\ 0 & D' & 0 \dots 0 \\ \dots & \dots & \dots \\ 0 & 0 & 0 \dots D' \end{pmatrix} \begin{pmatrix} X_{11} & X_{12} \dots X_{1l_1} \\ \dots & \dots \\ X_{l_11} & X_{l_12} \dots X_{l_1l_1} \end{pmatrix}$$

oder

$$\sum_{k=1}^{l_1} X_{ik} \delta_{kj} D' = \sum_{k=1}^{l_1} \delta_{ik} D' X_{kj}$$

und somit

$$X_{ij} D' = D' X_{ij}. \tag{4.31}$$

Wir sehen auf diese Weise, daß alle Untermatrizen X_{ij} mit allen Matrizen einer irreduziblen Darstellung der Gruppe $G^{(2)}$ kommutieren müssen und daher nach dem ersten Schurschen Lemma Vielfache der Einheitsmatrix sind:

$$X_{ik} = x_{ik} E_{l_2} \tag{4.32}$$

mit irgendwelchen Zahlen x_{ik}. Jetzt schreiben wir die Regel für die Vertauschung von X mit denjenigen Matrizen des direkten Produktes auf, die dem Einselement der Gruppe $G^{(2)}$ entsprechen. Diese Matrizen haben die Gestalt $D \times E_{l_2}$. Mit Übermatrizen geschrieben lautet die Vertauschungsregel

$$\sum_k X_{ik} D_{kj} E_{l_2} = \sum_k D_{ik} E_{l_2} X_{kj}. \tag{4.33}$$

Mit Hilfe der Formel (4.32) erhalten wir daraus

$$\sum_k x_{ik} D_{kj} = \sum_k D_{ik} x_{kj}. \tag{4.34}$$

Wir haben somit gezeigt, daß die Matrix mit den l_1-reihigen Elementen x_{ik} mit allen Matrizen der irreduziblen Darstellung $D(g^{(1)})$ kommutiert; diese Matrix ist deshalb ein Vielfaches der Einheitsmatrix, und es ist $x_{ik} = \delta_{ik} x$. Daraus folgt aber auch, daß die Matrix X der Gestalt

$$\begin{pmatrix} x_{11} E_{l_2} & x_{12} E_{l_2} \dots x_{1l_1} E_{l_2} \\ \dots & \dots \\ x_{l_11} E_{l_2} & x_{l_12} E_{l_2} \dots x_{l_1l_1} E_{l_2} \end{pmatrix}$$

ebenfalls ein Vielfaches der Einheitsmatrix ist, und unsere Behauptung ist damit bewiesen.

Die Darstellungen der Gruppe $G^{(1)} \times G^{(2)}$, die auf diese Weise aus den irreduziblen Darstellungen der Gruppen $G^{(1)}$ und $G^{(2)}$ gebildet werden, sind nicht äquivalent. Man kann das leicht an Hand der Orthogonalität der Charaktere dieser Darstellungen überprüfen, die gleich den Produkten der Charaktere der Darstellungen D und D' sind; der Beweis sei dem Leser überlassen. Die Zahl der Darstellungen $D \times D'$ ist offensichtlich gleich dem Produkt der Zahl der verschiedenen irreduziblen Darstellungen D mit der Zahl der verschiedenen irreduziblen Darstellungen D' oder gleich dem Produkt der Zahlen der Klassen in den Gruppen $G^{(1)}$ und $G^{(2)}$. Da aber die Zahl der Klassen eines direkten Produktes gerade gleich dem Produkt der Zahlen der Klassen der Faktoren ist, haben wir auf diese Weise alle irreduziblen Darstellungen der Gruppe $G^{(1)} \times G^{(2)}$ erhalten.

Übungsaufgaben

4.1. Man beweise, daß die identische Darstellung im direkten Produkt zweier irreduzibler Darstellungen nur dann enthalten ist, wenn diese Darstellungen zueinander konjugiert komplex sind!

4.2. Man überzeuge sich davon, daß man Übermatrizen mit der gleichen Zerlegung in Zeilen und Spalten nach derselben Regel wie für gewöhnliche Matrizen multiplizieren kann!

4.3. Man beweise, daß die in Abschnitt 3 konstruierten irreduziblen Darstellungen des direkten Produktes zweier Gruppen nicht äquivalent sind!

4.4. Zeige: Die Untergruppen $(g_\alpha^{(1)}, E^{(2)})$ und $(E^{(1)}, g_\beta^{(2)})$ sind Normalteiler der Gruppe $G^{(1)} \times G^{(2)}$.

4.5. Beweise: Die Vertauschung der Faktoren in einem direkten Produkt von Matrizen ist einer Ähnlichkeitstransformation äquivalent: $A \times B = V(B \times A)\, V^{-1}$.

KAPITEL V

DAS WIGNER-THEOREM

Nachdem wir uns mit einigen Grundbegriffen und wesentlichen Sätzen der Theorie endlicher Gruppen vertraut gemacht haben, können wir zur Behandlung konkreter Gruppen und zu Anwendungen gruppentheoretischer Methoden bei physikalischen Problemen übergehen. Wie wir noch sehen werden, basiert ein großer Teil der Anwendungen auf dem WIGNER-Theorem, das in diesem Kapitel bewiesen werden soll.

1. Die Symmetrie eines quantenmechanischen Systems bezüglich der Transformationsgruppe

Wir wissen, daß der Zustand eines quantenmechanischen Systems durch eine Lösung der SCHRÖDINGER-Gleichung beschrieben wird. Die Symmetrie dieses Systems bezüglich einer Gruppe bedeutet daher die Invarianz der zugehörigen SCHRÖDINGER-Gleichung gegenüber den Transformationen dieser Gruppe. Wir beschränken uns auf die Behandlung stationärer Probleme und verwenden die SCHRÖDINGER-Gleichung in der Gestalt

$$\hat{H}(x)\,\psi(x) = E\,\psi(x). \tag{5.1}$$

x ist darin die Gesamtheit der Veränderlichen, die den Konfigurationsraum des Systems bestimmen. Wir erinnern daran (s. Kap. III), daß wir unter der Invarianz der SCHRÖDINGER-Gleichung folgendes verstehen: Bei der Substitution $x \to g^{-1}x$, $\psi(x) \to \hat{T}_g\psi(x) = \psi(g^{-1}x)$ bleibt die Form der SCHRÖDINGER-Gleichung unverändert, wenn g eine Transformation der Symmetriegruppe G des Systems ist. Offensichtlich ist die Invarianz der SCHRÖDINGER-Gleichung gegenüber einer Transformation g eine Folge der Invarianz des HAMILTON-Operators des Systems:

$$\hat{H}(gx) = \hat{H}(x). \tag{5.2}$$

Wir werden zeigen, daß die Bedingung für die Invarianz der Gleichung (5.1) gegenüber der Gruppe G dadurch ausgedrückt werden kann, daß die Operatoren $\hat{T}_g$ und der HAMILTON-Operator $\hat{H}$ miteinander kommutieren:

$$\hat{H}\hat{T}_g = \hat{T}_g\hat{H}. \tag{5.2a}$$

$\psi_E(x)$ sei die Eigenfunktion des Operators $\hat{H}$ zum Eigenwert E. $\hat{T}_g \psi_E(x)$ ist dann ebenfalls eine Eigenfunktion des Operators $\hat{H}$ zu demselben Eigenwert, d. h.

$$\hat{H}\hat{T}_g \psi_E = E\hat{T}_g \psi_E .$$

Es ist aber

$$E\hat{T}_g \psi_E = \hat{T}_g \hat{H} \psi_E .$$

Für eine beliebige Eigenfunktion des Operators $\hat{H}$ haben wir somit

$$\hat{H}\hat{T}_g \psi_E = \hat{T}_g \hat{H} \psi_E .$$

Offenbar gilt diese Gleichung auch für eine beliebige Funktion, die nach den Eigenfunktionen des Operators $\hat{H}$ entwickelt werden kann.

Die Bedingung (5.2) für die Invarianz des HAMILTON-Operators kann auch in Matrixschreibweise wiedergegeben werden. Unter Verwendung eines beliebigen vollständigen Systems orthonormierter Funktionen $\psi_i(x)$ erhalten wir aus (5.2a)

$$\sum_k H_{ik} D_{kj}(g) = \sum_s D_{is}(g)\, H_{sj} \tag{5.2b}$$

mit

$$H_{ik} = \int \bar{\psi}_i \hat{H} \psi_k dx, \quad D_{is} = \int \bar{\psi}_i \hat{T}_g \psi_s dx .$$

Bei der Lösung eines quantenmechanischen Problems muß man sich praktisch häufig auf ein unvollständiges und nicht orthonormiertes Funktionensystem beschränken. In diesem Fall hat die Invarianzbedingung (5.2) die gleiche Gestalt, wenn nur das benutzte Funktionensystem eine unitäre Darstellung der Gruppe G realisiert; das werden wir jetzt beweisen. Für ein beliebiges Element g gelte nach Voraussetzung die Gleichung

$$\hat{T}_g \psi_i(x) = \psi_i(g^{-1}x) = \sum_k D_{ki}(g)\, \psi_k(x) . \tag{5.3}$$

Wir wollen zeigen, daß die Matrizen $D(g)$ eine Darstellung der Gruppe bilden. Zu diesem Zweck betrachten wir zwei Transformationen g_1 und g_2, es sei $g_1 g_2 = g_3$. Einerseits haben wir

$$\psi_i\big((g_1 g_2)^{-1}x\big) = \psi_i(g_3^{-1}x) = \sum_k D_{ki}(g_3)\, \psi_k(x); \tag{5.4}$$

und auf der anderen Seite ist

$$\begin{aligned} \psi_i\big((g_1 g_2)^{-1}x\big) &= \psi_i(g_2^{-1} g_1^{-1} x) \\ &= \sum_j D_{ji}(g_2)\, \psi_j(g^{-1}x) = \sum_j D_{ji}(g_2) \sum_k D_{kj}(g_1)\, \psi_k(x) . \end{aligned} \tag{5.5}$$

Der Vergleich der Ergebnisse in (5.4) und (5.5) lehrt

$$D_{ki}(g_3) = \sum_j D_{kj}(g_1)\, D_{ji}(g_2)$$

oder

$$D(g_1)\,D(g_2) = D(g_3).$$

Jetzt bilden wir die Matrix für den HAMILTON-Operator

$$H_{ik} = \int \bar{\psi}_i(x)\hat{H}(x)\psi_k(x)\,dx$$

und die analoge Matrix mit den gestrichenen Funktionen $\psi'_i(x) = \psi_i(g^{-1}x)$:

$$H'_{ik} = \int \bar{\psi}'_i(x)\hat{H}(x)\psi'_k(x)\,dx.$$

Auf Grund der Invarianz des HAMILTON-Operators gegenüber der Transformation g ist

$$H'_{ik} = H_{ik}; \tag{5.6}$$

denn es ist in der Tat

$$H'_{ik} = \int \bar{\psi}_i(g^{-1}x)\hat{H}(x)\psi_k(g^{-1}x)\,dx.$$

Wir substituieren die Variable $g^{-1}x = x'$ $(dx = dx')$ und erhalten dann infolge von (5.2)

$$\begin{aligned} H'_{ik} &= \int \bar{\psi}_i(x')H(gx')\psi_k(x')\,dx' \\ &= \int \bar{\psi}_i(x)H(x)\psi_k(x)\,dx = H_{ik}. \end{aligned}$$

Andererseits ist nach (5.3)

$$H'_{ik} = \sum_{l,j} \int \bar{D}_{li}(g)\,\bar{\psi}_l(x)\,H(x)\,D_{jk}(g)\,\psi_j(x)\,dx = \sum_{l,j} \bar{D}_{li}H_{lj}D_{jk},$$

d. h.

$$H' = D^+HD. \tag{5.7}$$

Sind die Matrizen D unitär, d. h., ist $D^+ = D^{-1}$, dann ist

$$H' = D^{-1}HD. \tag{5.7a}$$

Wegen $H' = H$ erhalten wir endgültig

$$D(g)H = HD(g), \tag{5.8}$$

was zu beweisen war.

Die Bedingung für die Symmetrie eines quantenmechanischen Systems bezüglich einer Transformationsgruppe kann also dadurch zum Ausdruck gebracht werden, daß man fordert, die Matrix des HAMILTON-Operators soll mit den Matrizen einer unitären Darstellung dieser Gruppe kommutieren.

2. Symmetrie eines Systems von Teilchen, die kleine Schwingungen ausführen

Die Energie eines Systems von N Teilchen, die kleine Schwingungen ausführen, ist die Summe zweier quadratischer Formen für kinetische und potentielle Energie:

$$T = \sum_{i=1}^{3N} \frac{m_i\dot{x}_i^2}{2}, \qquad V = \frac{1}{2}\sum_{i,k=1}^{3N} v_{ik}x_ix_k, \tag{5.9}$$

wobei m_i die Massen der Teilchen und x_i die kartesischen Komponenten der Auslenkungen aus den Gleichgewichtslagen sind. Die Größe $m_i \dot{x}_i$ bedeutet bei klassischer Behandlung eine Impulskomponente und bei quantenmechanischer Behandlung eine Komponente des Impulsoperators: $-i\hbar \frac{\partial}{\partial x_i}$. Bekanntlich wird die Lösung des Problems kleiner Schwingungen wesentlich vereinfacht, wenn man die Matrizen der beiden quadratischen Formen gleichzeitig diagonalisiert. Die Matrix $\| v_{ik} \|$ ist eine reelle hermitesche Matrix. Nach Einführung der neuen Veränderlichen $y_i = \sqrt{m_i} x_i$ wird die kinetische Energie eine Summe von Quadraten:

$$T = \frac{1}{2} \sum_{i=1}^{3N} \dot{y}_i^2. \tag{5.10}$$

Die verbleibende Aufgabe ist, die Matrix der quadratischen Form für die potentielle Energie zu diagonalisieren, die in den neuen Veränderlichen die Gestalt

$$V = \frac{1}{2} \sum_{i,k} \tilde{v}_{ik} y_i y_k, \qquad \tilde{v}_{ik} = \frac{v_{ik}}{\sqrt{m_i m_k}} \tag{5.11}$$

hat. Die Matrix $\| \tilde{v}_{ik} \|$ ist wie auch $\| v_{ik} \|$ hermitesch. Wir können sie daher durch eine unitäre Transformation auf Diagonalform bringen[1])

$$u^{-1} \tilde{v} u = [\lambda_1, \lambda_2, \ldots, \lambda_{3N}].$$

$\lambda_1, \lambda_2, \ldots, \lambda_{3N}$ sind dabei die Eigenwerte der Matrix $\tilde{v}$. Mit den neuen Veränderlichen

$$q_i = \sum_k u_{ik} y_k \tag{5.12}$$

erhalten wir

$$V = \frac{1}{2} \sum_i \lambda_i q_i^2. \tag{5.13}$$

Wegen der Unitarität der Transformation (5.12) behält die Matrix für die kinetische Energie ihre Gestalt bei:

$$T = \frac{1}{2} \sum_i \dot{q}_i^2. \tag{5.14}$$

Wenn das System stabil ist, d. h., wenn die potentielle Energie in der Gleichgewichtslage ein Minimum hat, dann dürfen die Eigenwerte λ_i nicht negativ sein und können in der Form

$$\lambda_i = \omega_i^2 \tag{5.15}$$

[1]) Da die v_{ik} überdies reell sind, kann die unitäre Transformation ebenfalls reell gewählt werden. Es gibt also sogar eine orthogonale Transformation, die die Diagonalisierung bewirkt. Anm. der dt. Red.

dargestellt werden. Die LAGRANGE-Funktion in den Veränderlichen q_i

$$L = T - V = \frac{1}{2} \sum_i (\dot{q}_i^2 - \omega^2 q_i^2), \tag{5.16}$$

führt auf ein System unabhängiger Bewegungsgleichungen:

$$\ddot{q}_i + \omega_i^2 q_i = 0. \tag{5.17}$$

Daraus folgt, daß die Größen $q_i(t)$ unabhängige Oszillatoren mit den Frequenzen ω_i beschreiben. Die Veränderlichen q_i sind die *Normalkoordinaten* des Systems. Bei quantenmechanischer Beschreibung des betrachteten Systems hat der HAMILTON-Operator $\hat{H} = \hat{T} + \hat{V}$ in Normalkoordinaten die Gestalt

$$\hat{H} = \frac{1}{2} \sum_{i=1}^{3N} \left(- \hbar^2 \frac{\partial^2}{\partial q_i^2} + \omega^2 q_i^2 \right), \tag{5.16a}$$

und die SCHRÖDINGER-Gleichung reduziert sich auf ein System von $3N$ voneinander unabhängigen Gleichungen:

$$-\frac{1}{2} \hbar^2 \frac{\partial^2}{\partial q_i^2} \psi(q_i) + \frac{\omega_i^2}{2} q_i^2 \psi(q_i) = E \psi(q_i). \tag{5.17a}$$

Wir setzen jetzt voraus, daß die schwingenden Teilchen in ihrer Gleichgewichtslage eine symmetrische Konfiguration bilden, zum Beispiel die Ecken eines regulären Sechsecks, eines Würfels o. ä. einnehmen. Bei der Verwendung der Bezeichnungen für die Auslenkungen aus der Ruhelage müssen wir daran denken, daß der Index i nicht nur die verschiedenen Teilchen, sondern auch die kartesischen Komponenten der Auslenkungen eines Teilchens numeriert. Wir betrachten jetzt eine Drehung (oder eine Drehspiegelung), die die Ruhelagen äquivalenter Teilchen miteinander vertauscht. Dabei wird offensichtlich die relative Lage der Teilchen zueinander nicht verändert. Die Gesamtheit aller dieser Transformationen bildet die Symmetriegruppe G unseres Systems. Wir greifen eine Konfiguration der Teilchen heraus, die durch die Auslenkungen $x_1, x_2, \ldots, x_{3N}$ bestimmt wird. Für jedes Teilchen führen wir jetzt ein kartesisches Koordinatensystem ein mit dem Koordinatenursprung in der Ruhelage. Die einander entsprechenden Achsen werden wir für alle Teilchen parallel annehmen. Mit den $3N$ Einheitsvektoren $\boldsymbol{e}_i$ können wir den Auslenkungen $x_1, x_2, \ldots, x_{3N}$ einen Vektor in einem $3N$-dimensionalen Raum zuordnen:

$$x = x_1 \boldsymbol{e}_1 + x_2 \boldsymbol{e}_2 + \cdots + x_{3N} \boldsymbol{e}_{3N}. \tag{5.18}$$

Jetzt führen wir eine Drehung g aus, die die Ruhelagen äquivalenter Teilchen miteinander vertauscht. Diese Drehung führt jeden Einheitsvektor $\boldsymbol{e}_i$ in einen anderen Einheitsvektor oder in eine Linearkombination von Einheitsvektoren über. Wir können somit jeder Drehung g einen bestimmten Operator $\hat{T}_g$ zuordnen, der in dem $3N$-dimensionalen Raum wirkt:

$$\hat{T}_g \boldsymbol{e}_i = \sum_k D_{ki}(g) \boldsymbol{e}_k. \tag{5.19}$$

Durch Anwendung des Operators $\hat{T}_g$ auf den Vektor $\boldsymbol{x}$ erhalten wir

$$\hat{T}_g \boldsymbol{x} = \boldsymbol{x}' = \sum_i x_i \hat{T}_g \boldsymbol{e}_i = \sum_k x_i D_{ki}(g) \boldsymbol{e}_k$$

oder

$$x'_k = \sum_i D_{ki}(g) x_i. \tag{5.20}$$

Offenbar bilden die Operatoren $\hat{T}_g$ wie auch die Matrizen $D(g)$ eine Darstellung unserer Gruppe. Die Konfiguration $\{x'_1, \ldots, x'_{3N}\}$ ergibt sich aus der Konfiguration $\{x_1, \ldots, x_{3N}\}$ durch die Drehung g des ganzen Systems und anschließende Umbenennung der Teilchen entsprechend der inversen Drehung g^{-1} (Abb. 1).

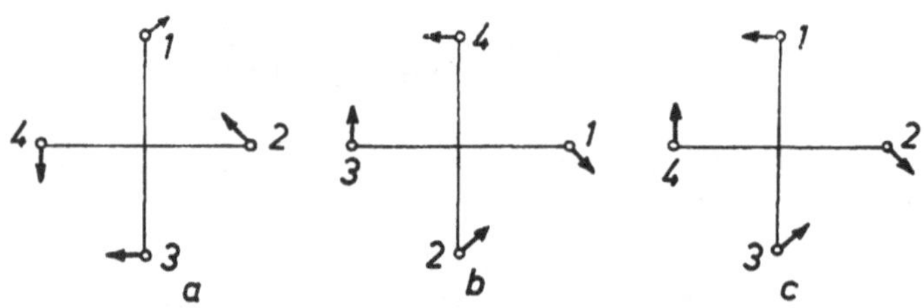

Abb. 1

Zum Aufschreiben der expliziten Gestalt der Matrix $D(g)$ ist es zweckmäßig, die Auslenkungen mit zwei Indizes zu versehen: $x_{i\alpha}$. Der erste Index gibt die Nummer des Teilchens an, der zweite die kartesische Komponente der Auslenkung. Dementsprechend lauten die Matrixelemente von D jetzt $D_{i\alpha, k\beta}(g)$. Die Ruhelage des i-ten Teilchens werde durch den Vektor $\boldsymbol{R}_i^{(0)}$ bestimmt, eine beliebige Lage desselben Teilchens durch den Vektor $\boldsymbol{R}_i$; als Nullpunkt wählen wir den Massenmittelpunkt des Systems. Der Vektor für die Auslenkung des i-ten Teilchens ist

$$\boldsymbol{r}_i = \boldsymbol{R}_i - \boldsymbol{R}_i^{(0)}.$$

Die Matrix zur Transformation g im dreidimensionalen Raum bezeichnen wir mit $A(g)$. Wenn der Vektor $\boldsymbol{R}_k^{(0)}$ bei der Transformation g in $\boldsymbol{R}_i^{(0)}$ übergeht, haben wir

$$\boldsymbol{r}'_i \equiv \hat{T}_g \boldsymbol{r}_k = A(g)\, \boldsymbol{R}_k - A(g)\, \boldsymbol{R}_k^{(0)} = A(g)\, \boldsymbol{r}_k. \tag{5.21}$$

Folglich ist

$$D_{i\alpha,k\beta}(g) = \delta_{ik} A(g)_{\alpha\beta} \tag{5.22}$$

oder

$$D = R(g) \times A(g). \tag{5.22a}$$

Die Matrix $R(g)$ besteht nur aus Nullen und Einsen; wenn die Ruhelage des k-ten Teilchens bei der Operation g in die Ruhelage des i-ten Teilchens übergeht, dann sind

$$R_{ik}(g) = 1 \quad \text{und} \quad R_{ij}(g) = 0 \quad \text{für} \quad j \neq k.$$

Wir schreiben jetzt den Ausdruck für die Energie des Systems zur Konfiguration der Auslenkungen (5.20) auf. Zur Vereinfachung der Schreibweise kehren wir zur alten Indizierung der Auslenkungen mit nur einem Index zurück. Wir werden voraussetzen, daß die kinetische Energie bereits durch eine Summe von Quadraten dargestellt wird. Bei der Substitution (5.20), die einer orthogonalen Transformation entspricht, ändert sich die Gestalt der kinetischen Energie nicht. Für die potentielle Energie bekommen wir

$$V = \frac{1}{2} \sum_{i,j} v_{ij} \sum_k D_{ik} x_k \sum_l D_{jl} x_l = \frac{1}{2} \sum_{i,j,k,l} \{D^*\}_{ki} v_{ij} D_{jl} x_k x_l = \frac{1}{2} \sum_{k,l} v'_{kl} x_k x_l$$

mit

$$v'_{kl} = \sum \{D^*\}_{ki} v_{ij} D_{jl}.$$

Die Matrix $V' = \| v'_{kl} \|$ kann demnach in der Form

$$V' = D^* V D$$

oder auf Grund der Orthogonalität der Matrix D in der Gestalt

$$V' = D^{-1} V D \tag{5.23}$$

dargestellt werden. Andererseits ist aber klar, daß die Energie für die Konfiguration $\{x'\}$ mit der Energie für die Konfiguration $\{x\}$ übereinstimmen muß; denn die Energie des betrachteten Systems hängt nur von der relativen Lage der Teilchen zueinander ab, die für beide Konfigurationen gleich ist. Folglich haben wir

$$\frac{1}{2} \sum_{k,l} v'_{kl} x_k x_l = \frac{1}{2} \sum_{k,l} v_{kl} x_k x_l,$$

und daraus erhalten wir

$$v'_{kl} = v_{kl}.$$

Die Bedingung für die Invarianz des Systems gegenüber der Transformation g kann deshalb nach (5.23) in der Form

$$V D(g) = D(g)\, V \tag{5.24}$$

geschrieben werden, d. h. als Bedingung, daß die Matrizen für die potentielle Energie und die Darstellungsmatrizen der Symmetriegruppe miteinander kommutieren.

3. Das Wigner-Theorem

Wir werden jetzt das WIGNER-Theorem beweisen und daraus Folgerungen für die in den Abschnitten 1 und 2 behandelten Probleme ableiten.

$D(g)$ sei eine, im allgemeinen reduzible Darstellung der Gruppe G. Wir wählen die Basis dieser Darstellung so, daß diese in die irreduziblen Bestandteile zerfällt. Die Matrix $D(g)$ hat dann Blockform

$$D(g) = \begin{pmatrix} D^{(1)}(g) & & & \\ & D^{(2)}(g) & & \\ & & D^{(3)}(g) & \\ & & & \ddots \end{pmatrix},$$

wenn $D^{(i)}(g)$ die Matrix für die i-te irreduzible Darstellung der Gruppe G ist. Falls die Darstellung $D^{(i)}$ in der Darstellung D r_i-mal vorkommt, können wir

$$D(g) = \sum_i{}^{\oplus} E_{r_i} \times D^i(g) \tag{5.25}$$

schreiben; E_{r_i} ist dabei die r_i-reihige Einheitsmatrix. Ferner soll eine Matrix H mit allen Matrizen $D(g)$ kommutieren:

$$H D(g) = D(g) H. \tag{5.26}$$

Wir werden beweisen, daß dann H die Gestalt

$$H = \sum_i{}^{\oplus} H^{(i)} \times E_{l_i} \tag{5.27}$$

hat; darin sind $H^{(i)}$ eine r_i-reihige Matrix, E_{l_i} die l_i-reihige Einheitsmatrix und l_i die Dimension der irreduziblen Darstellung $D^{(i)}$. Diese Behauptung ist der Inhalt des WIGNER-Theorems.

Wir werden die Blockmatrix D als diagonale Übermatrix mit den Elementen

$$D_{ik} = D^{(i)} \delta_{ik}. \tag{5.28}$$

ansehen. Die Matrix H schreiben wir als Übermatrix mit analoger Struktur:

$$H = \begin{pmatrix} H_{11} & H_{12} & H_{13} & \\ H_{21} & H_{22} & H_{23} & \\ H_{31} & H_{32} & H_{33} & \\ & & & \ddots \end{pmatrix}.$$

Da man Übermatrizen entsprechender Struktur wie gewöhnliche Matrizen miteinander multiplizieren kann (s. Üb. 4.2), kann die Vertauschungsregel (5.26) in der Form

$$\sum_s D_{is}(g) H_{sk} = \sum_s H_{is} D_{sk}(g)$$

oder unter Berücksichtigung von (5.28) als

$$D^{(i)}(g) H_{ik} = H_{ik} D^{(k)}(g) \tag{5.29}$$

dargestellt werden. Die Matrizen $D^{(i)}(g)$ und $D^{(k)}(g)$ sind die Matrizen für irreduzible Darstellungen der Gruppe G. Auf Grund des ersten und des zweiten SCHURschen Lemmas können wir daher behaupten, daß H_{ik} die Nullmatrix ist, wenn $D^{(i)}$ und $D^{(k)}$ nicht äquivalente Darstellungen sind, und daß H_{ik} ein Vielfaches der Einheitsmatrix ist, falls die Darstellungen $D^{(i)}$ und $D^{(k)}$ übereinstimmen. (Im letzteren Fall reicht es nicht aus, daß die Darstellungen $D^{(i)}$ und $D^{(k)}$ äquivalent sind; die Matrizen dieser Darstellungen müssen identisch gleich sein.)

Um sich die explizite Gestalt der Matrix H besser vorstellen zu können, ist es zweckmäßig, die Basiselemente der Darstellung D mit drei Indizes zu versehen: i, ν, α. Der erste Index i numeriert die irreduziblen Darstellungen; der Index ν unterscheidet die Basen äquivalenter irreduzibler Darstellungen; der Index α numeriert die Basiselemente für eine irreduzible Darstellung. Wir werden dementsprechend die Matrixelemente der Matrizen D und H mit sechs Indizes versehen: $i, \nu, \alpha; i', \nu', \alpha'$. Die Matrixelemente von H können dann folgendermaßen dargestellt werden:

$$H_{i\nu\alpha;i'\nu'\alpha'} = H^{(i)}_{\nu\nu'}\,\delta_{ii'}\,\delta_{\alpha\alpha'}. \tag{5.30}$$

Daraus folgt unmittelbar, daß die Matrix H tatsächlich in der Form (5.28) geschrieben werden kann. Wenn zum Beispiel die Matrix D die Gestalt hat

$$D = \left(\begin{array}{c:c:c} D^{(1)} & 0 & 0 \\ \hdashline 0 & D^{(1)} & 0 \\ \hdashline 0 & 0 & D^{(2)} \end{array}\right),$$

dann lautet die Matrix H

$$H = \left|\begin{array}{ccc:ccc:ccc} H^{(1)}_{11} & & & H^{(1)}_{12} & & & & & \\ & H^{(1)}_{11} & & & H^{(1)}_{12} & & & 0 & \\ & & \ddots\; H^{(1)}_{11} & & & \ddots\; H^{(1)}_{12} & & & \\ \hdashline H^{(1)}_{21} & & & H^{(1)}_{22} & & & & & \\ & H^{(1)}_{21} & & & H^{(1)}_{22} & & & 0 & \\ & & \ddots\; H^{(1)}_{21} & & & \ddots\; H^{(1)}_{22} & & & \\ \hdashline & & & & & & H^{(2)}_{11} & & \\ & 0 & & & 0 & & & H^{(2)}_{11} & \\ & & & & & & & & \ddots\; H^{(2)}_{11} \end{array}\right|.$$

Wenn jede irreduzible Darstellung der Gruppe G in der Darstellung D nicht öfter als einmal vorkommt, dann ist die Matrix H nach (5.30) diagonal. Falls eine irreduzible Darstellung in der Zerlegung der Darstellung D mehrfach auftritt, dann reichen Symmetrieüberlegungen zur vollständigen Diagonalisierung der Matrix H nicht aus, wie wir noch sehen werden. Man muß noch eine zusätzliche

Transformation im Unterraum aller Basisvektoren ausführen, die zu gleichen irreduziblen Darstellungen gehören. Diese zusätzliche Transformation läßt die Blockform der Matrix D unverändert und wird durch Diagonalisierung der Matrizen $H^{(i)}$ erreicht. In der Tat kann man leicht nachprüfen, daß eine Matrix der Gestalt $\sum_i U^{(i)} \times E_{l_i}$ mit einer r_i-reihigen Matrix $U^{(i)}$, die die Matrix $H^{(i)}$ diagonalisiert, mit der Darstellungsmatrix

$$D = \sum_i E_{r_i} \times D^{(i)}$$

kommutiert. Nach der vollständigen Diagonalisierung der Matrix H kann diese in der Gestalt

$$H = \sum_i \tilde{H}^{(i)} \times E_{l_i} \tag{5.31}$$

geschrieben werden; $\tilde{H}^{(i)}$ sind darin Diagonalmatrizen. Falls alle Eigenwerte aller Matrizen $H^{(i)}$ verschieden sind, d. h., falls keine zufällige Entartung vorliegt, transformieren sich alle Eigenvektoren der Matrix H zu einem Eigenwert nach einer irreduziblen Darstellung der Gruppe G. Der Entartungsgrad der Eigenwerte der Matrix H muß in diesem Fall mit den Dimensionen der irreduziblen Darstellungen der Gruppe G übereinstimmen.

Wir befassen uns jetzt mit einigen Folgerungen aus dem bewiesenen Theorem. Die erhaltenen Ergebnisse können unmittelbar auf das Problem kleiner Schwingungen angewandt werden. Tatsächlich kann die Bedingung für die Symmetrie des schwingenden Systems in der Form formuliert werden, daß die Matrix V für die potentielle Energie mit den Matrizen der durch die Auslenkungen realisierten Darstellung $D(g)$ kommutiert. Diese Form für die Invarianzbedingung der potentiellen Energie gilt nur auf Grund der Orthogonalität der Matrizen der erwähnten Darstellung. Wenn wir *symmetrisierte* Auslenkungen konstruieren, d. h. Linearkombinationen von Auslenkungen bilden, die sich nach irreduziblen Darstellungen der betrachteten Gruppe transformieren, dann wird die entsprechende Matrix für die potentielle Energie gemäß (5.27) die Gestalt annehmen

$$V = \sum_i{}^{\oplus} V^{(i)} \times E_{l_i}. \tag{5.32}$$

Die Bildung symmetrisierter Auslenkungen vereinfacht die Diagonalisierung der Matrix für die potentielle Energie beträchtlich; in den Fällen, daß in der Zerlegung der Darstellung D jede irreduzible Darstellung nicht öfter als einmal vorkommt, wird dadurch eine vollständige Diagonalisierung erreicht. *Wenn keine zufällige Entartung vorliegt, dann gehören zu jeder Eigenfrequenz Normalkoordinaten, die sich nach einer irreduziblen Darstellung der Gruppe G transformieren.* Die Möglichkeit einer zufälligen Entartung hängt mit der zufälligen Gleichheit von Eigenwerten der Matrizen $V^{(i)}$ zusammen. Durch eine Veränderung der Parameter des Problems, ohne Änderung seiner Symmetrie, kann man immer erreichen, daß die zufällige Entartung aufgehoben wird. Die Aussage über die Zuordnung der Eigenfrequenzen eines Systems zu den irreduziblen Darstellungen der entsprechenden Symmetriegruppe wird daher manchmal ohne den Zusatz über eine mögliche zufällige Entartung formuliert; in den meisten Fällen liegt tatsächlich keine zufällige Entartung vor.

Zu ähnlichen Schlüssen gelangt man auch für das in Abschnitt 1 behandelte quantenmechanische Problem. Es soll hier aber nochmals hervorgehoben werden, daß die Vertauschbarkeitsbedingung (5.8) nur dann erfüllt ist, wenn mit dem gewählten Funktionensystem eine unitäre Darstellung der betrachteten Symmetriegruppe realisiert wird. Wählen wir als Funktionensystem irgendein vollständiges Orthonormalsystem, so gelangen wir zu folgendem Schluß: *Ohne zusätzliche Entartung entspricht jedem Eigenwert des Energieoperators eine irreduzible Darstellung, nach der sich die entsprechenden Eigenfunktionen transformieren.*

Wenn die Basis einer Darstellung orthonormiert ist und wenn das Skalarprodukt gegenüber den Gruppenoperationen invariant ist, dann ist die Darstellung unitär. Ist aber bekannt, daß eine Darstellung unitär ist, dann kann man nicht behaupten, daß die zugehörige Basis orthonormiert ist. Aus dem WIGNER-Theorem kann man einige Aussagen über Orthogonalität und Normierung der Basiselemente einer unitären Darstellung D erhalten, wenn diese in die irreduziblen Bestandteile zerlegt ist. Wir bezeichnen die Basiselemente einer reduzierten Darstellung mit $\varphi_{i\nu\alpha}$. Die Indizes i, ν, α haben die oben erklärte Bedeutung. Wir führen die Matrix $\|S_{i\nu\alpha,i'\nu'\alpha'}\|$ mit den Matrixelementen

$$S_{i\nu\alpha,i'\nu'\alpha'} = (\varphi_{i\nu\alpha}, \varphi_{i'\nu'\alpha'}) \tag{5.33}$$

ein, wobei die Klammern das invariante Skalarprodukt bedeuten. Wenn die mit den Elementen $\varphi_{i\nu\alpha}$ realisierte Darstellung unitär ist, dann kann die Invarianzbedingung genau wie für die Matrix des HAMILTON-Operators in der Form

$$S D(g) = D(g) S \tag{5.34}$$

geschrieben werden. Daraus erhalten wir nach (5.30)

$$S_{i\nu\alpha,i'\nu'\alpha'} = (\varphi_{i\nu\alpha}, \varphi_{i'\nu'\alpha'}) = S^{(i)}_{\nu\nu'} \delta_{ii'} \delta_{\alpha\alpha'}. \tag{5.35}$$

$\|S^{(i)}_{\nu\nu'}\|$ ist eine Matrix, deren Reihenzahl gleich der Vielfachheit der i-ten irreduziblen Darstellung in der Darstellung D ist. Die Beziehung (5.35) drückt die Orthogonalität der Basiselemente zu nicht äquivalenten Darstellungen und der verschiedenen Basiselemente einer jeden irreduziblen Darstellung aus. Nur die entsprechenden Basiselemente äquivalenter irreduzibler Darstellungen können nicht orthogonal bleiben; die Skalarprodukte aller einander entsprechender Elemente zweier äquivalenter irreduzibler Darstellungen müssen einander gleich sein. Auch für nicht unitäre Darstellungen sind die Basiselemente nicht äquivalenter irreduzibler Darstellungen zueinander orthogonal.

KAPITEL VI

PUNKTGRUPPEN

Als Punktgruppen werden die endlichen Untergruppen der Gruppe $O(3)$, der Gruppe der orthogonalen Transformationen im dreidimensionalen Raum, bezeichnet. Bei den physikalischen Anwendungen werden die Punktgruppen zur Beschreibung der Symmetrie von Molekülen verwendet. Die Kenntnis der Punktgruppen ist außerdem zur Untersuchung der Symmetrieeigenschaften von Kristallen erforderlich. Unsere anschaulichen Vorstellungen von der Symmetrie geometrischer Figuren (eines Prismas, eines Würfels, eines Tetraeders usw.) hängt mit der Eigenschaft zusammen, diese Figuren durch Transformationen, die zu den Punktgruppen gehören, mit sich zur Deckung zu bringen. In diesem Kapitel behandeln wir die Punktgruppen und deren irreduzible Darstellungen. Die erhaltenen Ergebnisse werden zur Klassifizierung der Elektronen- und der Schwingungszustände von Molekülen verwendet.

1. Die Elemente der Punktgruppen

Die Elemente der Punktgruppen sind einige Drehungen des dreidimensionalen Raumes sowie Drehspiegelungen. Wir wissen (s. Üb. 1.1), daß man ein beliebiges Element der Drehgruppe als Drehung um einen bestimmten Winkel φ um eine bestimmte Achse darstellen kann. Wenn die Drehung um den Winkel φ zur Gruppe gehört, dann gehört auch die Drehung um den Winkel $k\varphi$ mit einer beliebigen ganzen positiven oder negativen Zahl zur Gruppe. In einer endlichen Gruppe muß der Winkel φ demnach ein rationaler Teil von 2π sein. Ist der kleinste Drehwinkel um eine bestimmte Achse gleich $2\pi/n$, dann bezeichnet man diese Achse als *n-zählige Achse*. Eine Drehung um den Winkel $2\pi/n$ wird mit C_n oder $C_{\boldsymbol{k}}\left(\frac{2\pi}{n}\right)$ bezeichnet, wenn $\boldsymbol{k}$ der Einheitsvektor in Achsenrichtung ist. Falls eine Gruppe die Drehung C_n enthält, dann enthält sie offensichtlich auch die Drehungen $C_n^2, C_n^3, \ldots, C_n^{n-1}$ um die Winkel

$$\frac{2\pi}{n}\cdot 2, \frac{2\pi}{n}\cdot 3, \ldots, \frac{2\pi}{n}(n-1). \tag{6.1}$$

Diese Transformationen bilden zusammen mit dem Einselement der Gruppe eine abelsche Untergruppe der Punktgruppe.

Wir betrachten jetzt die Elemente von Punktgruppen, die die Inversion i enthalten. Durch eine Inversion (Spiegelung) wird der Vektor $\boldsymbol{r}$ in den Vektor $-\boldsymbol{r}$

überführt. Da die Matrix dieser Transformation ein Vielfaches der Einheitsmatrix ist, kommutiert sie mit einer beliebigen orthogonalen Transformation. Wir bilden die Transformationen $iC_k(\pi)$. Führt man nacheinander eine Inversion und eine Drehung um den Winkel π um eine bestimmte Achse aus, so ist dies offenbar der Spiegelung an einer zur Drehachse senkrechten Ebene äquivalent. Die Spiegelung an einer Ebene senkrecht zum Vektor $\boldsymbol{k}$ bezeichnet man gewöhnlich mit $\sigma_{\boldsymbol{k}}$. Für eine beliebige Drehung um den Winkel φ, die von einer Inversion begleitet wird, haben wir

$$iC_k(\varphi) = iC\big(\pi + (\varphi - \pi)\big) = \sigma_k C_k(\varphi - \pi). \tag{6.2}$$

Die Transformation $\sigma_k C_k(\varphi)$ heißt *Drehspiegelung* und wird mit $S_k(\varphi)$ bezeichnet. Die Elemente der Punktgruppen sind also Drehungen und Drehspiegelungen.

Wir untersuchen jetzt, welche Elemente einer Punktgruppe in einer Klasse enthalten sein können. Zu diesem Zweck bilden wir das zu $C_k(\varphi)$ konjugierte Element:

$$g\,C_k(\varphi)\,g^{-1}. \tag{6.3}$$

g ist dabei ein beliebiges Element einer Punktgruppe (d. h. eine Drehung oder eine Drehspiegelung). Zuerst sehen wir uns den Fall an, daß g eine Drehung ist. Es sei

$$g\boldsymbol{k} = \boldsymbol{f} \tag{6.4}$$

und folglich

$$g^{-1}\boldsymbol{f} = \boldsymbol{k}. \tag{6.5}$$

Die Drehung g^{-1} kann man sich immer als Drehung $R(\boldsymbol{k},\boldsymbol{f})$ vorstellen, die den Vektor $\boldsymbol{f}$ mit dem Vektor $\boldsymbol{k}$ zur Deckung bringt (die Drehachse steht dabei senkrecht auf der von diesen Vektoren aufgespannten Ebene) und nach der noch eine Drehung um den Winkel α um den Vektor $\boldsymbol{k}$ auszuführen ist:

$$g^{-1} = C_k(\alpha)\,R(\boldsymbol{k},\boldsymbol{f}). \tag{6.6}$$

Das zu $C_k(\varphi)$ konjugierte Element kann daher immer in der folgenden Form geschrieben werden:

$$\begin{aligned} g\,C_k(\varphi)\,g^{-1} &= R^{-1}(\boldsymbol{k},\boldsymbol{f})\,C_k^{-1}(\alpha)\,C_k(\varphi)\,C_k(\alpha)\,R(\boldsymbol{k},\boldsymbol{f}) \\ &= R^{-1}(\boldsymbol{k},\boldsymbol{f})\,C_k(\varphi)\,R(\boldsymbol{k},\boldsymbol{f}). \end{aligned} \tag{6.7}$$

Diese Transformationen kann man so interpretieren: Erst wird die Achse $\boldsymbol{f}$ mit der Achse $\boldsymbol{k}$ zur Deckung gebracht, dann wird eine Drehung um die Achse $\boldsymbol{k}$ um den Winkel φ ausgeführt, und schließlich geht man wieder von der Achse $\boldsymbol{k}$ zur Achse $\boldsymbol{f}$ zurück. Als Ergebnis erhalten wir also die Drehung um den Winkel φ mit der Drehachse $\boldsymbol{f}$:

$$g\,C_k(\varphi)\,g^{-1} = C_l(\varphi) = C_{gk}(\varphi). \tag{6.8}$$

Analog kann man zeigen

$$g\,S_k(\varphi)\,g^{-1} = S_{gk}(\varphi)\,. \tag{6.9}$$

Für eine Drehspiegelung g haben wir die folgenden Gleichungen:

$$\left.\begin{aligned} g\,C_k(\varphi)\,g^{-1} &= C_{-gk}(\varphi)\,, \\ g\,S_k(\varphi)\,g^{-1} &= S_{-gk}(\varphi)\,. \end{aligned}\right\} \tag{6.10}$$

Diese Beziehungen erlauben uns folgende Schlußfolgerungen:

1. Jede Klasse einer Punktgruppe besteht aus den Drehungen oder Drehspiegelungen um ein und denselben Winkel.

2. In jeder Klasse sind nur diejenigen Drehungen oder Drehspiegelungen um einen bestimmten Winkel enthalten, deren Achsen durch eine Transformation der Gruppe miteinander zur Deckung gebracht werden können. Dabei ist zu beachten: Wenn g eine Drehspiegelung ist, geht die Achse $\boldsymbol{k}$ in die Achse $-\boldsymbol{gk}$ über. Daraus folgt insbesondere, daß die Drehungen um die Winkel φ und $-\varphi$ um eine bestimmte Achse zur gleichen Klasse gehören, wenn die Gruppe eine Drehspiegelung um diese Achse oder eine Spiegelebene, die diese Achse enthält, als Element hat.

2. Die Punktgruppen und deren irreduzible Darstellungen

Wenn wir die Zahl der Klassen einer Gruppe festgestellt haben, so haben wir damit gleichzeitig die Zahl der irreduziblen Darstellungen bestimmt. Die Dimensionen der Darstellungen kann man aus der Beziehung (3.81) finden. Zur Bestimmung der Charaktere der irreduziblen Darstellungen können die Orthogonalitätsrelationen (3.86) und die Gleichungen (3.107) benutzt werden. Wir werden unten Tabellen mit den Charakteren der in den Anwendungen benötigten Punktgruppen aufstellen. Eindimensionale irreduzible Darstellungen werden wir mit den Buchstaben A und B bezeichnen, eine zweidimensionale Darstellung mit dem Buchstaben E, eine dreidimensionale Darstellung mit dem Buchstaben F. Konjugiert komplexe eindimensionale Darstellungen werden wir zu Paaren vereinigen und jedes Paar ebenfalls mit dem Buchstaben E bezeichnen.

I. Die Gruppe C_n. In dieser Gruppe sind alle Drehungen C_n^k um die Winkel $\frac{2\pi}{n}k$ um eine n-zählige Achse enthalten. Die Gruppe C_n ist eine Realisierung der abstrakten zyklischen Gruppe n-ter Ordnung. Da C_n eine abelsche Gruppe ist, sind ihre irreduziblen Darstellungen alle eindimensional. Sie werden durch die Zahlen

$$1,\ \varepsilon_l,\ \varepsilon_l^2,\ \ldots,\ \varepsilon_l^{n-1}$$

bestimmt, wobei $\varepsilon_l = \exp\frac{2\pi i}{n}l$ die l-te Wurzel der Gleichung $\varepsilon^n = 1$ ist. Die Charaktere der irreduziblen Darstellungen für die Gruppen C_2, C_3 und C_4 sind in den folgenden Tabellen zusammengestellt:

C_2	E	C_2
A_1	1	1
A_2	1	-1

C_3	E	C_3	C_3^2
A	1	1	1
E	1	ε_1	ε_1^2
	1	ε_1^2	ε_1

C_4	E	C_4	C_4^2	C_4^3
A	1	1	1	1
B	1	-1	1	-1
E	1	i	-1	$-i$
	1	$-i$	1	i

Die Gruppe $\boldsymbol{C_2}$ ist der Inversionsgruppe $\boldsymbol{i}$ isomorph. Die gerade (A_1) und die ungerade (A_2) irreduzible Darstellung der letzteren bezeichnet man mit A_g und A_u.

II. Die Gruppe $\boldsymbol{C_{nh}}$. Außer den Elementen der Gruppe $\boldsymbol{C_n}$ ist hier noch die Spiegelung σ_h an einer Ebene senkrecht zur Drehachse enthalten. Die Elemente E und σ_h bilden die Untergruppe σ_h der Gruppe $\boldsymbol{C_{nh}}$, die isomorph zur Gruppe $\boldsymbol{i}$ ist. Man kann die abelsche Gruppe $\boldsymbol{C_{nk}}$ als direktes Produkt der Gruppe $\boldsymbol{C_n}$ und der Gruppe σ_h ansehen: $\boldsymbol{C_{nh}} = \boldsymbol{C_n} \times \sigma_h$. Die Gruppe $\boldsymbol{C_{nh}}$ hat $2n$ eindimensionale irreduzible Darstellungen. Je nachdem, mit welcher der beiden irreduziblen Darstellungen der Gruppe σ_h (der geraden oder der ungeraden) die Darstellungen der Gruppe $\boldsymbol{C_n}$ multipliziert werden, versieht man die irreduziblen Darstellungen der Gruppe $\boldsymbol{C_{nh}}$ mit den Indizes g oder u. Für die Gruppe $\boldsymbol{C_{2h}}$ haben wir zum Beispiel die folgenden irreduziblen Darstellungen:

C_{2h}	E	C_2	σ_h	$\sigma_h C_2$
A_g	1	1	1	1
B_g	1	-1	-1	1
A_u	1	1	-1	-1
B_u	1	-1	1	-1

Für geradzahliges n ist die Inversion $i = C(\pi)\,\sigma_h$ ein Element der Gruppe $\boldsymbol{C_{nh}}$, und in diesem Falle ist $\boldsymbol{C_{nh}} = \boldsymbol{C_n} \times \boldsymbol{i}$.

III. Die Gruppe $\boldsymbol{C_{nv}}$. Außer den Elementen von $\boldsymbol{C_n}$ enthält diese Gruppe noch die Spiegelungen (die Operation σ_v) an n Ebenen, die die n-zählige Achse enthalten und miteinander den Winkel π/n bilden. Das ist die Symmetriegruppe einer n-eckigen regulären Pyramide, deren Höhe als n-zählige Symmetrieachse dient. Die Gruppe $\boldsymbol{C_{nv}}$ ist nicht abelsch. Tatsächlich kann man leicht zeigen:

$$C_n^k\,\sigma_v = \sigma_v\,C_n^{-k}. \tag{6.11}$$

Wir wollen die Zahl der Klassen der Gruppe $\boldsymbol{C_{nv}}$ abzählen. Die Elemente C_n^k und C_n^{-k} gehören zu einer Klasse; die Elemente der Untergruppe $\boldsymbol{C_n}$ zerfallen daher für geradzahliges n in $\frac{n}{2} + 1$ Klassen und für ungeradzahliges n in $\frac{n+1}{2}$ Klassen. Für ungeradzahliges n gehören alle Spiegelungen zu einer Klasse. In diesem Fall gehen alle Spiegelebenen durch Drehungen um $2\pi/n$ aus einer Spiegelebene hervor. Für geradzahliges n erhalten wir durch die Drehungen um $2\pi/n$ nur die Hälfte aller Spiegelebenen, und die Spiegelungen zerfallen folglich in zwei Klassen. Die Gruppenelemente zerfallen also für geradzahliges n in $\frac{n}{2} + 3$ Klassen und für ungeradzahliges n in $\frac{n+3}{2}$ Klassen.

Die irreduziblen Darstellungen der Gruppe können folgendermaßen konstruiert werden. Wir betrachten die Basiselemente ψ_l ($l = 0, 1, 2, \ldots, n-1$) der eindimensionalen irreduziblen Darstellungen der Gruppe C_n. Den Operator der Darstellung, der dem Element C_n^k zugeordnet ist, bezeichnen wir mit $\hat{C}_n^k$ und können schreiben

$$\hat{C}_n^k \psi_l = e^{\frac{2\pi k}{n} l} \psi_l . \tag{6.12}$$

Neben den Elementen ψ_l betrachten wir die durch die Beziehung

$$\hat{C}_n^k \psi_{-l} = e^{-\frac{2\pi k i}{n} l} \psi_{-l} \tag{6.13}$$

definierten Elemente ψ_{-l}. Die Elemente ψ_l und ψ_{-l} bilden einen zweidimensionalen invarianten Unterraum für die Gruppe C_{nv}. Tatsächlich zeigt man unter Verwendung von (6.11) leicht die Beziehung $\sigma_v \psi_l = \psi_{-l}$. Auf Grund von (6.13) ist das Element ψ_{-l} von ψ_l linear unabhängig für $1 \neq 0$ und $l \neq n/2$ bei geradzahligem n und für $l \neq 0$ bei ungeradzahligem n. Im Fall eines geradzahligen n kann man also die $n - 2$ zweidimensionalen Darstellungen der Gruppe C_{nv} betrachten, die durch die Matrizen

$$\left.\begin{aligned} &E \sim \begin{pmatrix} 1 & 0 \\ 0 & 1 \end{pmatrix}, \quad C_n^k \sim \begin{pmatrix} e^{i\frac{2\pi l}{n}k} & 0 \\ 0 & e^{-i\frac{2\pi l}{n}k} \end{pmatrix}, \\ &\sigma_v \sim \begin{pmatrix} 0 & 1 \\ 1 & 0 \end{pmatrix}, \quad l = 1, 2, \ldots, \frac{n}{2} - 1, \frac{n}{2} + 1, \ldots, n-1 \end{aligned}\right\} \tag{6.14}$$

gebildet werden. Offensichtlich sind die Gesamtheiten der Matrizen, die den in einer Klasse enthaltenen Elementen C_n^k und C_n^{-k} entsprechen, in der m-ten und in der $(n - m)$-ten Darstellung einander gleich, und wir erhalten auf diese Weise $\frac{n}{2} - 1$ nicht äquivalente zweidimensionale Darstellungen. Die restlichen vier irreduziblen Darstellungen sind eindimensional.

Für ungeradzahliges n erhalten wir aus (6.14) $n - 1$ zweidimensionale irreduzible Darstellungen, von denen $\frac{n-1}{2}$ nicht äquivalent sind.

Außerdem haben wir in diesem Fall zwei eindimensionale irreduzible Darstellungen. Zur Illustration geben wir die Tabellen für die Charaktere der irreduziblen Darstellungen der Gruppen C_{3v} und C_{4v} an:

C_{3v}	E	$2C_3$	$3\sigma_v$
A_1	1	1	1
A_2	1	1	−1
E	2	−1	0

C_{4v}	E	C_2	$2C_4$	$2\sigma_v$	$2\sigma_v'$
A_1	1	1	1	1	1
A_2	1	1	1	−1	−1
B_1	1	1	−1	1	−1
B_2	1	1	−1	−1	1
E	2	−2	0	0	0

IV. Die Gruppe S_{2n}. Die Elemente dieser Gruppe sind die Drehspiegelungen $S\left(\frac{\pi}{n}\right) = \sigma_n C\left(\frac{\pi}{n}\right)$:

$$E, S_{2n}, S_{2n}^2, \ldots, S_{2n}^{2n-1}. \tag{6.15}$$

S_{2n} ist also die zyklische Gruppe der Ordnung $2n$. Die geraden Potenzen von S_{2n} bilden eine Untergruppe, die mit der Gruppe C_n übereinstimmt.

V. Die Gruppe D_n. Außer den Elementen der Gruppe C_n sind in dieser Gruppe die Drehungen um den Winkel π um n Achsen enthalten, die auf der n-zähligen Achse senkrecht stehen. Das ist die Gruppe der Drehungen, die ein reguläres n-eckiges Prisma in sich überführen. Man überzeugt sich leicht davon, daß die Gruppe D_n der Gruppe C_{nv} isomorph ist; die irreduziblen Darstellungen dieser beiden Gruppen sind also gleich.

VI. Die Gruppe D_{nh} ist die Symmetriegruppe eines regulären n-eckigen Prismas. Außer den in der Gruppe C_n enthaltenen Drehungen umfaßt diese Gruppe noch die Spiegelung σ_h und die Spiegelungen an den Ebenen, die die n-zählige Achse und die zweizähligen Achsen enthalten. Man kann die Tabelle für die Charaktere dieser Gruppe leicht aufschreiben, wenn man die folgenden Beziehungen beachtet:

$$D_{nh} = D_n \times \sigma_h \qquad \text{für } n = 2m + 1$$

und

$$D_{nh} = D_n \times i \qquad \text{für } n = 2m.$$

VII. Die Gruppe D_{nd} ist die Symmetriegruppe eines Körpers aus zwei regulären n-eckigen Prismen, die aufeinander gesetzt und gegeneinander um den Winkel π/n verdreht sind:

$$D_{2n+1\,d} = D_{2n+1} \times i.$$

VIII. Die Gruppe T (Tetraedergruppe) enthält alle Drehungen, die einen regulären Tetraeder mit sich zur Deckung bringen. Durch eine Ecke des Tetraeders (und die Mitte der gegenüberliegenden Fläche) geht eine dreizählige Achse; durch die Mitten eines Paares sich nicht schneidender Kanten verläuft eine zweizählige Achse. Die zwölf Gruppenelemente sind: das Einselement, vier Drehungen um $2\pi/3$, vier Drehungen um $4\pi/3$ und drei Drehungen um π, sie zerfallen in vier Klassen. Die Gruppe T hat daher vier irreduzible Darstellungen, deren Dimensionen die Beziehung (3.81) erfüllen:

$$1^2 + 1^2 + 1^2 + 3^2 = 12.$$

T	E	$3C_2$	$4C_3$	$4C_3^2$
A	1	1	1	1
E	1	1	ε	ε^2
	1	1	ε^2	ε
F	3	−1	0	0

Hier ist $\varepsilon = e^{\frac{2\pi i}{3}}$.

IX. Die Gruppe $\boldsymbol{T_h = T \times i}$.

X. Die Gruppe $\boldsymbol{T_d}$ ist die Symmetriegruppe eines Tetraeders. Sie besteht aus 24 Elementen, die in fünf Klassen zerfallen. Außer den in der Gruppe $\boldsymbol{T}$ enthaltenen Drehungen gehören zur Gruppe $\boldsymbol{T_d}$ noch sechs Spiegelungen an Ebenen, die durch zwei Ecken und die Mitte einer dritten Kante gehen, sowie zwei Drehspiegelungen um die drei zweizähligen Achsen. Die Tabelle der Charaktere der irreduziblen Darstellungen lautet

T_d	E	$8C_3$	$3C_2$	$9\sigma_d$	$6S_4$
A_1	1	1	1	1	1
A_2	1	1	1	−1	−1
E	2	−1	2	0	0
F_1	3	0	−1	1	−1
F_2	3	0	−1	−1	1

XI. Die Gruppe $\boldsymbol{O}$ (Oktaedergruppe) enthält alle Drehungen, die einen Würfel mit sich zur Deckung bringen. Die 24 Elemente dieser Gruppe zerfallen in fünf Klassen: das Element E, drei Drehungen um den Winkel π um Achsen durch die Mitten gegenüberliegender Flächen, sechs Drehungen um die Winkel $\pm\pi/2$ um dieselben Achsen, sechs Drehungen um den Winkel π um Achsen durch die Mitten gegenüberliegender Kanten, acht Drehungen um den Winkel $2\pi/3$ um Achsen durch gegenüberliegende Würfelecken. Die Gruppe $\boldsymbol{O}$ hat also fünf irreduzible Darstellungen, deren Dimensionen der Beziehung

$$1^2 + 1^2 + 2^2 + 3^3 + 3^2 = 24$$

genügen. Die Tabelle für die Charaktere dieser Darstellungen ist

O	E	$3C_2$	$6C_4$	$6C_2$	$8O_3$
A_1	1	1	1	1	1
A_2	1	1	−1	−1	1
E	2	2	0	0	−1
F_1	3	−1	1	−1	0
F_2	3	−1	−1	1	0

XII. Die Gruppe O_h, die Symmetriegruppe eines Würfels, ist das direkte Produkt der Gruppe O mit der Inversionsgruppe

$$O_h = O \times i. \tag{6.16}$$

Die Gruppe O_h hat demnach 48 Elemente und 10 irreduzible Darstellungen. Fünf davon sind das direkte Produkt der Matrizen für die irreduziblen Darstellungen der Gruppe O mit den Matrizen der Einsdarstellung der Gruppe i. Diese Darstellungen sind bei Spiegelungen symmetrisch und werden mit $A_1^{(g)}$, $A_2^{(g)}$, $E^{(g)}$, $F_1^{(g)}$, $F_2^{(g)}$ oder mit Γ_i, $i = 1, 2, \ldots, 5$ bezeichnet. Die restlichen fünf Darstellungen erhalten wir durch Multiplikation der Darstellungen der Gruppe O mit der Darstellung der Gruppe i, die einen Vorzeichenwechsel verursacht. Diese bei einer Spiegelung antisymmetrischen Darstellungen bezeichnet man mit $A_1^{(u)}$, $A_2^{(u)}$, $E^{(u)}$, $F_1^{(u)}$, $F_2^{(u)}$ oder mit Γ_i', $i = 1, 2, \ldots, 5$.

3. Klassifizierung der Normalschwingungen und der Elektronenzustände eines Moleküls

Im vorangehenden Kapitel haben wir gezeigt, daß man die Elektronenzustände eines quantenmechanischen Systems sowie die Normalkoordinaten eines schwingungsfähigen Systems nach den irreduziblen Darstellungen der Symmetriegruppe dieser Systeme klassifizieren kann.

Wir wollen uns jetzt mit der Klassifizierung der Normalschwingungen eines Moleküls befassen. Ein Molekül werden wir als ein System materieller Teilchen (Kerne) in kleinen Schwingungen um die Ruhelagen ansehen; die Ruhelagen sollen irgendeine symmetrische Konfiguration bilden. Die Normalkoordinaten eines solchen Systems, die zu einer Eigenfrequenz gehören, transformieren sich, wie wir schon wissen, nach den irreduziblen Darstellungen der Symmetriegruppe, in unserem Fall der Punktgruppe des Moleküls. Der Entartungsgrad einer Frequenz ist gleich der Dimension der entsprechenden irreduziblen Darstellung. Zur Bestimmung der Symmetrieeigenschaften der Normalkoordinaten und der Entartungsgrade der Eigenfrequenzen muß man die Darstellung D, nach der sich die Komponenten x_i der Auslenkungen transformieren, in die irreduziblen Bestandteile zerlegen. Wie wir wissen, wird die Häufigkeit, mit der die irreduzible Darstellung durch die Matrizen $D^{(i)}$ in der gegebenen reduziblen Darstellung enthalten ist, durch die Formel

$$r_i = \frac{1}{m} \sum_g \bar{\chi}(g)\, \chi^{(i)}(g) \tag{6.17}$$

bestimmt. $\chi^{(i)}(g)$ ist dabei der Charakter der irreduziblen Darstellung $D^{(i)}$ der Punktgruppe und wird als bekannt angesehen, $\chi(g)$ ist der Charakter der reduziblen Darstellung, m ist die Gruppenordnung.

Wie kann man die Charaktere der irreduziblen Darstellung D finden, die durch die Auslenkungen x_i realisiert wird?

Offensichtlich müssen wir dazu die Spuren der Transformationsmatrizen ausrechnen, die die Auslenkungen $x_1, x_2, \ldots, x_{3N}$ (N ist die Zahl der Kerne im Molekül) bei Anwendung der Operation g aus der Symmetriegruppe des Moleküls in die Auslenkungen $x_1', x_2', \ldots, x_{3N}'$ überführen. Die Gestalt der Matrix D haben wir im Kapitel

V bestimmt (s. Formel (5.22)). Wenn die Ruhelage des Kernes „a“ bei einer Symmetrietransformation in die Ruhelage eines anderen, zu „a“ äquivalenten Kernes „b“ übergeht, dann erhalten wir offensichtlich Nullen auf der Diagonale in den Zeilen der Darstellungsmatrix, die den Auslenkungen des Kernes „a“ entsprechen. Einen von Null verschiedenen Beitrag liefern nur die Kerne, die bei dieser Transformation in sich selbst überführt werden. Falls die Transformation g eine Drehung um den Winkel φ ist, transformieren sich dabei die kartesischen Komponenten der Auslenkung eines solchen Kernes (bis auf eine Ähnlichkeitstransformation) mit der Matrix

$$\begin{pmatrix} \cos\varphi & \sin\varphi & 0 \\ -\sin\varphi & \cos\varphi & 0 \\ 0 & 0 & 1 \end{pmatrix}, \tag{6.18}$$

deren Spur $1 + 2\cos\varphi$ ist.

Für eine Drehspiegelung um den Winkel φ ist die Transformationsmatrix

$$\begin{pmatrix} \cos\varphi & \sin\varphi & 0 \\ -\sin\varphi & \cos\varphi & 0 \\ 0 & 0 & -1 \end{pmatrix} \tag{6.19}$$

mit der Spur $-1 + 2\cos\varphi$.

Wir fassen diese Ergebnisse zusammen und finden, daß der Charakter einer Darstellung für das Element g einer Punktgruppe gleich

$$\left.\begin{aligned} \chi(g) &= n_g(1 + 2\cos\varphi) && \text{für eine Drehung } g, \\ \chi(g) &= n_g(-1 + 2\cos\varphi) && \text{für eine Drehspiegelung } g \text{ ist.} \end{aligned}\right\} \tag{6.20}$$

n_g ist darin die Zahl der Kerne, die bei der betrachteten Transformation g an ihrem Platz verbleiben. Wir setzen diese Ausdrücke für die Charaktere in die Formel (6.17) ein und stellen fest, nach welchen irreduziblen Darstellungen sich die Normalkoordinaten des betrachteten Moleküls transformieren. Aus den bekannten Dimensionen der irreduziblen Darstellungen können wir die Entartungsgrade der Eigenfrequenzen bestimmen.

Von den betrachteten $3N$ Freiheitsgraden beschreiben drei Freiheitsgrade die Translation des Moleküls und drei Freiheitsgrade die Rotation des ganzen Moleküls. Da wir uns mit kleinen Verschiebungen der Kerne befassen, gehen auch kleine Translationen und kleine Rotationen in unsere Betrachtung ein. Diese Freiheitsgrade und die dazugehörigen Darstellungen müssen aus unserer Betrachtung ausgeschlossen werden. Die Verschiebungen der Molekülkerne, die diesen Freiheitsgraden entsprechen, können so dargestellt werden:

$$\begin{aligned} \boldsymbol{r}_i &= \boldsymbol{a} && \text{(Translation)}, \\ \boldsymbol{r}_i &= [\boldsymbol{\varphi}\, \boldsymbol{R}_i^{(0)}] && \text{(kleine Rotation)}; \end{aligned}$$

$\boldsymbol{a}$ ist darin der Vektor, um den das Molekül translatorisch verschoben wird, $\boldsymbol{\varphi}$ ist der Axialvektor für eine kleine Drehung um eine Achse durch den Koordinatenursprung, der Vektor $\boldsymbol{R}_i^{(0)}$ gibt die Ruhelage des i-ten Kerns an. Die Komponenten der Vektoren $\boldsymbol{a}$ und $\boldsymbol{\varphi}$ können als Normalkoordinaten der Translation und der Rotation des ganzen Moleküls angesehen werden. Bei Drehungen transformieren sich die Vektoren $\boldsymbol{a}$ und φ wie gewöhnliche Vektoren des dreidimensionalen Raumes. Die Charaktere der zugehörigen Transformationsmatrizen sind

$$1 + 2\cos\varphi .$$

Bei einer Drehspiegelung sind die Charaktere der Transformationen der Vektoren $\boldsymbol{a}$ und φ

$$\begin{aligned} -1 + 2\cos\varphi &\quad \text{(für den Vektor } \boldsymbol{a}\text{)},\\ 1 + 2\cos\varphi &\quad \text{(für den Axialvektor } \varphi\text{)}. \end{aligned}$$

Unter Beachtung dieser Bemerkungen erhalten wir für den Charakter einer Darstellung für einen reinen Schwingungsfreiheitsgrad

$$\left.\begin{aligned} \chi(g) &= (n_g - 2)(1 + 2\cos\varphi) &&\text{(wenn } g \text{ eine Drehung ist)},\\ \chi(g) &= n_g(-1 + 2\cos\varphi) &&\text{(wenn } g \text{ eine Drehspiegelung ist)}. \end{aligned}\right\} \quad (6.21)$$

Jetzt wollen wir uns kurz mit dem Problem der Klassifizierung der Elektronenzustände eines Moleküls beschäftigen.

Die SCHRÖDINGER-Gleichung für das Molekül werde unter der Voraussetzung aufgeschrieben, daß die Kerne in ihren Ruhelagen fixiert sind. Die Eigenfunktionen dieser Gleichung, d. h. die Mehrelektronen-Wellenfunktionen zu einem Eigenwert, transformieren sich dann nach einer irreduziblen Darstellung der Punktgruppe des Moleküls. Der Entartungsgrad der Elektronenniveaus muß gleich der Dimension der irreduziblen Darstellung sein. Zum Beispiel hat das NH_3-Molekül mit der Symmetrie C_{3v} nur einfache oder zweifach entartete Elektronenniveaus.

Wir beschränken uns hier auf diese allgemeine Bemerkung. Die konkrete Anwendung der Darstellungstheorie der Punktgruppen auf die Behandlung von Elektronenzuständen eines Moleküls ist immer mit gewissen Näherungen verknüpft. Wir werden uns mit diesem Problem im folgenden Kapitel befassen.

Übungsaufgaben

6.1. Man bestimme die Symmetrietypen der Normalkoordinaten und die Entartung der Eigenfrequenzen für das NH_3-Molekül mit der Symmetrie C_{3v} (Abb. 2)!

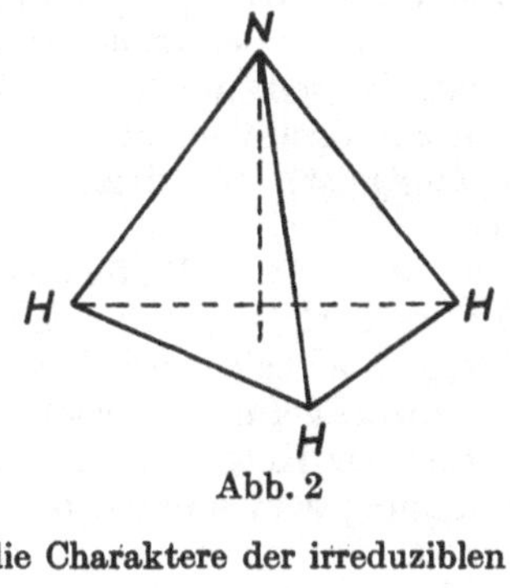

Abb. 2

6.2. Es ist die Tabelle für die Charaktere der irreduziblen Darstellungen der Gruppe O_h aufzustellen.

KAPITEL VII

DIE ZERLEGUNG EINER REDUZIBLEN DARSTELLUNG IN IRREDUZIBLE DARSTELLUNGEN

Im vorhergehenden Kapitel haben wir gelernt, die irreduziblen Darstellungen zu bestimmen, nach denen sich die Normalkoordinaten eines symmetrischen Moleküls transformieren müssen. Bei vielen Problemen muß man aber auch die expliziten Ausdrücke für diese Normalkoordinaten durch die Auslenkungen der Kerne kennen. Die Bestimmung der Normalkoordinaten vereinfacht sich beträchtlich, wenn wir aus den Auslenkungen x_i der Kerne zunächst symmetrisierte Auslenkungen bilden, d. h., wenn wir die Linearkombinationen der Auslenkungen auffinden, die sich nach den irreduziblen Darstellungen transformieren. Offensichtlich bestimmt ein solcher Satz von Linearkombinationen zu einer irreduziblen Darstellung einen bestimmten invarianten Unterraum im Raum der Veränderlichen x_i. Wir müssen also den Basisraum einer reduziblen Darstellung in Unterräume zerlegen, die bezüglich der Transformationen der Symmetriegruppe des Systems irreduzibel sind. Ein ähnliches Problem tritt in der Quantenmechanik bei der Bildung genäherter Wellenfunktionen für Moleküle auf. Wir werden zeigen, wie dieses Problem zu lösen ist. Unsere Behandlung wird allgemein sein, d. h., sie gilt nicht nur für Punktgruppen, sondern für beliebige endliche Gruppen.

1. Konstruktion von Basen für irreduzible Darstellungen

Die Gesamtheit der Elemente $\{\psi_i\}$ (Wellenfunktionen oder Auslenkungen) bilde die Basis einer reduziblen Darstellung D der Gruppe G. Wir wählen aus dieser Basis ein Element aus, zum Beispiel ψ_1, und wenden darauf alle Operationen $\hat{T}_g$ an, die den Transformationen g der Gruppe G entsprechen. So erhalten wir eine Kette von Elementen, die sich ineinander transformieren. Anschließend wählen wir aus der Gesamtheit $\{\psi_i\}$ ein Element aus, das in dieser Kette nicht enthalten ist (oder genauer, wir wählen ein Basiselement, das von den Elementen der gebildeten Kette linear unabhängig ist). Mit diesem zweiten Element bilden wir analog eine zweite Kette usw.

Auf diese Weise bekommen wir eine vorläufige Zerlegung der Darstellung D. Das wird aber keine vollständige Zerlegung sein, da die in einer Kette realisierte Darstellung im allgemeinen reduzibel sein wird. Unser Problem ist somit auf die Zerlegung der Darstellungen zurückgeführt worden, die in den Ketten realisiert werden.[1]) Aus der Konstruktion der Ketten folgt, daß diese Darstellungen nicht größer als die reguläre Darstellung sein können (s. Kapitel III). Sehen wir uns

[1]) Solche Darstellungen heißen *zyklisch*. Anm. der dt. Red.

zuerst den Fall an, daß die in einer Kette realisierte Darstellung die reguläre Darstellung ist. Durch Anwendung aller Symmetrieoperationen auf das Basiselement ψ_1 bekommen wir dann eine Kette aus m linear unabhängigen Elementen, wenn m die Ordnung der Gruppe G ist:

$$\hat{T}_g \psi_1 = \psi_g \ (\psi_1 = \psi_E). \tag{7.1}$$

Wir wissen, daß in der regulären Darstellung alle irreduziblen Darstellungen der Gruppe G enthalten sind, die l_j-dimensionale Darstellung $D^{(j)}$ kommt darin l_j-mal vor. Wir suchen orthonormierte Basen, die sich nach der Darstellung $D^{(j)}$ transformieren. Dazu bilden wir den Operator

$$\hat{P}_{ik}^{(j)} = \sqrt{\frac{l_j}{m}} \sum_g \overline{D}_{ik}^{(j)}(g) \hat{T}_g, \tag{7.2}$$

in dem $D_{ik}^{(j)}(g)$ das Matrixelement dieser Darstellung für die Operation g ist.

Die Elemente

$$\varphi_{ik}^{(j)} = \hat{P}_{ik}^{(j)} \psi_1 = \sqrt{\frac{l_j}{m}} \sum \overline{D}_{ik}^{(j)}(g) \psi_g \tag{7.3}$$

bilden bei festgehaltenem k eine Basis der irreduziblen Darstellung $D^{(j)}$, das wollen wir jetzt zeigen. Tatsächlich haben wir

$$\begin{aligned}
\hat{T}_g \varphi_{ik}^{(j)} &= \hat{T}_g \sqrt{\frac{l_j}{m}} \sum_{g'} \overline{D}_{ik}^{(j)}(g') \hat{T}_{g'} \psi_1 \\
&= \sqrt{\frac{l_j}{m}} \sum_{g'} \overline{D}_{ik}^{(j)}(g') \hat{T}_g \hat{T}_{g'} \psi_1 \\
&= \sqrt{\frac{l_j}{m}} \sum_{g''} \overline{D}_{ik}^{(j)}(g^{-1} g'') \hat{T}_{g''} \psi_1 \\
&= \sqrt{\frac{l_j}{m}} \sum_{g''} \sum_n \overline{D}_{in}^{(j)}(g^{-1}) \overline{D}_{nk}^{(j)}(g'') \hat{T}_{g''} \psi_1 \\
&= \sum_{n=1}^{l_j} \overline{D}_{in}^{(j)}(g^{-1}) \sqrt{\frac{l_j}{m}} \sum_{g''} \overline{D}_{nk}^{(j)}(g'') \hat{T}_{g''} \psi_1 \\
&= \sum_{n=1}^{l_j} \overline{D}_{in}^{(j)}(g^{-1}) \varphi_{nk}^{(j)} = \sum_{n=1}^{l_j} D_{ni}^{(j)}(g) \varphi_{nk}^{(j)}.
\end{aligned} \tag{7.4}$$

Bei Anwendung des Operators $\hat{T}_g$ transformieren sich, wie wir sehen, die Elemente $\varphi_{1k}^{(j)}, \varphi_{2k}^{(j)}, \ldots, \varphi_{l_j k}^{(j)}$ untereinander mit den Matrizen $D^{(j)}(g)$. Auf Grund der Orthogonalität der Matrixelemente für irreduzible Darstellungen ist die Matrix für den Übergang von den Elementen ψ zu den Elementen φ in Formel (7.3) unitär und somit auch nicht singulär. Aus der Unabhängigkeit aller Elemenete der Kette folgt daher, daß die Elemente $\varphi_{ik}^{(j)}$ linear unabhängig sind. Sind die Elemente ψ_g orthonormiert, dann haben wegen der Unitarität der Transformation auch die Elemente $\varphi_{ik}^{(j)}$ diese Eigenschaft. Lassen wir den Index k die Werte $1, 2, \ldots, l_j$ annehmen, so erhalten wir l_j unabhängige Basen, die sich nach der Darstellung $D^{(j)}$ transformieren.

Falls die Zahl der unabhängigen Elemente ψ_g in einer Kette kleiner als m ist, d. h., falls die in der Kette realisierte Darstellung eine kleinere Dimension als die reguläre Darstellung hat, sind nicht alle erhaltenen Basen für die irreduziblen Darstellungen unabhängig voneinander. Die Suche nach den unabhängigen Basen ist ein zusätzliches Problem. Im Fall der Punktgruppen ist dieses Problem jedoch trivial. Das Problem vereinfacht sich in diesem Fall, weil die Dimensionen der irreduziblen Darstellungen der bei Anwendungen benötigten Punktgruppen nicht größer als 3 ist. Eine eindimensionale irreduzible Darstellung kann in einer Darstellung nicht öfter als einmal vorkommen, und das zugehörige Basiselement wird mit Hilfe des einzigen möglichen Operators $\hat{P}_{11}^{(j)}$ gefunden. Eine zweidimensionale irreduzible Darstellung kann nicht öfter als zweimal auftreten. Wenn sie zweimal auftritt, dann kann dieser Fall wie die reguläre Darstellung behandelt werden. Falls sie einmal vorkommt, kann man ein beliebiges Paar von Operatoren $\hat{P}_{11}^{(j)}, \hat{P}_{21}^{(j)}$ oder $\hat{P}_{12}^{(j)}, \hat{P}_{22}^{(j)}$ nehmen, das bei Anwendung auf das ausgewählte Element nicht Null ergibt, um eine Basis für diese Darstellung zu erhalten. Eine dreidimensionale Darstellung kann in D nicht öfter als dreimal enthalten sein. Falls sie dreimal vorkommt, muß man alle drei Sätze aus drei Operatoren

$$\hat{P}_{i1}^{(j)}, \hat{P}_{i2}^{(j)}, \hat{P}_{i3}^{(j)} \quad (i = 1, 2, 3)$$

verwenden. Kommt sie nur einmal vor, braucht man nur den Satz von Operatoren verwenden, der bei Anwendung auf das Element ψ ein von Null verschiedenes Ergebnis liefert. Tritt die Darstellung zweimal auf, dann kann man zwei beliebige Sätze von Operatoren verwenden, die linear unabhängige Elemente ergeben, um eine Basis zu konstruieren.

Bei der praktischen Anwendung dieser Methode zur Ausreduktion einer reduziblen Darstellung muß man die Matrizen für die irreduziblen Darstellungen der betreffenden Gruppe kennen.[1])

2. Bestimmung der symmetrisierten Auslenkungen der Kerne in einem Molekül

Um die behandelte Methode zu verdeutlichen, wenden wir sie auf die Bestimmung der symmetrisierten Auslenkungen der Kerne im UF_6-Molekül an; dieses Molekül hat die Symmetriegruppe $\boldsymbol{O}_h$ (Abb. 3).

Das UF_6-Molekül hat 21 Freiheitsgrade und folglich 15 Normalkoordinaten, die Schwingungen entsprechen. Wir benutzen das im vorhergehenden Kapitel dargestellte Verfahren zur Bestimmung der Charaktere der Darstellung D, die mit den Auslenkungen $\boldsymbol{x}_i$, $\boldsymbol{y}_i$, $\boldsymbol{z}_i$ realisiert wird und erhalten die folgende Tabelle[2])

---

[1]) Tabellen mit den Matrizen für die irreduziblen Darstellungen der Punktgruppen findet man in der Arbeit: E. M. LEDOWSKAJA und E. D. TRIFONOW: Westnik LGU Nr. 10 (1962) 21 (russ.).

[2]) Wir verstehen hier unter den Auslenkungen $\boldsymbol{x}_i$, $\boldsymbol{y}_i$, $\boldsymbol{z}_i$ die Einheitsauslenkungen oder Einheitsvektoren, die wir in Kap. V mit $\boldsymbol{e}_i$ bezeichnet haben.

E	$3C_2$	$6C_4$	$6C_4^2$	$8C_3$	i	$3C_2i$	$6C_4i$	$6C_4^2i$	$8C_3i$
21	−3	3	−1	0	−3	5	−1	3	0

Unter Verwendung der Formel (3.59) zur Bestimmung der Struktur einer reduziblen Darstellung finden wir mit Hilfe der Tabelle für die Charaktere der irreduziblen Darstellungen der Gruppe $\boldsymbol{O}_h$ (s. S. 61)

$$D = \Gamma_1 + \Gamma_3 + \Gamma_4 + \Gamma_4' + 3\Gamma_5' + \Gamma_5. \tag{7.5}$$

In dieser Zerlegung sind auch die Darstellungen enthalten, nach denen sich die Koordinaten transformieren, die eine Translation und eine Rotation des ganzen Moleküls beschreiben.

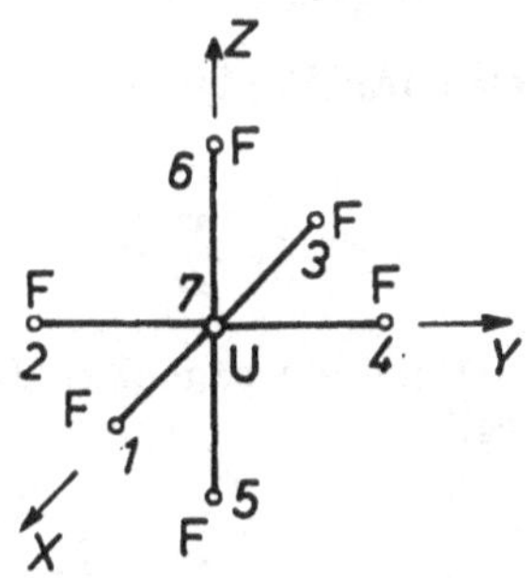

Abb. 3

Auf folgenden Sachverhalt sei die Aufmerksamkeit gelenkt: Die symmetrisierten Auslenkungen sind für alle Darstellungen außer Γ_5' gleichzeitig auch die Normalkoordinaten, da in der Zerlegung von D jede irreduzible Darstellung außer Γ_5' nicht öfter als einmal vorkommt. Jetzt können wir darangehen, die symmetrisierten Auslenkungen aufzuschreiben. Wenn wir vorläufig die Auslenkungen x_i, y_i, z_i durch die bezüglich der Inversion symmetrisierten und antisymmetrisierten Kombinationen ersetzen, können wir uns auf die Betrachtung der Untergruppe $\boldsymbol{O}$ beschränken, statt die ganze Gruppe $\boldsymbol{O}_h$ zu behandeln; die betreffenden Kombinationen sind

symmetrische (gerade) Auslenkungen	antisymmetrische (ungerade) Auslenkungen
$x_1 - x_3 \quad x_4 - x_2 \quad x_6 - x_5$	$x_1 + x_3 \quad x_2 + x_4 \quad x_5 + x_6$
$y_1 - y_3 \quad y_4 - y_2 \quad y_4 - y_6$	$y_1 + y_3 \quad y_2 + y_4$
$z_1 - z_3 \quad z_4 - z_2 \quad z_6 - z_5$	$y_5 + y_6 \quad z_1 + z_3$
	$z_2 + z_4 \quad z_5 + z_6$
	$x_7 \quad y_7 \quad z_7$

(7.6)

Die Basisvektoren der geraden Darstellungen ergeben sich durch Anwendung der Operatoren $\hat{P}_{ik}^{(j)}$ auf die geraden Auslenkungen, die Basisvektoren der ungeraden

Darstellungen durch Anwendung der Operatoren $\hat{P}_{ik}^{(j)}$ auf die ungeraden Auslenkungen.

Die Tabelle mit den Matrizen für die irreduziblen Darstellungen der Gruppe $\boldsymbol{O}$ ist im Anhang zu finden.

Wir wenden jetzt die Operationen der Gruppe $\boldsymbol{O}$ auf die Auslenkungen (7.6) an und erhalten folgende fünf Ketten:

I. $x_1 - x_3, \quad z_6 - z_5, \quad y_4 - y_2.$

II. $y_1 - y_3, \quad z_1 - z_3, \quad y_5 - y_6, \quad x_4 - x_2, \quad z_4 - z_2, \quad x_6 - x_5.$

III. $x_7, y_7, z_7.$

IV. $y_1 + y_3, \quad z_1 + z_3, \quad y_5 + y_6, \quad x_4 + x_2, \quad z_4 + z_2, \quad x_5 + x_6.$

V. $x_1 + x_3, \quad z_6 + z_5, \quad y_4 + y_2.$

Sehen wir uns die erste Kette an. Wir bilden den Operator $\hat{P}_{11}^{(1)}$, der der Einsdarstellung Γ_1 entspricht:

$$\hat{P}_{11}^{(1)} = \frac{1}{24} \sum_g \hat{T}_g. \tag{7.7}$$

Die Anwendung dieses Operators auf ein beliebiges Element aus der ersten Kette, zum Beispiel auf $x_1 - x_3$, ergibt

$$\hat{P}_{11}^{(1)}(x_1 - x_3) = \frac{1}{3}(x_1 - x_3 + z_6 - z_5 + y_4 - y_2) \equiv q_1. \tag{7.8}$$

In Kap. V ist gezeigt worden, daß der Zusammenhang zwischen den Auslenkungen $\sqrt{m_i}x_i$ und den Koordinaten q_k durch eine unitäre Transformation vermittelt wird. Für

$$q_i = \sum_k b_{ik} x_k \sqrt{m_k} \tag{7.9}$$

(zur Vereinfachung der Schreibweise bezeichnet der Index k sowohl die Atome als auch die kartesischen Komponenten) ist

$$x_k = \frac{1}{\sqrt{m_k}} \sum_i b_{ik} q_i. \tag{7.10}$$

Aus der Gleichung (7.10) können wir die Auslenkungen der Atome ermitteln, die den einzelnen Normalkoordinaten entsprechen. Wir setzen alle Koordinaten q_i außer q_k gleich Null und bekommen

$$\tilde{x}_k = \frac{1}{\sqrt{m_k}} b_{sk} q_s. \tag{7.11}$$

Die Atome, die einer Kette von Auslenkungen entsprechen, sind äquivalent und haben deshalb auch gleiche Massen; daher können wir aus den bekannten Beziehungen (7.9) $\left(\text{bis auf den Faktor } \frac{1}{\sqrt{m}}\right)$ die Auslenkungen (7.11) finden. Insbesondere erkennen wir mit Hilfe der Gleichung (7.8), daß die Normalkoordinate q_1 der in Abb. 4 dargestellten, völlig symmetrischen Auslenkung entspricht.

Aus den drei unabhängigen Verschiebungen der ersten Kette können wir noch zwei Normalkoordinaten bilden, die nur die Basisvektoren der zweidimensionalen Darstellung Γ_3 sein können; denn in der Zerlegung (7.5) gibt es weiter keine

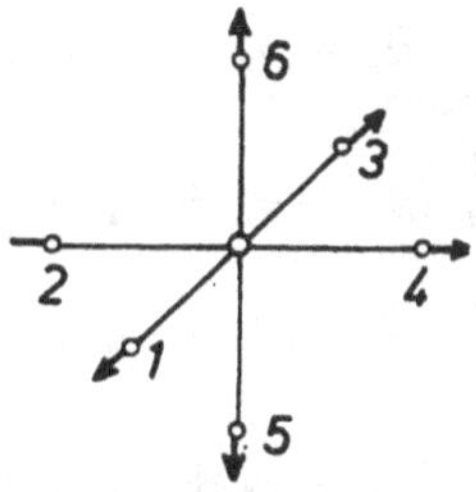

Abb. 4

symmetrischen ein- oder zweidimensionalen irreduziblen Darstellungen. Zur Bestimmung dieser beiden Normalkoordinaten wenden wir die Operatoren $\hat{P}_{11}^{(3)}$ und $\hat{P}_{21}^{(3)}$ auf die Auslenkung $z_6 - z_5$ an. Mit Hilfe der Tabelle der Matrixelemente für die irreduziblen Darstellungen finden wir

$$\hat{P}_{11}^{(3)}(z_6 - z_5) = \frac{1}{2}(z_6 - z_5 + y_2 - y_4) = q_2, \tag{7.12}$$

$$\hat{P}_{21}^{(3)}(z_6 - z_5) = \frac{\sqrt{3}}{6}[2(x_1 - x_3) + z_5 - z_6 + y_2 - y_4] = q_3. \tag{7.13}$$

Die den Normalkoordinaten q_2 und q_3 entsprechenden Auslenkungen sind in Abb. 5 wiedergegeben.

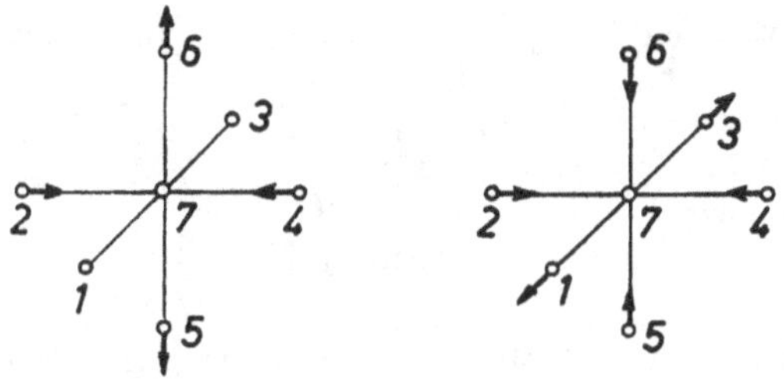

Abb. 5

Uns ist noch eine Kette (II) verblieben, in der die symmetrischen Darstellungen Γ_4 und Γ_5 realisiert sein müssen. Zur Berechnung der entsprechenden Normalkoordinaten bilden wir die Operatoren $p_{i1}^{(4)}$ und $p_{i1}^{(5)}$ $(i = 1, 2, 3)$ und wenden diese zum Beispiel auf die Auslenkung $y_6 - y_5$ an:

$$\left.\begin{aligned} p_{11}^{(4)}(y_6 - y_5) &= \frac{1}{2}(y_6 - y_5 + z_4 - z_2) = q_4, \\ p_{21}^{(4)}(y_6 - y_5) &= \frac{1}{2}(x_6 - x_5 + z_1 - z_3) = q_5, \\ p_{31}^{(4)}(y_6 - y_5) &= \frac{1}{2}(y_1 - y_3 + x_4 - x_2) = q_6; \end{aligned}\right\} \tag{7.14}$$

$$\left.\begin{aligned} p_{11}^{(5)}(y_6 - y_5) &= \frac{1}{2}(y_6 - y_5 + z_2 - z_4) = q_7, \\ p_{21}^{(5)}(y_6 - y_5) &= \frac{1}{2}(x_5 - x_6 + z_1 - z_3) = q_8, \\ p_{31}^{(5)}(y_6 - y_5) &= \frac{1}{2}(y_3 - y_1 + x_4 - x_2) = q_9. \end{aligned}\right\} \tag{7.15}$$

Die entsprechenden Auslenkungen sind in Abb. 6 dargestellt. Die Koordinaten q_7, q_8, q_9, die sich nach der Darstellung Γ_5 transformieren, beschreiben eine Rotation des ganzen Moleküls.

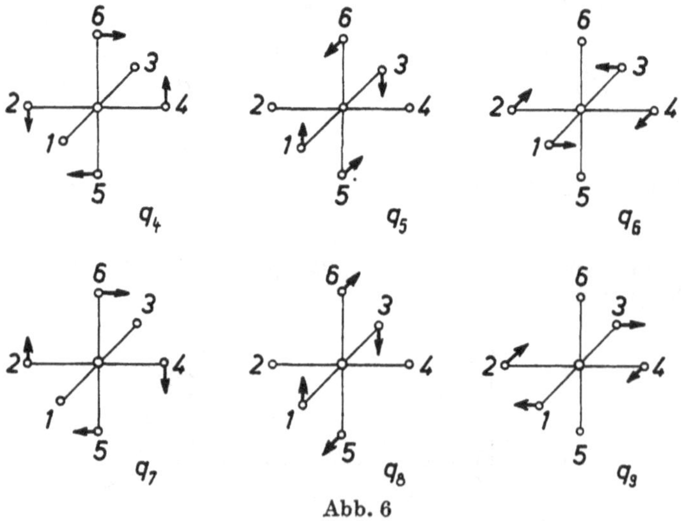

Abb. 6

Wir kommen jetzt zu den Ketten aus den antisymmetrischen Auslenkungen. Auf die Kette III brauchen wir unsere Methode nicht anzuwenden, weil sich jeder Vektor nach der irreduziblen Darstellung Γ_5' transformiert. Wir haben

$$x_7 = q_{10}, \quad y_7 = q_{11}, \quad z_7 = q_{12}. \tag{7.16}$$

Die Koordinaten q_{10}, q_{11}, q_{12} sind keine Normalkoordinaten, da die Darstellung Γ_5' in der Zerlegung dreimal vorkommt. Die Elemente der Kette IV transformieren sich nach den Darstellungen Γ_4' und Γ_5'. Durch Anwendung der Operatoren $\hat{P}_{i1}^{(4)}$ auf die Auslenkung $x_2 + x_4$ gelangen wir zu folgenden Normalkoordinaten:

$$\left.\begin{aligned} \hat{P}_{11}^{(4)}(x_2 + x_4) &= \frac{1}{2}(-x_6 - x_5 + x_2 + x_4) = q_{13}, \\ \hat{P}_{21}^{(4)}(x_2 + x_4) &= \frac{1}{2}(y_6 + y_5 - y_1 - y_3) = q_{14}, \\ \hat{P}_{31}^{(4)}(x_2 + x_4) &= \frac{1}{2}(z_1 + z_3 - z_4 - z_2) = q_{15}. \end{aligned}\right\} \tag{7.17}$$

Die entsprechenden Auslenkungen sind in Abb. 7 zu finden.

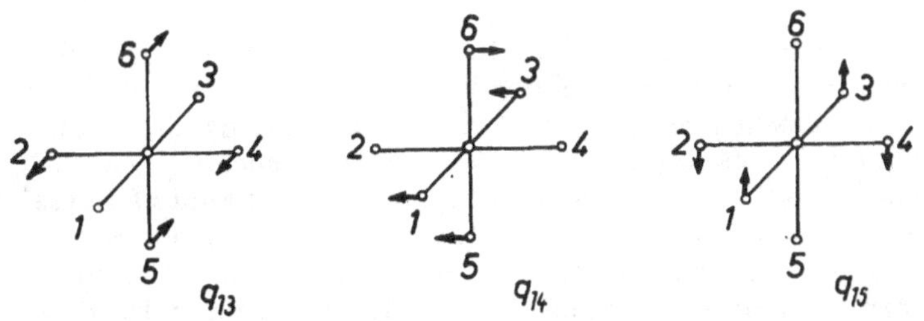

Abb. 7

Die Anwendung des Operators $\hat{P}_{i1}^{(5)}$ auf $x_2 + x_4$ liefert die folgenden Basiselemente:

$$\left.\begin{aligned} \hat{P}_{11}^{(5)}(x_2 + x_4) &= \frac{1}{2}(x_2 + x_4 + x_5 + x_6) = q_{16}, \\ \hat{P}_{21}^{(5)}(x_2 + x_4) &= \frac{1}{2}(y_1 + y_3 + y_5 + y_6) = q_{17}, \\ \hat{P}_{31}^{(5)}(x_2 + x_4) &= \frac{1}{2}(z_4 + z_2 + z_3 + z_1) = q_{18}, \end{aligned}\right\} \tag{7.18}$$

die ebenfalls noch keine Normalkoordinaten sind. Schließlich verbleibt für die letzte Kette V, die aus drei Auslenkungen besteht, die irreduzible Darstellung Γ_5', und wir haben noch die drei Koordinaten

$$x_1 + x_3 = q_{19}, \quad z_6 + z_5 = q_{20}, \quad y_4 + y_5 = q_{21}. \tag{7.19}$$

Aus den neun Koordinaten, die sich nach einem Vielfachen der irreduziblen Darstellung Γ_5 transformieren, sind die Koordinaten auszusondern, die einer Translation des ganzen Moleküls entsprechen. Das ist leicht getan. Die Koordinaten für eine Translation haben offenbar die Gestalt

$$\left.\begin{aligned} X &= \frac{\sum m_i x_i}{\sum m_i}, \\ Y &= \frac{\sum m_i y_i}{\sum m_i}, \\ Z &= \frac{\sum m_i z_i}{\sum m_i}. \end{aligned}\right\} \qquad (7.20)$$

Um aus den restlichen sechs Koordinaten Normalkoordinaten zu bilden, hat man eine Säkulargleichung zweiter Ordnung für die Matrix der potentiellen Energie zu lösen (s. Kapitel V, S. 52).

3. Die Methode der Linearkombination der Atomfunktionen

Das zweite Anwendungsbeispiel für die in Abschn. 1 besprochene Methode bezieht sich auf die Untersuchung der Elektronenzustände eines Moleküls.

Wir befassen uns hier nur mit der Aufgabenstellung, da die Lösung ähnlich wie die Behandlung in Abschn. 2 erfolgt. Bei der Untersuchung der stationären Zustände eines Moleküls verwendet man häufig die sogenannte adiabatische Näherung: Die Elektronen werden im elektrostatischen Feld der Kerne betrachtet, und die Kerne bilden eine symmetrische Konfiguration. Die Bestimmung der Elektronenzustände in einem Molekül, d. h. die Berechnung der Eigenfunktionen des Energieoperators für die Elektronen im Molekül, kann näherungsweise auf ein Einelektronen-Problem zurückgeführt werden. Jedes Elektron wird dabei in einem effektiven Feld betrachtet, das von den anderen Elektronen und von den Kernen erzeugt wird. Näherungsweise kann man voraussetzen, daß dieses effektive Feld dieselbe Symmetrie wie die Konfiguration der Kerne hat.

Weiter benutzt man folgende Überlegungen. Wären die Atome oder Ionen, aus denen das Molekül besteht, genügend weit voneinander entfernt, dann würden die Einelektronen-Funktionen des Moleküls mit den Einelektronen-Funktionen der Atome oder Ionen übereinstimmen. Die Einelektronen-Energieniveaus wären dabei entartet; gleiche Wellenfunktionen, die an äquivalenten, aber verschiedenen Atomen lokalisiert sind, würden zu dem gleichen Energiewert gehören. In Wirklichkeit sind aber die Atome in einem Molekül nur so weit voneinander entfernt, daß die Atome sich gegenseitig wesentlich beeinflussen. Die Einelektronen-Funktionen der freien Atome oder Ionen werden deshalb keine Lösungen der Schrödinger-Gleichung für die Einelektronen-Zustände eines Moleküls sein. Man kann aber annehmen, daß ein Satz solcher Funktionen ein genügend vollständiges System bildet, um eine Näherungslösung unseres Problems zu ermöglichen. Praktisch ist die Zahl der Funktionen in einem solchen Satz endlich, und mit den Funktionen dieses Satzes wird eine reduzible Darstellung D der Punktgruppe G realisiert.

In Kap. V ist gezeigt worden, daß die Diagonalisierung der Matrix des Hamilton-Operators bedeutend einfacher wird, wenn man diese Funktionen so wählt, daß sie die Basen irreduzibler Darstellungen bilden. Diese Basen werden ähnlich konstruiert wie im vorhergehenden Abschnitt. Das betrachtete „vollständige“ Funktionensystem zerfällt in Ketten von Funktionen, und in jeder Kette werden mit Hilfe der Operatoren $\hat{P}_{ik}^{(j)}$ die Basen irreduzibler Darstellungen aufgebaut. Kommt irgendeine irreduzible Darstellung in der Zerlegung nur einmal vor, so sind die gebildeten Wellenfunktionen Eigenfunktionen unseres Problems. Falls eine irreduzible Darstellung $D^{(j)}$ r_j-mal auftritt, dann hat man nach der Konstruktion der Basen dieser irreduziblen Darstellung noch eine Säkulargleichung der Ordnung r_j zu lösen, um die Eigenfunktionen aufzufinden. Diese Methode zur Bestimmung der Einelektronen-Näherungslösungen für das Molekülproblem wird als Methode der *Linearkombination von Atomfunktionen* bezeichnet.

Übungsaufgabe

7.1. Für einen kubischen Komplex (von der Art eines F-Zentrums in einem Alkalihalogenidkristall) sind die Wellenfunktionen anzugeben, die sich nach den irreduziblen Darstellungen

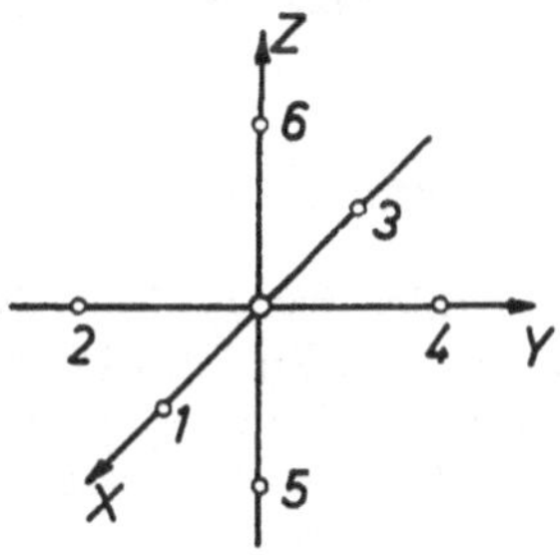

Abb. 8

der Gruppe O_h transformieren. Es wird angenommen, daß das vollständige Funktionensystem aus sechs s-Funktionen besteht, die um die Punkte 1, 2, ..., 6 lokalisiert sind (Abb. 8).

KAPITEL VIII

DIE RAUMGRUPPEN UND IHRE IRREDUZIBLEN DARSTELLUNGEN

Als Symmetriegruppe eines Idealkristalls oder als *Raumgruppe* wird die Gesamtheit der Transformationen des dreidimensionalen Raumes bezeichnet, die einen beliebigen Punkt des Kristalls in einen äquivalenten Punkt überführen. Dabei wird der Kristall entweder unendlich vorausgesetzt oder durch ein Modell ersetzt, in dem gegenüberliegende Flächen einer Probe identifiziert werden. Im letzteren Fall ist der Kristall topologisch einem dreidimensionalen Torus äquivalent.

1. Die Untergruppe der Translationen

Im Unterschied zu den Molekülen ist die Translationssymmetrie ein charakteristischer Zug der Kristallsymmetrie: Ein Idealkristall ist die periodische Wiederholung einer bestimmten Gesamtheit von Teilchen. Die Translationssymmetrie kann mit Hilfe dreier nicht komplanarer Vektoren beschrieben werden:

$$\boldsymbol{a}_1, \quad \boldsymbol{a}_2, \quad \boldsymbol{a}_3,$$

die als *Basisvektoren* des Gitters bezeichnet werden. Eine Translation um den Vektor

$$\boldsymbol{a} = n_1\boldsymbol{a}_1 + n_2\boldsymbol{a}_2 + n_3\boldsymbol{a}_3 \tag{8.1}$$

mit positiven oder negativen ganzen Zahlen n_1, n_2, n_3 verknüpft äquivalente Punkte $\boldsymbol{r}$ und $\boldsymbol{r}'$ des Kristalls

$$\boldsymbol{r}' = \boldsymbol{r} + \boldsymbol{a}. \tag{8.2}$$

Der Vektor $\boldsymbol{a}$ heißt *Gittervektor*. Trägt man von einem Punkt aus (vom Koordinatenursprung) alle Vektoren $\boldsymbol{a}$ ab, so bilden ihre Endpunkte ein sogenanntes Bravais-*Gitter* oder das „leere" Gitter zu dem gegebenen Kristall. Die Endpunkte der Vektoren werden bei dieser Konstruktion als Gitterpunkte bezeichnet. Die drei Basisvektoren eines Gitters haben offensichtlich folgende Eigenschaft: Innerhalb des von ihnen aufgespannten Parallelepipeds liegt kein Gitterpunkt. Die Wahl der Basisvektoren eines Gitters ist nicht eindeutig. Aber bei einer beliebigen möglichen Wahl dieser Vektoren müssen die Volumina der von den Basisvektoren aufgespannten Parallelepipede gleich sein. In Abb. 9 ist zu sehen, wie man die Basisvektoren für ein zweidimensionales quadratisches Gitter wählen kann. Normalerweise wählt man die kürzesten Vektoren als Basisvektoren.

Das von den Basisvektoren aufgespannte Parallelepiped bezeichnet man auch als *Elementarzelle* des Kristalls. In einer Raumgruppe ist also als Untergruppe die Gruppe der Translationen (8.2) um die Gittervektoren enthalten. Wir werden diese Gruppe mit $T_{\boldsymbol{a}}$ bezeichnen.

Abb. 9

2. Kristallsysteme

Die Bravais-Gitter haben eine bestimmte Symmetrie bezüglich Drehungen und Spiegelungen. Für jedes Bravais-Gitter existiert eine Punktgruppe K von Transformationen, die einen Gittervektor wieder in einen Gittervektor überführen. Wir werden eine orthogonale Transformation des dreidimensionalen Raumes, die zu K gehört, mit R bezeichnen. Es gibt sieben Kristallsysteme, die sich durch die Punktgruppe K unterscheiden. Es zeigt sich, daß nicht jede Punktgruppe die Symmetriegruppe eines Gitters sein kann. Die Forderung, daß gleichzeitig mit $\boldsymbol{a}$ auch der Vektor $R\boldsymbol{a}$ ein Gittervektor sein soll, schränkt den Kreis der zulässigen Punktgruppen ein. Wir wollen klären, welcher Art diese Einschränkungen sind.

Vor allem bemerken wir, daß die Gruppe K die Inversion enthalten muß: Zusammen mit der Translation um den Vektor $\boldsymbol{a}$ enthält die Gruppe $T_{\boldsymbol{a}}$ immer die Translation um den Vektor $-\boldsymbol{a}$. Jetzt wollen wir feststellen, welche Symmetrieachsen die Gruppe K haben kann. Wir wählen als Einheitsvektoren für die Basis im Raum der Vektoren $\boldsymbol{a}$ die Basisvektoren des Gitters $\boldsymbol{a}_1, \boldsymbol{a}_2, \boldsymbol{a}_3$ und schreiben die Transformation R in der neuen Basis auf, in der alle Gittervektoren ganzzahlige Komponenten haben. Die Matrix für die orthogonale Transformation R bezeichnen wir in dieser Basis mit $\tilde{R}$ und haben

$$\tilde{R} = U^{-1} R U,$$

wenn U die Matrix für den Übergang von der ursprünglichen orthonormierten Basis zur Basis $\boldsymbol{a}_1, \boldsymbol{a}_2, \boldsymbol{a}_3$ ist. Ist R eine Drehung (oder eine Drehspiegelung) um den Winkel φ, dann ist die Spur der Matrix R wie auch die Spur der Matrix $\tilde{R}$ gleich

$$\operatorname{Sp} \tilde{R} = \operatorname{Sp} R = \pm 1 + 2 \cos \varphi . \tag{8.3}$$

Die Transformation R muß den Gittervektor $\boldsymbol{a}$ in den Gittervektor $\boldsymbol{a}' = \tilde{R}\boldsymbol{a}$ überführen; deshalb müssen alle Matrixelemente von $\tilde{R}$ und damit auch die Spur von $\tilde{R}$ ganze Zahlen sein. Hieraus folgt, daß $\cos \varphi$ nur die folgenden Werte annehmen kann:

$$\cos\varphi = \cos\frac{2\pi n}{m} = \pm 1, \pm \frac{1}{2}, 0. \tag{8.4}$$

Die Gruppe K kann folglich nur zwei-, drei-, vier- und sechszählige Achsen enthalten. Schließlich kann man noch zeigen: Wenn die Gruppe K die Untergruppe $\boldsymbol{C}_n$ mit $n > 2$ enthält, dann enthält sie auch die Untergruppe $\boldsymbol{C}_{nv}$. Die oben formulierten drei Einschränkungen lassen nur die folgenden sieben Punktgruppen als die Punktgruppen eines Kristalles zu:

$$\boldsymbol{S}_2,\ \boldsymbol{C}_{2h},\ \boldsymbol{D}_{2h},\ \boldsymbol{D}_{3h},\ \boldsymbol{D}_{4h},\ \boldsymbol{D}_{6h},\ \boldsymbol{O}_h.$$

Einfache Metrik $M_{ik} = (a_i a_k)$	System	Typ	Relative Längen	Relative Lagen
$M_{11}\ M_{12}\ M_{13}$ $M_{21}\ M_{22}\ M_{23}$ $M_{31}\ M_{32}\ M_{33}$	triklin $\boldsymbol{S}_2$	einfach	beliebig	beliebig
$M_{11}\ M_{12}\ 0$ $M_{12}\ M_{22}\ 0$ $0\ \ 0\ \ M_{33}$	monoklin $\boldsymbol{C}_{2h}$	einfach mit zentrierten Grundflächen	beliebig beliebig	$\boldsymbol{a}_3 \perp \sigma_{12}$ $\boldsymbol{c}_{32} \perp \sigma_{12}$
$M_{11}\ 0\ \ 0$ $0\ \ M_{22}\ 0$ $0\ \ 0\ \ M_{33}$	rhombisch $\boldsymbol{D}_{2h}$	einfach mit zentrierten Grundflächen raumzentriert flächenzentriert	beliebig beliebig beliebig beliebig	$\boldsymbol{a}_1 \perp \boldsymbol{a}_2 \perp \boldsymbol{a}_3 \perp \boldsymbol{a}_1$ $\boldsymbol{c}_{32} \perp \sigma_{12}\ \boldsymbol{a}_1 \perp \boldsymbol{a}_2$ $\boldsymbol{g}_{321} \perp \sigma_{12}\ \boldsymbol{a}_1\boldsymbol{a} \perp \boldsymbol{a}$ $\boldsymbol{c}_{21} \perp \boldsymbol{a}_1 \perp \boldsymbol{c}_{31}$
$M\ \ 0\ \ 0$ $0\ \ M\ \ 0$ $0\ \ 0\ \ M$	tetragonal $\boldsymbol{D}_{2h}$	einfach raumzentriert	$\boldsymbol{a}_1 = \boldsymbol{a}_2$ $\boldsymbol{a}_1 = \boldsymbol{a}_2$	$\boldsymbol{a}_1 \perp \boldsymbol{a}_2 \perp \boldsymbol{a}_3 \perp \boldsymbol{a}_1$ $\boldsymbol{g}_{312} \perp \boldsymbol{a}_2 \perp \boldsymbol{a}_1$
$M\ \ -M/2\ \ M_{13}$ $-M/2\ \ M\ \ M_{23}$ $M_{13}\ \ M_{23}\ \ M_{33}$	rhombo-edrisch $\mathbf{D}_{3h}$	einfach	$\boldsymbol{a}_1 = \boldsymbol{a}_2$	$\boldsymbol{g}_{312} \perp \sigma_{12}$ $\widehat{\boldsymbol{a}_1\boldsymbol{a}_2} = 2\pi/3$
$M\ \ -M/2\ \ 0$ $-M/2\ \ M\ \ 0$ $0\ \ 0\ \ \mathrm{M}$	hexagonal	einfach	$\boldsymbol{a}_1 = \boldsymbol{a}_2$	$\boldsymbol{a}_3 \perp \sigma_{12}$ $\widehat{\boldsymbol{a}_1\boldsymbol{a}_2} = 2\pi/3$
$M\ \ 0\ \ 0$ $0\ \ M\ \ 0$ $0\ \ 0\ \ M$	kubisch	einfach flächenzentriert raumzentriert	$\boldsymbol{a}_1 = \boldsymbol{a}_2 = \boldsymbol{a}_3$ $\boldsymbol{a}_1 = \boldsymbol{a}_2$ $\boldsymbol{g}_{312} = \boldsymbol{a}_1/\sqrt{2}$ $\boldsymbol{a}_1 = \boldsymbol{a}_2$ $\boldsymbol{g}_{312} = \boldsymbol{a}_1/2$	$\boldsymbol{a}_1 \perp \boldsymbol{a}_2 \perp \boldsymbol{a}_3$ $\boldsymbol{a}_1 \perp \boldsymbol{a}_2 \perp \boldsymbol{g}_{312}$ $\perp \boldsymbol{a}_1$ $\boldsymbol{a}_1 \perp \boldsymbol{a}_2 \perp \boldsymbol{g}_{312}$ $\perp \boldsymbol{a}_1$

Bezeichnungen: $\boldsymbol{c}_{ik} = \boldsymbol{a}_i - \boldsymbol{a}_k/2$, $\boldsymbol{g}_{ikj} = \boldsymbol{a}_i - (\boldsymbol{a}_k + \boldsymbol{a}_j)/2$, σ_{ik} ist ein Vektor in der von $\boldsymbol{a}_i$ und $\boldsymbol{a}_k$ aufgespannten Ebene.

Das ist der Grund für die Existenz von nur sieben Kristallsystemen: triklines, monoklines, rhombisches, rhomboedrisches, tetragonales, hexagonales und kubisches Kristallsystem.

Die Punktgruppe eines BRAVAIS-Gitters legt den möglichen Anordnungen und den relativen Längen der Basisvektoren eines Gitters bestimmte Beschränkungen auf. Wir werden hier die entsprechenden Überlegungen nicht anstellen. Der Vollständigkeit halber geben wir eine Tabelle mit weitergehenden Daten über BRAVAIS-Gitter an.

3. Das allgemeine Element einer Raumgruppe

Das allgemeine Symmetrieelement eines leeren Gitters kann in der Form $\boldsymbol{t_a}R$ geschrieben werden. Die Anwendung dieser Operation auf einen dreidimensionalen Vektor wird durch die Formel bestimmt

$$\boldsymbol{t_a}R\boldsymbol{x} = R\boldsymbol{x} + \boldsymbol{a}. \tag{8.5}$$

Offensichtlich haben wir

$$\boldsymbol{t_{a_1}}R_1\boldsymbol{t_{a_2}}R_2\boldsymbol{x} = R_1R_2\boldsymbol{x} + \boldsymbol{a}_1 + R_1\boldsymbol{a}_2, \tag{8.6}$$

$$(\boldsymbol{t_a}R)^{-1}\boldsymbol{x} = R^{-1}\boldsymbol{x} - R^{-1}\boldsymbol{a}. \tag{8.7}$$

Die Operationen $\boldsymbol{t_a}$ und R sind nicht miteinander vertauschbar, es ist

$$\boldsymbol{t_a}R = R\boldsymbol{t}_{R^{-1}\boldsymbol{a}}. \tag{8.8}$$

Am besten bestimmt man die Punktgruppe K eines Gitters, indem man alle Operationen betrachtet, die die Vektoren $\boldsymbol{a}_1$, $\boldsymbol{a}_2$, $\boldsymbol{a}_3$, $-\boldsymbol{a}_1$, $-\boldsymbol{a}_2$, $-\boldsymbol{a}_3$ untereinander transformieren.

Bisher haben wir uns mit der Symmetrie „leerer" Gitter befaßt. Wir kehren jetzt wieder zur Behandlung der Symmetrie eines Kristalls zurück.

Außer der Untergruppe der Translationen $T_{\boldsymbol{a}}$ enthält eine Raumgruppe noch andere Transformationen, deren Gestalt einmal durch die Symmetrie des BRAVAIS-Gitters und zum anderen durch die Symmetrie der Kristallbausteine bestimmt wird; unter der Symmetrie der Kristallbausteine verstehen wir die Symmetrie der sich periodisch wiederholenden Gesamtheit von Teilchen, die den Kristall aufbaut. Dieser zweite Umstand verursacht häufig, daß nicht alle Transformationen der Punktgruppe K in der Symmetriegruppe des Kristalls enthalten sind. Nicht alle Transformationen, die die Gitterpunkte miteinander zur Deckung bringen, bringen auch die einzelnen Kristallbausteine miteinander zur Deckung. Es ist deshalb möglich, daß die Punktgruppe eines Kristalls nur eine Untergruppe der Punktgruppe des leeren Gitters ist.

Im allgemeinen hat eine Symmetrietransformation eines Kristalls, die keine Translationen um einen Gittervektor enthält, die Gestalt $\boldsymbol{t_a}R$, wobei R eine Transformation der Punktgruppe K und t_α eine Translation um den von einem Gittervektor verschiedenen Vektor α ist. Zur Erklärung dieser uneigentlichen Translationen sehen wir uns das Diamantgitter an. Das Diamantgitter kann aus zwei flächenzentrierten kubischen Gittern aufgebaut werden, die gegeneinander in

Richtung der Raumdiagonale des Würfels um $^1/_4$ der Diagonale versetzt sind (Abb. 10). Wir wählen den Platz eines beliebigen Kernes, zum Beispiel den Punkt A, als Symmetriezentrum. Die diesem Gitterpunkt am nächsten gelegenen Kerne bilden ein Tetraeder; sie gehören zum anderen Untergitter und sind mit dem Buchstaben B bezeichnet. Wie man sich leicht überzeugt, bringen die Transformationen aus der Tetraedergruppe das Diamantgitter mit sich selbst zur Deckung. Die Inversion $\boldsymbol{i}$ am Punkt A ist kein Symmetrieelement des betrachteten Gitters; denn bei dieser Transformation gelangt der Kern B, der an einer Würfelecke angeordnet ist, in die Mitte der Raumdiagonale. Führt man aber nach der Inversion eine Translation längs der Diagnale um $^1/_4$ von deren Länge aus, dann nimmt der betrachtete Kern B den Platz des Kernes A ein.

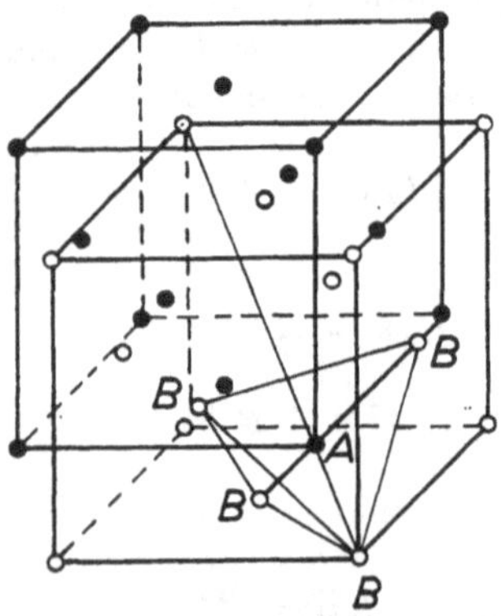

Abb. 10

Inversion und Translation zusammen vertauschen die Untergitter A und B miteinander, wie man leicht sehen kann. Dasselbe gilt für beliebige Transformationen der Gesamtheit $\boldsymbol{i}\boldsymbol{T}_d$. Die Transformationen der Punktgruppe $\boldsymbol{T}_d$ und die Transformationen der Gesamtheit $\boldsymbol{i}\boldsymbol{T}_d$, die von einer Translation t_α begleitet werden, sind also Symmetrieelemente des Diamantgitters; α ist dabei ein Vektor in Richtung der Raumdiagonale des Würfels, seine Länge ist $^1/_4$ der Länge der Diagonale.

Der Vektor α muß immer ein rationaler Teil eines Gittervektors $\boldsymbol{a}$ sein; denn die mehrmalige Ausführung von Transformationen, die die uneigentlichen Translationen enthalten, kann eine reine Translation ergeben, und diese muß mit einer Translation um einen Gittervektor übereinstimmen. Die Transformationen $t_\alpha R$ bilden für sich keine Gruppe, weil das Produkt solcher Transformationen die Translation um einen Gittervektor enthalten kann. Falls R eine Drehung ist, bezeichnet man das Gruppenelement $t_\alpha R$ als Drehung um eine Schraubachse; falls R die Spiegelung an einer Ebene ist, sagt man, die Transformation $t_\alpha R$ entspreche einer Gleitebene.

Das allgemeine Element einer Raumgruppe kann in der Form

$$g = t_{\boldsymbol{a}} t_\alpha R = t_{\boldsymbol{a}+\alpha} R \tag{8.9}$$

geschrieben werden. Diese Schreibweise ist möglich, obwohl die Translationen $t_{\boldsymbol{a}}$ nicht mit der Transformation $t_\alpha R$ kommutieren. Wir führen den Beweis für diese

Behauptung, indem wir zeigen, daß das Element $t_\alpha R t_a$ ebenfalls in der Gestalt (8.9) dargestellt werden kann. Tatsächlich ist

$$t_\alpha R t_a \boldsymbol{x} = \alpha + R(\boldsymbol{x} + \boldsymbol{a}) = \alpha + R\boldsymbol{x} + R\boldsymbol{a}. \quad (8.10)$$

Wegen $R \in K$ ist auch $R\boldsymbol{a}$ ein Gittervektor und somit

$$t_\alpha R t_a = t_{Ra+\alpha} R. \quad (8.11)$$

Wir hatten schon bemerkt, daß die Transformationen $t_\alpha R$ keine Gruppe bilden. Dagegen überzeugt man sich leicht davon, daß die Transformationen R eine Gruppe bilden.

Tatsächlich haben wir

$$t_\alpha R t_{\alpha'} R' = t_\alpha t_{R\alpha} R R' = t_{\alpha + R\alpha'} R R'. \quad (8.12)$$

Zusammen mit R und R' gibt es demnach immer die Transformation RR'. Wegen $R \in K$ muß diese Gruppe, die wir im folgenden mit F bezeichnen werden, eine Untergruppe der Gruppe K sein.

Kristalle mit gleicher Gruppe F gehören zu einer Klasse. Offenbar ist die Zahl der Kristallklassen gleich der Zahl der Untergruppen in den sieben Gruppen $\boldsymbol{S}_2, \ldots, \boldsymbol{O}_h$, die die Kristallsysteme bestimmen. Man kann leicht abzählen, daß diese Gruppen 32 verschiedene Untergruppen enthalten und daß es folglich 32 Kristallklassen gibt. Kristalle einer Klasse können zu verschiedenen Kristallsystemen gehören; bei gegebener Klasse und gegebenem Kristallsystem können sich die Kristalle noch durch die uneigentlichen Translationen t_α unterscheiden. Insgesamt gibt es 230 verschiedene Raumgruppen.

4. Die irreduziblen Darstellungen der Translationsgruppe

Mit dem Ziel, die irreduziblen Darstellungen einer Raumgruppe zu finden, untersuchen wir zuerst die irreduziblen Darstellungen einer Untergruppe davon — der Translationsgruppe T_a.

Wir bezeichnen die Translationen um die Basisvektoren des Gitters mit

$$t_{a_1}, t_{a_2}, t_{a_3} \quad (8.13)$$

und können ein beliebiges Gruppenelement von T_a in der Form

$$t_a = t_{a_1}^{n_1} t_{a_2}^{n_2} t_{a_3}^{n_3} \quad (8.14)$$

mit

$$\boldsymbol{a} = n_1 \boldsymbol{a}_1 + n_2 \boldsymbol{a}_2 + n_3 \boldsymbol{a}_3 \quad (8.15)$$

darstellen. Alle Translationen sind miteinander vertauschbar, und die Translationsgruppe ist eine abelsche Gruppe. Wir betrachten einen Kristall mit den Abmessungen $L_1\boldsymbol{a}_1$, $L_2\boldsymbol{a}_2$ und $L_3\boldsymbol{a}_3$ (L_1, L_2, L_3 sind ganze Zahlen) und stellen an die Translationen die sogenannten Periodizitätsbedingungen

$$t_{a_i}^{L_i+1} = t_{a_i}, \quad i = 1, 2, 3. \tag{8.16}$$

An diese Bedingungen haben wir gedacht, als wir von der Identifizierung gegenüberliegender Flächen einer Probe gesprochen haben.

Wegen dieser Bedingungen können wir die Translationsgruppe T_a als direktes Produkt dreier zyklischer Gruppen T_{a_i} mit den Elementen

$$E, \ t_{a_i}, \ t_{a_i}^2, \ \ldots, \ t_{a_i}^{L_i-1} \tag{8.17}$$

auffassen. Wie wir wissen, sind die irreduziblen Darstellungen einer zyklischen Gruppe eindimensional. Für die Gruppe T_{a_j} mit der Ordnung L_j werden sie durch die Zahlen

$$e^{2\pi i \frac{m}{L_j} n} \tag{8.18}$$

gegeben. Der Index m klassifiziert die irreduziblen Darstellungen und kann die Werte $0, 1, 2, \ldots, L_j - 1$ annehmen. Die Zahl n ist die Potenz des entsprechenden Elementes in der zyklischen Gruppe (8.17). Demnach sind die Zahlen

$$e^{2\pi i \left(\frac{m_1}{L_1} n_1 + \frac{m_2}{L_2} n_2 + \frac{m_3}{L_3} n_3\right)} \tag{8.19}$$

die irreduziblen Darstellungen der Gruppe T_a mit den Elementen (8.14). Wir sehen, daß jede irreduzible Darstellung der Gruppe T_a durch ein Zahlentripel (m_1, m_2, m_3) charakterisiert wird, und die Zahl der verschiedenen irreduziblen Darstellungen ist gleich dem Produkt $L_1 L_2 L_3$.

Wir definieren die drei Vektoren $\boldsymbol{b}_1, \boldsymbol{b}_2, \boldsymbol{b}_3$ durch die Bedingungen

$$(\boldsymbol{a}_i \boldsymbol{b}_k) = 2\pi \delta_{ik}, \quad i, k = 1, 2, 3. \tag{8.20}$$

Offensichtlich sind

$$\boldsymbol{b}_1 = \frac{2\pi[\boldsymbol{a}_2\boldsymbol{a}_3]}{(\boldsymbol{a}_1[\boldsymbol{a}_2\boldsymbol{a}_3])}, \quad \boldsymbol{b}_2 = \frac{2\pi[\boldsymbol{a}_3\boldsymbol{a}_1]}{(\boldsymbol{a}_2[\boldsymbol{a}_3\boldsymbol{a}_1])}, \quad \boldsymbol{b}_3 = \frac{2\pi[\boldsymbol{a}_1\boldsymbol{a}_2]}{(\boldsymbol{a}_3[\boldsymbol{a}_1\boldsymbol{a}_2])}.$$

Sehen wir uns den Vektor $\boldsymbol{k}$ an:

$$\boldsymbol{k} = \frac{m_1}{L_1}\boldsymbol{b}_1 + \frac{m_2}{L_2}\boldsymbol{b}_2 + \frac{m_3}{L_3}\boldsymbol{b}_3. \tag{8.21}$$

Der Vektor $\boldsymbol{k}$ ist in dem Raum gegeben, der von den Vektoren $\boldsymbol{b}_1, \boldsymbol{b}_2, \boldsymbol{b}_3$ aufgespannt wird. Dieser Raum heißt *reziprokes Gitter* (zu dem von den Vektoren $\boldsymbol{a}_1, \boldsymbol{a}_2, \boldsymbol{a}_3$ aufgespannten Gitter). Man kann die Zahlen (8.19), die die irreduziblen Darstellungen der Gruppe T_a angeben, offenbar in der Form schreiben:

$$e^{i(\boldsymbol{k}\boldsymbol{a})}. \tag{8.22}$$

Jede irreduzible Darstellung der Gruppe T_a wird also durch den zugehörigen Vektor $\boldsymbol{k}$ charakterisiert. Wir werden diese Darstellungen mit Γ_k bezeichnen. $\boldsymbol{q}_k$ sei ein Einheitsvektor für die Darstellung Γ_k, und $\hat{t}_a$ sei der Operator für die Translation um den Vektor $\boldsymbol{a}$; mit diesen Bezeichnungen ist

$$\hat{t}_a \boldsymbol{q}_k = e^{i(\boldsymbol{k}\boldsymbol{a})} \boldsymbol{q}_k. \tag{8.23}$$

Zwei Vektoren $\boldsymbol{k}$ und $\boldsymbol{k}'$ im reziproken Gitter, die sich um den Vektor

$$\boldsymbol{b} = p_1 \boldsymbol{b}_1 + p_2 \boldsymbol{b}_2 + p_3 \boldsymbol{b}_3 \tag{8.24}$$

unterscheiden (die p_i sind ganze Zahlen), werden als *äquivalent* bezeichnet; offenbar charakterisieren sie ein und dieselbe irreduzible Darstellung. Als Variabilitätsbereich wählt man für den Vektor $\boldsymbol{k}$, der die irreduziblen Darstellungen der Translationsgruppe bestimmt, zweckmäßig einen solchen einfach zusammenhängenden Bereich im reziproken Gitter, der den Koordinatenursprung enthält und für den die folgenden beiden Bedingungen erfüllt sind:

a) Dieser Bereich enthält keine äquivalenten Vektoren.

b) Für einen beliebigen Vektor im reziproken Gitter kann ein äquivalenter Vektor in diesem Bereich angegeben werden. Man nennt diesen Bereich *reduzierte* BRILLOUIN*sche Zone.*

Man kann zeigen, daß die Gruppen K_a für ein BRAVAIS-Gitter und K_b für das zugehörige reziproke Gitter gleich sind. Es sei $R \in K_a$; zusammen mit der Gleichung $(\boldsymbol{a}\boldsymbol{b}) = 2\pi n$ haben wir tatsächlich die Gleichung $(R\boldsymbol{a}, \boldsymbol{b}) = 2\pi m$, und daraus folgt $(\boldsymbol{a}, R^{-1}\boldsymbol{b}) = 2\pi m$. Folglich ist $R^{-1}\boldsymbol{b}$ ein Vektor im reziproken Gitter. Wenn die Transformation R die ganze Gruppe K_a durchläuft, dann läuft auch die inverse Transformation R^{-1} durch die ganze Gruppe. Hieraus ergibt sich der Schluß $K_a \subset K_b$. Wir wiederholen die Überlegungen für $R \in K_b$ und erhalten $K_b \subset K_a$; die Gruppen K_a und K_b sind also gleich.

5. Der Stern des Vektors $\boldsymbol{k}$

Wir nehmen eine irreduzible Darstellung D einer Raumgruppe G als bekannt an. Bezüglich der Untergruppe der Translationen T_a ist diese Gruppe im allgemeinen reduzibel. Die Darstellungsmatrizen von D, die den Translationen t_a entsprechen, kommutieren miteinander; man kann deshalb die Basisvektoren für die Darstellung immer so wählen, daß diese Matrizen diagonal sind. Die entsprechenden Einheitsvektoren werden die Einheitsvektoren der irreduziblen Darstellungen Γ_k der Translationsgruppe sein, und man kann sie auch mit $\boldsymbol{q}_k$ bezeichnen, wenn $\boldsymbol{k}$ ein Vektor aus der reduzierten BRILLOUINschen Zone ist.

Wir wollen feststellen, wie die Vektoren $\boldsymbol{k}$ mit der Basis der gegebenen irreduziblen Darstellung D zusammenhängen. $\boldsymbol{q}_k$ sei ein Einheitsvektor dieser Basis. Nach (8.23) haben wir dann

$$\hat{t}_a \boldsymbol{q}_k = e^{i(\boldsymbol{k}\boldsymbol{a})} \boldsymbol{q}_k. \tag{8.25}$$

Jetzt betrachten wir den Operator $\hat{t}_a \hat{t}_\alpha \hat{R}$ für ein beliebiges Element der Gruppe G. Wir wenden diesen Operator auf den Einheitsvektor $\boldsymbol{q}_k$ an und erhalten den

Einheitsvektor $\boldsymbol{q}'$

$$\boldsymbol{q}' = \hat{t}_a \hat{t}_\alpha \hat{R} \boldsymbol{q}_{\boldsymbol{k}}. \tag{8.26}$$

Nun wollen wir sehen, wie sich $\boldsymbol{q}'$ bei Translationen um einen Gittervektor transformiert; wir haben

$$\hat{t}_{a'} \boldsymbol{q}' = \hat{t}_{a'} \hat{t}_a \hat{t}_\alpha \hat{R} \boldsymbol{q} = \hat{t}_a \hat{t}_\alpha \hat{t}_{a'} \boldsymbol{q}_{\boldsymbol{k}}. \tag{8.27}$$

Unter Verwendung der Beziehung

$$\hat{t}_{a'} \hat{R} = \hat{R} \hat{t}_{R^{-1}a'} \tag{8.28}$$

bekommen wir

$$\hat{t}_{a'} \boldsymbol{q}' = \hat{t}_a \hat{t}_\alpha \hat{R} \hat{t}_{R^{-1}a'} \boldsymbol{q}_{\boldsymbol{k}} = e^{i(\boldsymbol{k}, R^{-1}a')} \hat{t}_a \hat{t}_\alpha \hat{R} \boldsymbol{q}_{\boldsymbol{k}} = e^{i(R\boldsymbol{k}, a')} \boldsymbol{q}'. \tag{8.29}$$

Man hat also den Vektor $\boldsymbol{q}'$ mit dem Index $R\boldsymbol{k}$ zu versehen. Die allgemeine Transformation $\hat{t}_a \hat{t}_\alpha \hat{R}$ führt den Einheitsvektor $\boldsymbol{q}_{\boldsymbol{k}}$ in den Einheitsvektor $\boldsymbol{q}_{R\boldsymbol{k}}$ über. Falls in der Basis der irreduziblen Darstellung D einer Raumgruppe der Einheitsvektor $\boldsymbol{q}_{\boldsymbol{k}}$ enthalten ist, dann kommt auch der Einheitsvektor $\boldsymbol{q}_{R\boldsymbol{k}}$ in dieser Basis vor; R ist dabei eine Transformation aus der Punktgruppe F. Die Gesamtheit aller nicht äquivalenter Vektoren $R\boldsymbol{k}$ mit $R \in F$ bezeichnet man als den *Stern* des Vektors $\boldsymbol{k}$. Ergeben sich mit Hilfe aller Operationen $R \in F$ insgesamt m verschiedene Vektoren

$$\boldsymbol{k}_1 = \boldsymbol{k}, \quad \boldsymbol{k}_2 = R_1 \boldsymbol{k}, \ldots, \boldsymbol{k}_m = R_{m-1} \boldsymbol{k},$$

dann sagt man, dem Vektor $\boldsymbol{k}$ entspricht ein *Stern m-ter Ordnung*.

6. Die Gruppe des Vektors $\boldsymbol{k}$

$\boldsymbol{k}$ sei ein beliebiger Vektor aus der reduzierten Brillouinschen Zone. Wir betrachten alle Transformationen aus G, die $\boldsymbol{k}$ invariant lassen. Diese bilden die Untergruppe $H_{\boldsymbol{k}}$ der Gruppe G. Die Anwendung einer Transformation aus G auf den Vektor $\boldsymbol{k}$ hat man im Sinne der Gleichung (8.29) zu verstehen, $\boldsymbol{k}$ ist als Index eines Basisvektors aufzufassen, d. h. $\hat{t}_a \hat{t}_\alpha \hat{R} = R\boldsymbol{k}$. Offensichtlich bleibt der Vektor $\boldsymbol{k}$ bei allen Transformationen der Untergruppe T_a invariant. Die Gruppe G enthalte keine uneigentlichen Translationen; außer den Translationen t_a enthält dann die Gruppe $H_{\boldsymbol{k}}$ noch gewisse orthogonale Transformationen und die Produkte dieser Transformationen mit den Translationen. Die betreffenden orthogonalen Transformationen bilden die Untergruppe $F_{\boldsymbol{k}}$ der Gruppe F. Wir werden die Gruppe $H_{\boldsymbol{k}}$ als Gruppe des Vektors $\boldsymbol{k}$ bezeichnen. Wenn das Ende des Vektors $\boldsymbol{k}$ auf dem Rande der Brillouinschen Zone liegt, dann kommen in der Gruppe $H_{\boldsymbol{k}}$ auch Elemente vor, die $\boldsymbol{k}$ in einen äquivalenten Vektor transformieren.

Wir zerlegen der Gruppe G in linke Nebenklassen zur Untergruppe $H_{\boldsymbol{k}}$:

$$g_1 H_{\boldsymbol{k}}, g_2 H_{\boldsymbol{k}}, \ldots, g_m H_{\boldsymbol{k}}, \tag{8.30}$$

g_1 sei die identische Transformation der Gruppe. Uns interessiert, welche Eigenschaften die Elemente $g_2, g_3, \ldots, g_m$ in dieser Zerlegung haben. Da kein Element der Nebenklasse $g_2 H_{\boldsymbol{k}}$ in der Untergruppe $H_{\boldsymbol{k}}$ enthalten sein soll, kann das Element g_2 den Vektor $\boldsymbol{k}$ nicht invariant lassen. Wie man sich leicht überzeugt, überführen alle Transformationen der Nebenklasse $g_2 H_{\boldsymbol{k}}$ den Vektor $\boldsymbol{k}$ in den gleichen Vektor $\boldsymbol{k}_2 = g_2 \boldsymbol{k}$. Analog transformieren die Elemente der anderen Nebenklassen den Vektor $\boldsymbol{k}$ in die Vektoren $\boldsymbol{k}_3 = g_3 \boldsymbol{k}$, $\boldsymbol{k}_4 = g_4 \boldsymbol{k}, \ldots, \boldsymbol{k}_m = g_m \boldsymbol{k}$. Alle diese Vektoren müssen verschieden sein; denn falls die Transformationen g_2 und g_3 den Vektor $\boldsymbol{k}$ in den gleichen Vektor $\boldsymbol{k}_2 = \boldsymbol{k}_3$ transformieren würden, dann müßten alle Elemente $g_3^{-1} g_2 H_{\boldsymbol{k}}$ den Vektor $\boldsymbol{k}$ invariant lassen und folglich mit der Gruppe $H_{\boldsymbol{k}}$ übereinstimmen. Aus $g_3^{-1} g_2 H_{\boldsymbol{k}} = H_{\boldsymbol{k}}$ folgt aber $g_2 H_{\boldsymbol{k}} = g_3 H_{\boldsymbol{k}}$, was jedoch nicht sein kann, da die Nebenklassen keine gemeinsamen Elemente haben. Die Nebenklassen erfassen die ganze Gruppe, deshalb bilden die Vektoren $\boldsymbol{k}_1, \boldsymbol{k}_2, \ldots, \boldsymbol{k}_m$ den Stern des Vektors $\boldsymbol{k}$. Die Gruppe des Vektors $\boldsymbol{k}_i$ der zu diesem Stern gehört, kann in der Gestalt

$$H_{\boldsymbol{k}_i} = g_i H_{\boldsymbol{k}} g_i^{-1} \tag{8.31}$$

dargestellt werden, wie man leicht einsieht. Aus dieser Tatsache folgt, daß die Gruppen der Vektoren eines Sterns isomorph zueinander sind.

7. Die irreduziblen Darstellungen einer Raumgruppe

Die Darstellung D einer Raumgruppe sei in die irreduziblen Darstellungen der Untergruppe der Translationen zerlegt, d. h., die den Translationen entsprechenden Darstellungsmatrizen sind diagonal. Wir wählen im Raum σ der Darstellung D diejenigen Einheitsvektoren, mit denen ein und dieselbe Darstellung $\Gamma_{\boldsymbol{k}}$ der Gruppe $T_{\boldsymbol{a}}$ realisiert ist. Den von diesen Einheitsvektoren aufgespannten linearen Unterraum bezeichnen wir mit $\sigma_{\boldsymbol{k}}$. Führen wir eine Transformation aus der Gruppe $H_{\boldsymbol{k}}$ an einem beliebigen Vektor des Unterraumes $\sigma_{\boldsymbol{k}}$ aus, so müssen wir wieder einen zu $\sigma_{\boldsymbol{k}}$ gehörigen Vektor erhalten. Auf Grund dessen kann man schließen, daß im Raum $\sigma_{\boldsymbol{k}}$ eine Darstellung Γ der Gruppe $H_{\boldsymbol{k}}$ realisiert sein muß. Analog kann man vom Basisraum σ der Darstellung D die Unterräume $\sigma_{\boldsymbol{k}_i}$ abtrennen, so daß in jedem Unterraum Darstellungen der Gruppe des entsprechenden Vektors realisiert sind. Jeder Unterraum $\sigma_{\boldsymbol{k}_i}$ kann aus dem Unterraum $\sigma_{\boldsymbol{k}}$ mit Hilfe der Operation g_i gewonnen werden. In jedem Unterraum $\sigma_{\boldsymbol{k}_i}$ sind äquivalente Darstellungen der isomorphen Gruppen $H_{\boldsymbol{k}_i}$ realisiert.

Jetzt wollen wir folgendes zeigen: Aus der Irreduzibilität der Darstellung D folgt, daß in jedem Unterraum $\sigma_{\boldsymbol{k}_i}$ auch eine irreduzible Darstellung der Gruppe des entsprechenden Vektors $\boldsymbol{k}_i$ realisiert wird. Nehmen wir das Gegenteil an, d. h., nehmen wir an, daß man im Raum $\sigma_{\boldsymbol{k}}$ einen Unterraum $\sigma'_{\boldsymbol{k}}$ finden kann, der gegenüber der Gruppe $H_{\boldsymbol{k}}$ invariant ist. Wir wenden auf $\sigma'_{\boldsymbol{k}}$ die Operationen $\hat{g}_i$ ($i = 1, 2, \ldots, m$) an und erhalten die Unterräume

$$\sigma'_{\boldsymbol{k}_i} = \hat{g}_i \sigma'_{\boldsymbol{k}}. \tag{8.32}$$

Die direkte Summe dieser Unterräume

$$\sigma' = \sigma'_{\boldsymbol{k}_1} \oplus \sigma'_{\boldsymbol{k}_2} \oplus \cdots \oplus \sigma'_{\boldsymbol{k}_m} \tag{8.33}$$

ist gegenüber der ganzen Raumgruppe G invariant. Ein beliebiges Element der Gruppe G kann nach (8.30) in der Form

$$g = g_i\, h_{\boldsymbol{k}}, \quad h_{\boldsymbol{k}} \in H_{\boldsymbol{k}} \tag{8.34}$$

dargestellt werden, und wir bekommen

$$\hat{g}_j \hat{h}_{\boldsymbol{k}} \sigma'_{\boldsymbol{k}_i} = \hat{g}_j \hat{h}_{\boldsymbol{k}} \hat{g}_i \sigma'_{\boldsymbol{k}} = \hat{g}_l \hat{h}'_{\boldsymbol{k}} \sigma'_{\boldsymbol{k}} = \sigma_{\boldsymbol{k}_l}. \tag{8.35}$$

Bei einer Transformation der Gruppe G geht also jeder Unterraum $\sigma'_{\boldsymbol{k}}$ entweder in sich selbst oder in einen anderen Unterraum $\sigma'_{\boldsymbol{k}}$ über, und der Raum σ' ist invariant gegenüber den Transformationen der Gruppe G. Andererseits ist der Raum σ' ein Unterraum des Raumes σ der Darstellung D, die wir als irreduzibel annehmen. Daraus folgt, daß in jedem Unterraum $\sigma_{\boldsymbol{k}_i}$ nur eine irreduzible Darstellung der Gruppe $H_{\boldsymbol{k}}$ realisiert sein kann, d. h., die Darstellung $D_{\boldsymbol{k}}$ ist irreduzibel. Jede irreduzible Darstellung wird demnach durch den Stern des Vektors $\boldsymbol{k}$ und eine irreduzible Darstellung $\Gamma^{(\alpha)}$ der Gruppe $H_{\boldsymbol{k}}$ des Wellenzahlvektors bestimmt. Wir werden diese irreduziblen Darstellungen einer Raumgruppe mit $D_{\boldsymbol{k}}^{(\alpha)}$ bezeichnen. Offensichtlich ist die Dimension $n_{\boldsymbol{k}\alpha}$ der Darstellung $D_{\boldsymbol{k}}^{(\alpha)}$ gleich dem Produkt aus der Dimension n_α der irreduziblen Darstellung $\Gamma^{(\alpha)}$ der Gruppe des Wellenzahlvektors und aus der Zahl m der Vektoren im Stern: $n_{\boldsymbol{k}\alpha} = n_\alpha m$.

8. Die irreduziblen Darstellungen der Gruppe des Vektors $\boldsymbol{k}$

Wir müssen noch die Frage klären, welche irreduziblen Darstellungen $\Gamma^{(\alpha)}$ der Gruppe $H_{\boldsymbol{k}}$ des Vektors $\boldsymbol{k}$ im Raum $\sigma_{\boldsymbol{k}}$ realisiert werden können. Es stellt sich heraus, daß den möglichen irreduziblen Darstellungen der Gruppe $H_{\boldsymbol{k}}$ gewisse Beschränkungen auferlegt werden müssen. Tatsächlich sind in der Gruppe des Wellenzahlvektors Translationen um Gittervektoren enthalten. Definitionsgemäß besteht der ganze Unterraum $\sigma_{\boldsymbol{k}}$ aus den Eigenvektoren der Translationen $t_{\boldsymbol{a}}$ mit dem Eigenwert $\exp i(\boldsymbol{ka})$. Die einer Translation entsprechende Darstellungsmatrix muß daher die Gestalt haben

$$\Gamma^{(\alpha)}(t_{\boldsymbol{a}}) = e^{i(\boldsymbol{ka})} E_{n_\alpha} \tag{8.36}$$

mit der Einheitsmatrix E_{n_α}. Als irreduzible Darstellungen $\Gamma^{(\alpha)}$ der Gruppe $H_{\boldsymbol{k}}$ sind also nur solche Darstellungen zugelassen, in denen die Matrix (8.36) den Translationen um den Vektor $\boldsymbol{a}$ entspricht. Diese irreduziblen Darstellungen der Gruppe $H_{\boldsymbol{k}}$ werden wir als *Normaldarstellungen* bezeichnen.

Die irreduziblen Normaldarstellungen können leicht gefunden werden, wenn die betreffende Raumgruppe keine Drehungen mit uneigentlichen Translationen t_α enthält. Die Gruppe $H_{\boldsymbol{k}}$ besteht dann aus allen möglichen Produkten von Elementen der Gruppe $T_{\boldsymbol{a}}$ und der Punktgruppe $F_{\boldsymbol{k}}$; $F_{\boldsymbol{k}}$ besteht aus den Elementen der Punktgruppe F, die den Vektor $\boldsymbol{k}$ invariant lassen. Da alle Vektoren des Raumes $\sigma_{\boldsymbol{k}}$ Eigenvektoren der Translationen zum gleichen Eigenwert sind, folgt aus der Irreduzibilität einer Darstellung bezüglich der Gruppe $H_{\boldsymbol{k}}$ die Irreduzibilität bezüglich der Punktgruppe F_k. Die irreduziblen Normaldarstellungen der Gruppe H_k werden also im vorliegenden Fall nach den irreduziblen Darstellungen der Punktgruppe F_k klassifiziert.

9. Beispiel

Bevor wir zur Behandlung einer Raumgruppe G übergehen, die uneigentliche Translationen enthält, wollen wir die eingeführten Begriffe an dem einfachen Beispiel der Raumgruppe eines zweidimensionalen Kristalls mit quadratischem Gitter und einem Atom pro Elementarzelle erläutern. In diesem Fall ist die Punktgruppe F die Gruppe D_4 mit acht Elementen (s. Kap. VI), und die BRILLOUINsche Zone ist ein Quadrat mit der Seitenlänge $2\pi/a$ (a ist die Gitterkonstante des Kristalls). Da der Vektor $\boldsymbol{k}$ seinen Stern vollständig bestimmt, braucht man zur Klassifizierung der irreduziblen Darstellungen der Raumgruppe nur 1/8 dieses Quadrates zu betrachten (Abb. 11).

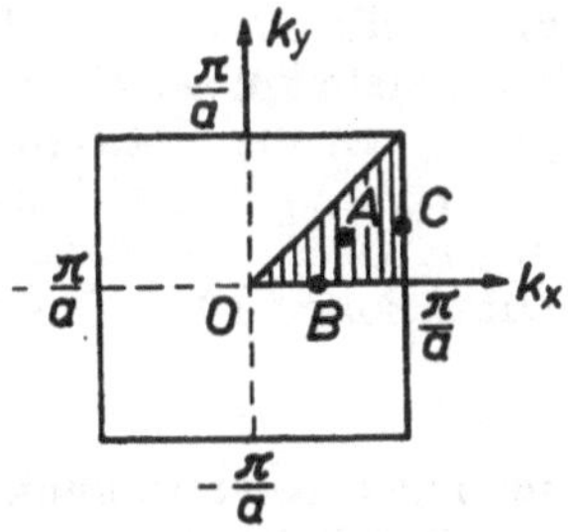

Abb. 11

Wir betrachten zuerst einen Vektor $\boldsymbol{k}$, der kein Symmetriepunkt der BRILLOUINschen Zone ist (zum Beispiel den Vektor $\overline{OA}$). Wenden wir auf diesen Vektor die Transformationen der Gruppe D_4 an, so erhalten wir einen Stern aus acht Vektoren (Abb. 12). Offensichtlich enthält die Gruppe F_k der Transformationen aus D_4, die diesen Vektor $\boldsymbol{k}$ invariant lassen, nur das eine Element E, und die Gruppe H_k ist in diesem Fall gleich der Translationsgruppe T_a. Einem gegebenen Vektor $\boldsymbol{k}$ entspricht eine irreduzible Darstellung D_{k1} der Gruppe G achter Ordnung. In dieser Darstellung sind die Matrizen für die Translationen t_a diagonal: Die Elemente sind $\exp i\,(\boldsymbol{k}_j \boldsymbol{a})$ mit $j = 1, 2, \ldots, 8$ ($\boldsymbol{k}$ sind die Vektoren des Sterns). Die Transformationen der Gruppe F bewirken eine Vertauschung der Einheitsvektoren der Basis der Darstellung: Die Matrizen für diese Transformationen haben deshalb nur je ein von Null verschiedenes (Nichtdiagonal-)Element, das gleich 1 ist.

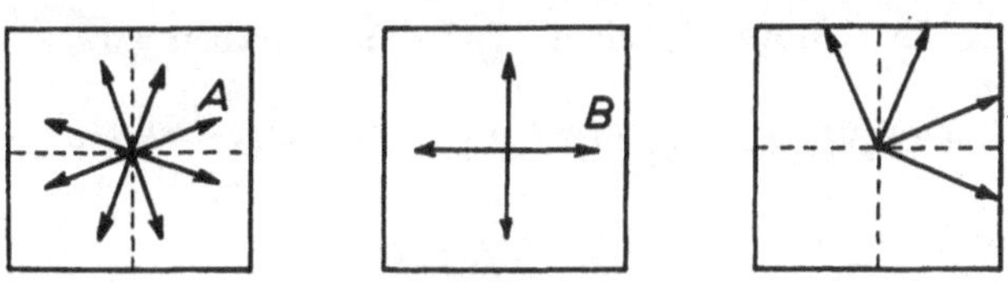

Abb. 12

Jetzt sehen wir uns einen Vektor $\boldsymbol{k}$ an, dessen Ende auf einer Symmetrieachse liegt (zum Beispiel den Vektor $\overline{OB}$ in Abb. 11). In diesem Fall enthält die Gruppe $\boldsymbol{F_k}$ außer dem Einselement E noch eine Operation σ_y (Spiegelung an der xz-Ebene) und ist der Gruppe $\boldsymbol{C_2}$ isomorph. Die Gruppe $\boldsymbol{C_2}$ hat zwei eindimensionale irreduzible Darstellungen. Der Stern des Vektors $\boldsymbol{k}$ besteht aus vier Vektoren (Abb. 12, b). Auch für einen Vektor, der am Rande der Brillouinschen Zone endet (zum Beispiel für den Vektor $\overline{OC}$ in Abb. 11), hat der zugehörige Stern vier Vektoren. Die anderen vier Vektoren, die sich durch die Transformationen der Gruppe D_4 aus dem Vektor $\overline{OC}$ ergeben, sind den in der Abbildung dargestellten Vektoren äquivalent. Dem betrachteten Vektor $\boldsymbol{k}$ entsprechen zwei vierdimensionale irreduzible Darstellungen: $D_{\boldsymbol{k}}^{(1)}$ und $D_{\boldsymbol{k}}^{(2)}$. In diesen Darstellungen sind die Matrizen für die Translationen gleich; die Elemente der anderen Matrizen in diesen Darstellungen können sich nur im Vorzeichen unterscheiden.

Für den Vektor $\boldsymbol{k} = 0$ schließlich ist die Gruppe $\boldsymbol{F_k}$ gleich D_4. Dem Vektor $\boldsymbol{k} = 0$ entsprechen daher genau soviel verschiedene irreduzible Darstellungen $D_0^{(\alpha)}$, wie die Gruppe D_4 hat (vier eindimensionale und eine zweidimensionale Darstellung). Die Dimensionen der Darstellungen $D_0^{(\alpha)}$ sind gleich den Dimensionen der Darstellungen der Gruppe D_4. In den Darstellungen $D_0^{(\alpha)}$ entsprechen den Translationen Einheitsmatrizen; $D_0^{(\alpha)}(R)$ ist gleich den entsprechenden Matrizen der irreduziblen Darstellungen der Gruppe D_4. Die Einsdarstellung der Raumgruppe wird eine irreduzible Darstellung zu $\boldsymbol{k} = 0$ sein.

10. Die irreduziblen Darstellungen einer Raumgruppe mit uneigentlichen Translationen

Jetzt befassen wir uns mit dem Fall, daß die Gruppe des Vektors $\boldsymbol{k}$ uneigentliche Translationen enthält. Die dabei auftretenden Komplikationen werden dadurch bedingt, daß die Transformationen Rt_α keine Gruppe bilden: Das Produkt zweier solcher Elemente kann eine Translation um einen Gittervektor enthalten. Wie wir gleich sehen werden, erfolgt aber die Klassifizierung der irreduziblen Darstellungen der Gruppe $\boldsymbol{H_k}$ ebenfalls nach den irreduziblen Darstellungen der Punktgruppe $\boldsymbol{F_k}$, wenn der Vektor $\boldsymbol{k}$ innerhalb der reduzierten Brillouinschen Zone liegt. Man kann in diesem Fall einen eindeutigen Zusammenhang zwischen den Darstellungen der Gruppen $\boldsymbol{H_k}$ und $\boldsymbol{F_k}$ herstellen. $\Gamma(h)$ sei die Darstellungsmatrix der Gruppe $\boldsymbol{H_k}$ zum Element $h = t_{\boldsymbol{a}} t_\alpha R \in \boldsymbol{H_k}$. Wir wollen zeigen, daß die Matrizen

$$\tilde{\Gamma}(R) = \Gamma(h)\, e^{-i[\boldsymbol{k}(\alpha+\boldsymbol{a})]} \tag{8.37}$$

eine Darstellung der Gruppe $\boldsymbol{F_k}$ bilden. Tatsächlich haben wir

$$\tilde{\Gamma}(R_1)\,\tilde{\Gamma}(R_2) = \Gamma(h_1)\,\Gamma(h_2)\, e^{-i[\boldsymbol{k}(\boldsymbol{a}_1+\alpha_1)]}\, e^{-i[\boldsymbol{k}(\boldsymbol{a}_2+\alpha_2)]}, \tag{8.38}$$

und weiter ist

$$\begin{aligned}\Gamma(h_1 h_2) = \Gamma(t_{\boldsymbol{a}_1} t_{\alpha_1} R_1 t_{\boldsymbol{a}_2} t_{\alpha_2} R_2) &= \Gamma(t_{\boldsymbol{a}_1} t_{\alpha_1} t_{R\boldsymbol{a}_2} t_{R\alpha_2} R_1 R_2)\\ &= \tilde{\Gamma}\,(R_1 R_2)\, e^{i[\boldsymbol{k}(\boldsymbol{a}_1+\alpha_1+R_1\boldsymbol{a}_2+R_1\alpha_2)]}.\end{aligned} \tag{8.39}$$

Wir setzen (8.39) in (8.38) ein und bekommen

$$\begin{aligned}\tilde{\Gamma}(R_1)\,\tilde{\Gamma}(R_2) &= \tilde{\Gamma}(R R_2)\, e^{i[\boldsymbol{k}(R_1\boldsymbol{a}_2+R_1\alpha_2)]-i[\boldsymbol{k}(\boldsymbol{a}_2+\alpha_2)]}\\ &= \tilde{\Gamma}(R_1R_2)\, e^{i\left(R_1^{-1}\boldsymbol{k}-\boldsymbol{k},\,\boldsymbol{a}_2+\alpha_2\right)}. \end{aligned} \tag{8.40}$$

Da der Vektor $\boldsymbol{k}$ nach Voraussetzung innerhalb der reduzierten Brillouinschen Zone liegt und für die Transformation $R_1 \in \boldsymbol{F_k}$ gilt, haben wir

$$R_1^{-1}\,\boldsymbol{k} = \boldsymbol{k}, \tag{8.41}$$

und endgültig ist

$$\tilde{\Gamma}(R_1)\,\tilde{\Gamma}(R_2) = \tilde{\Gamma}(R_1R_2). \tag{8.42}$$

Umgekehrt kann man zeigen, daß man aus jeder beliebigen Darstellung der Gruppe $\boldsymbol{F_k}$ mit Hilfe der Beziehung (8.37) eine Darstellung der Gruppe $H_{\boldsymbol{k}}$ finden kann. Die Existenz dieses eineindeutigen Zusammenhanges zwischen den Darstellungen bedeutet, daß die Darstellung $\Gamma(h)$ irreduzibel ist, wenn die Darstellung $\tilde{\Gamma}(R)$ irreduzibel ist. Wir heben noch einmal hervor, daß die ganze hier gegebene Behandlung nur für einen Vektor $\boldsymbol{k}$ innerhalb der Brillouinschen Zone gilt.

Der Vektor $\boldsymbol{k}$ ende jetzt am Rande der reduzierten Brillouinschen Zone. Die Gruppe $H_{\boldsymbol{k}}$ enthält dann unbedingt Transformationen, die den Vektor $\boldsymbol{k}$ in einen Vektor überführen, der sich von $\boldsymbol{k}$ um einen Gittervektor des reziproken Gitters unterscheidet. Die Formel (8.41) gilt deshalb in diesem Fall nicht. Für einen am Rande der Brillouinschen Zone endenden Vektor $\boldsymbol{k}$ sind zwei Fälle möglich: Entweder ist $\boldsymbol{k}$ ein rationaler Teil eines Gittervektors des reziproken Gitters oder $\boldsymbol{k}$ kann in zwei Vektoren zerlegt werden, von denen einer ein rationaler Teil eines Gittervektors des reziproken Gitters ist und der andere innerhalb der Brillouinschen Zone liegt. Wir behandeln diese beiden Fälle einzeln.

a) $\boldsymbol{k}$ ist ein rationaler Teil eines Gittervektors des reziproken Gitters. In diesem Fall gibt es zwangsläufig drei ganze Zahlen n_1, n_2, n_3, so daß die Beziehung

$$\Gamma\left(t_{\boldsymbol{a}_i}^{n_i+1}\right) = E \tag{8.43}$$

gilt (praktisch ist jede der Zahlen n_i nicht größer als 3). Die Beziehung (8.43) folgt aus dem Umstand, daß die Matrizen für die Normaldarstellung Γ der Gruppe $H_{\boldsymbol{k}}$ die Gestalt haben

$$\Gamma(t_{\boldsymbol{a}}) = e^{i(\boldsymbol{k}\boldsymbol{a})}E. \tag{8.44}$$

Wir bilden die abelsche Gruppe $T_{n_1n_2n_3}$, die zur Translationsgruppe $T_{\boldsymbol{a}}$ homomorph ist. Die Elemente τ der Gruppe $T_{n_1n_2n_3}$ setzen wir in der Form

$$\tau = \tau_1^{s_1}\tau_2^{s_2}\tau_3^{s_3}$$

an; s_1, s_2, s_3 durchlaufen darin die Werte von 1 bis $n_i + 1$, $i = 1, 2, 3$; ferner ist $\tau_i^{n_i+1} = e$, wenn e das Einselement dieser Gruppe ist. Den Zusammenhang zwischen den Elementen dieser Gruppen legen wir folgendermaßen fest:

$$t_{\boldsymbol{a}_i} t_{\boldsymbol{a}_i}^{(n_i+1)} \to \tau_i \tag{8.45}$$

mit einer beliebigen ganzen Zahl 1. Es ist wichtig, daß im Fall (8.43) die Normaldarstellungen der Gruppe H_k isomorph sind zu den Darstellungen der Gruppe $\tilde{H}_k$, die aus allen möglichen Produkten der Elemente $t_\alpha R$ und $\tau_1^{g_1}\tau_2^{g_2}\tau_3^{g_3}$ besteht. Um die irreduziblen Darstellungen der Gruppe H_k zu finden, müssen wir deshalb alle irreduziblen Darstellungen der Gruppe $\tilde{H}_k$ auffinden und daraus diejenigen Darstellungen auswählen, für die die Matrizen zu den Elementen τ_1, τ_2, τ_3 die Gestalt (8.44) haben.

b) Es sei jetzt $\boldsymbol{k} = \boldsymbol{k}_1 + \boldsymbol{k}_2$; $\boldsymbol{k}_1$ sei ein rationaler Teil eines Gittervektors des reziproken Gitters, $\boldsymbol{k}_2$ liege innerhalb der Brillouinschen Zone. In diesem Fall gehen wir bei der Bestimmung der irreduziblen Darstellungen der Gruppe H_k folgendermaßen vor. Wir suchen die drei kleinsten ganzen Zahlen n_1, n_2, n_3, für die die Beziehung

$$e^{i[k_1 a_j (n_i+1)]} = 1 \tag{8.46}$$

gilt. Nun bilden wir die endliche Gruppe $\tilde{H}_{k_1}$ (homomorph zur Gruppe H_k), in der den Elementen τ_j die Elemente $t_{a_j}(t_{a_j})^{(a_j+1)l}$ zugeordnet sind. Wie man zeigen kann, hängen dann die irreduziblen Darstellungen der Gruppen H_{k_1} und H_k über die Formel

$$\tilde{\Gamma}(\tau_1^{g_1}\tau_2^{g_2}\tau_3^{g_3} t_\alpha R) = \Gamma(h)\, e^{i[k_2(a+\alpha)]}$$

miteinander zusammen; die Darstellung $\tilde{\Gamma}$ muß dabei die Eigenschaft haben, daß die den Elementen τ_j entsprechenden Matrizen die Gestalt (8.44) haben.

Übungsaufgaben

8.1. Man beweise, daß die Untergruppe der Translationen ein Normalteiler einer Raumgruppe ist!

8.2. Beweise: Wenn der Vektor $\boldsymbol{k}$ in der reduzierten Brillouinschen Zone liegt, dann gehört auch der Vektor $R\boldsymbol{k}$ für $R \in K$ zur reduzierten Zone.

8.3. Man konstruiere die Brillouinschen Zonen für ein einfaches, ein flächenzentriertes und ein raumzentriertes kubisches Gitter! Die Basisvektoren dieser Gitter sind in Abb. 13 dargestellt.

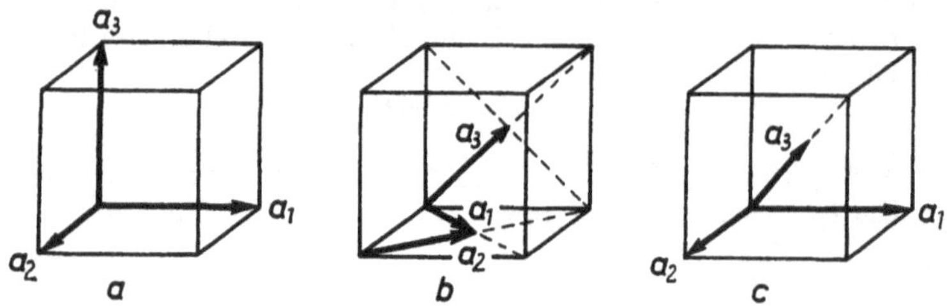

Abb. 13

KAPITEL IX

KLASSIFIZIERUNG DER SCHWINGUNGS- UND ELEKTRONENZUSTÄNDE EINES KRISTALLS

Wir benutzen jetzt die Kenntnisse über die irreduziblen Darstellungen der Raumgruppen zur Klassifizierung der Schwingungs- und der Elektronenzustände eines Kristalls. Wir werden hier folgende Voraussetzungen annehmen:

1. Die Normalkoordinaten eines Kristalls zu einer Frequenz transformieren sich nach den irreduziblen Darstellungen einer Raumgruppe.

2. Die Eigenfunktionen der SCHRÖDINGER-Gleichung für das Elektronenproblem, die bei fixierten Ruhelagen der Kerne zu einem Eigenwert gehören, transformieren sich ebenfalls nach den irreduziblen Darstellungen einer Raumgruppe.[1])

Wir wollen jetzt die Klassifizierung der Schwingungs- und der Elektronenzustände eines Kristalls eingehender behandeln. Der Einfachheit halber beschränken wir uns auf Raumgruppen ohne uneigentliche Translationen.

1. Klassifizierung der Normalschwingungen

Wir werden einen Kristall als ein System materieller Teilchen ansehen, die um ihre Ruhelagen kleine Schwingungen ausführen. Die Ruhelagen der Teilchen sollen nach Voraussetzung eine Konfiguration mit der Symmetrie der Raumgruppe G bilden. Bekanntlich (s. Kapitel VI, Abschn. 3) transformieren sich dann die kartesischen Komponenten der Auslenkungen der Teilchen aus den Ruhelagen nach einer irreduziblen Darstellung dieser Gruppe. Wir gehen von den kartesischen Verschiebungen $\boldsymbol{x}_i$ zu den Normalkoordinaten $\boldsymbol{q}_j$ über.[2]) Die Veränderliche $\boldsymbol{x}_i$ sei die Auslenkung multipiliziert mit der Wurzel aus der Masse des betreffenden Kernes; wie wir wissen, sind dann die kartesischen Auslenkungen $\boldsymbol{x}_i$ und die Normalkoordinaten $\boldsymbol{q}_j$ durch die unitäre Transformation

$$\boldsymbol{x}_i = \sum_j c_{ij} \boldsymbol{q}_j, \tag{9.1}$$

$$\boldsymbol{q}_j = \sum_i \bar{c}_{ij} \boldsymbol{x}_i \tag{9.2}$$

mit der unitären Matrix $\|c_{ij}\|$ miteinander verknüpft. Die Normalkoordinaten zu einer Frequenz müssen sich nach einer irreduziblen Darstellung der Raumgruppe

[1]) In einigen Fällen kann eine zusätzliche Entartung vorliegen, die mit der Invarianz gegenüber Zeitumkehr zusammenhängt (s. Kap. XIII). Näheres darüber s. V. HEINE [5], § 26.

[2]) Hier werden wir wie in Kapitel VII unter den Auslenkungen $\boldsymbol{x}_i$ die Einheitsauslenkungen oder Einheitsvektoren verstehen.

transformieren. Man kann sie immer so wählen, daß sie Eigenvektoren des Operators für eine Translation $\boldsymbol{t_a}$ um einen Gittervektor sind. Wir werden diese Wahl zugrunde legen. Nach (8.3) bekommen wir nun

$$\hat{t}_a \boldsymbol{q}_j = e^{i(\boldsymbol{k}_j \boldsymbol{a})} \boldsymbol{q}_j, \tag{9.3}$$

$\boldsymbol{k}_j$ ist dabei der Vektor, der die irreduzible Darstellung der Translationsgruppe T_a charakterisiert, nach der sich die Normalkoordinaten $\boldsymbol{q}_j$ transformieren. Durch Anwendung einer Translation auf eine Auslenkung $\boldsymbol{x}_i$ erhalten wir die Auslenkung $\boldsymbol{x}_{i'}$ des äquivalenten Kernes in der Elementarzelle, zu der man von der Ausgangszelle durch Fortschreiten um den Vektor $\boldsymbol{a}$ gelangt. Die Anwendung des Translationsoperators $\hat{t}_a$ auf beide Seiten der Gleichung (9.1) ergibt daher

$$\hat{t}_a \boldsymbol{x}_i = \sum_j c_{ij} \hat{t}_a \boldsymbol{q}_j, \quad \boldsymbol{x}_{i'} = \sum_j c_{ij} e^{i(\boldsymbol{k}_j \boldsymbol{a})} \boldsymbol{q}_j. \tag{9.4}$$

Wir erinnern daran, daß die Größe $\boldsymbol{q}_j$ harmonisch von der Zeit abhängt

$$\boldsymbol{q}_j = \boldsymbol{q}_j^{(0)} e^{i\omega_j t}.$$

Die Auslenkungen $\boldsymbol{x}_i$ sind demnach eine Superposition harmonischer Schwingungen. Die Schwingungen äquivalenter Atome in verschiedenen Zellen (mit der gleichen Frequenz) sind nach (9.4) periodisch phasenverschoben. Die Wellenlänge ist für jede Schwingung offensichtlich $\lambda_j = 2\pi\, |\boldsymbol{k}_j|^{-1}$. Jeder Normalschwingung, die sich nach einer irreduziblen Darstellung der Translationsgruppe transformiert, entspricht mit anderen Worten eine ebene Welle mit dem Wellenzahlvektor $\boldsymbol{k}$, dem Vektor für diese Darstellung.

Wieviel unabhängige Wellen mit dem gleichen Wellenzahlvektor $\boldsymbol{k}$ gibt es? Zur Beantwortung dieser Frage müssen wir wissen, wie oft die irreduzible Darstellung der Translationsgruppe zu diesem Wert von $\boldsymbol{k}$ in der Darstellung D enthalten ist, die mit allen Auslenkungen $\boldsymbol{x}_i$ realisiert wird. Translationen verknüpfen nur die Komponenten der Auslenkungen äquivalenter Atome in verschiedenen Zellen des Kristallgitters. Falls die Zahl der Atome in einer Zelle s ist, kann man die ganze Mannigfaltigkeit der Auslenkungen $\{\boldsymbol{x}_i\}$ in $3s$ Mannigfaltigkeiten zerlegen, so daß in jeder Mannigfaltigkeit die reguläre Darstellung der Translationsgruppe realisiert ist. Die irreduziblen Darstellungen der Translationsgruppe sind, wie wir wissen, eindimensional und können deshalb in der regulären Darstellung nur je einmal vorkommen. In der Darstellung D ist also jede irreduzible Darstellung genau $3s$-mal enthalten. Wir erhalten auf diese Weise eine Antwort auf die gestellte Frage: Die Zahl der verschiedenen Normalschwingungen oder die Zahl der verschiedenen ebenen Wellen mit dem gleichen Wellenzahlvektor ist immer $3s$.

Unter allen Normalschwingungen sind die sogenannten Grenzschwingungen mit dem Wellenzahlvektor $\boldsymbol{k} = 0$ besonders interessant. Es gibt ebenfalls $3s$ derartige Schwingungen. Aus den Formeln (9.4) ist zu ersehen, daß die Bewegung äquivalenter Atome in verschiedenen Elementarzellen bei diesen Schwingungen in Phase erfolgt. Stellt man sich den Kristall aus Untergittern äquivalenter Atome aufgebaut vor, so bedeuten die Grenzschwingungen Schwingungen der Untergitter gegeneinander. Verschiedene Grenzschwingungen unterscheiden sich voneinander sowohl in den Phasen als auch in den Schwingungsfrequenzen der Untergitter. Natürlich findet man unter diesen Schwingungen auch die drei Freiheitsgrade, die die gleichphasige Bewegung aller Untergitter beschreibt, d. h. die einheitliche Bewegung des ganzen Kristalls.

Die Normalkoordinaten zu einem bestimmten Wert des Wellenzahlvektors müssen sich nach einer bestimmten (reduziblen) Darstellung der Gruppe $\boldsymbol{H_k}$ dieses Wellenzahlvektors transformieren. Die Darstellung Γ wird, wie in Kapitel VIII gezeigt worden ist, durch die Darstellung der Punktgruppe $\boldsymbol{F_k}$ bestimmt, wenn keine uneigentlichen Translationen vorkommen. Die Normalkoordinaten, die sich nach einer irreduziblen Darstellung der Gruppe $\boldsymbol{F_k}$ transformieren, müssen die gleiche Frequenz haben. Wir wollen die Darstellung Γ bestimmen. Zu diesem Zweck betrachten wir die Auslenkungen der Atome in einer bestimmten (etwa der nullten) Zelle:

$$\boldsymbol{x}_i^{(0)} = \sum_j c_{ij} \boldsymbol{q}_j, \quad i = 1, 2, \ldots, 3s. \tag{9.5}$$

Die Auslenkungen der Atome einer anderen Zelle, die von der herausgegriffenen um den Gittervektor $\boldsymbol{a}$ entfernt ist, haben nach (9.4) die Gestalt

$$\boldsymbol{x}_i^{(a)} = \sum_j c_{ij}\, e^{i(\boldsymbol{k}_j \boldsymbol{a})} \boldsymbol{q}_j. \tag{9.6}$$

Sehen wir uns jetzt die speziellen Auslenkungen $\tilde{\boldsymbol{x}}_i^{(0)}$ und $\tilde{\boldsymbol{x}}_i^{(a)}$ an, die sich aus (9.5) und (9.6) ergeben, wenn wir alle Normalkoordinaten $\boldsymbol{q}_i$ gleich Null setzen außer denjenigen, für die $\boldsymbol{k}_j = \boldsymbol{k}$ ist:

$$\tilde{\boldsymbol{x}}_i^{(0)} = \sum_{\substack{j=1 \\ (\boldsymbol{k}_j = \boldsymbol{k})}}^{3s} c_{ij} \boldsymbol{q}_j, \tag{9.5a}$$

$$\tilde{\boldsymbol{x}}_i^{(a)} = e^{i(\boldsymbol{k}_j \boldsymbol{a})} \sum_{\substack{j=1 \\ (\boldsymbol{k}_j = \boldsymbol{k})}}^{3s} c_{ij} \boldsymbol{q}_j = e^{i(\boldsymbol{k}_j \boldsymbol{a})} \tilde{\boldsymbol{x}}_i^{(0)}. \tag{9.6a}$$

Wir wollen das Transformationsgesetz für die Auslenkungen $\tilde{\boldsymbol{x}}_i^{(0)}$ ermitteln. Offensichtlich werden sich die Größen $\boldsymbol{q}_j(\boldsymbol{k}_j = \boldsymbol{k})$ ähnlich wie die Größen $\boldsymbol{x}_i^{(0)}$ transformieren. Bei einer Transformation aus der Punktgruppe $\boldsymbol{F_k}$ können die Auslenkungen $\tilde{\boldsymbol{x}}_i^{(0)}$ entweder in Linearkombinationen aus den Auslenkungen der Atome in derselben Zelle oder in Linearkombinationen aus den Auslenkungen der Atome in benachbarten Zellen übergehen. Im Falle der speziellen Auslenkungen $\tilde{\boldsymbol{x}}_i^{(0)}$ kann man sich jedoch infolge von (9.6a) immer auf Linearkombinationen aus Auslenkungen der Atome in einer Zelle beschränken. Zur Berechnung der Charaktere der Transformation der Größen $\tilde{\boldsymbol{x}}_i^{(0)}$ kann man eine Verallgemeinerung des in Kapitel VI behandelten Verfahrens benutzen. Wenn bei der Transformation g aus der Gruppe $\boldsymbol{F_k}$ ein Atom der nullten Zelle in ein Atom der $\boldsymbol{a}$-ten Zelle übergeht, dann ist der entsprechende Beitrag zum Charakter

$$\left.\begin{array}{ll} (1 + 2\cos\varphi)\, e^{i(\boldsymbol{k}\boldsymbol{a})}, & \text{wenn } g \text{ eine Drehung ist,} \\ (-1 + 2\cos\varphi)\, e^{i(\boldsymbol{k}\boldsymbol{a})}, & \text{wenn } g \text{ eine Drehspiegelung ist.} \end{array}\right\} \tag{9.7}$$

Als Ergebnis erhalten wir folgende Formeln für die Charaktere der Darstellung, die mit Hilfe der Auslenkungen $\tilde{x}_i^{(0)}$ realisiert wird:

$$\chi = (1 + 2\cos\varphi) \sum_{a} n_a e^{i(ka)} \quad \text{für eine Drehung,} \tag{9.8}$$

$$\chi = (-1 + 2\cos\varphi) \sum_{a} n_a e^{i(ka)} \quad \text{für eine Drehspiegelung.} \tag{9.9}$$

n_a ist dabei die Zahl der Atome in der nullten Zelle, die bei der betreffenden Transformation in die Zelle a übergehen.

Offenbar hat die Darstellung Γ, nach der sich die Koordinaten q_j zum Wellenzahlvektor $k_j = k$ transformieren, dieselben Charaktere.

Durch Anwendung der Formel (3.88), die sich auf die Orthogonalitätseigenschaft der Charaktere der irreduziblen Darstellungen stützt, können wir jetzt die Darstellung Γ in irreduzible Darstellungen zerlegen.

Fassen wir die erhaltenen Ergebnisse zusammen. Die Normalschwingungen eines Kristalls werden mit Hilfe des Wellenzahlvektors k klassifiziert; k wird dabei der Brillouinschen Zone entnommen. Zu jedem Vektor k gehören $3s$ Normalkoordinaten, wenn s die Zahl der Atome pro Elementarzelle ist. Die Normalkoordinaten, die sich nach einer irreduziblen Darstellung der Gruppe F_k transformieren, haben die gleiche Frequenz. Die Normalkoordinaten zu anderen Vektoren des Sterns von k haben ebenfalls die gleiche Frequenz.

Wir haben unsere Überlegungen für Kristalle angestellt, deren Raumgruppen keine uneigentlichen Translationen enthalten. Alle Resultate können aber ganz analog auch für kompliziertere Gruppen abgeleitet werden. Dabei darf die Klassifizierung der Normalkoordinaten zu einem Wert des Wellenzahlvektors nicht nach den Darstellungen der Gruppe F_k vorgenommen werden, sondern sie muß nach den Darstellungen der Gruppe H_k erfolgen.

Bei der Untersuchung der Normalschwingungen eines Kristalls haben wir uns nur auf Symmetrieüberlegungen gestützt. Unser Bild ist aber zu unvollständig, wenn wir nicht einige zusätzliche Eigenschaften des Eigenfrequenzspektrums eines Kristalls beleuchten. In der harmonischen Näherung genügen die Auslenkungen der Atome in einem Kristall den Gleichungen

$$\ddot{x}_i^{(a)} = \sum_{j=1}^{3s} \sum_{a} b_{ij}^{(aa')} x_j^{(a')}. \tag{9.10}$$

Wir wollen eine Lösung suchen, die dem Beitrag einer Normalschwingung entspricht, d. h., wir setzen

$$x_j^{(a)} = c_j e^{i(ka) - i\omega t}. \tag{9.11}$$

Das System (9.10) wird damit zu einem System aus $3s$ homogenen linearen Gleichungen für die Koeffizienten c_i. Die Bedingung für die Existenz einer nichttrivialen Lösung dieses Systems ist das Verschwinden der Koeffizientendeterminante. Wir erhalten eine algebraische Gleichung vom Grade $3s$ in den Größen ω^2. Die Lösungen dieser Gleichung liefern die Eigenfrequenzen der Normalschwingungen mit der eben festgelegten Symmetrie und zu dem betreffenden Wert des Wellenzahlvektors k. Es ergeben sich $3s$ Wurzeln $\omega_1(k)$, $\omega_2(k)$, ..., $\omega_{3s}(k)$. Die

Größen $\omega_1, \omega_2, \ldots, \omega_{3s}$ als Funktionen des Vektors $\boldsymbol{k}$ nennt man *Zweige* des elastischen Spektrums. Die Werte dieser Funktionen für $\boldsymbol{k} = \boldsymbol{0}$ heißen *Grenzfrequenzen*. Wir haben oben gezeigt, daß es für $\boldsymbol{k} = \boldsymbol{0}$ drei Normalkoordinaten gibt, die eine Verschiebung des ganzen Kristalls (translatorische Freiheitsgrade) beschreiben. Offenbar gehören zu diesen Koordinaten die Frequenzen Null. Infolgedessen können wir behaupten, daß drei Zweige des Spektrums mit dem Wert $\omega = 0$ beginnen müssen. Diese drei Zweige werden als *akustische Zweige* des Spektrums bezeichnet. Die restlichen $3s-3$ Zweige heißen *optische Zweige*.

Oben haben wir gezeigt, daß die Normalkoordinaten, die zu einem bestimmten Wellenzahlvektor gehören und sich nach einer irreduziblen Darstellung der Gruppe des Wellenzahlvektors transformieren, einer bestimmten Frequenz entsprechen. Wenn die Dimension der irreduziblen Darstellung der Gruppe des Wellenzahlvektors größer als 1 ist, dann liegt im zugehörigen Punkt $\boldsymbol{k}$ der Brillouinschen Zone eine Frequenzentartung vor, oder es erfolgt eine „Zweigverheftung". Verschiedene Zweige können sowohl in einzelnen symmetrischen Punkten als auch längs einer Symmetrieachse der Brillouinschen Zone miteinander verheftet sein.

2. Klassifizierung der Elektronenzustände eines Kristalls

Wir befassen uns jetzt mit den Elektronenzuständen eines Kristalls und setzen dabei voraus, daß die Atomkerne an den Gitterpunkten ruhen. Der Hamilton-Operator für das Mehrelektronensystem im Felde dieser Kerne ist offensichtlich gegenüber den Transformationen der entsprechenden Raumgruppe invariant. Die Eigenfunktionen dieses Operators zu einem bestimmten Eigenwert transformieren sich deshalb nach einer irreduziblen Darstellung $D_{\boldsymbol{k}}^{(\alpha)}$ der Symmetriegruppe des Kristalls, und man kann sie so wählen, daß sie auch die Eigenfunktionen des Operators für eine Translation um einen Gittervektor sind. Wir werden diese Funktionen mit $\psi_{\boldsymbol{k}\alpha j}(\boldsymbol{r}_1, \ldots, \boldsymbol{r}_N)$ und die Energieeigenwerte mit $E_{\boldsymbol{k}\alpha}$ bezeichnen. Der Index $\boldsymbol{k}$ steht hier für einen Vektor des Sterns der irreduziblen Darstellung, der Index α unterscheidet die irreduziblen Darstellungen der Gruppe des Wellenzahlvektors, und der Index j numeriert die Einheitsvektoren der Basis für die Darstellung α. Wir haben

$$\begin{aligned} \hat{t}_{\boldsymbol{a}} \Psi_{\boldsymbol{k}\alpha j}(\boldsymbol{r}_1, \ldots, \boldsymbol{r}_N) &= \Psi_{\boldsymbol{k}\alpha j}(\boldsymbol{r}_1 + \boldsymbol{a}, \ldots, \boldsymbol{r}_N + \boldsymbol{a}) \\ &= e^{i(\boldsymbol{k}\boldsymbol{a})} \Psi_{\boldsymbol{k}\alpha j}(\boldsymbol{r}_1, \ldots, \boldsymbol{r}_N). \end{aligned} \tag{9.12}$$

Aus der Beziehung (9.12) folgt, daß die Funktion

$$U_{\boldsymbol{k}\alpha j}(\boldsymbol{r}_1, \ldots, \boldsymbol{r}_N) = e^{i(\boldsymbol{k}\boldsymbol{R})} \Psi_{\boldsymbol{k}\alpha j}(\boldsymbol{r}_1, \ldots, \boldsymbol{r}_N) \tag{9.13}$$

mit $\boldsymbol{R} = \frac{1}{N} \sum_{i=1}^{N} \boldsymbol{r}_i$ gegenüber Translationen invariant ist. Tatsächlich ist

$$\begin{aligned} \hat{t}_{\boldsymbol{a}} U_{\boldsymbol{k}}(\boldsymbol{r}_1, \ldots, \boldsymbol{r}_N) &= U_{\boldsymbol{k}}(\boldsymbol{r}_1 + \boldsymbol{a}, \ldots, \boldsymbol{r}_N + \boldsymbol{a}) \\ &= e^{-i(\boldsymbol{k}, \boldsymbol{R}+\boldsymbol{a})} \Psi_{\boldsymbol{k}}(\boldsymbol{r}_1 + \boldsymbol{a}, \ldots, \boldsymbol{r}_N + \boldsymbol{a}) \\ &= e^{-i(\boldsymbol{k}, \boldsymbol{R}+\boldsymbol{a})} e^{i\boldsymbol{k}\boldsymbol{a}} \Psi_{\boldsymbol{k}}(\boldsymbol{r}_1, \ldots, \boldsymbol{r}_N) \\ &= e^{-i(\boldsymbol{k}\boldsymbol{R})} \Psi_{\boldsymbol{k}}(\boldsymbol{r}_1, \ldots, \boldsymbol{r}_N) = U_{\boldsymbol{k}}(\boldsymbol{r}_1, \ldots, \boldsymbol{r}_N). \end{aligned}$$

Demnach kann man die Eigenfunktionen unseres Problems immer in der Gestalt

$$\Psi_{k\alpha j}(\boldsymbol{r}_1, \ldots, \boldsymbol{r}_N) = e^{i(\boldsymbol{k}\boldsymbol{R})}\, U_{k\alpha j}(\boldsymbol{r}_1, \ldots, \boldsymbol{r}_N) \tag{9.14}$$

mit einer periodischen Funktion $U_{k\alpha j}(\boldsymbol{r}_1, \ldots, \boldsymbol{r}_N)$ darstellen. Die Funktionen $\Psi_{k\alpha j}$ zum gleichen Energieeigenwert transformieren sich nach einer irreduziblen Darstellung der Gruppe des Wellenzahlvektors $\boldsymbol{k}$. Wir denken uns jetzt die Funktion $U_{k\alpha j}$ nach einem vollständigen System periodischer Funktionen entwickelt und setzen die durch die Beziehung (9.14) definierte Funktion $\Psi_{k\alpha j}(\boldsymbol{r}_1, \ldots, \boldsymbol{r}_N)$ in die SCHRÖDINGER-Gleichung ein. So gelangen wir zu einem linearen Gleichungssystem zur Berechnung der Entwicklungskoeffizienten. Die Wurzeln der entsprechenden Säkulargleichung liefern uns die Energieeigenwerte als Funktionen des Wellenzahlvektors

$$E_1(\boldsymbol{k}),\ E_2(\boldsymbol{k}), \ldots .$$

Jede dieser Funktionen bestimmt ein sogenanntes Energieband des Kristalls. In symmetrischen Punkten der BRILLOUINschen Zone, auf Symmetrieachsen oder -ebenen, können einige Funktionen E_i gleich sein. Man spricht dann von einer Überlappung der Energiebänder. Diese Überlappung wird durch die Energieentartung für den betreffenden Wert von $\boldsymbol{k}$, den wir oben behandelt haben, verursacht.

3. Die Einelektronen-Näherung

Praktisch werden die Methoden der Gruppentheorie auf vereinfachte Modelle eines vorgelegten Problems angewandt. Der Erfolg dieser Näherungen hängt in beträchtlichem Maße davon ab, daß sie die Symmetrieeigenschaften der exakten Lösung berücksichtigen.

Eines der wichtigsten Näherungsverfahren ist die self-consistent-field-Methode, durch die das Mehrelektronen-Problem auf das Einelektronen-Problem zurückgeführt wird. Die Wechselwirkung der Elektronen wird näherungsweise durch ein effektives Feld mit der Kristallsymmetrie ersetzt. Die Eigenfunktionen des HAMILTON-Operators mit der Symmetriegruppe des Kristalls können im Rahmen der Einelektronen-Näherung folgendermaßen geschrieben werden:

$$\Psi_{k\alpha j}(\boldsymbol{r}) = e^{i(\boldsymbol{k}\boldsymbol{r})}\, U_{k\alpha j}(\boldsymbol{r}), \tag{9.15}$$

wobei $U_{k\alpha j}(\boldsymbol{r})$ eine gitterperiodische Funktion ist:

$$U_{k\alpha j}(\boldsymbol{r} + \boldsymbol{a}) = U_{k\alpha j}(\boldsymbol{r}). \tag{9.16}$$

Die Wellenfunktionen (9.15) sind die Basisfunktionen irreduzibler Darstellungen der Raumgruppe und heißen BLOCH-Funktionen. Diese Funktionen können als verallgemeinerte ebene Wellen mit periodisch veränderlicher Amplitude $U_{\boldsymbol{k}}(\boldsymbol{r})$ angesehen werden. Der Vektor $\boldsymbol{k}$ wird als *Quasiimpuls* des Elektrons bezeichnet. Der Energieeigenwert $E = E(\boldsymbol{k})$ bestimmt (als Funktion des Wellenzahlvektors $\boldsymbol{k}$) ein Energieband im Rahmen der Einelektronen-Näherung.

Ein mögliches Lösungsverfahren für das Einelektronen-Problem besteht darin, die Funktion $\Psi_{k\alpha j}$ nach den Einelektronen-Wellenfunktionen der Atome oder Ionen zu entwickeln, aus denen der Kristall aufgebaut ist. Dieses Verfahren ist faktisch eine Verallgemeinerung der Methode der Linearkombinationen der Atomfunktionen, die wir in Kapitel VII besprochen haben.

Wir wollen den Ort einer Elementarzelle mit dem Vektor $\boldsymbol{a}$ festlegen und die Lage eines Atoms in der Zelle mit dem Vektor $\boldsymbol{l}$ bezeichnen. Das $\boldsymbol{l}$-te Atom in der Zelle $\boldsymbol{a}$ befindet sich am Ort $\boldsymbol{a} + \boldsymbol{l}$. Die Wellenfunktionen des $\boldsymbol{l}$-ten Atoms in der Zelle $\boldsymbol{a}$ bezeichnen wir mit $\varphi_j(\boldsymbol{r} - \boldsymbol{a} - \boldsymbol{l})$. Man kann aus diesen Funktionen leicht Linearkombinationen bilden, die sich nach den irreduziblen Darstellungen der Translationsgruppe transformieren:

$$\Phi_{jk}^{(l)}(\boldsymbol{r}) = \sum_{\boldsymbol{a}} e^{i(\boldsymbol{k}\boldsymbol{a})} \varphi_j^{(l)}(\boldsymbol{r} - \boldsymbol{a} - \boldsymbol{l}). \tag{9.17}$$

Tatsächlich haben wir

$$\hat{t}_{\boldsymbol{a}} \Phi_{jk}^{(l)} = \Phi_{jk}^{(l)}(\boldsymbol{r} + \boldsymbol{a}) = \sum_{\boldsymbol{a}} e^{i\boldsymbol{k}\boldsymbol{a}} \varphi_j^{(l)}(\boldsymbol{r} + \boldsymbol{a}' - \boldsymbol{a} - \boldsymbol{l}). \tag{9.18}$$

Wir setzen $\boldsymbol{a} - \boldsymbol{a}' = \boldsymbol{a}''$ und summieren über $\boldsymbol{a}''$ statt $\boldsymbol{a}$; so ergibt sich

$$\hat{t}_{\boldsymbol{a}'} \Phi_{jk}^{(l)}(\boldsymbol{r}) = \sum_{\boldsymbol{a}''} e^{i(\boldsymbol{k}(\boldsymbol{a}''+\boldsymbol{a}'))} \varphi_j^{(l)}(\boldsymbol{r} - \boldsymbol{a}'' - \boldsymbol{l}) = e^{i(\boldsymbol{k}\boldsymbol{a}')} \Phi_{jk}^{(l)}(\boldsymbol{r}). \tag{9.19}$$

Die Funktion $\Psi_{k\alpha j}(\boldsymbol{r})$ können wir in der Form

$$\Psi_{k\alpha j}(\boldsymbol{r}) = \sum_{l,j} b_{klj} \Phi_{jk}^{(l)}(\boldsymbol{r}) \tag{9.20}$$

darstellen, die Koeffizienten b_{klj} sind zu bestimmen. Praktisch beschränkt man sich in der Entwicklung der Funktion $\Psi_{k\alpha j}$ auf endlich viele Atomfunktionen zu jeder Zelle und damit auf endlich viele Funktionen $\Phi_{jk}^{(l)}$ in der Summe (9.20). Die Wurzeln der entsprechenden Säkulargleichung liefern uns näherungsweise die Energiebänder im Rahmen der Einelektronen-Näherung.

Die Lösung der Säkulargleichung kann vereinfacht werden, indem man aus den Funktionen $\Phi_{jk}^{(l)}$ zunächst Linearkombinationen bildet, die sich nach den irreduziblen Darstellungen der Gruppe des Wellenzahlvektors $\boldsymbol{k}$ transformieren. Diese Linearkombinationen werden nach der in Kapitel VII dargestellten Methode gebildet. Dazu muß aber zuerst festgestellt werden, wie sich die Funktionen $\Phi_{jk}^{(l)}$ bei Transformationen aus der Gruppe $F_{\boldsymbol{k}}$ verhalten. g sei eine Transformation aus $F_{\boldsymbol{k}}$; wir wenden den Operator $\hat{T}_g$ auf die Funktion $\Phi_{jk}^{(l)}$ an und erhalten

$$\hat{T}_g \Phi_{jk}^{(l)} = \sum_{\boldsymbol{a}} e^{i(\boldsymbol{k}\boldsymbol{a})} \varphi_j\big(g^{-1}(\boldsymbol{r} - \boldsymbol{a} - \boldsymbol{l})\big) = \sum_{\boldsymbol{a}} e^{i(\boldsymbol{k}\boldsymbol{a})} \varphi_j\big(g^{-1}(\boldsymbol{r} - g\boldsymbol{a} - g\boldsymbol{l})\big). \tag{9.21}$$

Natürlich ist auch der Vektor $g\boldsymbol{a}$ ein Gittervektor:

$$g\boldsymbol{a} = \boldsymbol{a}'. \tag{9.22}$$

Wenn bei der Transformation g das $\boldsymbol{l}$-te Atom der nullten Zelle in das äquivalente $\boldsymbol{l}'$-te Atom der Zelle $\boldsymbol{a}_1$ übergeht, haben wir

$$g\boldsymbol{l} = \boldsymbol{a}_1 + \boldsymbol{l}'. \tag{9.23}$$

Wir erhalten auf diese Weise

$$\hat{T}_g \Phi_{jk}^{(l)} = \sum_{\boldsymbol{a}} e^{i(\boldsymbol{k}\boldsymbol{a})} \varphi_j\big(g^{-1}(\boldsymbol{r} - \boldsymbol{a}' - \boldsymbol{a}_1 - \boldsymbol{l}')\big). \tag{9.24}$$

Nun nehmen wir an, daß uns das Transformationsgesetz für die Atomfunktionen bei der Operation g bekannt sei, d. h.

$$\varphi_j^{(l)}(g^{-1}\boldsymbol{r}) = \sum_i c_{ij}(g)\varphi_i^{(l)}(\boldsymbol{r}). \tag{9.25}$$

Unter Benutzung dieser Beziehung finden wir

$$\hat{T}_g \Phi_{jk}^{(l)} = \sum_{\boldsymbol{a}} e^{i(\boldsymbol{k}\boldsymbol{a})} \sum_i c_{ij}(g)\varphi_i^{(l')}(\boldsymbol{r} - \boldsymbol{a}'') \tag{9.26}$$

mit

$$\boldsymbol{a}'' = \boldsymbol{a}' + \boldsymbol{a}_1 = g\boldsymbol{a} + \boldsymbol{a}_1. \tag{9.27}$$

Weiter summieren wir nicht mehr über $\boldsymbol{a}$ sondern über $\boldsymbol{a}''$ und bekommen

$$\hat{T}_g \Phi_{jk}^{(l)} = \sum_{\boldsymbol{a}''} e^{i(\boldsymbol{k}, g^{-1}(\boldsymbol{a}'' - \boldsymbol{a}_1))} \sum_i c_{ij}(g)\varphi_i^{(l')}(\boldsymbol{r} - \boldsymbol{a}''). \tag{9.28}$$

Jetzt nutzen wir aus, daß die orthogonale Transformation g zur Gruppe des Wellenzahlvektors gehört; folglich ist

$$e^{i(\boldsymbol{k}, g^{-1}(\boldsymbol{a}'' - \boldsymbol{a}_1))} = e^{i(g\boldsymbol{k}, (\boldsymbol{a}'' - \boldsymbol{a}_1))} = e^{i(\boldsymbol{k}, (\boldsymbol{a}'' - \boldsymbol{a}_1))},$$

und wir gelangen zu dem Ergebnis

$$\hat{T}_g \Phi_{jk}^{(l)} = e^{-i(\boldsymbol{k}\boldsymbol{a})} \sum_i c_{ij}(g)\Phi_{ik}^{(l')}. \tag{9.29}$$

Die Funktionen $\Phi_{jk}^{(l)}$ transformieren sich also bei Transformationen aus der Gruppe $F_{\boldsymbol{k}}$ genauso wie die Atomfunktionen im Molekülproblem; der einzige Unterschied besteht darin, daß Funktionen $\Phi_{ik}^{(l)}$, aus denen sich die Linearkombination für die Funktion $\Phi_{jk}^{(l)}$ nach der Transformation zusammensetzt, einen zusätzlichen Faktor $e^{-i(\boldsymbol{k}\boldsymbol{a}_1)}$ erhalten, wenn das $\boldsymbol{l}$-te Atom der nullten Zelle bei der betrachteten Transformation g in das $\boldsymbol{l}$-te Atom der Zelle $\boldsymbol{a}_1$ übergeht.

Für ein einatomiges Gitter, d. h. für ein Atom pro Elementarzelle, ist die Bildung der Funktionen $\tilde{\Psi}_{\boldsymbol{k}\alpha i}$, die sich nach den irreduziblen Darstellungen der Gruppe $F_{\boldsymbol{k}}$ transformieren, einfach. Es brauchen nur diejenigen Linearkombinationen $\tilde{\varphi}_{\alpha i}$ der Atomfunktionen gebildet zu werden, die sich nach diesen irreduziblen Darstellungen transformieren. Tatsächlich kann man leicht verifizieren, daß die Funktionen $\tilde{\Psi}_{\boldsymbol{k}\alpha i}$ in diesem Fall in der Gestalt

$$\tilde{\Psi}_{\boldsymbol{k}\alpha i}(\boldsymbol{r}) = \sum_{\boldsymbol{a}} e^{i(\boldsymbol{k}\boldsymbol{a})} \tilde{\varphi}_{\alpha i}(\boldsymbol{r} - \boldsymbol{a}) \tag{9.30}$$

dargestellt werden können.

Falls in der Zerlegung der Darstellung der Gruppe F_k, nach der sich die Funktionen $\Phi_{jk}^{(l)}$ transformieren, eine irreduzible Darstellung nur einmal vorkommt, dann sind die zugehörigen Funktionen $\tilde{\Psi}_{k\alpha i}$ näherungsweise Einelektronen-Wellenfunktionen unseres Problems. Wenn eine irreduzible Darstellung $\Gamma^{(\alpha)}$ in der betreffenden Darstellung mehrfach enthalten ist, hat man zur Berechnung der Wellenfunktionen $\tilde{\Psi}_{k\alpha i}$ eine Säkulargleichung zu lösen, deren Grad gleich der Vielfachheit der Darstellung $\Gamma^{(\alpha)}$ ist.

Übungsaufgabe

9.1. Es sind die Normalschwingungen für einen zweiatomigen Kristall mit einfachem kubischem Gitter zu klassifizieren (Abb. 14).

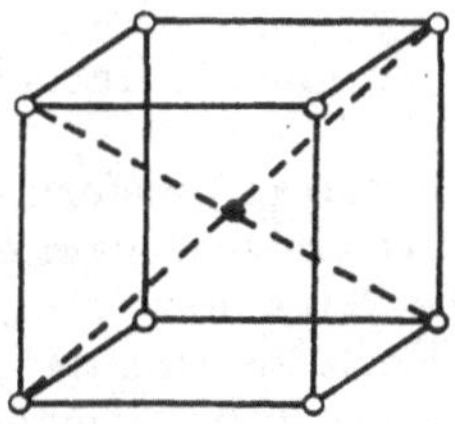

Abb. 14

KAPITEL X

STETIGE GRUPPEN

Bisher haben wir uns mit endlichen Gruppen beschäftigt. Wir gehen jetzt zum Studium unendlicher stetiger Gruppen über.

1. Stetige Gruppen linearer Transformationen

Wir wollen uns mit Gruppen linearer Transformationen befassen, deren Matrixelemente analytische Funktionen reeller Parameter sind. $g(\alpha_1, \alpha_2, \ldots, \alpha_r)$ sei ein Element unserer Gruppe. Die Parameter $\alpha_1, \alpha_2, \ldots, \alpha_r$ werden so gewählt, daß zwischen der Umgebung des Koordinatenursprungs im r-dimensionalen Parameterraum und der Umgebung des Einselementes der Gruppe ein eindeutiger Zusammenhang besteht. Für

$$g(\alpha_1, \alpha_2, \ldots, \alpha_r) g(\alpha_1', \alpha_2', \ldots, \alpha_r') = g(\alpha_1'', \alpha_2'', \ldots, \alpha_r'') \tag{10.1}$$

ist

$$\alpha_k'' = \varphi_k(\alpha_1, \alpha_2, \ldots, \alpha_r; \alpha_1', \alpha_2', \ldots, \alpha_r'). \tag{10.2}$$

Die Funktionen φ_k bestimmen das Multiplikationsgesetz in der Gruppe und werden als differenzierbar nach allen Argumenten vorausgesetzt. Außerdem müssen ihnen bestimmte Beschränkungen auferlegt werden, die aus den allgemeinen Gruppenaxiomen resultieren. Die von uns betrachteten Gruppen linearer Transformationen, die die aufgezählten Forderungen erfüllen, gehören zur Klasse der stetigen Lie-Gruppen. Ist der Variabilitätsbereich der Parameter α_i ein beschränkter Bereich im r-dimensionalen Raum, dann wird die Gruppe als *kompakt* bezeichnet.

Wir zählen einige Lie-Gruppen linearer Transformationen auf:

1. Die allgemeine lineare Gruppe $GL(n)$ besteht aus allen n-reihigen nichtsingulären komplexen Matrizen. Die Elemente dieser Gruppe hängen von $2n^2$ reellen Parametern ab.

2. Die unimodulare Gruppe $SL(n)$ besteht aus allen n-reihigen komplexen Matrizen mit der Determinante 1. Für diese Gruppe ist $r = 2n^2 - 2$, ihre reelle Untergruppe hängt von $n^2 - 1$ Parametern ab.

3. Die unitäre Gruppe $U(n)$ besteht aus den n-reihigen unitären Matrizen. Da den Elementen einer unitären Matrix n^2 Orthogonalitäts- und Normierungsbedingungen auferlegt werden, ist die Zahl der Parameter zur Festlegung eines beliebigen Gruppenelementes von $U(n)$ gleich $2n^2 - n^2 = n^2$. Die unitäre Gruppe ist kompakt, weil die Summe der Betragsquadrate der Elemente einer n-reihigen

unitären Matrix gleich n ist. Die Transformationen der unitären Gruppe lassen die folgende quadratische Form invariant:

$$x_1\bar{x}_1 + x_2\bar{x}_2 + \cdots + x_n\bar{x}_n.$$

4. Die unitäre unimodulare Gruppe $SU(n)$ ist eine Untergruppe von $U(n)$; sie besteht aus den unitären Matrizen mit der Determinante 1 und hat $r = n^2 - 1$ Parameter.

5. Die orthogonale Gruppe $O(n)$ ist die reelle Untergruppe der Gruppe $U(n)$. Die Elemente einer beliebigen orthogonalen Matrix haben $n + n(n-1)/2$ Orthogonalitäts- und Normierungsbedingungen zu erfüllen, die Zahl der Parameter in dieser Gruppe ist daher $n(n-1)/2$. Die Determinante einer orthogonalen Matrix ist 1 oder -1.

6. Die Drehgruppe $O^+(n)$ besteht aus den n-reihigen orthogonalen Matrizen mit der Determinante 1. Offenbar ist die Zahl der Parameter in dieser Gruppe ebenfalls $n(n-1)/2$. Für die physikalischen Anwendungen ist die Gruppe $O^+(3)$ der dreidimensionalen Drehungen besonders interessant.

2. Allgemeine Eigenschaften von Lie-Gruppen

Wir untersuchen die Gruppe G der linearen Transformationen mit den Matrixelementen $g_{ik} = g_{ik}(\alpha_1, \alpha_2, \ldots, \alpha_r)$ und führen die Ableitungen dieser Matrizen nach den Parametern α_l im Punkt $\alpha_k = 0$ $(k = 1, 2, \ldots, r)$ ein, d. h. die Matrize I_l mit den Elementen

$$\{I_l\}_{ik} = \left(\frac{\partial g_{ik}}{\partial \alpha_l}\right)_0. \tag{10.3}$$

Die Matrizen I_l werden wir als *infinitesimale* Matrizen der Gruppe G bezeichnen.

Jedes Matrixelement von g können wir in eine Potenzreihe nach den α_i entwickeln. Wenn wir in diesen Entwicklungen nur die in den α_i linearen Glieder beibehalten, können wir das allgemeine Gruppenelement in der Umgebung des Einselementes der Gruppe folgendermaßen darstellen:

$$g = E + \sum_{l=1}^{r} \alpha_l I_l. \tag{10.4}$$

Bei der Wahl der Gruppenparameter hat man die bekannte Willkür. Wir können nämlich immer zu neuen Parametern übergehen, indem wir beliebige eindeutige Funktionen der alten Parameter $\alpha_1, \ldots, \alpha_r$ als neue Parameter wählen:

$$\begin{gathered}\tilde{\alpha}_1 = \tilde{\alpha}_1(\alpha_1, \alpha_2, \ldots, \alpha_r), \\ \cdots\cdots\cdots\cdots\cdots \\ \tilde{\alpha}_r = \tilde{\alpha}_r(\alpha_1, \alpha_2, \ldots, \alpha_r).\end{gathered}$$

Die Funktionaldeterminante $\left|\frac{\partial \tilde{\alpha}_i}{\partial \alpha_k}\right|$ muß von Null verschieden sein. Wenn wir speziell jeden Parameter α_i mit einer Zahl λ multiplizieren, d. h.

$$\tilde{\alpha}_i = \lambda_i \alpha_i,$$

setzen, dann erhalten wir für die neuen infinitesimalen Matrizen zu den neuen Parametern

$$\bar{I}_i = \frac{1}{\lambda_i} I_i.$$

Im allgemeinen haben wir

$$\bar{I}_i = \sum_j I_j \left(\frac{\partial \alpha_j}{\partial \bar{\alpha}_i}\right)_0. \tag{10.5}$$

Wir bilden jetzt das zu g' konjugierte Element $gg'g^{-1}$. Wenn g' die infinitesimale Transformation (10.4) ist, dann können wir die in α_i linearen Glieder so schreiben:

$$gg'g^{-1} = E + \sum_{l=1}^{r} g I_l g^{-1} \alpha_l. \tag{10.6}$$

Man kann demnach die Transformation $gg'g^{-1}$ durch dieselben Parameterwerte α_i kennzeichnen wie die Transformation g', wenn man als infinitesimale Matrizen die Matrizen

$$\bar{I}_l = g I_l g^{-1} \tag{10.7}$$

nimmt. Die Transformation (10.6) entspricht nach (10.2) offenbar der folgenden Transformation der Parameter:

$$\bar{\alpha}_k = \varphi_k(\gamma; \varphi(\alpha, \bar{\gamma})),$$

γ und $\bar{\gamma}$ bezeichnen dabei die Sätze der Parameterwerte für die Matrizen g und g^{-1}. Nun setzen wir voraus, daß die Parameter γ ebenfalls kleine Größen sind. Bis auf Glieder höherer Ordnung in γ können wir dann schreiben

$$g = E + \sum_k \gamma_k I_k, \quad g^{-1} = E - \sum_k \gamma_k I_k. \tag{10.8}$$

Einsetzen von (10.8) in (10.7) ergibt

$$\bar{I}_s = I_s = \sum_k (I_k I_s - I_s I_k)\gamma_k + \text{Glieder mit höheren Potenzen von } \gamma_k. \tag{10.9}$$

Auf der linken Seite dieser Gleichung steht nach (10.5) eine Linearkombination der infinitesimalen Matrizen. Wegen der Unabhängigkeit der Glieder mit verschiedenen Potenzen der Parameter γ_k können wir behaupten, daß der Kommutator $I_k I_s - I_s I_k$ auch eine Linearkombination der infinitesimalen Matrizen ist; wir haben also

$$I_k I_s - I_s I_k = \sum_l c_{ksl} I_l. \tag{10.10}$$

Die Koeffizienten c_{ksl} sind die *Strukturkoeffizienten* der Gruppe.

Die infinitesimalen Erzeugenden bestimmen die Gruppe eindeutig, d. h., kennen wir diese Matrizen, so können wir jedes beliebige endliche Gruppenelement bestimmen. Wir zeigen die Richtigkeit dieser Behauptung für den Fall, daß ein Gruppenelement $g(\alpha_1, \alpha_2, \ldots, \alpha_r)$ gleichzeitig ein Element einer einparametrigen Untergruppe dieser Gruppe ist.[1]) Betrachten wir eine einparametrige Untergruppe der Gruppe G. Sie ist eine Menge von Matrizen g, deren Parameter als differenzierbare Funktionen des Parameters θ angesehen werden: $\alpha_i = \alpha_i(\theta)$. Den Parameter θ denken wir uns so gewählt, daß

$$g(\theta_1)g(\theta_2) = g(\theta_1 + \theta_2), \tag{10.11}$$

$$g(0) = E \tag{10.12}$$

gelten. Wir differenzieren beide Seiten der Gleichung (10.11) nach θ_1, setzen $\theta_1 = 0$, $\theta_2 = \theta$ und erhalten

$$\frac{dg}{d\theta} = I_\theta g(\theta), \tag{10.13}$$

wobei $I_\theta = \left(\frac{dg}{d\theta}\right)_{\theta=0}$ die infinitesimale Erzeugende der betreffenden Untergruppe ist. Die Gleichung (10.13) stellt ein System gewöhnlicher Differentialgleichungen für die Matrixelemente $g(\theta)$ dar und hat eine einzige Lösung, die die Anfangsbedingung (10.12) erfüllt. Diese Lösung kann in der Form

$$g(\theta) = \exp I_\theta \theta \tag{10.14}$$

geschrieben werden, wenn mit $\exp(I_\theta \theta)$ die Reihe

$$\exp I_\theta \theta = E + I_\theta \theta + \frac{1}{2}(I_\theta \theta)^2 + \frac{1}{3!}(I_\theta \theta)^3 + \cdots \tag{10.15}$$

bezeichnet wird. Unter Verwendung der Formel (10.5) bekommen wir

$$I_\theta = \sum_j I_j \left(\frac{d\alpha_j}{d\theta}\right)_{\theta=0}$$

und daraus

$$g(\theta) = \exp I_\theta \theta = \exp \sum_{j=1}^{r} I_j \left(\frac{d\alpha_j}{d\theta}\right)_{\theta=0} \theta. \tag{10.14a}$$

Die erhaltenen Ergebnisse (Formeln (10.10) und (10.14)) gelten für die Elemente von Gruppen linearer Transformationen. Offenbar sind sie aber auch für eine beliebige Gruppe von Matrizen $D(g)$ richtig, die eine Darstellung der Gruppe G bilden. Die infinitesimalen Erzeugenden der Darstellung D werden durch die Formel definiert

$$A_s = \frac{\partial}{\partial \alpha_s} D(\alpha_1, \alpha_2, \ldots, \alpha_r)\,|_{\alpha=0}. \tag{10.16}$$

[1]) In der Theorie der stetigen Gruppen wird bewiesen, daß ein beliebiges Gruppenelement entweder ein Element einer einparametrigen Untergruppe ist oder als Produkt solcher Elemente dargestellt werden kann (s. z. B. L. EISENHART: Continuous Groups of Transformations. Princeton 1933).

Für die infinitesimalen Matrizen einer Darstellung gelten dieselben Vertauschungsregeln wie für die infinitesimalen Erzeugenden der Gruppe. Der Grund dafür ist, daß die Strukturkoeffizienten einer Gruppe durch das Gesetz für die Gruppenmultiplikation (10.2) eindeutig bestimmt werden; das Multiplikationsgesetz ist für die Gruppe und alle ihre Darstellungen gleich.

Einige Eigenschaften der in den vorhergehenden Kapiteln behandelten endlichen Gruppen (z. B. das SCHURsche Lemma) wurden abgeleitet, ohne die Endlichkeit der Gruppe auszunutzen und gelten daher auch für unendliche Gruppen. Der Beweis der Unitarität der Darstellungen, die Orthogonalitätseigenschaften der Matrixelemente irreduzibler Darstellungen und alle daraus hergeleiteten Folgerungen basierten auf der Möglichkeit, über die Gruppe summieren zu können; die Summation über eine Gruppe haben wir nur für endliche Gruppen definiert. Bei stetigen Gruppen muß die Summation über die Gruppe durch die Integration über die Gruppenparameter ersetzt werden. Die Integration über eine Gruppe kann, wie sich zeigt, nur für kompakte Gruppen ausgeführt werden. Die oben erwähnten Eigenschaften endlicher Gruppen können deshalb nur auf kompakte Gruppen übertragen werden.

3. Infinitesimale Transformationen und Erhaltungssätze

In Kapitel V haben wir gefunden, daß die Bedingung für die Invarianz eines physikalischen Systems gegenüber den Transformationen der zugehörigen Symmetriegruppe G in der Gestalt

$$\hat{H}\hat{T}_g = \hat{T}_g\hat{H} \tag{10.17}$$

oder in Matrixform

$$HD(g) = D(g)H \tag{10.17a}$$

geschrieben werden kann. Hier sind $\hat{H}$ der HAMILTON-Operator des Systems, $\hat{T}_g$ ein Element der zur Gruppe G isomorphen Operatorgruppe und $D(g)$ eine Darstellungsmatrix für die Gruppe G.

Die Transformationsgruppe G sei eine stetige Gruppe; notwendig und hinreichend für die Gültigkeit der Bedingung (10.17) ist dann die Bedingung

$$HA_i = A_iH, \tag{10.18}$$

in der die A_i die infinitesimalen Matrizen einer Darstellung der Gruppe G sind. Die Notwendigkeit dieser Bedingung ist unmittelbar evident: Wenn für alle Elemente der Gruppe G die Bedingung (10.17) erfüllt ist, dann ist auf Grund der Definition der infinitesimalen Matrizen A_i auch die Bedingung (10.18) erfüllt. Man kann sich auch leicht davon überzeugen, das die Bedingung (10.18) hinreichend ist. Wir haben bereits die Gültigkeit der Formel (10.14) gezeigt. Falls die Bedingung (10.18) erfüllt ist, d. h., falls H mit den Matrizen A_i kommutiert, dann ist H auch mit allen Gliedern der Reihe für ein beliebiges Gruppenelement von G vertauschbar.

Neben den infinitesimalen Matrizen A_i führen wir die Matrizen $B_j = -iA_j$ ein. Wir wollen beweisen, daß die Matrizen B_j hermitesch sind, wenn die Darstellung unitär ist. Dazu schreiben wir uns die Bedingung für die Unitarität der Darstellung $D(g)$ bis zu den linearen Gliedern in den Gruppenparametern auf und bekommen

$$E = D^+(g)D(g) = \Big(E - i\sum_j B_j^+\alpha_j\Big)\Big(E + i\sum_j B_j\alpha_j\Big),$$

hieraus finden wir

$$\sum_j \alpha_j (B_j^+ - B_j) = 0$$

oder wegen der Unabhängigkeit der Parameter α_j

$$B_j^+ = B_j. \tag{10.19}$$

Die hermiteschen Matrizen B_j sind ebenfalls mit der Matrix H vertauschbar:

$$HB_j = B_jH. \tag{10.18a}$$

In der Quantenmechanik werden hermitesche Matrizen oder Operatoren physikalischen Größen zugeordnet, und die Vertauschungsregel (10.18a) besagt, daß die entsprechende physikalische Größe erhalten bleibt. Die Erhaltungssätze in der Quantenmechanik folgen auf diese Weise aus der Symmetrie des Hamilton-Operators bezüglich einer stetigen Transformationsgruppe.

4. Die zweidimensionale Drehgruppe $O^+(2)$

Die Elemente dieser Gruppe sind die Drehungen im dreidimensionalen Raum um eine feste Achse oder, was dasselbe ist, die Drehungen in einer zu dieser Achse senkrechten Ebene um den Koordinatenursprung. Nehmen wir die z-Achse als Drehachse, dann sind die Elemente der Gruppe $O^+(2)$ die Transformationen

$$x' = x\cos\varphi - y\sin\varphi, \quad y' = x\sin\varphi + y\cos\varphi, \tag{10.20}$$

φ ist der Drehwinkel, $0 \leqq \varphi < 2\pi$. Die Gruppe $O^+(2)$ ist also eine einparametrige kompakte Gruppe. Sie ist eine abelsche Gruppe, und alle ihre eindimensionalen irreduziblen Darstellungen sind wegen der Kompaktheit der Gruppe unitär. Auf Grund dessen wird in einer irreduziblen Darstellung jedem Gruppenelement eine Zahl $\chi(\varphi)$ mit dem Betrag 1 zugeordnet. Außerdem müssen die Bedingungen

$$\chi(\varphi_1)\chi(\varphi_2) = \chi(\varphi_1 + \varphi_2), \quad \chi(0) = \chi(2\pi) \tag{10.21}$$

erfüllt sein, und daraus ergibt sich einfach

$$\chi(\varphi) = \exp im\varphi, \quad \text{für } m = 0, \ \pm 1, \pm 2, \ldots. \tag{10.22}$$

Die Gruppe $O^+(2)$ kann als Grenzfall der Punktgruppe C_n für $n \to \infty$ aufgefaßt werden. Man bezeichnet sie deswegen manchmal mit C_∞. Physikalisch interessant sind die Gruppe $C_{\infty v} = C_\infty \times \sigma_v$ (die Symmetriegruppe eines zweiatomigen Moleküls mit verschiedenen Kernen) und die Gruppe $D_{\infty h} = C_{\infty v} \times i$ (die Symmetriegruppe eines zweiatomigen Moleküls mit gleichen Kernen). Die stationären Zustände und die Energieniveaus dieser Moleküle werden nach den irreduziblen Darstellungen dieser Gruppen klassifiziert. Die Charaktere der irreduziblen Darstellungen dieser Gruppen können nach demselben Verfahren berechnet werden wie die Charaktere der irreduziblen Darstellungen der Gruppen C_{nv} und C_{nh} (s. Kapitel VI).

5. Die dreidimensionale Drehgruppe $O^+(3)$

Wir kommen zur Behandlung der Gruppe $O^+(3)$ der Drehungen im dreidimensionalen Raum. Wie wir wissen, ist das eine dreiparametrige Gruppe. Als Parameter nehmen wir jetzt die drei Komponenten $\alpha_1, \alpha_2, \alpha_3$ des Vektors α in Richtung der Drehachse, dessen Länge den Drehwinkel angibt. Der Drehsinn wird nach der rechten Handregel ermittelt. Offensichtlich kann man immer $|\alpha| \leqq \pi$ annehmen. Der Variabilitätsbereich der Parameter α_i ist demnach eine Kugel mit dem Radius π, und die Gruppe $O^+(3)$ ist folglich kompakt. Zu verschiedenen Punkten im Inneren der Kugel gehören verschiedene Drehungen, zu zwei beliebigen Punkten auf der Kugeloberfläche, die sich diametral gegenüberliegen, gehört dieselbe Drehung (um den Winkel π).

Wir wollen die infinitesimalen Erzeugenden I_i der Drehgruppe bestimmen. Bei der Differentiation einer Matrix $g(\alpha_1, \alpha_2, \alpha_3)$, eines Gruppenelementes von $O^+(3)$, nach einem Parameter kann man offenbar die anderen Parameter Null setzen. Zur Berechnung von I_1 betrachten wir deshalb eine Matrix zum Vektor $\alpha(\alpha_1, 0, 0)$, d. h. zur Drehung um den Winkel α_1 um die x-Achse; diese Matrix ist

$$g(\alpha_1, 0, 0) = \begin{pmatrix} 1 & 0 & 0 \\ 0 & \cos\alpha_1 & -\sin\alpha_1 \\ 0 & \sin\alpha_1 & \cos\alpha_1 \end{pmatrix},$$

und demnach ist

$$I_1 = \frac{\partial g(\alpha_1, 0, 0)}{\partial \alpha_1}\bigg|_{\alpha_1=0} = \begin{pmatrix} 0 & 0 & 0 \\ 0 & 0 & -1 \\ 0 & 1 & 0 \end{pmatrix}.$$

Ähnlich finden wir

$$I_2 = \begin{pmatrix} 0 & 0 & 1 \\ 0 & 0 & 0 \\ -1 & 0 & 0 \end{pmatrix}, \quad I_3 = \begin{pmatrix} 0 & -1 & 0 \\ 1 & 0 & 0 \\ 0 & 0 & 0 \end{pmatrix}.$$

Wie man leicht verifizieren kann, genügen diese Matrizen den folgenden Vertauschungsregeln:

$$\begin{aligned} I_1 I_2 - I_2 I_1 &= I_3, \\ I_2 I_3 - I_3 I_2 &= I_1, \\ I_3 I_1 - I_1 I_3 &= I_2. \end{aligned} \tag{10.23}$$

Die Änderung eines beliebigen Vektors bei einer infinitesimalen Drehung um eine bestimmte Achse kann, wie wir zeigen werden, durch die Matrizen I_i ausgedrückt werden. Wir betrachten den Vektor

$$\boldsymbol{r}' = g(\alpha_1, \alpha_2, \alpha_3)\, \boldsymbol{r} = \boldsymbol{r} + \delta\boldsymbol{r}.$$

Hier ist die Matrix $g(\alpha_1, \alpha_2, \alpha_3)$ ein beliebiges Gruppenelement von $O^+(3)$. Für kleine Parameterwerte können wir die Formel (10.4) verwenden und bekommen

$$\boldsymbol{r}' = \{E + \alpha_1 I_1 + \alpha_2 I_2 + \alpha_2 I_2 + \alpha_3 I_3\}\, \boldsymbol{r}. \tag{10.24}$$

Bei einer Drehung um eine Koordinatenachse, z. B. um die x-Achse, haben wir bis zu Gliedern erster Ordnung in α_1

$$\delta\boldsymbol{r} = \alpha_1 I_1 \boldsymbol{r} = \begin{pmatrix} 0 \\ -\alpha_1 x_3 \\ \alpha_1 x_2 \end{pmatrix}. \tag{10.25}$$

Die Änderung des Vektors $\boldsymbol{r}$ bei einer kleinen Drehung um die Achse, der der Parameter α_i entspricht, wird also durch die Matrix $\alpha_i I_i$ bestimmt.

Jetzt wollen wir zeigen, wie man eine beliebige Matrix für eine Drehung zu gegebenen Parameterwerten α_1, α_2 und α_3 durch die infinitesimalen Matrizen ausdrücken kann. Zu diesem Zweck sehen wir uns die einparametrige Drehgruppe zur Achse in Richtung des Vektors $\alpha(\alpha_1, \alpha_2, \alpha_3)$ an. Die uns interessierende Matrix entspricht einer Drehung um diese Achse um den Winkel $\alpha = \sqrt{\alpha_1^2 + \alpha_2^2 + \alpha_3^2}$, wobei offensichtlich

$$\alpha_1 = \alpha \cos(\widehat{Ox, \alpha}), \quad \alpha_2 = \alpha \cos(\widehat{Oy, \alpha}),$$
$$\alpha_3 = \alpha \cos(\widehat{Oz, \alpha}) \tag{10.26}$$

sind. Mit Hilfe der Formel (10.14a) können wir schreiben

$$\begin{aligned} g(\alpha_1, \alpha_2, \alpha_3) &= \exp I_\alpha \alpha \\ &= \exp\{I_1 \cos(\widehat{Ox, \alpha}) + I_2 \cos(\widehat{Oy, \alpha}) + I_3 \cos(\widehat{Oz, \alpha})\}\, \alpha \\ &= \exp(I_1 \alpha_1 + I_2 \alpha_2 + I_3 \alpha_3). \end{aligned} \tag{10.27}$$

Übungsaufgaben

10.1. Man gebe die Matrizen für die irreduziblen Darstellungen der Gruppe $C_{\infty v}$ an!

10.2. Es sind die Matrizen für die irreduziblen Darstellungen der Gruppe $D_{\infty h}$ zu bestimmen.

KAPITEL XI

DIE IRREDUZIBLEN DARSTELLUNGEN DER DREIDIMENSIONALEN DREHGRUPPE

In diesem Kapitel bestimmen wir alle irreduziblen Darstellungen der Gruppe $O^+(3)$. Dabei werden wir eine Methode verwenden, die sich auf die Untersuchung der infinitesimalen Erzeugenden der Gruppe stützt.

1. Die infinitesimalen Matrizen für die Darstellungen der Gruppe $O^+(3)$

Im vorhergehenden Kapitel haben wir die infinitesimalen Erzeugenden der Gruppe $O^+(3)$ gefunden und gezeigt, daß sie die Vertauschungsregeln (10.23) erfüllen. Diese Vertauschungsregeln kann man mit Hilfe des Vektorproduktes so schreiben:

$$[I, I] = I. \tag{11.1}$$

Die infinitesimalen Matrizen der Darstellungen einer Gruppe müssen, wie wir wissen, denselben Vertauschungsregeln genügen. Wir werden diese Matrizen mit den Buchstaben A_1, A_2, A_3 bezeichnen.

Aus den Ergebnissen des vorhergehenden Kapitels folgt: Wenn die infinitesimalen Matrizen A_i einer Darstellung bekannt sind, dann kann die Darstellungsmatrix für eine beliebige Drehung mit den Parametern α_1, α_2, α_3 in der Form

$$D(\alpha_1, \alpha_2, \alpha_3) = \exp\left[\alpha_1 A_1 + \alpha_2 A_2 + \alpha_3 A_3\right] \tag{11.2}$$

geschrieben werden. Die Bestimmung der Darstellungen der Gruppe $O^+(3)$ wird somit auf die Bestimmung der Matrizen A_1, A_2, A_3, die die Vertauschungsregeln (11.1) erfüllen, zurückgeführt.

Wir wollen einige Eigenschaften der Matrizen A_i feststellen. Die Drehgruppe ist kompakt, und folglich ist eine beliebige Darstellung einer unitären Darstellung äquivalent. Wir können uns daher auf die Betrachtung unitärer Darstellungen beschränken. $D(\alpha_1, \alpha_2, \alpha_3)$ sei eine unitäre Darstellung, d. h.

$$D^+(\alpha_1, \alpha_2, \alpha_3)\, D(\alpha_1, \alpha_2, \alpha_3) = E. \tag{11.3}$$

Wir nehmen in dieser Gleichung nur die linearen Glieder in α_i mit und bekommen

$$(E + \alpha_1 A_1^+ + \alpha_2 A_2^+ + \alpha_3 A_3^+)(E + \alpha_1 A_1 + \alpha_2 A_2 + \alpha_3 A_3) = E$$

und daraus

$$A_i^+ = -A_i. \tag{11.4}$$

Die Matrizen A_i sind also antihermitesch.

Für das folgende ist es zweckmäßig, statt der Matrizen A_i die Linearkombinationen einzuführen:

$$H_+ = iA_1 - A_2, \quad H_- = iA_1 + A_2, \quad H_3 = iA_3. \tag{11.5}$$

Wie man leicht sieht, ist die Matrix H_3 hermitesch, und die Matrizen H_+ und H_- sind zueinander adjungiert. Unter Benutzung der Beziehung (11.1) kann man zeigen, daß diese Matrizen die folgenden Vertauschungsregeln erfüllen:

$$\left.\begin{aligned} H_+H_- - H_-H_+ &= 2H_3, \\ H_-H_3 - H_3H_- &= H_-, \\ H_3H_+ - H_+H_3 &= H_+. \end{aligned}\right\} \tag{11.6}$$

Wir wollen untersuchen, welche Eigenschaften die Eigenvektoren der Matrix H_3 haben. Zuerst zeigen wir den Satz: Wenn $\boldsymbol{v}_\lambda$ ein Eigenvektor der Matrix H_3 zum Eigenwert λ ist, dann ist $H_+\boldsymbol{v}_\lambda$ ein Eigenvektor der Matrix H_3 zum Eigenwert $\lambda + 1$. Es sei

$$H_3\boldsymbol{v}_\lambda = \lambda\boldsymbol{v}_\lambda, \tag{11.7}$$

dann ist tatsächlich

$$H_3H_+\boldsymbol{v}_\lambda = (H_+H_3 + H_+)\,\boldsymbol{v}_\lambda = (\lambda + 1)\,H_3\boldsymbol{v}_\lambda. \tag{11.8}$$

Analog wird bewiesen, daß $H_-\boldsymbol{v}_\lambda$ ein Eigenvektor der Matrix H_3 zum Eigenwert $\lambda - 1$ ist, wir haben

$$H_3H_-\boldsymbol{v}_\lambda = (H_-H_3 - H_-)\,\boldsymbol{v}_\lambda = (\lambda - 1)\,H_-\boldsymbol{v}_\lambda. \tag{11.9}$$

Infolge der Hermitezität der Matrix H_3 sind alle ihre Eigenwerte reell, und die Eigenvektoren zu verschiedenen Eigenwerten sind orthogonal zueinander.

Alle Eigenwerte der Matrix H_3 sind ganzzahlig oder halbzahlig und unterscheiden sich um 1 voneinander; der größte Eigenwert ist j, der kleinste $-j$; das werden wir jetzt zeigen.

Wir wollen annehmen, daß alle Eigenvektoren $\boldsymbol{v}_\lambda$ der Matrix H_3 auf 1 normiert sind. Auf Grund von (11.8) und (11.9) haben wir dann

$$H_+\boldsymbol{v}_\lambda = \beta_\lambda\boldsymbol{v}_{\lambda+1}, \tag{11.10}$$

$$H_-\boldsymbol{v}_\lambda = \alpha_\lambda\boldsymbol{v}_{\lambda-1}, \tag{11.11}$$

wobei β_λ und α_λ Zahlen sind, die wir unter Verwendung der Normierungsbedingung für die Vektoren $\boldsymbol{v}_\lambda$ finden. Da die Matrizen H_+ und H_- zueinander adjungiert sind, ist

$$(H_+\boldsymbol{v}_k, \boldsymbol{v}_{k+1}) = \beta_k(\boldsymbol{v}_{k+1}, \boldsymbol{v}_{k+1}) = \beta_k = (\boldsymbol{v}_k, H_-\boldsymbol{v}_{k+1}) = \alpha_{k+1}(\boldsymbol{v}_k, \boldsymbol{v}_k) = \alpha_{k+1}.$$

Es ist also

$$\beta_k = \alpha_{k+1}. \tag{11.12}$$

Um explizite Ausdrücke für diese Koeffizienten zu erhalten, geben wir eine Rekursionsformel für die Koeffizienten β_k an. Für $k < j$ können wir schreiben

$$\begin{aligned} H_+ v_{k-1} &= \frac{1}{\alpha_k} H_+ H_- v_k = \frac{1}{\alpha_k} (H_- H_+ + 2 H_3)\, v_k \\ &= \frac{1}{\alpha_k} (\alpha_{k+1} \beta_k + 2k)\, v_k = \beta_{k-1} v_k . \end{aligned}$$

Daraus erhalten wir bei Beachtung von (11.12)

$$\beta_k^2 + 2k = \beta_{k-1}^2 . \tag{11.13}$$

Für $k = j$ ist $H_+ v_k = 0$ und demnach

$$\beta_{j-1}^2 = 2j . \tag{11.14}$$

Unter Verwendung der Beziehungen (11.13) und (11.14) ergibt sich durch vollständige Induktion

$$\beta_k^2 = j(j+1) - k(k+1) . \tag{11.15}$$

Hieraus finden wir mit Hilfe von (11.12)

$$\alpha_k^2 = j(j+1) - k(k-1) . \tag{11.16}$$

Die Matrizen H_+, H_- und H_3 wirken also folgendermaßen auf die normierten Vektoren v_k:

$$\left. \begin{aligned} H_3 v_k &= k v_k , \\ H_- v_k &= \sqrt{j(j+1) - k(k-1)}\, v_{k-1} , \\ H_+ v_k &= \sqrt{j(j+1) - k(k+1)}\, v_{k+1} . \end{aligned} \right\} \tag{11.17}$$

Wenden wir nacheinander immer höhere Potenzen der Matrix H_- auf den Eigenvektor v_j an, so erhalten wir den Satz von Eigenvektoren

$$v_j,\ v_{j-1},\ v_{j-2},\ \ldots . \tag{11.18}$$

Wegen (11.17) ist der Eigenvektor v_{-j} der letzte Vektor in diesem Satz, denn $H_- v_{-j} = 0$. Daraus folgt, daß der kleinste Eigenwert der Matrix H_3 gleich $-j$ ist. Die Gesamtzahl der Eigenvektoren ist offensichtlich gleich $2j + 1$, und das bedeutet, daß j entweder ganzzahlig oder halbzahlig sein kann.

2. Die irreduziblen Darstellungen der Gruppe $O^+(3)$

Die orthonormierten Eigenvektoren

$$v_j,\ v_{j-1},\ v_{j-2},\ \ldots,\ v_{-j}$$

der Matrix H_3 bilden eine Basis des Raumes R_{2j+1}. Diese Basis werden wir im folgenden als *kanonische* Basis bezeichnen. Nach den Formeln (11.17) ist der Raum

R_{2j+1} gegenüber Transformationen mit den Matrizen H_+, H_- und H_3 invariant, und es wird darin folglich eine Darstellung der Gruppe $O^+(3)$ realisiert. Diese Darstellung ist irreduzibel, das werden wir nun zeigen. Wir beweisen, daß der Raum R_{2j+1} keine invarianten Unterräume bezüglich der Transformationen mit den Matrizen $D(\alpha_1, \alpha_2, \alpha_3)$ dieser Darstellung hat. Wir nehmen das Gegenteil an, d. h., wir setzen voraus, daß es einen Unterraum $R' \subset R_{2j+1}$ gibt, der gegenüber allen Transformationen $D(\alpha_1, \alpha_2, \alpha_3)$ invariant ist. Dieser Unterraum muß dann auch gegenüber den infinitesimalen Transformationen A_i (oder H_+, H_-, H_3) invariant sein. Es sei $\boldsymbol{h} \in R'$ der Eigenvektor der Matrix H_3 zum größten Eigenwert. Wegen $R' \subset R_{2j+1}$ kann der Vektor $\boldsymbol{h}$ als Linearkombination der Vektoren $\boldsymbol{v}_k$ dargestellt werden:

$$\boldsymbol{h} = \sum_{k=-j}^{j} c_k \boldsymbol{v}_k. \tag{11.19}$$

Offensichtlich ist

$$H_+ \boldsymbol{h} = 0, \tag{11.20}$$

und wir bekommen

$$H_+\boldsymbol{h} = \sum_{k=-j}^{j} c_k H_+ \boldsymbol{v}_k = \sum_{k=-j}^{j} c_k \beta_k \boldsymbol{v}_{k+1} = 0. \tag{11.21}$$

Hieraus ergibt sich wegen der linearen Unabhängigkeit der Vektoren $\boldsymbol{v}_k$

$$c_{-j} = c_{-j+1} = \cdots = c_{j-1} = 0. \tag{11.22}$$

Wir finden also

$$\boldsymbol{h} = c_j \boldsymbol{v}_j \tag{11.23}$$

und folglich $\boldsymbol{v}_j \in R'$. Dann müssen aber alle Vektoren $\boldsymbol{v}_{j-1}, \boldsymbol{v}_{j-2}, \ldots, \boldsymbol{v}_{-j}$ ebenfalls zu R' gehören, und R' stimmt mit dem Raum R_{2j+1} überein. Auf diese Weise ist die Irreduzibilität der im Raum R_{2j+1} realisierten Darstellung bewiesen.

Eine irreduzible Darstellung der Gruppe $O^+(3)$ wird, wie wir sehen, durch die Angabe des größten Eigenwertes j der Matrix H_3 bestimmt. Die Zahl j wird als *Gewicht* einer irreduziblen Darstellung bezeichnet. Die irreduzible Darstellung mit dem Gewicht j werden wir mit dem Buchstaben $D^{(j)}$ versehen. Die Dimension der Darstellung $D^{(j)}$ ist offenbar $2j + 1$.

Wir beweisen jetzt den

Satz: *Alle Einheitsvektoren einer irreduziblen Darstellung sind Eigenvektoren der Matrix*

$$A^2 = A_1^2 + A_2^2 + A_3^2 \tag{11.24}$$

zum Eigenwert $-j(j + 1)$.

Beweis: Dazu drücken wir die Matrix A^2 durch die Matrizen H_+, H_- und H_3 aus und bekommen

$$A^2 \boldsymbol{v}_k = -(H_+H_- - H_3 + H_3^2)\, \boldsymbol{v}_k = (\beta_k^2 - k + k^2)\, \boldsymbol{v}_k$$

und daraus

$$A^2 \boldsymbol{v}_k = -j(j + 1)\, \boldsymbol{v}_k \quad (k = -j, -j + 1, \ldots, j). \tag{11.25}$$

Nun bestimmen wir die Gestalt der infinitesimalen Matrizen A_i der irreduziblen Darstellung $D^{(j)}$ in der kanonischen Basis. Aus den Formeln (11.5) und (11.17) erhalten wir

$$\left.\begin{aligned} A_1 \boldsymbol{v}_k &= -\frac{i}{2}\{\alpha_k \boldsymbol{v}_{k-1} + \alpha_{k+1} \boldsymbol{v}_{k+1}\}, \\ A_2 \boldsymbol{v}_k &= \frac{1}{2}\{\alpha_k \boldsymbol{v}_{k-1} - \alpha_{k+1} \boldsymbol{v}_{k+1}\}, \\ A_3 \boldsymbol{v}_k &= -i k \boldsymbol{v}_k. \end{aligned}\right\} \tag{11.26}$$

Hieraus folgt

$$\left.\begin{aligned} \{A_1\}_{kl} &= (\boldsymbol{v}_l, A_1 \boldsymbol{v}_k) = -\frac{i}{2}\{\alpha_k \delta_{l,k-1} + \alpha_{k+1}\delta_{l,k+1}\}, \\ \{A_2\}_{kl} &= (\boldsymbol{v}_l, A_2 \boldsymbol{v}_k) = \frac{1}{2}\{\alpha_k \delta_{l,k-1} - \alpha_{k+1}\delta_{l,k+1}\}, \\ \{A_3\}_{kl} &= (\boldsymbol{v}_l, A_3 \boldsymbol{v}_k) = -i k \delta_{lk}, \quad k,l = -j, -j+1, \ldots, j, \end{aligned}\right\} \tag{11.27}$$

und die Matrizen A_i haben demnach die Gestalt

$$A_1 = \begin{pmatrix} 0 & -\frac{i}{2}\alpha_{-j+1} & 0 & \cdots & 0 & 0 & 0 \\ -\frac{i}{2}\alpha_{-j+1} & 0 & -\frac{i}{2}\alpha_{-j+2} & \cdots & 0 & 0 & 0 \\ 0 & -\frac{i}{2}\alpha_{-j+2} & 0 & \cdots & 0 & 0 & 0 \\ \cdots & \cdots & \cdots & \cdots & \cdots & \cdots & \cdots \\ 0 & 0 & 0 & \cdots & -\frac{i}{2}\alpha_{j-1} & 0 & -\frac{i}{2}\alpha_j \\ 0 & 0 & 0 & \cdots & 0 & -\frac{i}{2}\alpha_1 & 0 \end{pmatrix},$$

$$A_2 = \begin{pmatrix} 0 & -\frac{1}{2}\alpha_{-j+1} & 0 & \cdots & 0 & 0 & 0 \\ \frac{1}{2}\alpha_{-j+1} & 0 & -\frac{1}{2}\alpha_{-j+2} & \cdots & 0 & 0 & 0 \\ 0 & \frac{1}{2}\alpha_{-j+2} & 0 & \cdots & 0 & 0 & 0 \\ \cdots & \cdots & \cdots & \cdots & \cdots & \cdots & \cdots \\ 0 & 0 & 0 & \cdots & \frac{1}{2}\alpha_{j-1} & 0 & -\frac{1}{2}\alpha_j \\ 0 & 0 & 0 & & 0 & \frac{1}{2}\alpha_j & 0 \end{pmatrix}, \tag{11.28}$$

$$A_3 = \begin{pmatrix} ij & 0 & \cdots & 0 \\ 0 & i(j-1) & \cdots & 0 \\ \vdots & & & \vdots \\ 0 & 0 & \cdots & -ij \end{pmatrix}. \tag{11.28}$$

Zur Berechnung der Matrizen $D^{(j)}$ $(\alpha_1, \alpha_2, \alpha_3)$ können wir die Formel (11.2) benutzen:

$$D^{(j)}(\alpha_1, \alpha_2, \alpha_3) = e^{\alpha_1 A_1 + \alpha_2 A_2 + \alpha_3 A_3}. \tag{11.29}$$

Wir wollen z. B. die Matrix $D^{(j)}$ $(0, 0, \alpha_3)$ in der kanonischen Basis berechnen. Nach (11.29) haben wir

$$D^{(j)}(0, 0, \alpha_3) = e^{\alpha_3 A_3}. \tag{11.30}$$

Da die Matrix A_3 in der kanonischen Basis diagonal ist (s. (11.28)), sind auch alle Potenzen dieser Matrix Diagonalmatrizen. Wir stellen (11.30) als Reihe dar, summieren anschließend alle Reihen für die einzelnen Matrixelemente und bekommen

$$D^{(j)}(0, 0, \alpha_3) = \begin{pmatrix} e^{ij\alpha_3} & 0 & \cdots & 0 \\ 0 & e^{i(j-1)\alpha_3} & \cdots & 0 \\ \cdots & \cdots & \cdots & \cdots \\ 0 & 0 & \cdots & e^{-ij\alpha_3} \end{pmatrix}. \tag{11.31}$$

Mit Hilfe von (11.31) kann man leicht die Charaktere der irreduziblen Darstellung $D^{(j)}$ berechnen. Zu einer Klasse der Drehgruppe gehören alle Drehungen um den gleichen Winkel bezüglich verschiedener Achsen. Eine Klasse wird nur durch den Drehwinkel bestimmt, und man kann als Vertreter einer Klasse die Drehung um den Winkel φ um die z-Achse wählen. Aus (11.31) folgt für den Charakter der Drehungen um den Winkel φ

$$\chi^{(j)}(\varphi) = \sum_{l=-j}^{j} e^{il\varphi} = \frac{\sin\left(j + \frac{1}{2}\right)\varphi}{\sin\frac{\varphi}{2}}. \tag{11.32}$$

3. Zweideutige Darstellungen

Die Matrix (11.31) entspricht einer Drehung um den Winkel α_3 um die z-Achse. Dem Einselement der Gruppe $O^+(3)$ entspricht in der Darstellung durch die Matrizen $D^{(j)}$ die Einheitsmatrix E_{2j+1}. Eine Drehung um 2π um die z-Achse ist ebenfalls das Einselement der Gruppe $O^+(3)$. Während für ganzzahliges j $D^{(j)}(0, 0, 2\pi) = E_{2j+1}$ ist, haben wir für halbzahliges j $D^{(j)}(0, 0, 2\pi) = -E_{2j+1}$.

Für halbzahliges j entsprechen also dem Einselement der Gruppe $O^+(3)$ die beiden Matrizen E und $-E$, folglich entsprechen jedem Element der Gruppe $O^+(3)$ die beiden Matrizen $D^{(j)}$ und $-D^{(j)}$, deren Elemente sich im Vorzeichen unterscheiden. Man sagt, daß die Matrizen $D^{(j)}$ im Falle eines halbzahligen j eine „zweideutige Darstellung" der Gruppe $O^+(3)$ bilden. Die zweideutigen Darstellungen spielen bei physikalischen Anwendungen eine sehr wichtige Rolle: Sie werden zur Beschreibung von Teilchen mit halbzahligem Spin benutzt, wie wir später noch sehen werden.

Wir rechnen nunmehr die explizite Form der Matrizen für die zweideutige Darstellung $D^{(1/2)}$ aus. Jede Drehung kann durch drei aufeinanderfolgende Drehungen ausgeführt werden: durch eine Drehung um die z-Achse um den Winkel φ_1, eine

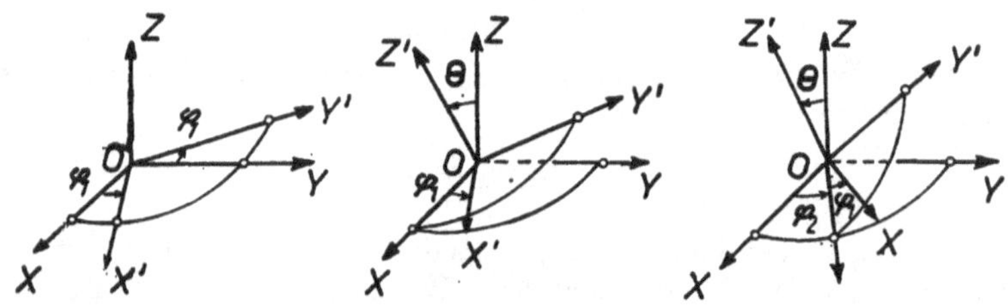

Abb. 15

Drehung um die x-Achse um den Winkel θ und eine Drehung um die z-Achse um den Winkel φ_2 (Abb. 15). Die Matrix $D^{(1/2)}(\varphi_1, \theta, \varphi_2)$ hat deshalb offensichtlich die folgende Gestalt

$$D^{(1/2)}(\varphi_1, \theta, \varphi_2) = D^{(1/2)}(0, 0, \varphi_2)\, D^{(1/2)}(\theta, 0, 0)\, D^{(1/2)}(0, 0, \varphi_1). \qquad (11.33)$$

Die Parameter φ_1, θ und φ_2 sind die Eulerschen Winkel.

Nach der Formel (11.31) hat die Matrix $D^{(1/2)}(0, 0, \varphi)$, die einer Drehung um die z-Achse um den Winkel φ entspricht, die Gestalt

$$D^{(1/2)}(0, 0, \varphi) = \begin{pmatrix} e^{i\frac{\varphi}{2}} & 0 \\ 0 & e^{-i\frac{\varphi}{2}} \end{pmatrix}. \qquad (11.34)$$

Die Matrix $D^{(1/2)}(\theta, 0, 0)$ für die Drehung um die x-Achse um den Winkel θ finden wir, indem wir das System der Differentialgleichungen analog zu (10.13)

$$\frac{dD}{d\theta} = A_1 D \qquad (11.35)$$

mit der Anfangsbedingung $D(0) = E$ lösen. Die infinitesimale Matrix A_1 für die Darstellung $D^{(1/2)}$ ist nach (11.28)

$$A_1 = -\frac{i}{2}\begin{pmatrix} 0 & 1 \\ 1 & 0 \end{pmatrix},$$

und das System (11.35) kann in der Form

$$\left.\begin{aligned} \frac{dD_{11}}{d\theta} &= -\frac{i}{2}D_{21}, & \frac{dD_{12}}{d\theta} &= -\frac{i}{2}D_{22}, \\ \frac{dD_{21}}{d\theta} &= -\frac{i}{2}D_{11}, & \frac{dD_{22}}{d\theta} &= -\frac{i}{2}D_{12}, \end{aligned}\right\} \tag{11.36}$$

dargestellt werden; die Anfangsbedingungen sind

$$D_{11}(0) = D_{22}(0) = 1. \quad D_{12}(0) = D_{21}(0) = 0.$$

Wie man leicht verifiziert, ist eine Lösung des Systems (11.36) mit den entsprechenden Anfangsbedingungen

$$D^{(1/2)}(\theta, 0, 0) = \begin{pmatrix} \cos\frac{\theta}{2} & i\sin\frac{\theta}{2} \\ i\sin\frac{\theta}{2} & \cos\frac{\theta}{2} \end{pmatrix}. \tag{11.37}$$

Wir setzen (11.34) und (11.37) in (11.33) ein und erhalten die Matrix $D^{(1/2)}$ $(\varphi_1, \theta, \varphi_2)$ für eine beliebige Drehung:

$$D^{(1/2)}(\varphi_1, \theta, \varphi_2) = \begin{pmatrix} \cos\frac{\theta}{2}e^{i\frac{\varphi_1+\varphi_2}{2}} & i\sin\frac{\theta}{2}e^{-i\frac{\varphi_2-\varphi_1}{2}} \\ i\sin\frac{\theta}{2}e^{i\frac{\varphi_2-\varphi_1}{2}} & \cos\frac{\theta}{2}e^{-i\frac{\varphi_1+\varphi_2}{2}} \end{pmatrix}. \tag{11.38}$$

Die Matrix (11.38) ist unitär, und ihre Determinante ist 1. In dieser Form kann man eine beliebige zweireihige unitäre unimodulare Matrix darstellen, das ist einfach nachzuprüfen. Daraus kann man den Schluß ziehen, daß jeder zweireihigen unitären Matrix mit der Determinante 1 eine Drehung im dreidimensionalen Raum entspricht. Umgekehrt entsprechen jeder Drehung im dreidimensionalen Raum zwei Matrizen, deren Elemente entgegengesetzte Vorzeichen haben. Die Drehgruppe $O^+(3)$ ist also zur Gruppe $SU(2)$ der unitären unimodularen zweireihigen Matrizen homomorph.

4. Ausreduzieren einer beliebigen Darstellung der Gruppe O^+ (3)

Wir wollen zeigen, wie man die Einheitsvektoren im Raum einer beliebigen unitären Darstellung D der Gruppe $O^+(3)$ wählen muß, damit die Darstellung durch die Matrizen $D(g)$ in der neuen Basis in die irreduziblen Darstellungen durch die Matrizen $D^{(j)}$ zerfällt.

R_n sei der Darstellungsraum für die n-dimensionale Darstellung durch die Matrizen D. Wir bestimmen die Matrizen H_+, H_- und H_3 für diese Darstellung und suchen den größten Eigenwert j' der Matrix H_3. Mit Hilfe der Matrix H_- bilden wir die Kette der Eigenvektoren $\boldsymbol{v}_{j'}, \boldsymbol{v}_{j'-1}, \ldots, \boldsymbol{v}_{-j'}$ der Matrix H_3 zu den Eigenwerten, die sich um 1 voneinander unterscheiden. Die Vektoren wählen wir als die ersten $2j' + 1$ Einheitsvektoren in der neuen Basis im Raum R_n; die restlichen Einheitsvektoren dieser Basis, die einen Unterraum R' aufspannen, wählen wir vorläufig noch willkürlich. Der Raum R_n ist die direkte Summe der Unterräume $R_{2j'+1}$ und R':

$$R_n = R_{2j'+1} \oplus R'.$$

Die Matrizen D haben in der neuen Basis die Gestalt

$$U^{-1} D U = \begin{pmatrix} D^{(j')} & 0 \\ 0 & D' \end{pmatrix}.$$

Jetzt suchen wir den größten Eigenwert der Matrix H_3 und den zugehörigen Eigenvektor im Raum R'; es seien dies j'' und $\boldsymbol{v}_{j''}$. Wenn j' entartet war, ist offensichtlich $j'' = j'$; wenn j' ein einfacher Eigenwert ist, dann ist $j'' < j'$. Wir bilden wieder die Kette der Eigenvektoren von H_3 beginnend mit dem Vektor $\boldsymbol{v}_{j''}$

$$\boldsymbol{v}_{j''}, \boldsymbol{v}_{j''-1}, \ldots, \boldsymbol{v}_{-j''}.$$

Wir denken uns die ersten $2j' + 1$ Einheitsvektoren der neuen Basis festgehalten und nehmen die Vektoren dieser Kette als die nächsten $2j'' + 1$ Einheitsvektoren der neuen Basis im Raum R_n. Die restlichen $n - (2j' + 1) - (2j'' + 1)$ willkürlich gewählten Einheitsvektoren spannen den Unterraum R'' auf. Wir haben nunmehr

$$R_n = R_{2j'+1} \oplus R_{2j''+1} \oplus R'',$$

und die Matrizen D haben die Gestalt

$$U^{-1} D U = \begin{pmatrix} D^{(j')} & 0 & 0 \\ 0 & D^{(j'')} & 0 \\ 0 & 0 & D'' \end{pmatrix}.$$

Wir setzen dieses Verfahren solange fort, bis wir nach endlich vielen Schritten den ganzen Raum R_n erfaßt haben. In der endgültigen Basis sind die Matrizen D quasidiagonal und bestehen aus den Matrizen $D^{(j)}$ der irreduziblen Darstellungen.

5. Die irreduziblen Darstellungen der orthogonalen Gruppe O (3)

Am Schluß dieses Kapitels befassen wir uns kurz mit der Gruppe $O(3)$, der Gruppe der orthogonalen Transformationen im dreidimensionalen Raum.

Die vollständige orthogonale Gruppe $O(3)$ ist das direkte Produkt aus der Drehgruppe $O^+(3)$ und der Inversionsgruppe:

$$O(3) = O^+(3) \times \boldsymbol{i}. \tag{11.39}$$

Die Gruppe i hat bekanntlich zwei eindimensionale irreduzible Darstellungen: die Einsdarstellung und die alternierende Darstellung. Die Gruppe $O(3)$ hat daher je zwei $(2l + 1)$-dimensionale irreduzible Darstellungen zu jedem ganzzahligen l. Wir werden diese Darstellungen mit $D_g^{(l)}$ und $D_u^{(l)}$ bezeichnen. Die Matrizen für die Drehungen sind in diesen Darstellungen gleich, die Matrizen für die Drehspiegelungen unterscheiden sich im Vorzeichen. Die Gruppe $O(3)$ hat also doppelt so viele Darstellungen mit gerader Dimensionszahl wie die Gruppe $O^+(3)$.

Anders verhält es sich mit den zweideutigen Darstellungen der Gruppe $O^+(3)$, bei denen zu jedem Gruppenelement $g(\varphi_1, \theta, \varphi_2)$ zwei Matrizen gehören, deren Elemente entgegengesetzte Vorzeichen haben. Die Darstellungen der Gruppe $O(3)$, die sich durch Multiplikation einer zweideutigen Darstellung mit der Einsdarstellung und durch Multiplikation mit der alternierenden Darstellung ergeben, werden übereinstimmen: In jeder Darstellungentsprechen sowohl dem Element g als auch dem Element ig zwei Matrizen mit entgegengesetztem Vorzeichen. Die Gruppe $O(3)$ hat daher wie die Gruppe $O^+(3)$ je eine zweideutige Darstellung $D^{(j)}$ für jedes $j = (2n + 1)/2$.

KAPITEL XII

DIE EIGENSCHAFTEN DER IRREDUZIBLEN DARSTELLUNGEN DER DREHGRUPPE

In diesem Kapitel behandeln wir konkrete Darstellungsräume für die Drehgruppe und leiten die Regel ab, nach der das direkte Produkt irreduzibler Darstellungen ausreduziert wird.

1. Die Kugelfunktionen als Basis einer irreduziblen Darstellung

Bisher haben wir beim Studium einer Darstellung der Gruppe $O^+(3)$ den Darstellungsraum nicht konkret festgelegt. Wir wollen jetzt den Fall behandeln, daß der Darstellungsraum der Raum der differenzierbaren Funktionen $f(\boldsymbol{n}) = f(\theta, \varphi)$ ist, die auf der Oberfläche der Einheitskugel definiert sind. $\boldsymbol{n}$ ist hier der durch die Polarwinkel θ und φ bestimmte Einheitsvektor. Bei einer Drehung g geht der Vektor $\boldsymbol{n}$ in den Vektor $g\boldsymbol{n}$ über. Die entsprechende Transformation der Funktionen $f(\boldsymbol{n})$ wird durch den unitären Operator $\hat{T}_g$ vermittelt:

$$\hat{T}_g f(\boldsymbol{n}) = f(g^{-1}\boldsymbol{n}). \tag{12.1}$$

Wir wissen, daß die Operatoren $\hat{T}_g$ eine Darstellung der Gruppe $O^+(3)$ bilden müssen.[1]) Wir suchen jetzt die infinitesimalen Operatoren $\hat{A}_i$ für diese Darstellung. Diese werden durch die in den Parametern α_i der Drehung lineare Änderung der Funktion $f(\boldsymbol{n})$ bestimmt. Für eine Drehung um die z-Achse um den Winkel α haben wir

$$\hat{T}_g f(\theta, \varphi) = f(\theta, \varphi - \alpha) = f(\theta, \varphi) - \alpha \frac{\partial f(\theta, \varphi)}{\partial \varphi} + \cdots \tag{12.2}$$

und demzufolge

$$\hat{A}_3 f(\theta, \varphi) = -\frac{\partial f(\theta, \varphi)}{\partial \varphi}. \tag{12.3}$$

Für eine beliebige Drehung mit den Parametern $\alpha_1, \alpha_2, \alpha_3$ bekommen wir

$$\hat{T}_g f(\theta, \varphi) = f(\theta', \varphi') = f(\theta, \varphi) + \sum_{i=1}^{3} \left\{ \frac{\partial f}{\partial \theta} \left(\frac{\partial \theta'}{\partial \alpha_i} \right)_0 + \frac{\partial f}{\partial \varphi} \left(\frac{\partial \varphi'}{\partial \alpha_i} \right)_0 \right\} \alpha_i + \cdots \tag{12.4}$$

---

[1]) S. Kapitel III, Abschn. 3.

und daraus

$$\hat{A}_i = \alpha_i(\theta, \varphi) \frac{\partial}{\partial \theta} + b_i(\theta, \varphi) \frac{\partial}{\partial \varphi} \tag{12.5}$$

mit

$$\alpha_i(\theta, \varphi) = \left(\frac{\partial \theta'}{\partial \alpha_i}\right)_0, \qquad b_i(\theta, \varphi) = \left(\frac{\partial \varphi'}{\partial \alpha_i}\right)_0. \tag{12.6}$$

Für eine Drehung um die x-Achse sind

$$n_1' = n_1, \quad n_2' = n_2 \cos\alpha + n_3 \sin\alpha, \quad n_3' = -n_2 \sin\alpha + n_3 \cos\alpha. \tag{12.7}$$

Hieraus ergibt sich

$$\left.\frac{dn_1'}{d\alpha}\right|_{\alpha=0} = 0, \qquad \left.\frac{dn_2'}{d\alpha}\right|_{\alpha=0} = n_3, \qquad \left.\frac{dn_3'}{d\alpha}\right|_{\alpha=0} = -n_2. \tag{12.8}$$

Wegen

$$n_1 = \sin\theta\cos\varphi, \quad n_2 = \sin\theta\sin\varphi, \quad n_3 = \cos\theta,$$

finden wir aus (12.8)

$$\left.\begin{aligned} \cos\theta\cos\varphi\left(\frac{d\theta'}{d\alpha}\right)_0 - \sin\theta\sin\varphi\left(\frac{d\varphi'}{d\alpha}\right)_0 &= 0, \\ \cos\theta\sin\varphi\left(\frac{d\theta'}{d\alpha}\right)_0 - \sin\theta\cos\varphi\left(\frac{d\varphi'}{d\alpha}\right)_0 &= \cos\theta, \\ -\sin\theta\left(\frac{d\theta'}{d\alpha}\right)_0 &= -\sin\theta\sin\varphi. \end{aligned}\right\} \tag{12.9}$$

Aus diesen Beziehungen erhalten wir mühelos

$$\left.\begin{aligned} \alpha_1(\theta, \varphi) &= \left(\frac{d\theta'}{d\alpha}\right)_0 = \sin\varphi, \\ b_1(\theta, \varphi) &= \left(\frac{d\varphi'}{d\alpha}\right)_0 = \operatorname{ctg}\theta\cos\varphi \end{aligned}\right\} \tag{12.10}$$

und demnach

$$\hat{A}_1 f(\theta, \varphi) = \sin\varphi \frac{\partial f}{\partial \theta} + \operatorname{ctg}\theta\cos\varphi \frac{\partial f}{\partial \varphi}. \tag{12.11}$$

Ganz analog finden wir

$$\hat{A}_2 f = -\cos\varphi \frac{\partial f}{\partial \theta} + \operatorname{ctg}\theta\sin\varphi \frac{\partial f}{\partial \varphi}. \tag{12.12}$$

Nun suchen wir im Raum der Funktionen $f(\theta, \varphi)$ die Basis der irreduziblen Darstellung mit dem Gewicht j. Wir wissen, daß ein beliebiges Basiselement einer irreduziblen Darstellung der Drehgruppe die Beziehung erfüllen muß:

$$\left(\hat{A}_1^2 - \hat{A}_2^2 + \hat{A}_3^2\right) f(\theta, \varphi) = -j(j+1) f(\theta, \varphi). \tag{12.13}$$

Wenn wir eine kanonische Basis finden wollen, müssen wir außerdem noch die Forderung stellen

$$i\hat{A}_3 f(\theta, \varphi) = m f(\theta, \varphi), \quad m = -j, -j+1, \ldots, j. \tag{12.14}$$

Nach dem Einsetzen von (12.3), (12.11) und (12.12) in (12.13) und (12.14) erhalten wir

$$\frac{1}{\sin\theta}\frac{\partial}{\partial\theta}\left(\sin\theta\frac{\partial f}{\partial\theta}\right) + \frac{1}{\sin^2\theta}\frac{\partial^2 f}{\partial\varphi^2} + j(i+1)f = 0. \tag{12.15}$$

$$-i\frac{\partial f}{\partial\varphi} = mf. \tag{12.16}$$

Die Gleichungen (12.15) und (12.16) sind die Gleichungen für die Kugelfunktionen und haben nur für ganzzahlige Werte $j = 1$ Lösungen. Die Zahl der linear unabhängigen Lösungen dieser Gleichungen ist $2l + 1$ und ist somit gleich der Dimension der irreduziblen Darstellung $D^{(l)}$. Die Einheitsvektoren der kanonischen Basis für eine irreduzible Darstellung mit ganzzahligem Gewicht l haben im Raum der stetigen Funktionen $f(\theta, \varphi)$ die Gestalt

$$Y_l^m(\theta, \varphi) = \frac{1}{\sqrt{2\pi}} e^{im\varphi} P_l^m(\cos\theta), \tag{12.17}$$

P_l^m sind dabei die normierten zugeordneten LEGENDREschen Polynome definiert durch

$$P_l^m(x) = (-1)^m \sqrt{\frac{(l-|m|)!}{(l+|m|)!}} \sqrt{\frac{2l+1}{2}} \frac{1}{2^l l!} (1-x^2)^{\frac{|m|}{2}} \frac{d^{l+|m|}(x^2-1)^l}{dx^{l+|m|}}, \tag{12.18}$$

$$\left(P_l^{-m}(x) = (-1)^m P_l^m(x)\right).$$

Wir wollen die Transformation der Kugelfunktionen bei einer Drehung verfolgen. Aus den infinitesimalen Matrizen A_i einer irreduziblen Darstellung können wir die Matrizen dieser Darstellung für beliebige Drehungen finden. Wenn wir die EULERschen Winkel $\varphi_1, \theta_1, \varphi_2$ als Drehparameter wählen, ergeben sich einfachere Ausdrücke. Wir führen die Rechnungen nicht aus und schreiben sofort das Ergebnis auf.[1]) Die Drehung $g(\varphi_1, \theta_1, \varphi_2)$ soll den Vektor $\boldsymbol{n}(\theta', \varphi')$ in den Vektor $\boldsymbol{n}(\theta, \varphi)$ transformieren: $g^{-1}\boldsymbol{n}'(\theta', \varphi') = \boldsymbol{n}(\theta, \varphi)$; dann ist

$$\hat{T}_g Y_l^m(\theta, \varphi) = Y_l^m(\theta', \varphi') = \sum_{m'=-l}^{l} D_{mm'}^{(l)} \times [\varphi_1, \theta_1, \varphi_2]\, Y_l^{m'}(\theta, \varphi) \tag{12.19}$$

[1]) S. z. B. [9], S. 150.

mit

$$D^{(l)}_{mm'}[\varphi_1, \theta_1, \varphi_2) = \sqrt{\frac{(l+m)!\,(l-m)!}{(l+m')!\,(l-m')!}}\, e^{i(m\varphi_1+m'\varphi_2)}$$

$$\times \left[\cos\frac{1}{2}\theta\right]^{m+m'} \left[\sin\frac{1}{2}\theta\right]^{m-m'} P^{(m-m',\,m+m')}_{l-m}(\cos\theta), \qquad (12.20)$$

$P^{(a,b)}_n(\cos\theta)$ sind die JACOBIschen Polynome:

$$P^{(a,b)}_n(x) = \frac{(-1)^n}{2^n n!}(1-x)^{-a}(1+x)^{-b}\frac{d^n}{dx^n}[(1-x)^{a+n}(1+x)^{b+n}].$$

2. Das direkte Produkt irreduzibler Darstellungen der Gruppe $O^+(3)$

$D^{(j)}$ und $D^{(j')}$ seien zwei irreduzible Darstellungen der Gruppe $O^+(3)$, die in den Räumen R_{2j+2} und $R_{2j'+1}$ realisiert werden. Wir bezeichnen die kanonoischen Basen dieser Darstellungen mit

$$u^{(j)}_k \ (k = -j, -j+1, \ldots, j)$$

bzw. mit

$$v^{(j')}_m \ (m = -j', -j'+1, \ldots, j').$$

Nun bilden wir das direkte Produkt $D^{(j)} \times D^{(j')}$ der irreduziblen Darstellungen $D^{(j)}$ und $D^{(j')}$. Die entstandene Darstellung wird im Raum $R_{(2j+1)(2j'+1)}$ realisiert, der das direkte Produkt der Räume R_{2j+1} und $R_{2j'+1}$ ist. AlsEinheitsvektoren im Raum $R_{(2j+1)(2j'+1)}$ wählen wir alle möglichen Produkte der Einheitsvektoren $u^{(j)}_k v^{(j')}_m$ und bezeichnen diese mit $w^{(jj')}_{km}$. Eine Transformation der Einheitsvektoren $w^{(jj')}_{km}$ wird durch die Formel beherrscht

$$\hat{T}_g w^{(jj')}_{km} = \sum_{s=-j}^{j} D^{(j)}_{sk}(g)\, u^{(j)}_s \sum_{r=-j'}^{j'} D^{(j')}_{rm}(g)\, v^{(j')}_r = \sum_{s,r} \{D^{(j)}(g) \times D^{(j')}(g)\}_{sr,\,km}\, w^{(jj')}_{sr}. \qquad (12.21)$$

Wir suchen die infinitesimalen Matrizen des direkten Produktes. Dazu entwickeln wir alle Matrizen $D^{(j)}$ und $D^{(j')}$ nach Potenzen der Parameter α_i und bekommen

$$\begin{aligned} D^{(j)} \times D^{(j')} &= (E_{2j+1} + \alpha_1 A^{(j)}_1 + \cdots)(E_{2j'+1} + \alpha_1 A^{(j')}_1 + \cdots) \\ &= E_{2j+1} \times E_{2j'+1} + \alpha_1 (A^{(j)}_1 \times E_{2j'+1} + E_{2j+1} \times A^{(j')}_1) + \cdots \end{aligned} \qquad (12.22)$$

Hieraus ergeben sich die erzeugenden Matrizen unserer Darstellung:

$$A^{(jj')}_i = A^{(j)}_i \times E_{2j'+1} + E_{2j+1} \times A^{(j')}_i. \qquad (12.23)$$

Jetzt zeigen wir, daß die Einheitsvektoren $\boldsymbol{w}_{km}^{(jj')}$ im Raum $R_{(2j+1)(2j'+1)}$ Eigenvektoren der Matrix $H_3^{(jj')} = i\,A_3^{(jj')}$ zu den Eigenwerten $k + m$ sind. Tatsächlich ist

$$\left.\begin{aligned} H_3^{(jj')}\,\boldsymbol{w}_{km} &= (H_3^{(j)} \times E_{2j'+1} + E_{2j+1} \times H_3^{(j')}\,\boldsymbol{w}_{km}, \\ H_3^{(j)}\,\boldsymbol{u}_k &\times E_{2j'+1}\,\boldsymbol{v}_m + E_{2j+1}\,\boldsymbol{u}_k \times H_3^{(j')}\,\boldsymbol{v}_m \\ &= k\,\boldsymbol{u}_k \boldsymbol{v}_m + \boldsymbol{u}_k m \boldsymbol{v}_m = (k+m)\,\boldsymbol{u}_k \boldsymbol{v}_m = (k+m)\,\boldsymbol{w}_{km}. \end{aligned}\right\} \tag{12.24}$$

Die Zahl k kann die $2j + 1$ Werte $-j, \ldots, j$ annehmen, die Zahl m kann die $2j' + 1$ Werte $-j', \ldots, j'$ durchlaufen, für die Summe $M = k + m$ sind deshalb $2(j + j') + 1$ verschiedene Werte möglich: $-j' - j \leqq M \leqq j + j'$. Da die Zahl der Einheitsvektoren $\boldsymbol{w}_{km}^{(jj')}$ gleich $(2j + 1)(2j' + 1)$ ist, werden einige Eigenwerte M entartet sein (wenn nicht j oder j' Null ist). Abgesehen von dem Fall $j = 0$ oder $j' = 0$ wird die Darstellung $D^{(j)} \times D^{(j')}$ reduzibel sein und kann in irreduzible Teile zerlegt werden. Diese Zerlegung, die sogenannte Clebsch-Gordan-Zerlegung oder das Ausreduzieren, kann erreicht werden, indem der Raum $R_{(2j+1)(2j'+1)}$ in invariante orthogonale Unterräume zerlegt wird, so daß in jedem Unterraum eine irreduzible Darstellung der Drehgruppe realisiert wird (s. Kapitel IV). Dabei ist es angebracht, die Tabelle (S. 120) zu benutzen, der man den Entartungsgrad der Eigenwerte des Operators $H_3^{(jj')}$ entnehmen kann. Wir legen uns auf den Fall $j' \geqq j$ fest, um einen konkreten Fall vor Augen zu haben. Sehen wir uns den größten Eigenwert der Matrix $H_3^{(jj')}$ an. Er ist nicht entartet und gleich $j + j'$. Wir wenden nacheinander immer höhere Potenzen der Matrix $H_-^{(jj')}$ auf den Einheitsvektor $\boldsymbol{w}_{jj'}^{(jj')}$ an und erhalten eine Folge von Eigenvektoren der Matrix $H_3^{(jj')}$:

$$\boldsymbol{w}_{jj'}^{(jj')},\ H_-^{(jj')}\,\boldsymbol{w}_{jj'}^{(jj')},\ \ldots,\ (H_-^{(jj')})^{2(j'+j)}\,\boldsymbol{w}_{jj'}^{(jj')}. \tag{12.25}$$

Tabelle der Eigenwerte (EW) und der Eigenvektoren (EV) der Matrix $H_3^{(jj')}$ $(j' \geqq j)$

EW von $H_3^{(jj')}$	EV von $H_3^{(jj')}$ [1]	Entartungsgrad des EW
$j + j'$	$\boldsymbol{w}_{jj'}$,	1
$j + j' - 1$	$\boldsymbol{w}_{j-1\,j'}$, $\boldsymbol{w}_{j\,j'-1}$	2
. . . . .	. . . .	. . .
$j' - j + 1$	$\boldsymbol{w}_{-j+1\,j'}$, $\boldsymbol{w}_{-j+2\,j'-1}$, $\cdots$, $\boldsymbol{w}_{j\,j'-2j+1}$	$2j$
$j' - j$	$\boldsymbol{w}_{-j\,j'}$, $\boldsymbol{w}_{-j+1\,j'-1}$, $\cdots$, $\boldsymbol{w}_{j\,j'-2j}$	$2j + 1$
$j' - j - 1$	$\boldsymbol{w}_{-j\,j'-1}$, $\boldsymbol{w}_{-j+1\,j'-2}$, $\cdots$, $\boldsymbol{w}_{j\,j'-2j-1}$	$2j + 1$
. . . . .	. . . .	. . .
$-(j' - j)$	$\boldsymbol{w}_{-j\,-j'+2j}$, $\boldsymbol{w}_{-j+1\,-j'+2j-1}$, $\cdots$, $\boldsymbol{w}_{j-j'}$,	$2j + 1$
$-(j' - j) - 1$	$\boldsymbol{w}_{-j-j'+2j+1}$, $\cdots$, $\boldsymbol{w}_{j-1\,-j'}$,	$2j$
. . . .	. . . .	. . .
$-j - j'$	$\boldsymbol{w}_{-j\,-j'}$,	1

[1]) Die oberen Indizes der Vektoren $\boldsymbol{w}_{km}^{(jj')}$ sind der Kürze halber weggelassen worden.

Diese Vektoren müssen nach Kapitel XI, Abschn. 2 die Basis der irreduziblen Darstellung mit dem Gewicht $J = j + j'$ bilden. Wir bezeichnen den zugehörigen Darstellungsraum mit $R_{2(j+j')+1}$. Im Raum $R_{(2j+2)(2j'+1)}$ betrachten wir nun das orthogonale Komplement zum Raum $R_{2(j+j')+1}$. Wie aus der Tabelle zu entnehmen ist, gibt es in diesem Komplement nur einen Vektor mit dem Eigenwert $j + j' - 1$. Auf diesen Vektor lassen wir immer höhere Potenzen der Matrix $H_3^{(jj')}$ wirken und erhalten eine Folge von $2(j + j' - 1) + 1$ Vektoren. Diese Vektoren bilden eine Basis der irreduziblen Darstellung $D^{(j+j'-1)}$. Im orthogonalen Komplement zum Raum $R_{2(j+j'-1)+1}$ finden wir einen Vektor mit dem maximalen Eigenwert $j + j' - 2$. Durch wiederholte Anwendung unserer Überlegungen bekommen wir schließlich für den Raum $R_{(2j+1)(2j'+1)}$ eine direkte Summe orthogonaler Unterräume:

$$R_{(2j+1)(2j'+1)} = R_{(2j+j')+1} \oplus R_{2(j+j'-1)+1} \oplus \cdots \oplus R_{2(j'-j)}. \tag{12.26}$$

Die Clebsch-Gordan-Zerlegung für die Gruppe $O^+(3)$ ist demzufolge

$$D^{(j)} \times D^{(j')} = D^{(j+j')} \oplus D^{(j+j'-1)} \oplus \cdots \oplus D^{(|j-j'|)}. \tag{12.27}$$

Wir sind auf diese Weise zu folgendem Ergebnis gelangt: Das direkte Produkt der irreduziblen Darstellungen mit den Gewichten j und j' zerfällt in irreduzible Darstellungen mit den Gewichten $j + j', j + j' - 1, \ldots, |j - j|$; jede irreduzible Darstellung kommt in der Zerlegung nur einmal vor.

Aus dieser Regel folgt unmittelbar, daß die Einsdarstellung in der Darstellung $D^{(j)} \times D^{(j')}$ nur im Falle $j = j'$ enthalten ist. Aus (12.27) folgt ferner, daß das Produkt zweier zweideutiger Darstellungen (j und j' halbzahlig) eine eindeutige Darstellung ist.

Die Einheitsvektoren $\boldsymbol{w}_M^{(J)}$ der kanonischen Basis, in der die Darstellung $D^{(j)} \times D^{(j')}$ in irreduzible Darstellungen zerfällt, besteht aus Linearkombinationen der Einheitsvektoren $\boldsymbol{w}^{(jj')} = \boldsymbol{u}_k^{(j)} \boldsymbol{v}_m^{(j')}$:

$$\boldsymbol{w}_M^{(J)} = \sum_{m, m'} c_{mm'M}^{(jj'J)} \boldsymbol{u}_m^{(j)} \boldsymbol{v}_m^{(j')}. \tag{12.28}$$

Die Koeffizienten $c_{mm'M}^{(jj'J)}$ heißen Clebsch-Gordan-Koefffizienten oder Wigner-Koeffizienten für die Gruppe $O^+(3)$.[1]) Die Matrizen $C^{(jj')}$ mit den Elementen $c_{mm'M}^{(jj'J)}$ (die Indizes J, M numerieren die Zeilen, die Indizes m, m' die Spalten) ist eine $(2j + 1)(2j' + 1)$-reihige unitäre Matrix, sie transformiert die Darstellung $D^{(j)} \times D^{(j')}$ in Quasidiagonalform:

$$(C^{(jj')})^{-1} (D^{(j)} \times D^{(j')}) C^{(jj')} = \begin{pmatrix} D^{(j+j')} & 0 & & 0 \\ 0 & D^{(j+j'-1)} & & 0 \\ & \cdot & & \\ & & & \\ & & & \cdot \\ 0 & 0 & & D^{(|j-j'|)} \end{pmatrix}. \tag{12.29}$$

1) Tabellen mit den Wigner-Koeffizienten findet man im Buch [5].

Bei einigen Problemen hat man es nicht mit dem Produkt zweier, sondern dreier irreduzibler Darstellungen $D^{(j_1)} \times D^{(j_2)} \times D^{(j_3)}$ zu tun, das im Raum $R = R_{j_1} \times R_{j_2} \times R_{j_3}$ realisiert wird. Bei der Konstruktion der kanonischen Basis in diesem Raum können wir zuerst die kanonischen Einheitsvektoren $w_{m_{12}}^{(j_{12})}$ im Raum $R_{j_1} \times R_{j_2}$ bilden und anschließend diese mit den Einheitsvektoren $w_{m_3}^{(j_3)}$ des Raumes R_{j_3} kombinieren. Die so erhaltenen Einheitsvektoren bezeichnen wir mit $w_m^{((j_{12})j)}$. Man kann aber auch einen anderen Weg bei der Konstruktion der kanonischen Basis in R beschreiten, indem man zuerst die Einheitsvektoren $w_{m_{23}}^{(j_{23})}$ bildet und diese dann mit den Einheitsvektoren $w_{m_1}^{(j_1)}$ kombiniert. Das Ergebnis sind die Einheitsvektoren $w_m^{((j_{23})j)}$. Natürlich sind die Einheitsvektoren $w_m^{((j_{12})j)}$ Linearkombinationen der Einheitsvektoren $w_m^{((j_{23})j)}$:

$$w_m^{((j_{12})j)} = \sum_{j_{23}} \langle j_1 j_2 (j_{12}) j_3 j \mid j_1 j_2 j_3 (j_{23}) j \rangle \, w_m^{((j_{23})j)}. \tag{12.30}$$

Die Koeffizienten $\langle j_1 j_2 (j_{12}) j_3 j \mid j_1 j_2 j_3 (j_{23}) j \rangle$ sind die RACAH-Koeffizienten. Wie man zeigen kann, ist

$$\langle j_1 j_2 (j_{12}) j_3 j \mid j_1 j_2 j_3 (j_{23}) j \rangle = \sum_{m_1+m_2+m_3=m} c_{m_1 m_2 m_{12}}^{(j_1 j_2 j_{12})} \, c_{m_{12} m_3 m}^{(j_{12} j_3 j)} \, c_{m_2 m_3 m_{23}}^{(j_2 j_3 j_{23})} \, c_{m_1 m_{23} m}^{(j_1 j_{23} j)}. \tag{12.31}$$

3. Tensor- und Spinordarstellungen der Drehgruppe

Wir wollen den Begriff eines *Tensors* n-ter Stufe im dreidimensionalen Raum einführen. Wir werden von einem Tensor n-ter Stufe sprechen, wenn in jedem orthogonalen Koordinatensystem eine Gesamtheit von 3^n Zahlen definiert ist, die sich beim Übergang von einem Koordinatensystem zu einem anderen nach der Vorschrift

$$T'_{i'_1 i'_2 \cdots i'_n} = \sum_{i_1=1}^{3} \sum_{i_2=1}^{3} \cdots \sum_{i_n=1}^{3} g_{i'_1 i_1} g_{i'_2 i_2} \cdots g_{i'_n i_n} T_{i_1 i_2 \cdots i_n} \tag{12.32}$$

transformiert; die Matrix $\|g_{ik}\|$ vermittelt dabei den Zusammenhang zwischen den Einheitsvektoren des „alten“ und des „neuen“ Koordinatensystems:

$$e'_i = \sum_{k=1}^{3} g_{ki} e_k. \tag{12.33}$$

Wir sehen, daß die Transformationsmatrix für die Tensorkomponenten mit der Darstellungsmatrix übereinstimmt, die das direkte Produkt von n „Vektor“-Darstellungen ist. Wir werden diese Darstellung als *Tensordarstellung* n-ter Stufe bezeichnen. Tensordarstellungen sind natürlich reduzibel, sie können nach der CLEBSCH-GORDAN-Regel ausreduziert werden. Eine Tensordarstellung beliebiger Stufe ist eindeutig.

Analog kann man den Begriff eines *Spinors* n-ter Stufe und einer *Spinordarstellung* der Drehgruppe einführen. Während die Definition einer Tensordarstellung auf der Vektordarstellung (12.33) aufbaut, stützt sich die Definition einer Spinordarstellung auf die zweideutige irreduzible Darstellung $D^{(1/2)}$. Die entsprechende

Darstellungsmatrix hat mit den EULERschen Winkeln die Gestalt (s. (11.38))

$$\begin{pmatrix} \alpha_{11} & \alpha_{12} \\ \alpha_{21} & \alpha_{22} \end{pmatrix} = \begin{pmatrix} \alpha & \beta \\ -\bar{\beta} & \bar{\alpha} \end{pmatrix} \tag{12.34}$$

mit

$$\alpha = \pm \cos\frac{\theta}{2} e^{i\frac{\varphi_1+\varphi_2}{2}}, \qquad \beta = \pm i \sin\frac{\theta}{2} e^{i\frac{\varphi_2-\varphi_1}{2}}.$$

Ein *Spinor* n-ter Stufe liegt vor, wenn in jedem orthogonalen Koordinatensystem eine Gesamtheit von 2^n komplexen Zahlen $\chi_{\lambda_1\lambda_2\ldots\lambda_\mu}$ $(\lambda_i = 1, 2)$ definiert ist, die sich beim Übergang von einem Koordinatensystem zu einem anderen nach der Vorschrift[1])

$$\chi'_{\lambda'_1\lambda'_2\ldots\lambda'_n} = \sum_{\lambda_1,\ldots,\lambda_n} \alpha_{\lambda'_1\lambda_1}\alpha_{\lambda'_2\lambda_2}\cdots\alpha_{\lambda'_n\lambda_n}\chi_{\lambda_1\lambda_2\ldots\lambda_n} \tag{12.35}$$

transformiert. Dieses Transformationsgesetz definiert diejenige Darstellung der Drehgruppe, die das direkte Produkt aus n irreduziblen Darstellungen $D^{(1/2)}$ ist. Wir werden diese Darstellung als Spinordarstellung n-ter Stufe bezeichnen. Eine Spinordarstellung kann nach der im vorhergehenden Abschnitt aufgestellten CLEBSCH-GORDAN-Regel ausreduziert werden. Offensichtlich transformieren sich Spinoren gerader Stufen nach eindeutigen Darstellungen und Spinoren ungerader Stufen nach zweideutigen.

Die Transformationsmatrix (12.35) kann als direktes Produkt aus n Matrizen $\|\alpha_{ik}\|$ für die Darstellung $D^{(1/2)}$ geschrieben werden:

$$\|\alpha_{\lambda'_1\lambda_1}\| \times \|\alpha_{\lambda'_2\lambda_2}\| \times \cdots \times \|\alpha_{\lambda'_n\lambda_n}\|. \tag{12.36}$$

Die infinitesimalen Matrizen einer Spinordarstellung können deshalb folgendermaßen dargestellt werden (vgl. Formel (12.23)):

$$A_i = \sum E_2 \times E_2 \times \cdots \times E_2 \times A_i^{(1/2)} \times E_2 \times \cdots \times E_2, \tag{12.37}$$

$A_i^{(1/2)}$ sind die infinitesimalen Matrizen der irreduziblen Darstellung $D^{(1/2)}$, die Summation erfolgt über alle möglichen Stellungen dieses Faktors im Produkt.

Wir führen den Spinor $\chi_{\lambda_1\lambda_2\ldots\lambda_n}$ ein, der in einem gegebenen Koordinatensystem nur eine von Null verschiedene Komponente $\chi_{\lambda_1\lambda_2\ldots\lambda_n}$ hat.

Wir wollen sehen, wie die infinitesimale Matrix $H_3 = iA_3$ auf diesen Spinor wirkt, und erinnern uns, daß die Matrix $iA_3^{(1/2)}$ die Gestalt hat

$$iA_3^{(1/2)} = \begin{pmatrix} \frac{1}{2} & 0 \\ 0 & -\frac{1}{2} \end{pmatrix}. \tag{12.38}$$

---

[1]) Die Formel (12.35) gibt das Transformationsgesetz für einen kontravarianten Spinor an. Neben dem kontravarianten Spinor wird der Begriff des kovarianten Spinors eingeführt; die Transformationsvorschrift für einen kovarianten Spinor ergibt sich aus (12.35), indem man $\alpha_{\lambda'_i\lambda_i}$ durch die konjugiert komplexen Größen ersetzt (s. Abschn. 4).

Damit erhalten wir

$$H_3\, \chi_{\lambda_1 \lambda_2 \ldots \lambda_n} = \left(\frac{p}{2} - \frac{q}{2}\right) \chi_{\lambda_1 \lambda_2 \ldots \lambda_n}, \tag{12.39}$$

p ist die Zahl der Indizes 1 der betreffenden Spinorkomponente, q die Zahl der Indizes 2. Wenn wir statt der Indizes λ_i die Indizes $\sigma_i = \frac{1}{2}, -\frac{1}{2}$ einführen, entsteht

$$H_3 \chi_{\sigma_1 \sigma_2 \ldots \sigma_n} = (\sigma_1 + \sigma_2 + \cdots + \sigma_n)\, \chi_{\sigma_1 \sigma_2 \ldots \sigma_n}. \tag{12.40}$$

Der Spinor $\chi_{\sigma_1 \sigma_2 \sigma_n}$ ist also ein Eigenspinor der Matrix H_3, der zugehörige Eigenwert ist die Summe der Spinorindizes σ_i.

4. Konjugiert komplexe Darstellungen

Ein *j-Vektor* ist in jedem orthogonalen Koordinatensystem eine Gesamtheit von $2j + 1$ Zahlen ξ_m, $m = -j, -j + 1, \ldots, j$, für die die folgende Transformationsvorschrift beim Übergang von einem Koordinatensystem zu einem anderen gilt:

$$\xi'_m = \sum_{m'=-j}^{j} D^{(j)}_{mm'}\, (\alpha_1, \alpha_2, \alpha_3)\, \xi_{m'}, \tag{12.41}$$

$\| D^{(j)}_{mm'} \|$ sind die Matrizen einer irreduziblen Darstellung. Wir ordnen nun jedem Koordinatensystem eine Gesamtheit konjugiert komplexer Zahlen $\bar{\xi}'_m$ zu, wobei die ξ'_m durch die Formeln (12.41) definiert sind. Offensichtlich sind die Zahlen $\bar{\xi}'_m$ und $\bar{\xi}_m$ durch die konjugiert komplexen Matrizen miteinander verknüpft:

$$\bar{\xi}'_m = \sum_{m'=-j}^{j} \bar{D}^{(j)}_{mm'}\, \bar{\xi}_{m'}. \tag{12.42}$$

Die Matrizen $\bar{D}^{(j)}$ bilden wie die Matrizen $D^{(j)}$ eine Darstellung der Drehgruppe. Da die Darstellung $D^{(j)}$ irreduzibel ist, ist auch die Darstellung $\bar{D}^{(j)}$ irreduzibel. Diese Darstellungen müssen äquivalent sein, weil sie die gleiche Dimension haben:

$$\bar{D}^{(j)} = V D^{(j)} V^{-1}. \tag{12.43}$$

Die Matrix V ist durch diese Gleichung nur bis auf einen Faktor definiert. Wir wollen voraussetzen, daß es zwei Matrizen V und W gibt, so daß gilt

$$\bar{D}^{(j)} = V D^{(j)} V^{-1} = W D^{(j)} W^{-1}.$$

Wir können dann schreiben

$$D^{j} V^{-1} W = V^{-1} W D^{(j)}.$$

Die Matrix $V^{-1} W$ ist ein Vielfaches der Einheitsmatrix

$$V^{-1} W = \lambda E \tag{12.44}$$

und folglich ist

$$W = \lambda V. \tag{12.45}$$

Die Gleichung (12.43) bedeutet, daß sich die Komponenten $\bar{\xi}_m$ des konjugiert komplexen Vektors nach derselben Vorschrift wie die Linearkombinationen $\sum v_{ik} \xi_k$ aus den Komponenten des ursprünglichen j-Vektors transformieren. Wir wollen die Matrix V berechnen. Dazu schreiben wir die Gleichung (12.43) bis einschließlich linearer Glieder in den Parametern α_i auf:

$$E + \alpha_1 \bar{A}_1 + \alpha_2 \bar{A}_2 + \alpha_3 \bar{A}_3 = E + \alpha_1 V A_1 V^{-1} + \alpha_2 V A_2 V^{-1} + \alpha_3 V A_3 V^{-1}. \tag{12.46}$$

Hieraus folgt

$$\bar{A}_i = V A_i V^{-1} \qquad (i = 1, 2, 3). \tag{12.47}$$

Mit Hilfe der expliziten Gestalt (11.28) der Matrizen $A_i^{(j)}$ bekommen wir

$$\left.\begin{aligned} -A_1^{(j)} &= V A_1^{(j)} V^{-1}, \\ A_2^{(j)} &= V A_2^{(j)} V^{-1}, \\ -A_3^{(j)} &= V A_3^{(j)} V^{-1}. \end{aligned}\right\} \tag{12.48}$$

Offensichtlich kann man als Matrix V die Darstellungsmatrix für die Drehung um 180° um die y-Achse wählen, und es ist

$$V = e^{A_2 \pi}. \tag{12.49}$$

Nun suchen wir die Matrix V für die Darstellung $D^{(1/2)}$ und benutzen dabei die folgende Eigenschaft der Matrix $A_2^{(1/2)}$:

$$\left(2 i A_2^{(1/2)}\right)^2 = \begin{pmatrix} 0 & -i \\ i & 0 \end{pmatrix}^2 = \begin{pmatrix} 1 & 0 \\ 0 & 1 \end{pmatrix}. \tag{12.50}$$

Wir stellen die Exponentialfunktion in (12.49) als Reihe dar und finden

$$V^{(1/2)} = e^{-i\left(2iA_2^{(1/2)}\right)\frac{\pi}{2}} = \cos\frac{\pi}{2} - \left(i \sin\frac{\pi}{2}\right)\left(2 i A_2^{(1/2)}\right) = 2 A_2^{(1/2)}$$

und weiter

$$V^{(1/2)} = \begin{pmatrix} 0 & -1 \\ 1 & 0 \end{pmatrix}. \tag{12.51}$$

Es sei der Spinor $\begin{pmatrix} a \\ b \end{pmatrix}$ gegeben; wir führen den konjugiert komplexen Spinor $\begin{pmatrix} \bar{a} \\ \bar{b} \end{pmatrix}$ ein. Nach obigem Beweis transformiert sich die Größe

$$\begin{pmatrix} \tilde{a} \\ \tilde{b} \end{pmatrix} = (2A_{\frac{1}{2}}^{1/2})^{-1} \begin{pmatrix} \bar{a} \\ \bar{b} \end{pmatrix} = \begin{pmatrix} 0 & 1 \\ -1 & 0 \end{pmatrix} \begin{pmatrix} \bar{a} \\ \bar{b} \end{pmatrix} = \begin{pmatrix} \bar{b} \\ -\bar{a} \end{pmatrix} \tag{12.52}$$

wie ein Spinor. Umgekehrt transformiert sich die Größe

$$(2A_{\frac{1}{2}}^{(1/2)}) \begin{pmatrix} a \\ b \end{pmatrix} = \begin{pmatrix} -b \\ a \end{pmatrix} \tag{12.53}$$

wie ein konjugiert komplexer Spinor. Ein konjugiert komplexer Spinor wird daher auch als *kovarianter* Spinor bezeichnet.

Übungsaufgaben

12.1. Es ist die Gleichung (12.31) zu beweisen, indem die Unitarität der Matrizen $C^{(jj')}$ ausgenutzt wird.

12.2. Die Tensordarstellungen dritter und vierter Stufe sind auszureduzieren.

12.3. Beweise: Eine Tensordarstellung kann mit Hilfe der folgenden Rekursionsformel ausreduziert werden:

$$\varkappa_n^{(l)} = \varkappa_{n-1}^{(l-1)} + \varkappa_{n-1}^{(l)} + \varkappa_{n-1}^{(l+1)}.$$

Die Zahl $\varkappa_n^{(l)}$ gibt an, wie oft die irreduzible Darstellung mit dem Gewicht l in der Tensordarstellung n-ter Stufe enthalten ist.

12.4. Beweise: Die Zerlegung einer Spinordarstellung in die irreduziblen Bestandteile kann mit Hilfe der folgenden Rekursionsformel erfolgen:

$$\eta_n^{(j)} = \eta_{n-1}^{\left(j-\frac{1}{2}\right)} + \eta_{n-1}^{\left(j+\frac{1}{2}\right)}.$$

Die Zahl $\eta_n^{(j)}$ gibt an, wie oft die irreduzible Darstellung mit dem Gewicht j in der Spinordarstellung n-ter Stufe enthalten ist. Unter Benutzung dieser Formel sind die Spinordarstellungen für $n = 1, 2, \ldots, 6$ auszureduzieren.

KAPITEL XIII

EINIGE ANWENDUNGEN DER DARSTELLUNGSTHEORIE FÜR DIE DREHGRUPPE AUF QUANTENMECHANISCHE PROBLEME

1. Ein Teilchen in einem Zentralkraftfeld. Bahndrehimpuls

Die SCHRÖDINGER-Gleichung für ein Teilchen in einem Zentralkraftfeld ist

$$\left\{-\frac{h^2}{2m}\Delta + V(r)\right\}\psi(\boldsymbol{r}) = E\psi(\boldsymbol{r}). \tag{13.1}$$

Das Potential $V(r)$ hängt nur vom Betrag des Ortsvektors ab, und der HAMILTON-Operator $\hat{H}$ dieses Systems ist gegenüber der Gruppe $O^+(3)$ invariant. Wir wissen (s. Kapitel V), daß diese Invarianzbedingung in der Form

$$\hat{T}_g\hat{H} = \hat{H}\hat{T}_g' \tag{13.2}$$

geschrieben werden kann; die Operatoren $\hat{T}_g$ bilden eine Darstellung der Drehgruppe und sind durch die Formel definiert

$$\hat{T}_g\psi(\boldsymbol{r}) = \psi(g^{-1}\boldsymbol{r}). \tag{13.3}$$

Wir wollen die infinitesimalen Operatoren $\hat{A}_1$, $\hat{A}_2$, $\hat{A}_3$ für diese Darstellung suchen, die Drehungen um die x_1-, x_2- bzw. x_3-Achse entsprechen. Die infinitesimalen Operatoren $\hat{A}_i$ bestimmen die in den Parametern α_1, α_2, α_3 lineare Änderung der Funktion $\psi(\boldsymbol{r})$ bei einer Drehung des Ortsvektors. Es ist daher

$$\delta_i\psi = \alpha_i\hat{A}_i\psi = \sum_{\mu=1}^{3}\delta_i x_\mu \frac{\partial}{\partial x_\mu}\psi, \tag{13.4}$$

und nach (10.25) haben wir dabei

$$\left.\begin{array}{lll} \delta_1 x_1 = 0, & \delta_1 x_2 = \alpha_1 x_3, & \delta_1 x_3 = -\alpha_1 x_2, \\ \delta_2 x_1 = -\alpha_2 x_3, & \delta_2 x_2 = 0, & \delta_2 x_3 = \alpha_2 x_1, \\ \delta_3 x_1 = \alpha_3 x_2, & \delta_3 x_2 = -\alpha_3 x_1, & \delta_3 x_3 = 0. \end{array}\right\} \tag{13.5}$$

Daraus ergibt sich

$$\left.\begin{aligned}\hat{A}_1 &= x_3\frac{\partial}{\partial x_2} - x_2\frac{\partial}{\partial x_3},\\ \hat{A}_2 &= -x_3\frac{\partial}{\partial x_1} + x_1\frac{\partial}{\partial x_3},\\ \hat{A}_3 &= x_2\frac{\partial}{\partial x_1} - x_1\frac{\partial}{\partial x_2}.\end{aligned}\right\} \tag{13.6}$$

Bis einschließlich linearer Glieder bekommen wir für den Operator $\hat{T}_g$

$$\hat{T}_g = \hat{E} + \alpha_1\hat{A}_1 + \alpha_2\hat{A}_2 + \alpha_3\hat{A}_3, \tag{13.7}$$

und aus der Vertauschungsregel (13.2) folgt

$$\hat{A}_i\hat{H} = \hat{H}\hat{A}_i. \tag{13.8}$$

Da man den Operator $\hat{T}_g$ nach (12.2) in eine Reihe entwickeln kann,

$$\begin{aligned}\hat{T}_g &= \exp(\alpha_1\hat{A}_1 + \alpha_2\hat{A}_2 + \alpha_3\hat{A}_3)\\ &= \hat{E} + (\alpha_1\hat{A}_1 + \alpha_2\hat{A}_2 + \alpha_3\hat{A}_3) + \frac{1}{2}(\alpha_1\hat{A}_1 + \alpha_2\hat{A}_2 + \alpha_3\hat{A}_3)^2 + \cdots,\end{aligned} \tag{13.9}$$

folgt umgekehrt aus (13.8) die Bedingung (13.2). Die Gleichungen (13.8) sind also notwendige und hinreichende Bedingungen für die Invarianz des HAMILTON-Operators gegenüber der Drehgruppe. Die Operatoren $\hat{A}_j$ sind antihermitesch. Wir führen die hermiteschen Operatoren $\hat{H}_j = i\hat{A}_j$ ein, die man als quantenmechanische Operatoren auffassen kann und die gewissen physikalischen Observablen entsprechen. Tatsächlich stimmen die Operatoren $\hat{H}_j$ bis auf einen Dimensionsfaktor $\hbar$ mit den Operatoren $\hat{L}_j$ für den Drehimpuls überein, $\hat{L}_j = \hbar\hat{H}_j$, z. B.

$$\hat{L}_1 = \hbar\hat{H}_1 = i\hbar\hat{A}_1 = i\hbar\left(x_3\frac{\partial}{\partial x_2} - x_2\frac{\partial}{\partial x_3}\right) = x_2\hat{p}_3 - x_3\hat{p}_2, \tag{13.10}$$

wobei $\hat{p}_j$ die Komponenten des Impulsoperators sind: $\hat{p}_j = -i\hbar\dfrac{\partial}{\partial x_j}$. Auf Grund von (13.8) kommutieren die Operatoren $\hat{L}_j$ mit dem HAMILTON-Operator $\hat{H}$ unseres Systems und sind daher Operatoren zu Observablen, für die ein Erhaltungssatz gilt.

Wir haben somit gezeigt, daß die Operatoren für die Komponenten des Drehimpulses bis auf einen Faktor mit den erzeugenden Operatoren einer Darstellung der Drehgruppe übereinstimmen; wenn die SCHRÖDINGER-Gleichung gegenüber dieser Gruppe invariant ist, gelten für die Komponenten des Drehimpulses Erhaltungssätze.

Jetzt untersuchen wir, welche Schlüsse man über die Symmetrieeigenschaften der Lösungen der Gleichung (13.1) ziehen kann. Die Eigenfunktionen dieser Gleichung zu einem bestimmten Energieeigenwert müssen die Basis für eine irreduzible Darstellung der Drehgruppe bilden. Aus dem vorhergehenden Kapitel wissen wir, daß im Funktionenraum nur Darstellungen $D^{(l)}$ mit ganzzahligem l realisiert werden können. Dabei müssen die Funktionen, die sich nach der irreduziblen Darstellung $D^{(l)}$ transformieren, die Gleichung erfüllen:

$$\left(\hat{H}_1^2 + \hat{H}_2^2 + \hat{H}_3^2\right) \psi(\boldsymbol{r}) = l(l+1)\, \psi(\boldsymbol{r})$$

oder

$$\left(\hat{L}_1^2 + \hat{L}_2^2 + \hat{L}_3^2\right) \psi(\boldsymbol{r}) = \hbar^2 l(l+1)\, \psi(\boldsymbol{r}). \tag{13.11}$$

Wenn die Funktionen zu einem entarteten Eigenwert eine kanonische Basis der Darstellung $D^{(l)}$ bilden, dann genügen sie ferner der Gleichung

$$\hat{H}_3 \psi(\boldsymbol{r}) = m \psi(\boldsymbol{r}) \tag{13.12}$$

oder

$$\hat{L}_3 \psi(\boldsymbol{r}) = \hbar m \psi(\boldsymbol{r}) \quad (m = -l, -l+1, \ldots, l).$$

In Kapitel XII haben wir die explizite Gestalt der Basisfunktionen einer irreduziblen Darstellung der Drehgruppe angegeben. Auf Grund dessen können wir behaupten, daß die Lösungen der SCHRÖDINGER-Gleichung (13.1) die Gestalt haben

$$\psi_{lm}(\boldsymbol{r}) = R(\boldsymbol{r})\, Y_l^{(m)}(\theta, \varphi). \tag{13.13}$$

Auf diese Weise gelangen wir zu folgendem Ergebnis: Die Eigenfunktionen der SCHRÖDINGER-Gleichung (13.1) zu einem bestimmten Eigenwert bilden eine Basis der irreduziblen Darstellung $D^{(l)}$ der Drehgruppe mit ganzzahligem l. Der Entartungsgrad des Niveaus E_1 ist $2l + 1$. Die zugehörigen Eigenfunktionen sind auch Eigenfunktionen des Operators für das Quadrat des Drehimpulses. Man kann sie immer so wählen, daß sie außerdem noch Eigenfunktionen des Operators $\hat{L}_3$ sind.

Es soll noch erwähnt werden, daß die vollständige Symmetriegruppe für das betrachtete Problem die Gruppe $O(3) = O^+(3) \times \boldsymbol{i}$ ist. Je nachdem, ob die Wellenfunktion bei einer Spiegelung $\boldsymbol{i}$ invariant ist oder ob sie ihr Vorzeichen ändert, erhält der betreffende Zustand die Parität genannte Quantenzahl $w = \pm 1$. Offenkundig ist für ein Teilchen infolge von (13.13)

$$w = (-1)^l.$$

Zum Beweis dieser Beziehung brauchen wir nur an den Zusammenhang zwischen den Kugelfunktionen Y_{lm} und den homogenen Polynomen l-ten Grades in den

Veränderlichen x, y, z erinnern. Für ein Teilchen schließt also die Klassifizierung nach den Eigenwerten des Drehimpulses bereits die Klassifizierung nach der Parität ein. Später werden wir erkennen (s. Kapitel XIX), daß diese Abhängigkeit bei Mehrelektronen-Systemen nicht vorkommt.

2. Die Vorschrift für die Addition von Drehimpulsen

Im vorhergehenden Abschnitt haben wir gezeigt, daß die Operatoren für die Komponenten des Drehimpulses bis auf einen Faktor mit den erzeugenden Operatoren der Drehgruppe übereinstimmen. Wir nutzen diesen Zusammenhang aus und beweisen die Vorschrift für die Addition von Drehimpulsen.

Zwei nicht miteinander wechselwirkende Teilchen sollen sich in einem Zentralkraftfeld bewegen, d. h., jedes Teilchen wird durch eine SCHRÖDINGER-Gleichung der Art (13.1) beschrieben. Wir bezeichnen die Wellenfunktionen der Teilchen mit $\varphi_{l_1 m_1}(\boldsymbol{r}_1)$ bzw. $\varphi_{l_2 m_2}(\boldsymbol{r}_2)$. Um unsere Überlegungen nicht durch Berücksichtigung der Identität der Teilchen erschweren zu müssen (s. Kapitel XVII), werden wir die Teilchen als verschieden ansehen (z. B. als Elektron und Proton). Die Wellenfunktionen für das betrachtete System können dann als Produktfunktionen geschrieben werden:

$$\varphi_{l_1 m_1}(\boldsymbol{r}_1)\, \psi_{l_2 m_2}(\boldsymbol{r}_2). \tag{13.14}$$

Wir haben nun die möglichen Eigenwerte $\hbar^2 L(L+1)$ des Operators für das Quadrat des Gesamtdrehimpulses $\hat{L}^2 = (\hat{L}^{(1)} + L^{(2)})^2$ in den Zuständen (13.14) zu berechnen. Der Operator $\hat{L}^{(1)} + \hat{L}^{(2)}$ wirkt folgendermaßen:

$$(\hat{L}^{(1)} + \hat{L}^{(2)})\, \varphi_{l_1 m_1}(\boldsymbol{r}_1)\, \psi_{l_2 m_2}(\boldsymbol{r}_2) = \psi_{l_2 m_2}\, \hat{L}^{(1)}\, \varphi_{l_1 m_1} + \varphi_{l_1 m_1}\, \hat{L}^{(2)}\, \psi_{l_2 m_2}. \tag{13.15}$$

Wir vergleichen (13.15) mit (12.23) und sehen, daß die Komponenten des Operators für den Gesamtdrehimpuls im vorliegenden Fall (bis auf einen Faktor) mit den erzeugenden Operatoren des direkten Produktes der Darstellungen $D^{(l_1)}$ und $D^{(l_2)}$ übereinstimmen. Wir haben daher einfach das direkte Produkt der beiden irreduziblen Darstellungen der Drehgruppe auszureduzieren. Mit Hilfe der CLEBSCH-GORDAN-Regel finden wir, daß die Quantenzahl L die Werte $l_1 + l_2, l_1 + l_2 - 1, \ldots, |l_1 - l_2|$ annehmen kann. Die Eigenfunktionen der Operatoren $\hat{L}^2$ und $\hat{L}$ sind nach (12.28)

$$\Psi_{LM}(\boldsymbol{r}_1, \boldsymbol{r}_2) = \sum_{m_1, m_2} c^{(l_1 l_2 L)}_{m_1 m_2 M}\, \varphi_{l_1 m_1}(\boldsymbol{r}_1)\, \psi_{l_2 m_2}(\boldsymbol{r}_2) \tag{13.16}$$

mit den CLEBSCH-GORDAN-Koeffizienten $c^{(l_1 l_2 L)}_{m_1 m_2 M}$.

3. Der Spin

In Abschn. 1 haben wir zur Beschreibung eines Teilchens in einem Zentralkraftfeld diejenigen Lösungen der Gleichung (13.1) benutzt, die sich nach den eindeutigen Darstellungen der Drehgruppe transformieren. Die Frage, wie gut diese Lösungen (und auch die Gleichung selbst) physikalisch reale Teilchen beschreiben, kann nur durch Vergleich mit dem Experiment entschieden werden. Die Erfahrung lehrt, daß die Gleichung (13.1) einige beobachtbare Eigenschaften des Elektrons nicht erklären kann. Insbesondere ist beobachtet worden, daß der Grundzustand mit der Energie $E_0(l = 0)$ bei Verletzung der Kugelsymmetrie durch Einschalten eines äußeren Magnetfeldes aufspaltet; dieser Zustand sollte aber nach der in Abschn. 1 entwickelten Theorie nicht entartet sein. Dieser Widerspruch wird aufgehoben, wenn man annimmt, daß sich die Wellenfunktion eines Elektrons bei Drehungen nach einer zweideutigen Darstellung der Gruppe $O^+(3)$ transformiert.

In der nichtrelativistischen Quantenmechanik nimmt man als Wellenfunktion eines Elektrons die zweikomponentige Größe $\begin{pmatrix}\chi_1 & (\boldsymbol{r})\\ \chi_2 & (\boldsymbol{r})\end{pmatrix}$, die sich bei Drehungen des Koordinatensystems nach der Vorschrift

$$\chi_i'(\boldsymbol{r}') = \sum_j \alpha_{ij}(g)\,\chi_j(\boldsymbol{r})\,(\boldsymbol{r}' = g\boldsymbol{r}) \tag{13.17}$$

transformiert; $\boldsymbol{r}$ und $\boldsymbol{r}'$ sind darin die Koordinaten desselben Punktes in verschiedenen Koordinatensystemen, die Koeffizienten α_{ij} bilden eine Matrix der Darstellung $D^{(1/2)}$ der Drehgruppe (s. (12.34)). Diese zweikomponentige Größe ist in jedem Punkt des dreidimensionalen Raumes erklärt und wird als *Spinorfeld* bezeichnet.

Die Wahrscheinlichkeit, ein Elektron im Volumenelement dv in der Nähe des Punktes r anzutreffen, wird nunmehr durch den Ausdruck

$$(|\chi_1(\boldsymbol{r})|^2 + |\chi_2(\boldsymbol{r})|^2)\,dv \tag{13.18}$$

gegeben. Da die Matrix $\|\alpha_{ik}\|$ unitär ist, ist die Größe (13.18) eine Invariante bei der Transformation (13.17):

$$|\chi_1'(\boldsymbol{r}')|^2 + |\chi_2'(\boldsymbol{r}')|^2 = |\chi_1(\boldsymbol{r})|^2 + |\chi_2(\boldsymbol{r})|^2. \tag{13.19}$$

Wir berechnen die infinitesimalen Operatoren für ein Spinorfeld. Das Transformationsgesetz (13.17) können wir in der Gestalt

$$\chi_i'(\boldsymbol{r}) = \sum_j \alpha_{ij}\chi_j bg^{-1}r) \tag{13.20}$$

oder

$$\boldsymbol{\chi}(\boldsymbol{r}) = D^{(1/2)}\boldsymbol{\chi}(g^{-1}\boldsymbol{r})$$

schreiben. Wir betrachten zum Beispiel eine Drehung um die x_3-Achse und haben bis zu linearen Gliedern im Parameter α_3

$$\boldsymbol{\chi}'(\boldsymbol{r}) = (\hat{E} + \hat{A}_3^{(1/2)}\alpha_3)\boldsymbol{\chi} + \alpha_3\left(x_2\frac{\partial}{\partial x_1} - x_1\frac{\partial}{\partial x_2}\right)\boldsymbol{\chi}, \tag{13.21}$$

wobei $\hat{A}_3^{(1/2)}$ ein infinitesimaler Operator der irreduziblen Darstellung $D^{(1/2)}$ der Drehgruppe ist. Daraus folgt für den infinitesimalen Operator $\hat{A}_3$ des Spinorfeldes

$$\hat{A}_3 = \hat{A}_3^{(1/2)} + x_2\frac{\partial}{\partial x_1} - x_1\frac{\partial}{\partial x_2}. \tag{13.22a}$$

Analog bekommen wir für $\hat{A}_1$ und $\hat{A}_2$

$$\hat{A}_1 = \hat{A}_1^{(1/2)} + x_3 \frac{\partial}{\partial x_2} - x_2 \frac{\partial}{\partial x_3}, \tag{13.22b}$$

$$\hat{A}_2 = \hat{A}_2^{(1/2)} + x_1 \frac{\partial}{\partial x_3} - x_3 \frac{\partial}{\partial x_1}. \tag{13.22c}$$

Der HAMILTON-Operator $\hat{H}$ für ein Elektron sei kugelsymmetrisch. Die Bedingung für die Invarianz gegenüber der Drehgruppe kann jetzt in der Form

$$\hat{A}_i \hat{H} - \hat{H} \hat{A}_i = 0 \tag{13.23}$$

geschrieben werden, wobei die Operatoren $\hat{A}_i$ durch die Formeln (13.22) definiert sind. Wir führen die hermiteschen Operatoren ein

$$\hat{J}_k = i \hbar \hat{A}_k \quad (k = 1, 2, 3). \tag{13.24}$$

Diese Operatoren sind die Operatoren für die Komponenten des *Gesamtdrehimpulses*, für die auf Grund von (13.23) Erhaltungssätze gelten. Der Operator $\hat{J}$ besteht aus zwei Summanden: dem schon früher eingeführten Operator für den Bahndrehimpuls $\hat{L}$ und dem *Spinoperator* $\hat{S} = i\hbar A^{(1/2)}$. Nach (11.28) hat der Operator $\hat{S}$ in der Darstellung, in der der Operator S_3 diagonal ist, die Gestalt

$$\left.\begin{aligned} \hat{S}_1 &= \frac{\hbar}{2}\begin{pmatrix} 0 & 1 \\ 1 & 0 \end{pmatrix} = \frac{\hbar}{2}\sigma_1, \\ \hat{S}_2 &= \frac{\hbar}{2}\begin{pmatrix} 0 & i \\ -i & 0 \end{pmatrix} = \frac{\hbar}{2}\sigma_2, \\ \hat{S}_3 &= \frac{\hbar}{2}\begin{pmatrix} 1 & 0 \\ 0 & -1 \end{pmatrix} = \frac{\hbar}{2}\sigma_3. \end{aligned}\right\} \tag{13.25}$$

Die Matrizen σ_1, σ_2 und σ_3 heißen PAULI-Matrizen. Die Anwendung des Operators $\hat{S}_3$ auf den Spinor χ ergibt

$$\hat{S}_3 \chi = \hbar \begin{pmatrix} \frac{1}{2} & 0 \\ 0 & -\frac{1}{2} \end{pmatrix} \begin{pmatrix} \chi_1 \\ \chi_2 \end{pmatrix} = \hbar \begin{pmatrix} \frac{1}{2}\chi_1 \\ -\frac{1}{2}\chi_2 \end{pmatrix}. \tag{13.26}$$

Die Spinoren $\begin{pmatrix} \chi_1 \\ 0 \end{pmatrix}$ und $\begin{pmatrix} 0 \\ \chi_2 \end{pmatrix}$ sind demnach die Eigenvektoren des Operators $\hat{S}_3$ zu den Eigenwerten $\frac{\hbar}{2}$ und $-\frac{\hbar}{2}$. Ein beliebiger Zustand eines Elektrons kann als

Superposition dieser Zustände dargestellt werden:

$$\begin{pmatrix}\chi_1\\ \chi_2\end{pmatrix} = \begin{pmatrix}\chi_1\\ 0\end{pmatrix} + \begin{pmatrix}0\\ \chi_2\end{pmatrix}. \tag{13.27}$$

Die Größe $|\chi_1|^2\,dv$ gibt also die Wahrscheinlichkeit an, daß ein Elektron im Volumenelement dv die Spinprojektion $\frac{\hbar}{2}$ auf die z-Achse hat, die Größe $|\chi_2|^2 dv$ hat dieselbe Bedeutung für die Spinprojektion $-\frac{\hbar}{2}$.

Wir betrachten jetzt die Näherung, daß man im HAMILTON-Operator die Spinoperatoren vernachlässigen kann; diese Näherung entspricht der Gleichung (13.1). Die Wellenfunktion eines Elektrons kann dann in der Form

$$\begin{pmatrix}\psi_1(\boldsymbol{r})\\ \psi_2(\boldsymbol{r})\end{pmatrix} = \varphi(\boldsymbol{r})\begin{pmatrix}\chi_1\\ \chi_2\end{pmatrix} \tag{13.28}$$

angesetzt werden, wenn $\begin{pmatrix}\chi_1\\ \chi_2\end{pmatrix}$ ein konstanter Spinor ist und die Funktion $\varphi(\boldsymbol{r})$ eine Lösung der SCHRÖDINGER-Gleichung ist. Als Indizes für die Spinorkomponenten nimmt man zweckmäßig die entsprechenden Eigenwerte des Operators $i\hat{A}_3 = \frac{1}{\hbar}\hat{S}_3$, d. h. die Indizes sind $\frac{1}{2}$ und $-\frac{1}{2}$. Manchmal betrachtet man sie auch als Argumente von Funktionen, die nur zweier Werte fähig sind:

$$\psi(\boldsymbol{r},\sigma) = \varphi(\boldsymbol{r})\,\chi(\sigma) = \begin{cases}\varphi(\boldsymbol{r})\,\chi_{1/2}, & \sigma = \frac{1}{2};\\[4pt] \varphi(\boldsymbol{r})\,\chi_{-1/2}, & \sigma = -\frac{1}{2}.\end{cases} \tag{13.29}$$

Wenn die SCHRÖDINGER-Gleichung für ein Problem gegenüber der Drehgruppe invariant ist, dann müssen sich die zugehörigen Eigenfunktionen nach den irreduziblen Darstellungen der Drehgruppe $D^{(l)}$ transformieren. Unter Berücksichtigung des Spinzustandes ist jedes Energieniveau $2\,(2l+1)$-fach entartet, und die entsprechenden Wellenfunktionen können in der Form

$$\varphi_{lm}(\boldsymbol{r})\,\delta_{\sigma,1/2}, \varphi_{lm}\,\delta_{\sigma,-1/2}$$

oder

$$\begin{pmatrix}\varphi_{lm}\\ 0\end{pmatrix}, \begin{pmatrix}0\\ \varphi_{lm}\end{pmatrix} \quad (m = -l, -l+1, \ldots, l) \tag{13.30}$$

gewählt werden. Die Funktionen (13.30) transformieren sich offenbar nach der reduziblen Darstellung $D^{(l)} \times D^{(1/2)}$. Nach der CLEBSCH-GORDAN-Regel haben wir

$$D^{(l)} \times D^{(1/2)} = D^{(l-1/2)} + D^{(l+1/2)}. \tag{13.31}$$

Aus den Funktionen (13.30) können wir mit Hilfe der CLEBSCH-GORDAN-Koeffizienten Funktionen aufbauen, die sich nach irreduziblen Darstellungen transformieren, mit anderen Worten, wir können Eigenfunktionen der Operatoren $\hat{\boldsymbol{J}}^2$ und $\hat{\boldsymbol{J}}_3$ bilden; es ist

$$\begin{aligned}\Psi_{JM} &= c^{(l,1/2,J)}_{M-1/2,1/2,M}\begin{pmatrix}\varphi_{l,M-1/2}(\boldsymbol{r})\\ 0\end{pmatrix} + c^{(l,1/2,J)}_{M+1/2,-1/2,M}\begin{pmatrix}0\\ \varphi_{l,M+1/2}(\boldsymbol{r})\end{pmatrix}\\ &= \begin{pmatrix}c^{(l,1/2,J)}_{M-1/2,1/2,M}\,\varphi_{l,M-1/2}(\boldsymbol{r})\\ c^{(l,1/2,J)}_{M+1/2,-1/2,M}\,\varphi_{l,M+1/2}(\boldsymbol{r})\end{pmatrix}\end{aligned} \tag{13.32}$$

4. Der Satz von Kramers

KRAMERS-Theorem. *Wenn der* HAMILTON-*Operator eines Elektrons mit dem Operator*

$$\hat{\Theta} = \frac{2}{\hbar}\hat{S}_2 K \tag{13.33}$$

kommutiert, dann sind die Energieniveaus des Elektrons zweifach entartet; dabei bedeutet K den Übergang zum konjugiert Komplexen, und $\hat{S}_2$ ist der Operator für die Spinprojektion auf die x_2-Achse.[1]) Falls das betrachtete System noch eine zusätzliche Symmetrie hat und infolgedessen eine Entartung auftritt, dann ist der gesamte Entartungsgrad der Niveaus eine gerade Zahl.

Zunächst zeigen wir, daß der HAMILTON-Operator mit dem Operator $\hat{\Theta}$ vertauschbar ist, wenn im HAMILTON-Operator keine Wechselwirkung mit einem Magnetfeld enthalten ist. In diesem Fall müssen wir zum HAMILTON-Operator $\hat{H}_0$ der SCHRÖDINGER-Gleichung (13.1) tatsächlich nur einen Term für die Spin-Bahn-Wechselwirkung addieren; dieser Term ist[2])

$$\hat{H}_{S0} = \frac{1}{2m^2c^2}\left(\frac{1}{r}\frac{dV}{dr}\right)(\hat{\boldsymbol{L}}, \hat{\boldsymbol{S}}). \tag{13.34}$$

Da der HAMILTON-Operator $\hat{H}_0$ reell ist und keine Spinoperatoren enthält, ist offenbar

$$\hat{\Theta}\hat{H}_0 = \hat{H}_0\hat{\Theta}. \tag{13.35}$$

Auch für den Operator H_{S0} gilt die Vertauschungsregel

$$\hat{\Theta}\hat{H}_{S0} = \hat{H}_{S0}\hat{\Theta}, \tag{13.36}$$

---

[1]) Der Satz von KRAMERS ist für ein System aus einer ungeraden Anzahl von Elektronen bewiesen. In diesem Fall ist der Operator $\hat{\Theta} = \left(\frac{2}{\hbar}\hat{S}_2^{(1)}\right)\cdots\left(\frac{2}{\hbar}\hat{S}_2^{(n)}\right)K$, wenn der Operator $\hat{S}_2^{(i)}$ zum i-ten Elektron gehört.

[2]) Der HAMILTON-Operator $\hat{H}_0$ und der Operator (13.34) sind für ein kugelsymmetrisches Potential $V(\boldsymbol{r})$ aufgeschrieben. Diese Beschränkung ist aber für den folgenden Beweis unwesentlich.

das wollen wir beweisen. Tatsächlich ist der Operator $\hat{\boldsymbol{L}}$ nach (13.10) rein imaginär, und deshalb ist

$$\hat{\Theta}\hat{\boldsymbol{L}} = -\hat{\boldsymbol{L}}\hat{\Theta}. \tag{13.37}$$

Mit Hilfe der expliziten Ausdrücke der Matrizen S_i kann man einfach zeigen, daß für den Operator $\hat{S}$ dieselbe Beziehung gilt:

$$\hat{\Theta}\hat{\boldsymbol{S}} = -\hat{\boldsymbol{S}}\hat{\Theta}. \tag{13.38}$$

Aus (13.37) und (13.38) erhalten wir die Gleichung (13.36).

Wenn sich unser System in einem Magnetfeld H befindet, erscheint im HAMILTON-Operator der Zusatzterm

$$-\frac{e}{2mc}\boldsymbol{H}(\boldsymbol{L} + 2\boldsymbol{S}), \tag{13.39}$$

der nach (13.37) und (13.38) nicht mit dem Operator $\hat{\Theta}$ kommutiert.

Auf Grund der Beziehungen (13.37) und (13.38) sowie der leicht zu verifizierenden Beziehung

$$\hat{\Theta}\hat{\boldsymbol{p}} = -\hat{\boldsymbol{p}}\hat{\Theta}, \quad \hat{\Theta}\boldsymbol{r} = \boldsymbol{r}\hat{\Theta} \tag{13.40}$$

bezeichnet man den Operator $\hat{\Theta}$ als Operator für die *Zeitumkehr*.

Nunmehr kommen wir zum Beweis des Satzes von KRAMERS. Man findet ganz einfach die Beziehung

$$\hat{\Theta}^2 = -1. \tag{13.41}$$

Wir betrachten zwei Elektronenzustände, die durch die Spinoren

$$\boldsymbol{\Psi}(\boldsymbol{r}) = \begin{pmatrix}\psi_1(\boldsymbol{r})\\ \psi_2(\boldsymbol{r})\end{pmatrix}, \quad \boldsymbol{\Phi}(\boldsymbol{r}) = \begin{pmatrix}\varphi_1(\boldsymbol{r})\\ \varphi_2(\boldsymbol{r})\end{pmatrix} \tag{13.42}$$

beschrieben werden und definieren deren Skalarprodukt als

$$(\boldsymbol{\Psi}, \boldsymbol{\Phi}) = \psi_1\bar{\varphi}_1 + \psi_2\bar{\varphi}_2. \tag{13.43}$$

Wegen der Hermitezität des Operators $\hat{S}_2$ ist

$$(\hat{\Theta}\boldsymbol{\Psi}, \hat{\Theta}\boldsymbol{\Phi}) = \overline{(\boldsymbol{\Psi}, \boldsymbol{\Phi})} = (\boldsymbol{\Phi}, \boldsymbol{\Psi}), \tag{13.44}$$

und es gelten die folgenden Gleichungen

$$(\boldsymbol{\Psi}, \hat{\Theta}\boldsymbol{\Psi}) = \overline{(\hat{\Theta}\boldsymbol{\Psi}, \hat{\Theta}^2\boldsymbol{\Psi})} = (\hat{\Theta}^2\boldsymbol{\Psi}, \hat{\Theta}\boldsymbol{\Psi}) = -(\boldsymbol{\Psi}, \hat{\Theta}\boldsymbol{\Psi}), \tag{13.45}$$

das bedeutet

$$(\boldsymbol{\Psi}, \hat{\Theta}\boldsymbol{\Psi}) = 0. \tag{13.46}$$

Auf Grund der Gleichung (13.46) gelangen wir zu dem Schluß, daß die Zustände Ψ und $\hat{\Theta}\Psi$ orthogonal zueinander und folglich linear unabhängig sind. Andererseits müssen die beiden Zustände Ψ und $\hat{\Theta}\Psi$ infolge von (13.33) zum gleichen Energieniveau gehören. Das Theorem ist bewiesen.

Wir fügen noch eine wichtige Bemerkung an. Wenn das betrachtete System eine räumliche Symmetrie hat, kann die dadurch bedingte Entartung auch die KRAMERS-Entartung einschließen. Die Invarianz gegenüber „Zeitumkehr" gibt dann keinen Anlaß mehr zu einer zusätzlichen Entartung. Ein Beispiel dafür ist der Fall, daß die Drehgruppe $O^+(3)$ die Symmetriegruppe des Systems ist. Wir wissen, daß der Zustand eines Elektrons bei diesem Problem durch den Gesamtdrehimpuls J charakterisiert wird und daß ein Energieeigenwert $(2J+1)$-fach im Eigenwert M für die Spinprojektion entartet ist. Mit Hilfe von (13.32) können wir die allgemeinste Gestalt der Wellenfunktion angeben:

$$\begin{aligned}\Psi_{JM}(\boldsymbol{r}) = R_{J-\frac{1}{2}}(r) &\begin{pmatrix} c^{\left(J-\frac{1}{2},\frac{1}{2},J\right)}_{M-\frac{1}{2},\frac{1}{2},M} & Y^{\left(M-\frac{1}{2}\right)}_{J-\frac{1}{2}}(\theta,\varphi) \\ c^{\left(J-\frac{1}{2},\frac{1}{2},J\right)}_{M+\frac{1}{2},-\frac{1}{2},M} & Y^{\left(M+\frac{1}{2}\right)}_{J-\frac{1}{2}}(\theta,\varphi)\end{pmatrix} \\ + R_{J+\frac{1}{2}}(r) &\begin{pmatrix} c^{\left(J+\frac{1}{2},\frac{1}{2},J\right)}_{M-\frac{1}{2},\frac{1}{2},M} & Y^{\left(M-\frac{1}{2}\right)}_{J+\frac{1}{2}}(\theta,\varphi) \\ c^{\left(J+\frac{1}{2},\frac{1}{2},J\right)}_{M+\frac{1}{2},-\frac{1}{2},M} & Y^{\left(M+\frac{1}{2}\right)}_{J+\frac{1}{2}}(\theta,\varphi)\end{pmatrix} \qquad (13.47) \\ &(M = -J, -J+1, \ldots, J).\end{aligned}$$

Hier sind $R_{J-\frac{1}{2}}(r)$ und $R_{J+\frac{1}{2}}(r)$ gewisse reelle Funktionen, die nur von $|\boldsymbol{r}|$ abhängen. Wir erinnern an die Beziehungen $Y_l^{(m)} = P_l^{(m)} e^{im\varphi}$, $P_l^{(-m)} = (-1)^m P_l^{(m)}$. Die CLEBSCH-GORDAN-Koeffizienten sind ebenfalls reell und haben einige nützliche Eigenschaften, von denen wir die folgende benötigen:

$$c^{(l_1 l_2 J)}_{m_1 m_2 M} = c^{(l_1 l_2 J)}_{-m_1, -m_2, -M}. \qquad (13.48)$$

Wir wenden den Operator $\hat{\Theta}$, der in unserem Fall die Gestalt

$$\hat{\Theta} = \begin{pmatrix} 0 & i \\ -i & 0 \end{pmatrix} K \qquad (13.49)$$

hat, auf die Funktion $\Psi_{JM}(\boldsymbol{r})$ an und befassen uns nur mit dem ersten Summanden. Die Umformungen des zweiten Summanden verlaufen ähnlich. Mit Hilfe der Definition der Kugelfunktionen und der Eigenschaft der CLEBSCH-GORDAN-Koeffizienten erhalten wir

$$\hat{\Theta} R_{J-\frac{1}{2}}(r) \begin{pmatrix} c^{\left(J-\frac{1}{2},\frac{1}{2},J\right)}_{M-\frac{1}{2},\frac{1}{2},M} \, Y^{\left(M-\frac{1}{2}\right)}_{J-\frac{1}{2}}(\theta,\varphi) \\ c^{\left(J-\frac{1}{2},\frac{1}{2},J\right)}_{M+\frac{1}{2},-\frac{1}{2},M} \, Y^{\left(M+\frac{1}{2}\right)}_{J-\frac{1}{2}}(\theta,\varphi) \end{pmatrix} = R_{J-\frac{1}{2}}(r) \begin{pmatrix} i c^{\left(J-\frac{1}{2},\frac{1}{2},J\right)}_{M+\frac{1}{2},-\frac{1}{2},M} \, \overline{Y}^{\left(M+\frac{1}{2}\right)}_{J-\frac{1}{2}}(\theta,\varphi) \\ -i c^{\left(J-\frac{1}{2},\frac{1}{2},J\right)}_{M-\frac{1}{2},\frac{1}{2},M} \, \overline{Y}^{\left(M-\frac{1}{2}\right)}_{J-\frac{1}{2}}(\theta,\varphi) \end{pmatrix}$$

$$= R_{J-\frac{1}{2}}(r)\, i(-1)^{M+\frac{1}{2}} \begin{pmatrix} c^{\left(J-\frac{1}{2},\frac{1}{2},J\right)}_{-\left(M+\frac{1}{2}\right),\frac{1}{2},-M} \, Y^{\left(-\left(M-\frac{1}{2}\right)\right)}_{J-\frac{1}{2}}(\theta,\varphi) \\ c^{\left(J,-\frac{1}{2},\frac{1}{2}\right)}_{-\left(M-\frac{1}{2}\right),-\frac{1}{2},-M} \, Y^{\left(-\left(M-\frac{1}{2}\right)\right)}_{J-\frac{1}{2}}(\theta,\varphi) \end{pmatrix}. \tag{13.50}$$

Es ist also

$$\hat{\Theta} \Psi_{JM}(\boldsymbol{r}) = i(-1)^{M+\frac{1}{2}} \Psi_J^{-M}(\boldsymbol{r}). \tag{13.51}$$

Der Operator $\hat{\Theta}$ verknüpft Zustände mit entgegengesetzten Projektionen des Gesamtdrehimpulses und gibt im vorliegenden Fall tatsächlich keinen Anlaß zu einer zusätzlichen Entartung.

KAPITEL XIV

ZUFÄLLIGE ENTARTUNG IM KUGELSYMMETRISCHEN FELD

Im vorhergehenden Kapitel haben wir die Klassifizierung der Eigenfunktionen der SCHRÖDINGER-Gleichung mit einem beliebigen kugelsymmetrischen Potential studiert. Es sind aber zwei kugelsymmetrische Potentiale bekannt, für die eine zufällige Entartung vorliegt und für die die gegebene Klassifizierung der Zustände unvollständig ist. Es handelt sich dabei um das COULOMB-Potential $U = 1/r$ und den isotropen dreidimensionalen harmonischen Oszillator $U = kr^2$. In diesem Kapitel werden wir zeigen, daß die zufällige Entartung mit der Invarianz der entsprechenden SCHRÖDINGER-Gleichungen gegenüber bestimmten Transformationsgruppen zusammenhängt, in denen die Drehgruppe nur eine Untergruppe ist.

1. Zufällige Entartung

Das Auftreten einer zufälligen Entartung für die angegebenen Felder ist aus den Lösungen der betreffenden SCHRÖDINHER-Gleichungen bekannt.

Sehen wir uns die SCHRÖDINGER-Gleichung mit dem COULOMB-Potential an, d. h. die SCHRÖDINGER-Gleichung für ein Wasserstoffatom. In atomaren Einheiten ($e = 1$, $m = 1$, $\hbar = 1$) lautet sie

$$\left(-\frac{1}{2}\Delta - \frac{1}{r}\right)\psi(r) = E\psi(r). \tag{14.1}$$

Bekanntlich hängen die Eigenwerte dieser Gleichung für gebundene Zustände nur von der Hauptquantenzahl n ab:

$$E_n = -\frac{1}{2}\frac{1}{n^2}. \tag{14.2}$$

Bei gegebener Hauptquantenzahl n kann die Nebenquantenzahl die Werte $l = n - 1, n - 2, \ldots, 1, 0$ annehmen. Das bedeutet, daß sich die Wellenfunktionen zu einem entarteten Niveau E_n nach einer reduziblen Darstellung der Drehgruppe transformieren, die in die irreduziblen Darstellungen $D^{(n-1)}, D^{(n-2)}, \ldots, D^{(0)}$ zerfällt.

Eine zufällige Entartung liegt auch für die Energieniveaus des isotropen harmonischen Oszillators vor; die zugehörige SCHRÖDINGER-Gleichung ist (in atomaren Einheiten)

$$\left(-\frac{1}{2\mu}\Delta + \frac{\mu\omega^2}{2}r^2\right)\psi(r) = E\psi(r), \tag{14.3}$$

Zur Vereinfachung setzen wir $\mu = \omega = 1$. Wir setzen die Lösung der Gleichung (14.3) in der Form an:

$$\varphi(r) = Y_{lm}(\theta, \varphi) \frac{1}{r} f(r) e^{-r^2/2}, \quad f(0) = 0. \tag{14.4}$$

Für die Funktion $f(r)$ erhalten wir die Gleichung

$$f'' - 2r f' + \left[2n + 2 - \frac{l(l+1)}{r^2}\right] f = 0 \tag{14.5}$$

mit

$$n = E - \frac{3}{2}. \tag{14.6}$$

Die Lösung dieser Gleichung, die die Randbedingung im Nullpunkt erfüllt, kann durch die konfluente hypergeometrische Funktion ausgedrückt werden:

$$f(r) = r^{l+1} F\left(-\frac{n-l}{2}, \quad l + \frac{3}{2}, r^2\right). \tag{14.7}$$

Damit die Wellenfunktion für $r \to \infty$ gegen Null geht, muß die hypergeometrische Reihe abbrechen. Das ist nur dann möglich, wenn $(n - 1)/2$ eine ganze Zahl oder Null ist. Die Zahl n muß demnach ganzzahlig sein. Bei festgehaltenem n ist der Energieeigenwert festgelegt, und die Nebenquantenzahl l kann die Werte n, $n - 2$, $n - 4$, ... annehmen. Die zugehörigen Wellenfunktionen transformieren sich daher nach einer reduziblen Darstellung der Drehgruppe, die in die irreduziblen Darstellungen $D^{(n)}$, $D^{(n-2)}$, ... zerfällt.

2. Verbindung zur klassischen Mechanik

Der besondere Charakter der betrachteten Potentialfelder äußert sich auch in der klassischen Mechanik. Nach der klassischen Mechanik verläuft die Bewegung eines Teilchens in einem kugelsymmetrischen Potentialfeld $U(r)$ in einer Ebene senkrecht zum Drehimpulsvektor $\boldsymbol{L} = [\boldsymbol{r}, \boldsymbol{p}]$. Wir führen in dieser Ebene Polarkoordinaten ein und legen den Koordinatenursprung in das Kraftzentrum. Zwischen dem Polarwinkel φ und dem Radius r des betrachteten Teilchens besteht die Beziehung

$$\varphi = \int \frac{L\,dr}{r^2 \sqrt{2\mu(E - U(r)) - \frac{L^2}{r^2}}} + \text{const}, \tag{14.8}$$

wenn E die Energie und μ die Masse des Teilchens sind.

Die Ungleichung

$$U(r) + \frac{L^2}{2\mu r^2} < E \tag{14.9}$$

legt das Intervall fest, in dem sich der Radius r ändern kann. Dieses Intervall ist auf jeden Fall nach unten begrenzt durch die Werte $r = r_{\min}$; denn auf der linken Seite der Ungleichung steht das für $r \to 0$ anwachsende Zentrifugalglied $L/2\mu r^2$. Existiert außerdem eine obere Grenze $r = r_{\max}$, dann verläuft die Bewegung in einem endlichen Raumgebiet; die Bahnkurve liegt ganz in einem Ring mit den beiden Radien $r_{\max}$ und $r_{\min}$. Für ein beliebiges Zentralkraftfeld berührt die Bahnkurve den inneren und den äußeren Grenzkreis unendlich oft und ist nicht geschlossen (Abb. 16).

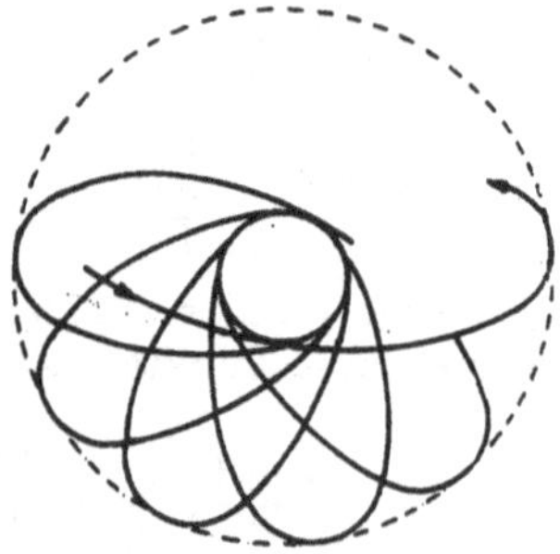

Abb. 16

Das hat seine Ursache darin, daß die Größe

$$\Delta\varphi = \int_{r_{\min}}^{r_{\max}} \frac{L\,dr}{r^2\sqrt{2\mu\,[E - U(r)] - \dfrac{L^2}{r^2}}}$$

im allgemeinen kein rationaler Teil von 2π ist. Für das Coulomb-Feld und für das Feld des isotropen harmonischen Oszillators sind die Bahnkurven geschlossen. Für das Coulomb-Feld ist $\Delta\varphi = \pi/2$, und für den isotropen harmonischen Oszillator ist $\Delta\varphi = \pi/4$ für beliebige Werte von E und L.

3. Die Symmetriegruppe des Wasserstoffatoms

Die Symmetriegruppe der Schrödinger-Gleichung für ein Wasserstoffatom ist 1935 von Fock[1]) untersucht worden. Die Transformationen dieser Gruppe lassen sich nicht auf die Transformationen im gewöhnlichen dreidimensionalen Raum zurückführen. Außerdem sind die Symmetriegruppen dieser Gleichung für die gebundenen Zustände ($E < 0$) und für das kontinuierliche Spektrum ($E > 0$) verschieden. Wir beschäftigen uns jetzt eingehender mit dem Fall des diskreten Spektrums.

---

1) V. A. Fock: Nachr. d. Akad. d. Wiss. d. UdSSR, OTN (1935), S. 169—179 (russ.).

Die Schrödinger-Gleichung (14.1) für ein Wasserstoffatom lautet in der Impulsdarstellung

$$\frac{1}{2}\, p^2 \varphi(\boldsymbol{p}) + \frac{1}{2\pi} \int \frac{\varphi(\boldsymbol{p}')\, d\boldsymbol{p}'}{(\boldsymbol{p} - \boldsymbol{p}')^2} = - \frac{p_0^2}{2}\, \varphi(\boldsymbol{p}), \tag{14.10}$$

mit

$$\varphi(\boldsymbol{p}) = (2\pi)^{-3/2} \int \psi(\boldsymbol{r})\, e^{-i(\boldsymbol{p}\boldsymbol{r})}\, d\boldsymbol{r}, \quad - \frac{p_0^2}{2} = E. \tag{14.11}$$

Wir ordnen jedem Punkt $\boldsymbol{p}$ im Impulsraum einen Punkt auf der Einheitskugel in einem vierdimensionalen Raum mit den Koordinaten ξ, η, ζ, χ zu:

$$\left.\begin{aligned} \xi &= \frac{2 p_0 p_x}{p_2^0 + p^2}, \quad \zeta = \frac{2 p_0 p_z}{p_0^2 + p^2}, \\ \eta &= \frac{2 p_0 p_y}{p_0^2 - p^2}, \quad \chi = \frac{p_0^2 - p^2}{p_0^2 + p^2}, \\ &\xi^2 + \eta^2 + \zeta^2 + \chi^2 = 1. \end{aligned}\right\} \tag{14.12}$$

Mit der Funktion

$$\Phi(\boldsymbol{p}) = \frac{\pi}{\sqrt{8}}\, p_0^{-5/2} (p_0^2 + p^2)^2 \varphi(\boldsymbol{p}) = \Psi(\xi, \eta, \zeta, \chi) \tag{14.13}$$

kann die Gleichung (14.11) in die Gestalt

$$\Psi(\xi, \eta, \zeta, \chi) = \frac{1}{2\pi^2 p_0} \int \frac{\Psi(\xi', \eta', \zeta', \chi')\, d\Omega}{|\xi - \xi'|^2 + |\eta - \eta'|^2 + |\zeta - \zeta'|^2 + |\chi - \chi'|^2} \tag{14.14}$$

gebracht werden, $d\Omega$ ist dabei das Oberflächenelement der vierdimensionalen Einheitskugel, über die zu integrieren ist. Die Gleichung (14.14) ist gegenüber Drehungen im vierdimensionalen Raum invariant, und die zugehörige Symmetriegruppe ist demzufolge die Gruppe $O^+(4)$. Auf Grund des Wigner-Theorems können wir behaupten, daß sich die Eigenfunktionen dieser Gleichung nach den irreduziblen Darstellungen der Gruppe $O^+(4)$ transformieren müssen. Wir werden die irreduziblen Darstellungen der Gruppe $O^+(4)$ in Kapitel XXI angeben. Dann können wir uns überzeugen, daß die Klassifizierung der Zustände nach diesen Darstellungen der Gruppe $O^+(4)$ mit der üblichen Klassifizierung der Zustände des Wasserstoffatoms übereinstimmt und die zufällige Entartung erklärt.

Es ist interessant, die expliziten Ausdrücke für die erzeugenden Operatoren der Darstellungen der vierdimensionalen Drehgruppe zu berechnen.[1]) In unserem Problem sind sie quantenmechanische Erhaltungsgrößen.

Im vierdimensionalen euklidischen Raum gibt es sechs unabhängige zweidimensionale Ebenen, die $\xi\eta$-, $\xi\zeta$-, $\xi\chi$-, $\eta\zeta$-, $\eta\chi$- und die $\zeta\chi$-Ebene. Eine beliebige vierreihige reelle orthogonale Matrix hängt von sechs Parametern ab; als solche

---

[1]) J. A. Dobronrawaw: Bote der Leningrader Staatsuniversität Nr. 10 (1957), S. 5 (russ.).

können die Parameter der Drehungen in den genannten Ebenen verwendet werden. Zu infinitesimalen Drehungen in diesen Ebenen gehören die Transformationen

$$\left.\begin{array}{lll} \begin{cases} \xi' = \xi - \alpha_3\eta, \\ \eta' = \alpha_3\xi + \eta; \end{cases} & \begin{cases} \xi' = \xi + \alpha_2\zeta, \\ \zeta' = -\alpha_2\xi + \zeta; \end{cases} & \begin{cases} \eta' = \eta - \alpha_1\zeta, \\ \zeta' = \alpha_1\eta + \zeta; \end{cases} \\ \begin{cases} \xi' = \xi + \beta_1\chi, \\ \chi' = -\beta_1\xi + \chi; \end{cases} & \begin{cases} \eta' = \eta + \beta_2\chi, \\ \chi' = -\beta_2\eta + \chi; \end{cases} & \begin{cases} \zeta' = \zeta + \beta_3\chi, \\ \chi' = -\beta_3\zeta + \chi. \end{cases} \end{array}\right\} \tag{14.15}$$

Im Impulsraum entsprechen diesen Drehungen nach (14.12) folgende Transformationen:

$$\left.\begin{array}{l} \begin{cases} p'_y = P_y - \alpha_1 p_z, \\ p'_z = \alpha_1 p_y + p_z; \end{cases} \quad \begin{cases} p'_x = p_x + \alpha_2 p_z, \\ p'_z = -\alpha_2 p_x + d_z; \end{cases} \quad \begin{cases} p'_x = p_x - \alpha_3 p_y, \\ p'_y = \alpha_3 p_x + p_y; \end{cases} \\ \begin{cases} p'_x = p_x + \dfrac{2p_x^2 + p_0^2 - p^2}{2p_0}\,\beta_1, \\ p'_y = p_y + \dfrac{p_y p_x}{p_0}\,\beta_1, \\ p'_z = p_z + \dfrac{p_z p_x}{p_0}\,\beta_1, \end{cases} \quad \begin{cases} p'_x = p_x + \dfrac{p_x p_y}{p_0}\,\beta_2; \\ p'_y = p_y + \dfrac{2p_y^2 + p_0^2 - p^2}{p_0}\,\beta_2, \\ p'_z = p_z + \dfrac{p_z p_y}{p_0}\,\beta_2; \end{cases} \\ \begin{cases} p'_x = p_x + \dfrac{p_x p_z}{p_0}\,\beta_3, \\ P'_y = p_y + \dfrac{p_y p_z}{p_0}\,\beta_3, \\ p'_z = p_z + \dfrac{2p_z^2 + p_0^2 - p^2}{2p_0}\,\beta_3. \end{cases} \end{array}\right\} \tag{14.16}$$

Die Transformationen (14.16) bewirken ihrerseits infinitesimale Transformationen im Funktionenraum

$$\delta\Phi = \frac{\partial\Phi}{\partial p_x}\,\delta p_x + \frac{\partial\Phi}{\partial p_y}\,\delta p_y + \frac{\partial\Phi}{\partial p_z}\,\delta p_z. \tag{14.17}$$

Unter Beachtung des Zusammenhangs zwischen den Funktionen $\Phi(\boldsymbol{p})$ und $\Phi(\boldsymbol{p})$ finden wir für die letzteren

$$\delta_{a_1}\varphi = \alpha_1\left(-\,p_z\,\frac{\partial\varphi}{\partial p_y} + p_y\,\frac{\partial\varphi}{\partial p_z}\right), \tag{14.18}$$

$$\delta_{\beta_1}\varphi = \beta_1\left[\frac{p_x^2 - p_y^2 - p_z^2 + p_0^2}{2p_0}\,\frac{\partial\varphi(\boldsymbol{p})}{\partial p_x} + \frac{p_x p_y}{p_0}\,\frac{\partial\varphi(\boldsymbol{p})}{\partial p_y} + \frac{p_x p_z}{p_0}\,\frac{\partial\varphi(\boldsymbol{p})}{\partial p_z} + 2\,\frac{p_x}{p_0}\,\varphi(\boldsymbol{p})\right] \tag{14.19}$$

und vier weitere Gleichungen, die sich durch zyklische Vertauschung von x, y und z ergeben.

Wir haben die Erzeugenden für die infinitesimalen Transformationen (14.15) im Raum der Wellenfunktionen $\varphi(\boldsymbol{p})$ zum Energieniveau $E = -p_0^2/2$ ausgeschrieben. Um die Erzeugenden der vierdimensionalen Drehgruppe zu erhalten, die auf eine beliebige nach den Eigenfunktionen des diskreten Spektrums entwickelte Funktion angewandt werden können, müssen wir die Größe p_0 durch den Operator $\sqrt{-2\hat{H}}$ ersetzen. Wir ersetzen auch die Ableitungen $\partial/\partial n_x$, $\partial/\partial p_y$, $\partial/\partial p_z$ durch ix, iy, iz und gelangen zu den endgültigen Ausdrücken für die sechs erzeugenden Operatoren:

$$\left.\begin{aligned} \hat{L}_x &= \hat{p}_z y - \hat{p}_y z, \\ \hat{L}_y &= \hat{p}_x z - \hat{p}_z x, \\ \hat{L}_z &= \hat{p}_y x - \hat{p}_x y; \end{aligned}\right\} \tag{14.20}$$

$$\left.\begin{aligned} \hat{N}_x &= \frac{1}{2}\left[\frac{[\hat{\boldsymbol{p}}, \hat{\boldsymbol{L}}]_x - [\hat{\boldsymbol{L}}, \hat{\boldsymbol{p}}]_x}{2} - \frac{x}{r}\right]\sqrt{\frac{2}{-\hat{H}}}, \\ \hat{N}_y &= \frac{1}{2}\left[\frac{[\hat{\boldsymbol{p}}, \hat{\boldsymbol{L}}]_y - [\hat{\boldsymbol{L}}, \hat{\boldsymbol{p}}]_y}{2} - \frac{y}{r}\right]\sqrt{\frac{2}{-\hat{H}}}, \\ \hat{N}_z &= \frac{1}{2}\left[\frac{[\hat{\boldsymbol{p}}, \hat{\boldsymbol{L}}]_z - [\hat{\boldsymbol{L}}, \hat{\boldsymbol{p}}]_z}{2} - \frac{z}{r}\right]\sqrt{\frac{2}{-\hat{H}}}. \end{aligned}\right\} \tag{14.21}$$

Die ersten drei Erzeugenden stimmen mit den Komponenten des Drehimpulsoperators überein. Diese Größen bleiben, wie wir wissen, für alle kugelsymmetrischen Potentiale erhalten. Die Erhaltungsgrößen (14.21) gibt es nur im Coulomb-Feld, in Vektorschreibweise sehen sie so aus:

$$\hat{\boldsymbol{N}} = \frac{1}{2}\left[\frac{[\hat{\boldsymbol{p}}, \hat{\boldsymbol{L}}] - [\hat{\boldsymbol{L}}, \hat{\boldsymbol{p}}]}{2} - \frac{\boldsymbol{r}}{r}\right]\sqrt{\frac{2}{-\hat{H}}}. \tag{14.22}$$

Die entsprechende Größe in der klassischen Mechanik ist der Ortsvektor zum zweiten Brennpunkt der Ellipse. Dieses Integral der Bewegungsgleichungen legt also die Richtung zum Perihel der Bahnkurve fest und hängt damit zusammen, daß die Bahnkurve geschlossen ist.

Fock hat weiter gezeigt, daß die Gleichung (14.1) für die Zustände des kontinuierlichen Spektrums gegenüber einer Transformationsgruppe, die der Lorentz-Gruppe isomorph ist, invariant ist.

4. Die Symmetriegruppe des isotropen Oszillators

Nachdem die zufällige Entartung der Zustände des Wasserstoffatoms erklärt worden war, hat man sich natürlich bemüht, die vollständige Symmetriegruppe des isotropen Oszillators zu bestimmen. Diese Gruppe ist unabhängig von Demkow und von Hill und Jauch gefunden worden.[1]

[1] J. N. Demkow: Bote der Leningrader Staatsuniversität Nr. 11 (1953); F. L. Hill und J. M. Jauch: Phys. Rev. 57 (1950) 641. Hier folgen wir der Arbeit von C. A. Baker: Phys. Rev. **103** (1956) 1119.

Das Problem des dreidimensionalen harmonischen Oszillators ist ein Spezialfall des Problemes für den n-dimensionalen isotropen harmonischen Oszillator. Da unsere Behandlung der Symmetriegruppe nicht von der Dimension des Oszillators abhängen wird, werden wir natürlich den allgemeinen Fall besprechen.

Der HAMILTON-Operator eines isotropen n-dimensionalen Oszillators hat (in atomaren Einheiten) die Gestalt

$$H = \sum_{k=1}^{n} \left(\frac{p_k^2}{2} + \frac{\omega^2}{2} q_k^2 \right). \tag{14.23}$$

Der Einfachheit halber werden wir die Masse $m = 1$ setzen. Wir führen die Operatoren ein:

$$\left.\begin{aligned} a_k &= (2\omega)^{-1/2}(\omega q_k + i p_k), \\ a_k^+ &= (2\omega)^{-1/2}(\omega q_k - i p_k). \end{aligned}\right\} \tag{14.24}$$

Aus den Vertauschungsregeln für die p_k und die q_k ergeben sich ganz einfach die Vertauschungsregeln für die Operatoren a_k und a_k^+:

$$a_k a_l - a_l a_k = 0, \quad a_k^+ a_l^+ - a_l^+ a_k^+ = 0, \quad a_k a_l^+ - a_l^+ a_k = \delta_{kl}. \tag{14.25}$$

Der HAMILTON-Operator (14.23) lautet mit diesen Operatoren

$$H = \omega \sum_{k=1}^{n} \left(a_k^+ a_k + \frac{1}{2} \right). \tag{14.26}$$

Man kann statt der Operatoren a_k durch eine beliebige unitäre Transformation neue Operatoren a_k' einführen:

$$a_k' = \sum_s u_{ks} a_s, \quad a_k^+ = \sum_s u_{sk}^+ a_s^+. \tag{14.27}$$

Wegen der Unitarität der Matrix $\|u_{ik}\|$ erfüllen die Operatoren a_k' und $a_k'^+$ dieselben Vertauschungsregeln wie die a_k und die a_k^+.

Tatsächlich haben wir

$$\left.\begin{aligned} a_k' a_l' - a_l' a_k' &= \sum_{i,j} u_{ki} u_{lj} (a_i a_j - a_j a_i) = 0, \\ a_k' a_l'^+ - a_l'^+ a_k' &= \sum_{i,j} u_{kj} u_{il}^+ (a_j a_i^+ - a_i^+ a_j) \\ &= \sum_{i,j} u_{kj} u_{jl}^+ = \delta_{kl}. \end{aligned}\right\} \tag{14.28}$$

Es ist klar, daß der HAMILTON-Operator (14.26) gegenüber der Transformation (14.27) invariant sein muß, in der Tat ist

$$a_k = \sum_s u_{ks}^+ a_s', \quad a_k^+ = \sum_r u_{rk}^+ a_r^{+\prime}; \tag{14.29}$$

$$\begin{aligned} H &= \omega \sum_k \left(a_k^+ a_k + \frac{1}{2} \right) = \omega \sum_k \left\{ \sum_{s,r} \left(a_r'^+ a_s' u_{ks}^+ u_{rk} + \frac{1}{2} \right) \right\} \\ &= \omega \sum_{s,r} \left(a_r'^+ a_s' \delta_{rs} + \frac{1}{2} \right) = \omega \sum_r \left(a_r'^+ a_r' + \frac{1}{2} \right). \end{aligned} \tag{14.30}$$

Die Symmetriegruppe des n-dimensionalen isotropen Oszillators ist also die n-dimensionale unitäre Gruppe $U(n)$.

Die Symmetriegruppe des dreidimensionalen Oszillators ist demnach die dreidimensionale unitäre Gruppe $U(3)$, die die Drehgruppe als reelle Untergruppe enthält. Wenn wir die Matrix $\|u_{ik}\|$ reell annehmen, dann können die Transformationen (14.27) tatsächlich in der Form

$$a'_k = \sum_{s=1}^{3} u_{ks} a_s, \quad a'^{+}_k = \sum_{s=1}^{3} u_{ks} a_s^+ \tag{14.31}$$

geschrieben werden. Dieser Transformation der Operatoren a_s und a_s^+ entsprechen gleiche Transformationen der Operatoren q_k und p_k

$$q'_k = \sum_s u_{ks} q_s, \quad p'_k = \sum_s u_{ks} p_s, \tag{14.32}$$

Diese Transformationen sind die gewöhnlichen Drehungen im dreidimensionalen Raum.

Wir wenden uns wieder dem n-dimensionalen isotropen Oszillator zu und suchen die Darstellungen, nach denen sich die entarteten Wellenfunktionen transformieren. Der n-dimensionale isotrope Oszillator kann als Satz von n gleichen eindimensionalen Oszillatoren aufgefaßt werden. Die Wellenfunktion kann deshalb als Produktfunktion angesetzt werden:

$$\Phi_{m_1, \ldots, m_n} = \varphi_{m_1}(q_1)\varphi_{m_2}(q_2) \ldots \varphi_{m_n}(q_n), \tag{14.33}$$

wobei φ_{m_i} die Wellenfunktion eines eindimensionalen Oszillators zum Energieeigenwert $\omega\left(m_i + \frac{1}{2}\right)$ ist. Die Wellenfunktion (14.33) gehört zum Energieeigenwert

$$E = \omega\left(m_1 + m_2 + \cdots + m_2 + \frac{n}{2}\right). \tag{14.34}$$

Zu diesem Energiewert gehören offenbar alle Funktionen $\Phi_{m'_1, \ldots, m'_n}$, für die die Gleichung

$$\omega\left(m'_1 + m'_2 + \cdots + m'_n + \frac{n}{2}\right) = E \tag{14.35}$$

erfüllt ist. Der Grundzustand unseres Oszillators wird durch eine einzige Funktion beschrieben:

$$\Phi_{0\ldots0} = \varphi_0(q_1) \ldots \varphi_0(q_n). \tag{14.36}$$

Man kann zeigen, daß sich die Funktion $\Phi_{0\ldots0}$ nach der Einsdarstellung der unitären Gruppe transformiert. Die Wellenfunktionen der angeregten Zustände können bekanntlich durch Anwendung der Operatoren a_k^+ auf die Funktion des Grundzustandes gebildet werden. Abgesehen von Normierungsfaktoren bekommen wir

$$\Phi_{m_1\ldots m_n} = (a_1^+)^{m_1}(a_2^+)^{m_2} \ldots (a_n^+)^{m_n}\, \Phi_{0\ldots0}, \tag{14.37}$$

und die Eigenfunktionen zum Eigenwert $m + \frac{n}{2}$ haben die Gestalt

$$a_{i_1}^+ a_{i_2}^+ \dots a_{i_m}^+ \Phi_{0 \dots 0}. \tag{14.38}$$

Die Reihenfolge der Operatoren a_i^+ ist unwesentlich, daher transformieren sich diese Funktionen bei den Transformationen (14.27) wie die Komponenten eines symmetrischen Tensors m-ter Stufe im n-dimensionalen Raum.

In der Darstellungstheorie wird bewiesen, daß die mit den Komponenten eines symmetrischen Tensors realisierten Darstellungen einer unitären Gruppe irreduzibel sind.[1]) Diese Darstellungen erfassen aber nicht alle irreduziblen Darstellungen einer unitären Gruppe. Wir können hier dieses Problem nicht weiter verfolgen und beschränken uns auf die Bestimmung der Dimension der Darstellung, die mit den Komponenten eines symmetrischen Tensors m-ter Stufe im m-dimensionalen Raum realisiert wird. Die Dimension einer Darstellung ist gleich dem Entartungsgrad des betreffenden Energieniveaus, wie wir wissen. Wir wollen die unabhängigen Komponenten eines symmetrischen Tensors m-ter Stufe im n-dimensionalen Raum abzählen. $\Phi_{j_1 \dots j_m}$ sei eine Komponente dieses Tensors. Die Indizes $j_1, j_2, \dots, j_m$ können wegen der Symmetrie des Tensors immer in wachsender Reihenfolge angeordnet werden:

$$j_1 \leqq j_2 \leqq \dots \leqq j_m.$$

In diesem Fall sind immer die Ungleichungen

$$i_1 < i_2 < \dots < i_m$$

mit $i_k = j_k + k - 1$ erfüllt. Die Zahlen i_k sind alle verschieden voneinander und können die Werte von 1 bis $n + m - 1$ annehmen. Die Zahl der verschiedenen Komponenten eines symmetrischen Tensors ist daher gleich der Zahl der verschiedenen Möglichkeiten, aus $n + m - 1$ Elementen Gruppen zu je m Elementen zu bilden. Der Entartungsgrad des Niveaus $e = m + \frac{n}{2}$ des n-dimensionalen isotropen Oszillators ist also

$$\frac{(n + m - 1)!}{m!\,(n - 1)!}. \tag{14.39}$$

Wir sind bereits weit über den Rahmen des Problems eines dreidimensionalen Oszillators hinausgegangen, und so erlauben wir uns, kurz die Symmetrieeigenschaften der Wellenfunktionen eines n-dimensionalen isotropen Oszillators zu besprechen. Die Koordinaten sollen nach einer unitären und reellen Darstellung einer Symmetriegruppe transformiert werden. Die Symmetriegruppe kann zum Beispiel eine Punktgruppe sein, wie beim Problem der Normalschwingungen von Molekülen der Fall ist. Eine derartige Koordinatentransformation zieht eine ähnliche Transformation der Operatoren a_k^+ nach sich. Gestützt auf die obige Überlegung können wir daher behaupten, daß sich die Wellenfunktionen zum Energieeigenwert $m + \frac{n}{2}$ nach der m-fach „symmetrischen" Darstellung transformieren werden, nach der sich die Normalkoordinaten transformieren (s. Kapitel XVI).

[1]) S. z. B. H. Weyl: The Classical Groups, Princeton 1946.

KAPITEL XV

DIE SYMMETRISCHE GRUPPE

In diesem Kapitel behandeln wir die symmetrische Gruppe S_n der Permutationen von n Symbolen, und wir bestimmen die zugehörigen irreduziblen Darstellungen. Eine konkrete Realisierung dieser Gruppe in der Quantenmechanik ist die Gruppe der Vertauschungen von Veränderlichen identischer Teilchen. Um von Anfang an das Ziel unserer Überlegungen klar vor Augen zu haben, beginnen wir mit der quantenmechanischen Problemstellung.

1. Quantenmechanische Beschreibung eines Systems identischer Teilchen

Die SCHRÖDINGER-Gleichung für ein System aus n gleichen Teilchen ist

$$\hat{H}(q_1, q_2, \ldots, q_n)\, \Psi(q_1, \ldots, q_n) = E\, \Psi(q_1, q_2, \ldots, q_n), \tag{15.1}$$

q_i bedeutet die Gesamtheit aller Veränderlichen des i-ten Teilchens. Der HAMILTON-Operator $\hat{H}(q_1, q_2, \ldots, q_n)$ muß gegenüber Vertauschungen der Veränderlichen q_i invariant sein. Eine Lösung der Gleichung (15.1) muß sich deshalb nach einer irreduziblen Darstellung der symmetrischen Gruppe transformieren.

Die Theorie stimmt mit den experimentellen Ergebnissen überein, wenn man fordert, daß die Wellenfunktion eines Systems von Teilchen mit halbzahligem Spin bei Vertauschung zweier beliebiger Teilchen antisymmetrisch ist; die Wellenfunktion für ein System von Teilchen mit ganzzahligem Spin muß symmetrisch sein:

$$\begin{aligned} \Psi(q_1, q_2, \ldots, q_n) &= -\Psi(q_2, q_1, \ldots, q_n) \quad \text{für Teilchen mit halbzahligem Spin,} \\ \Psi(q_1, q_2, \ldots, q_n) &= \Psi(q_2, q_1, \ldots, q_n) \quad \text{für Teilchen mit ganzzahligem Spin.} \end{aligned} \tag{15.2}$$

In der Quantenfeldtheorie hat dieser Zusammenhang durch das PAULI-Theorem seine Erklärung gefunden. Zur Beschreibung der Symmetrie der Wellenfunktionen für ein System identischer Teilchen werden also in Wirklichkeit von allen irreduziblen Darstellungen der symmetrischen Gruppe nur die beiden einfachsten eindimensionalen Darstellungen gebraucht: die antisymmetrische und die symmetrische. Wir werden es im folgenden in der Regel mit Systemen von Elektronen und demzufolge mit antisymmetrischen Wellenfunktionen zu tun haben. Die wesentlichste Anwendung der Darstellungstheorie für die symmetrische Gruppe in Mehrteilchenproblemen der Quantenmechanik hängt mit der Näherung zusammen, in der der HAMILTON-Operator des Systems als spinunabhängig vorausgesetzt wird.

Die SCHRÖDINGER-Gleichung für die stationären Zustände eines Mehrlektronen-Systems lautet dann

$$\hat{H}(\boldsymbol{r}_1, \boldsymbol{r}_2, \ldots, \boldsymbol{r}_n)\,\psi(\boldsymbol{r}_1, \ldots, \boldsymbol{r}_n) = E\psi(\boldsymbol{r}_1, \ldots, \boldsymbol{r}_n). \tag{15.3}$$

Die vollständige „antisymmetrische" Wellenfunktion ergibt sich, indem man das Produkt aus der Lösung dieser Gleichung und der Spinfunktion $\chi(\sigma_1, \sigma_2, \ldots, \sigma_n)$ antisymmetrisiert:

$$\Psi(\boldsymbol{r}_1, \sigma_1, \ldots, \boldsymbol{r}_n, \sigma_n) = \sum_p (-1)^{\varepsilon(p)}\,\psi\left(\boldsymbol{r}_{p_1}, \boldsymbol{r}_{p_2}E, \ldots, \boldsymbol{r}_{p_n}\right)\chi\left(\sigma_{p_1}, \ldots, \sigma_{p_n}\right), \tag{15.4}$$

$\varepsilon(p)$ ist die Anzahl der Transpositionen, um die Permutation p zu erreichen, die Summation erfolgt über alle Permutationen der n Indizes. Die Bahnfunktion $\psi(\boldsymbol{r}_1, \ldots, \boldsymbol{r}_n)$ ist eine Lösung der SCHRÖDINGER-Gleichung (15.3) und muß bei einer Vertauschung der Argumente nicht unbedingt antisymmetrisch sein. Da der HAMILTON-Operator $\hat{H}(\boldsymbol{r}_1, \boldsymbol{r}_2, \ldots, \boldsymbol{r}_n)$ gegenüber einer Vertauschung der Veränderlichen $\boldsymbol{r}_1, \boldsymbol{r}_2, \ldots, \boldsymbol{r}_n$ invariant ist, muß sich die Wellenfunktion $\psi(\boldsymbol{r}_1, \boldsymbol{r}_2, \ldots, \boldsymbol{r}_n)$ auf Grund des WIGNER-Theorems nach einer irreduziblen Darstellung der symmetrischen Gruppe S_n transformieren. Die einzige Beschränkung für die Klasse der zulässigen irreduziblen Darstellungen ist: Das Ergebnis der Antisymmetrisierung in Formel (15.4) muß von Null verschieden sein. In Kapitel XVI werden wir die Konstruktion der Wellenfunktion für ein Mehrelektronen-System ausführlich behandeln, hier gehen wir jetzt zum Studium der Gruppe S_n und ihrer irreduziblen Darstellungen über.

2. Die Gruppe der Permutationen von n Symbolen

Die Elemente der symmetrischen Gruppe S_n sind die $n!$ Permutationen von n Symbolen. Die Permutation s, die das Symbol mit der Nummer s_i an die Stelle des Symbols mit der Nummer i bringt, wird folgendermaßen geschrieben:

$$s = \begin{pmatrix} 1 & 2 \ldots n \\ s_1 & s_2 \ldots s_n \end{pmatrix} = \begin{pmatrix} i \\ s_i \end{pmatrix}. \tag{15.5}$$

Das Produkt zweier Permutationen $s = \begin{pmatrix} i \\ s_i \end{pmatrix}$ und $t = \begin{pmatrix} j \\ t_j \end{pmatrix}$ ist die Permutation

$$ts = \begin{pmatrix} i \\ t_{s_i} \end{pmatrix}. \tag{15.6}$$

Das Einselement der Gruppe ist die Permutation $\begin{pmatrix} i \\ i \end{pmatrix}$, das inverse Element zur Permutation s ist die Permutation

$$s^{-1} = \begin{pmatrix} s_i \\ i \end{pmatrix}. \tag{15.7}$$

Besonders interessant ist die zyklische Vertauschung von m Symbolen ($m \leq n$). Dabei wird das Symbol mit der Nummer f_k durch das Symbol mit der Nummer f_{k+1} ersetzt (für $k < m$), und das Symbol mit der Nummer f_m wird durch das Symbol mit der Nummer f_1 ersetzt. Wir werden diese Permutation mit Hilfe einer Klammer schreiben: $(f_1, f_2, \ldots, f_m)$. Eine beliebige Permutation kann als Produkt von Zyklen dargestellt werden; wir erklären das an einem Beispiel:

$$\begin{pmatrix} 1 & 2 & 3 & 4 & 5 & 6 & 7 & 8 \\ 2 & 4 & 6 & 1 & 5 & 7 & 3 & 8 \end{pmatrix} = (124)\,(367)\,(5)\,(8). \tag{15.8}$$

Wir werden die Anzahl und die Länge der Zyklen in einer Permutation durch einen Satz von Zahlen angeben: $\alpha_1, \alpha_2, \ldots, \alpha_n$; eine Zahl α_l gibt an, wieviele Zyklen mit l Symbolen (der Länge l) in der betreffenden Permutation vorkommen. Die identische Permutation wird zum Beispiel durch folgenden Satz bestimmt:

$$\alpha_1 = n, \quad \alpha_2 = \alpha_3 = \ldots = \alpha_n = 0.$$

Die Zyklenstruktur der Permutation (15.8) wird durch folgenden Satz gekennzeichnet:

$$\alpha_1 = 2, \quad \alpha_2 = 0, \quad \alpha_3 = 2, \quad \alpha_4 = \alpha_5 = \ldots = \alpha_8 = 0.$$

Da die Zahl der zu vertauschenden Symbole gleich n ist, gilt immer

$$\alpha_1 + 2\alpha_2 + \ldots + n\alpha_n = n. \tag{15.9}$$

Sehen wir uns zwei Permutationen mit der gleichen Zyklenstruktur an, zum Beispiel

$$a = (123)\,(45)\,(6), \quad b = (431)\,(26)\,(5).$$

Diese Permutationen unterscheiden sich nur durch eine Umbenennung der Symbole, die man mit Hilfe der Permutation

$$t = \begin{pmatrix} 1 & 2 & 3 & 4 & 5 & 6 \\ 4 & 3 & 1 & 2 & 6 & 5 \end{pmatrix}$$

ausführen kann, d. h., es ist $a = t^{-1}bt$. a und b gehören demnach zu einer Klasse. Offensichtlich haben umgekehrt auch alle Permutationen einer Klasse, d. h. Permutationen, die sich nur durch eine Umbenennung der Symbole voneinander unterscheiden, die gleiche Zyklenstruktur. Wir kommen auf diese Weise zu dem wichtigen Schluß, daß Permutationen mit der gleichen Zyklenstruktur eine Klasse bilden; die Zahl der Klassen ist also gleich der Zahl der verschiedenen Zyklenstrukturen. Die Zahl der Symbole in einem Zyklus wird als Zyklenlänge bezeichnet. Wir bezeichnen die Längen der Zyklen, aus denen eine beliebige Permutation besteht, mit $\lambda_1, \lambda_2, \ldots, \lambda_k$ ($\lambda_1 + \lambda_2 + \ldots + \lambda_k = n$). Die Zahl der verschiedenen Zyklenstrukturen und damit die Zahl der Klassen ist gleich der Zahl der verschiedenen Möglichkeiten, n in ganzzahlige positive Summanden zu zerlegen. Aus der allgemeinen Theorie endlicher Gruppen folgt, daß die symmetrische Gruppe S_n gerade soviel irreduzible Darstellungen hat.

3. Die irreduziblen Darstellungen der Gruppe S_n

Nun kommen wir zur Bestimmung aller irreduzibler Darstellungen der Gruppe S_n. Wir haben schon zwei eindimensionale und deshalb irreduzible Darstellungen erwähnt, die symmetrische und die antisymmetrische, nach denen sich die Wellenfunktionen von Teilchen mit ganzzahligem bzw. mit halbzahligem Spin transformieren. Bei der symmetrischen Darstellung wird jeder Permutation 1 zugeordnet, bei der antisymmetrischen $(-1)^{\varepsilon(p)}$; $\varepsilon(p)$ ist dabei die Parität einer Permutation p, d. h. die Zahl der Transpositionen, die nötig sind, um die Permutation p zu erreichen. In der antisymmetrischen Darstellung wird also einer geraden Zahl von Transpositionen 1 und einer ungeraden Zahl von Transpositionen -1 zugeordnet.

Bei der Bestimmung der irreduziblen Darstellungen gehen wir wie folgt vor. Wir betrachten die Funktion $F(y_1, y_2, \ldots, y_n)$, die das Produkt aus n unabhängigen Funktionen sein soll, von denen jede nur von einem Argument abhängt:

$$F(y_1, y_2, \ldots, y_n) = \psi_1(y_1)\psi_2(y_2) \ldots \psi_n(y_n). \tag{15.10}$$

Eine Permutation der Argumente der Funktion $F(y_1, y_2, \ldots, y_n)$ definieren wir durch die Formel

$$\hat{p}F = F(y_{p_1}, y_{p_2}, \ldots, y_{pn}) = F_p(y_1, \ldots, y_n). \tag{15.11}$$

Wenden wir auf die Funktion F alle $n!$ Permutationen an, so erhalten wir $n!$ unabhängige Funktionen F_p. Die Anwendung einer beliebigen Permutation q auf die Funktion F_p ergibt

$$\hat{q}F_p(y_1, y_2, \ldots, y_n) = \hat{q}F\left(y_{p_1}, y_{p_2}, \ldots, y_{p_n}\right) = F\left(y_{q_{p_1}}, y_{q_{p_2}}, \ldots, y_{q_{p_n}}\right) = F_{qp}. \tag{15.12}$$

Aus der Formel (15.12) folgt, daß die Funktionen F_p eine Basis für die reguläre Darstellung der symmetrischen Gruppe bilden. Die reguläre Darstellung ist bekanntlich reduzibel, und jede l-dimensionale irreduzible Darstellung kommt l-mal darin vor.

R sei der $n!$-dimensionale lineare Raum, dessen Elemente beliebige Linearkombinationen der Funktionen F_p sind:

$$\sum_{p \in S_n} c_p F_p. \tag{15.13}$$

Die reguläre Darstellung, die mit den Funktionen F_p realisiert wird, wird ausreduziert, indem der Raum R in irreduzible invariante Unterräume bezüglich der Gruppe S_n zerlegt wird. Wir nutzen jetzt aus, daß wir die Funktion F als Produkt (15.10) angesetzt haben. Auf Grund dessen können wir neben dem Operator $\hat{p}$ für die Permutation der Argumente noch den Operator $\hat{P}$ für die Permutation der Funktionen ψ_i einführen; $\hat{P}$ ist durch die folgende Gleichung definiert:

$$\hat{P}F = \psi_{p_1}(y_1)\,\psi_{p_2}(y_2) \ldots \psi_{p_n}(y_n) = \hat{p}^{-1}F. \tag{15.14}$$

Es ist leicht einzusehen, daß die Operatoren $\hat{q}$ und $\hat{P}$ miteinander kommutieren

$$\hat{q}\hat{P} = \hat{P}\hat{q}. \tag{15.15}$$

Der Operator $\hat{P}$ wirkt auf die Funktion F_q genauso wie der Operator $\hat{p} = \hat{q}\hat{p}^{-1}\hat{q}^{-1}$; tatsächlich ist

$$\hat{P}F_q = \psi_{p_1}(y_{q_1})\,\psi_{p_2}(y_{q_2})\,\ldots\,\psi_{p_n}(y_{q_n}). \tag{15.16}$$

Andererseits haben wir

$$\begin{aligned}\hat{q}\hat{p}^{-1}\hat{q}^{-1}F_q &= \hat{q}\hat{p}^{-1}\hat{q}^{-1}\psi_1(y_{q_1})\,\psi_2(y_{q_2})\,\ldots\,\psi_n(y_{q_n})\\ &= \hat{q}\hat{p}^{-1}\psi_1(y_1)\,\psi_2(y_2)\,\ldots\,\psi_n(y_n)\\ &= \hat{q}\psi_{p_1}(y_1)\,\psi_{p_2}(y_2)\,\ldots\,\psi_{p_n}(y_n)\\ &= \psi_{p_1}(y_{q_1})\,\psi_{p_2}(y_{q_2})\,\ldots\,\psi_{p_n}(y_{q_n}).\end{aligned} \tag{15.17}$$

Die Anwendung des Operators $\hat{P}$ auf verschiedene Funktionen F_q ist also verschiedenen Permutationen der Argumente äquivalent. Das Ergebnis der Anwendung des Operators $\hat{P}$ auf ein beliebiges Element (15.13) des Raumes R kann deshalb nicht durch eine Vertauschung der Argumente ausgedrückt werden.

Wir zeigen, wie man mit Hilfe der Operatoren $\hat{P}$ einen invarianten Unterraum im Raum R aufbauen kann. Wir greifen zum Beispiel λ Funktionen aus den Funktionen ψ_i heraus. Alle Permutationen der Nummern dieser Funktionen bilden die Gruppe S_λ. Nun definieren wir den *Symmetrisierungsoperator*

$$\hat{\Omega}_{S\lambda} \equiv \sum_{p\in S_\lambda} \hat{P}. \tag{15.18}$$

Wenden wir den Operator $\Omega_{S\lambda}$ auf alle Funktionen F_p an, so erhalten wir $n!$ Funktionen, die in den Vertauschungen der λ Funktionen ψ_i symmetrisch sind. Nicht alle so gebildeten Funktionen werden linear unabhängig sein, sie spannen daher nur einen Unterraum R' im Raum R auf. Der Unterraum R' ist invariant gegenüber beliebigen Vertauschungen der Argumente $y_1, y_2, \ldots, y_n$, das werden wir beweisen. Tatsächlich kann man ein beliebiges Element des Raumes R' in der Gestalt darstellen

$$\hat{\Omega}_{S\lambda} \sum_{q\in S_n} c_q F_q = \sum_{q\in S_n} c_q \sum_{q\in S_\lambda} \hat{P} F_q. \tag{15.19}$$

Wir lassen auf dieses Element den Operator für eine beliebige Permutation t der Argumente einwirken und erhalten unter Benutzung der Vertauschungsregel (15.15)

$$\hat{t} \sum_{q\in S_n} c_q \sum_{p\in S_\lambda} \hat{P} F_q = \sum_{q\in S_n} c_q \sum_{q\in S_\lambda} \hat{P} F_{tq} = \Omega_{S\lambda} \sum_{q'\in S_n} c'_{q'} F_{q'} \tag{15.20}$$

mit $c'_{q'} = c_{t^{-1}q}$.

Wie wir sehen, gehört die Funktion auf der rechten Seite dieser Gleichung zum Unterraum R', und folglich ist der Unterraum R' gegenüber einer beliebigen Vertauschung der Argumente invariant. Speziell für $\lambda = n$ besteht der Unterraum R' aus einer einzigen Funktion F_S, die bei beliebigen Vertauschungen der Funktionen ψ_i symmetrisch ist:

$$F_S = \hat{\Omega}_{S_n} F = \sum_{p \in S_n} \hat{P} F . \tag{15.21}$$

Ähnlich kann man einen invarianten Unterraum aufbauen, der bei Vertauschungen der λ Funktionen ψ_i antisymmetrisch ist. Der entsprechende *Antisymmetrisierungsoperator* ist

$$\hat{\Omega}_{A\lambda} = \sum_{p \in S_n} (-1)^{\varepsilon(p)} \hat{P} . \tag{15.22}$$

Für $\lambda = n$ bekommen wir eine bezüglich der Gruppe S_n antisymmetrische Funktion:

$$F_A = \Omega_{An} F = \sum_{p \in S_n} (-1)^{\varepsilon(p)} \hat{P} F . \tag{15.23}$$

Man kann nacheinander in verschiedenen Sätzen von Funktionen ψ_i symmetrisieren und antisymmetrisieren, um invariante Unterräume abzuspalten. Man kann natürlich nicht in den Funktionen antisymmetrisieren, in denen schon vorher symmetrisiert worden ist (sonst ergibt sich Null).

Wir zeigen jetzt, daß man bei einer bestimmten Wahl von Symmetrisierungen und Antisymmetrisierungen den ganzen Raum R in invariante Unterräume zerlegen kann, die sich nach irreduziblen Darstellungen transformieren. Um die Nummern der Funktionen ψ_i angeben zu können, in denen symmetrisiert und antisymmetrisiert werden muß, bilden wir Tableaus (Young-Tableaus) aus n Kästchen. Die Kästchen werden in Zeilen zu je $\lambda_1, \lambda_2, \ldots, \lambda_k$ $(\lambda_1 + \lambda_2 + \ldots + \lambda_k = n)$ Kästchen angeordnet. Die Zeilen werden nach abnehmenden Längen geordnet untereinander gesetzt

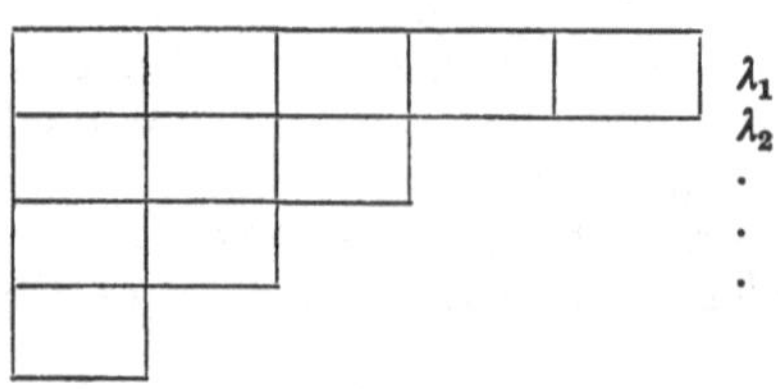

Wir tragen in die Kästchen eines Young-Tableaus die Nummern der Funktionen ψ_i ein, zum Beispiel haben wir für $n = 13$

1	2	3	4	5
6	7	8	9	
10	11			
12	13			

Wir vereinbaren, zuerst in den Nummern der Funktionen in einer Spalte eines Tableaus zu antisymmetrisieren und anschließend in den Nummern einer Zeile zu symmetrisieren.

Jetzt geben wir ein konstruktives Verfahren an, mit dem man die Symmetrisierungen und Antisymmetrisierungen bestimmen kann, so daß der Raum R in invariante irreduzible Unterräume zerfällt. Dieses Verfahren stützt sich auf die Bestimmung der entsprechenden YOUNG-Tableaus mit einer bestimmten Beschriftung der Kästchen und ist ein Rekursionsverfahren. Wir beginnen mit $n = 1$; in diesem Fall können wir nur ein YOUNG-Tableau mit einem Kästchen bilden. Für $n = 2$ sind zwei YOUNG-Tableaus möglich, das eine besteht aus einer Zeile, das andere aus einer Spalte. Die YOUNG-Tableaus für $n = 3$ ergeben sich, indem man ein weiteres Kästchen mit der Ziffer 3 anfügt. Für $n = 4$ fügen wir noch ein viertes Kästchen hinzu usw. Das beschriebene Konstruktionsverfahren illustrieren wir durch folgendes Schema:

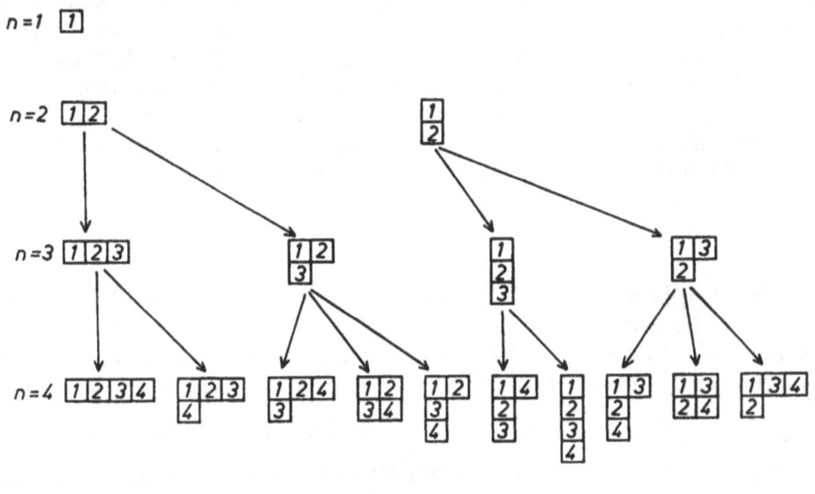

usw.

Jedem YOUNG-Tableau ordnen wir einen YOUNG-Operator zu:

$$\hat{\Omega}(\lambda_1, \lambda_2, \ldots, \lambda_k) = \sum_q \hat{Q} \sum_p (-1)^{\varepsilon(p)} \hat{P},$$

q durchläuft alle Permutationen der Nummern in einer Zeile des YOUNG-Tableau, p bedeutet alle Permutationen in einer Spalte. Auf Grund obiger Überlegungen gelangen wir zu der Feststellung, daß jeder YOUNG-Operator aus dem Raum R einen invarianten Unterraum herausprojiziert. Diese invarianten Unterräume sind unabhängig voneinander, das werden wir zeigen. Danach werden wir diese Unterräume abzählen und die gefundene Zahl mit der bekannten Zahl der irreduziblen Darstellungen in der regulären Darstellung vergleichen. So gelangen wir zu dem Schluß, daß in jedem Unterraum eine irreduzible Darstellung der Gruppe S_n realisiert ist.

Wir zeigen nunmehr, daß die mit Hilfe der YOUNG-Operatoren konstruierten invarianten Unterräume keine gemeinsamen Elemente haben, wenn die entsprechenden YOUNG-Tableaus nach dem angegebenen Rekursionsverfahren aufgebaut werden. Unser Beweis hat heuristischen Charakter und baut auf zwei Feststellungen auf, zu denen der Leser bei der Betrachtung des Schemas mit den YOUNG-Tableaus gelangen wird:

1. Die wiederholte Anwendung des gleichen YOUNG-Operators auf ein beliebiges Element des Raumes R liefert ein von Null verschiedenes Ergebnis.

2. Wendet man nacheinander zwei verschiedene YOUNG-Operatoren auf ein beliebiges Element des Raumes R an, so ergibt sich Null. Davon kann man sich wenigstens für eine Reihenfolge bei der Anwendung der Operatoren leicht überzeugen. Ein Operator wird immer die Symmetrisierung in den Funktionen enthalten, in denen der andere Operator antisymmetrisiert.

Wenn die entsprechenden invarianten Unterräume gemeinsame Elemente enthielten, würden wir zu einem Widerspruch mit obigen Feststellungen gelangen.

Schließlich kann man leicht verstehen, daß sich Unterräume zu YOUNG-Tableaus mit gleicher Struktur $\{\lambda\} = \lambda_1, \lambda_2, \ldots, \lambda_k$, aber verschiedener Beschriftung der Kästchen nach äquivalenten Darstellungen transformieren. Die Zahl der nicht äquivalenten Darstellungen ist demnach gleich der Zahl der YOUNG-Tableaus mit unterschiedlicher Struktur oder gleich der Zahl der Zerlegungen von n in ganzzahlige positive Summanden $\lambda_1 + \lambda_2 + \ldots + \lambda_k = n$, d. h. gerade gleich der Zahl der Klassen. Die Betrachtung unseres Schemas lehrt, daß die Zahlen $r\{\lambda\}$ der äquivalenten Darstellungen immer die Gleichung

$$\sum_{\{\lambda\}} r^2_{\{\lambda\}} = n! \tag{15.24}$$

erfüllen. Wir vergleichen diese Gleichung mit der Formel (3.81) und erkennen, daß die Zahlen $r_{\{\lambda\}}$ die Dimensionen $l_{\{\lambda\}}$ der irreduziblen Darstellungen sind: $r_{\{\lambda\}} = l_{\{\lambda\}}$. Auf Grund des Satzes über die Zerlegung der regulären Darstellung in irreduzible Bestandteile ist die Zahl der darin enthaltenen irreduziblen Darstellungen $\sum_{\{\lambda\}} l_{\{\lambda\}}$. Wegen $\sum_{\{\lambda\}} l_{\{\lambda\}} = \sum_{\{\lambda\}} r_{\{\lambda\}}$ ist diese Zahl gleich der Zahl der konstruierten invarianten Unterräume. Daraus folgt, daß in jedem Unterraum eine irreduzible Darstellung der symmetrischen Gruppe S_n realisiert ist. Wir werden diese irreduziblen Darstellungen mit den Symbolen $\Delta_{\{\lambda\}}$ versehen.

Jetzt untersuchen wir die Symmetrieeigenschaften der Basisfunktionen für eine irreduzible Darstellung $\Delta_{\{\lambda\}}$. Um etwas Bestimmtes vor Augen zu haben, betrachten wir die Funktion $F_{\{\lambda\}}$, die bei der Anwendung des Operators $\hat{\Omega}_{\{\lambda\}}$ auf die Funktion $F + \psi_1(y_1) \ldots \psi_n(y_n)$ entsteht:

$$F_{\{\lambda\}} = \hat{\Omega}_{\{\lambda\}} F = \sum_{g} \hat{Q} \sum_{p} (-1)^{\varepsilon(p)} \hat{P} F. \tag{15.25}$$

Aus dieser Definition folgt, daß die Funktion $F_{\{\lambda\}}$ bei Vertauschungen der Funktionen ψ_i, deren Indizes in einer Zeile des YOUNG-Tableau stehen, symmetrisch sein muß (d. h. bezüglich der Operatoren $\hat{Q}$). Wir können aber nicht behaupten, daß die Funktion $F_{\{\lambda\}}$ bezüglich der Operatoren $\hat{P}$ antisymmetrisch ist, weil die Operatoren $\hat{P}$ und $\hat{Q}$ nicht kommutieren. Nach (15.14) ist aber

$$\hat{P} F = \hat{p}^{-1} F, \tag{15.26}$$

und die Funktion $F_{\{\lambda\}}$ kann daher in der folgenden Gestalt geschrieben werden:

$$F_{\{\lambda\}} = \sum_q \hat{Q} \sum_p (-1)^{\varepsilon(p)} \hat{p} F. \tag{15.27}$$

Da die Operatoren $\hat{Q}$ und $\hat{p}$ nicht miteinander kommutieren, erhalten wir

$$F_{\{\lambda\}} = \sum_p (-1)^{\varepsilon(p)} \hat{p} \sum_q \hat{Q} F, \tag{15.28}$$

und schließlich bekommen wir unter nochmaliger Verwendung der Gleichung (15.26)

$$F_{\{\lambda\}} = \sum_p (-1)^{\varepsilon(p)} \hat{p} \sum_q \hat{q} F. \tag{15.29}$$

Man kann auf diese Weise zuerst symmetrisieren und dann in den Nummern der entsprechenden Argumente antisymmetrisieren, statt erst zu antisymmetrisieren und dann in den Nummern der Funktionen ψ_i zu symmetrisieren. Das zeigt insbesondere, daß die anfangs gemachte Voraussetzung über die Darstellung der Funktion F als Produkt keine prinzipielle Bedeutung hat und nur eine Hilfe darstellt. Aus den Formeln (15.28) oder (15.29) folgt, daß die Funktion $F_{\{\lambda\}}$ bei einer Vertauschung derjenigen *Argumente* antisymmetrisch sein muß, deren Indizes in einer Spalte des YOUNG-Tableau stehen.

Wir können jetzt die Ergebnisse zusammenfassen.

Die irreduzible Darstellung $\Delta_{\{\lambda\}}$ der symmetrischen Gruppe wird durch die Zerlegung von n in ganzzahlige positive Summanden bestimmt:

$$n = \lambda_1 + \lambda_2 + \dots + \lambda_k,\ \lambda_1 \geqq \lambda_2 \geqq \dots \geqq \lambda_k.$$

Die reguläre Darstellung der Gruppe S_n wird im linearen Raum R realisiert, der von den Funktionen $F(y_{p_1}, \dots, y_{p_n})$ aufgespannt wird; $(p_1 p_2 \dots p_n)$ sind die möglichen Vertauschungen der Zahlen 1, 2, ..., n. Ohne Beschränkung der Allgemeinheit der Ergebnisse kann man für die Funktion $F(y_1, y_2, \dots, y_p)$ ein Produkt aus n Funktionen $\psi_i(y_1) \dots \psi_n(y_n)$ verwenden. Diese Darstellung wird mit Hilfe der YOUNG-Operatoren zu den YOUNG-Tableaus ausreduziert, die nach obigem Rekursionsverfahren gebildet werden.

Übungsaufgaben

15.1. Man überzeuge sich von der Richtigkeit der Behauptungen 1 und 2 (S. 154) am Beispiel $n = 3$!

15.2. Man beweise, daß die Charaktere der Darstellungen der symmetrischen Gruppe reell sein müssen!

15.3. Man bestimme die Zahl der Elemente in der Klasse mit der Zyklenstruktur $(\alpha_1 \alpha_2 \dots \alpha_m)$!

15.4. Man beweise, daß die Parität einer Permutation durch die Parität der Summe $\alpha_2 + \alpha_4 + \alpha_6 + \cdots$ bestimmt wird!

KAPITEL XVI

SYMMETRISIERTE DARSTELLUNGEN

In diesem Kapitel führen wir den Begriff einer symmetrisierten Darstellung ein. Dieser Begriff ist die Grundlage für die meisten Anwendungen der Theorie der symmetrischen Gruppe in quantenmechanischen Problemen.

1. Vektoren und Tensoren im n-dimensionalen Raum

R_n sei der n-dimensionale Vektorraum. Wir bezeichnen die Komponenten eines Vektors in diesem Raum mit V_i, $i = 1, 2, \ldots, n$. Im Raum R_n sei die Darstellung einer Gruppe G gegeben. Die Darstellungsmatrizen für die Elemente a, b, ... der Gruppe G bezeichnen wir mit $\|a_{jj'}\|$, $\|b_{jj'}\|, \ldots$. Dem Element a ordnen wir zum Beispiel folgende Transformation der Vektoren in R_n zu:

$$V'_j = \sum_{j'=1}^{n} a_{jj'} V_{j'} . \tag{16.1}$$

Die Darstellungsmatrix für das Einselement bezeichnen wir mit $\|e_{jj'}\|$, $e_{jj'} = \delta_{jj'}$.

Neben den Vektoren betrachten wir im Raum R_n einen Tensor $V^{(m)}$ m-ter Stufe mit den Komponenten $V_{j_1 j_2 \ldots j_m}$, $j_k = 1, 2, \ldots, n$. Jeder Transformation (16.1) entspricht folgende Transformation des Tensors:

$$V'_{j_1 j_2 \ldots j_m} = \sum_{j'_1, \ldots, j'_m} a_{j_1 j'_1} \ldots a_{j_m j'_m} V_{j'_1 j'_2 \ldots j'_m} . \tag{16.2}$$

Die Matrix für diese Transformation ist das m-fache direkte Produkt der Matrix $\|a_{jj'}\|$. Wir werden sie mit $(a)^m$ oder mit $\|a_{j_1 j_2 \ldots j_m, j'_1 j'_2 \ldots j'_m}\|$ bezeichnen mit

$$a_{j_1 j_2 \ldots j_m, j'_1 j'_2 \ldots j'_m} = a_{j_1 j'_1} a_{j_2 j'_2} \ldots a_{j_m j'_m} . \tag{16.3}$$

Die Matrizen $(a)^m$ bilden wie die Matrix $\|a_{jj'}\|$ eine Darstellung der Gruppe G.

Für das Folgende ist es zweckmäßig, die Matrix $p(a)^m$ mit den Elementen

$$\{p(a)^m\}_{j_1 j_2 \ldots j_m, j'_1 j'_2 \ldots j'_m} = a_{j_{p_1} j_{p_2} \ldots j_{p_m}, j'_1 j'_2 \ldots j'_m} \tag{16.4}$$

einzuführen, $(p_1 p_2 \ldots p_m)$ ist dabei eine Permutation der Zahlen 1, 2, ..., m. Die Matrix $(a)^m$ hat folgende Eigenschaft:

$$a_{j_{p_1} j_{p_2} \ldots j_{p_m}, j'_{p_1} j'_{p_2} \ldots j'_{p_m}} = a_{j_1 j_2 \ldots j_m, j'_1 j'_2 \ldots j'_m}. \tag{16.5}$$

Die gleiche Permutation der ersten und der zweiten Indizes der Matrixelemente von $(a)^m$ bedeutet tatsächlich eine Permutation der Faktoren in der Formel (16.3).

2. Die Matrizen für die Vertauschung von Tensorindizes

Der Tensor $p V^{(m)}$ wird durch folgende Gleichung für die Komponenten definiert:

$$p V_{j_1 \ldots j_m} = V_{j_{p_1} \ldots j_{p_m}}. \tag{16.6}$$

Die Komponenten dieses Tensors können mit Hilfe der Matrix $p(e)^m$ durch die Tensorkomponenten $V_{j_1 j_2 \ldots j_m}$ ausgedrückt werden, das werden wir zeigen, $\| e_{ik} \|$ ist dabei die n-reihige Einheitsmatrix, die Matrixelemente von $(e)^m$ sind offenkundig

$$e_{j_1 j_2 \ldots j_m, j'_1 j'_2 \ldots j'_m} = \delta_{j_1 j'_1} \delta_{j_2 j'_2} \ldots \delta_{j_m j'_m}. \tag{16.7}$$

Tatsächlich haben wir

$$\sum_{j'_1, \ldots, j'_m} \{p(e)^m\}_{j_1 \ldots j_m, j'_1 \ldots j'_m} V_{j'_1 \ldots j'_m} = \sum_{j'_1, \ldots, j'_m} \delta_{j_{p_1} j'_1} \ldots \delta_{j_{p_m} j'_m} V_{j'_1 \ldots j'_m} = V_{j_{p_1} \ldots j_{p_m}}. \tag{16.8}$$

Die Matrizen $p(e)^m$ bilden eine Darstellung der symmetrischen Gruppe S_n, d. h., es gilt

$$q(e)^m \, p(e)^m = q p (e)^m, \tag{16.9}$$

wenn q und p beliebige Permutationen der Zahlen 1, 2, ..., m sind. In Wirklichkeit besteht die allgemeinere Gleichung

$$q(b)^m p(a)^m = q p (b a)^m, \tag{16.10}$$

die wir im folgenden benötigen werden und die wir jetzt beweisen wollen. Es ist klar, daß (16.9) der Spezialfall von (16.10) für $a = b = e$ ist. Zum Beweis von (16.10) schreiben wir das $(j_1 j_2 \ldots j_m, k_1 k_2 \ldots k_m)$-te Element der Matrix auf der linken Seite der Formel (16.10) auf und bekommen

$$\begin{aligned} &\sum_{j'} q(b)_{j_1 \ldots j_m, j'_1 \ldots j'_m} \, p(a)_{j'_1 \ldots j'_m, k_1 \ldots k_m} \\ &= \sum_{j'} b_{j_{q_1} \ldots j_{q_m}, j'_1 \ldots j'_m} \, a_{j'_{p_1} \ldots j'_{p_m}, k_1 \ldots k_m}. \end{aligned} \tag{16.11}$$

Nun verwenden wir die Eigenschaft, daß die gleiche Vertauschung der ersten und der zweiten Indizes die Matrix $(b)^m$ gemäß (16.5) nicht verändert, und wir gelangen zu

$$b_{j_{q_1}\dots j_{q_m}, j'_1\dots j'_m} = b_{j_{q_{p_1}}\dots j_{q_{p_m}}, j'_{p_1}\dots j'_{p_m}}. \tag{16.12}$$

Die Gleichung (16.11) kann nunmehr folgendermaßen fortgesetzt werden:

$$\sum_j b_{j_{q_{p_1}}\dots j_{q_{p_m}}, j'_{p_1}\dots j'_{p_m}} a_{j'_{p_1}\dots j'_{p_m}, k_1\dots k_m} = (ba)_{j_{q_{p_1}}\dots j_{q_{p_m}}, k_1\dots k_m}$$
$$= \{qp(ba)\}_{j_1 j_2\dots j_m, k_1\dots k_m}. \tag{16.13}$$

Dieser Ausdruck ist gerade das $(j_1 \dots j_m, k_1 \dots k_m)$-te Element der Matrix auf der rechten Seite von (16.10), und somit sind die Gleichungen (16.10) und gleichzeitig auch (16.8) bewiesen.

3. Der Zusammenhang zwischen den Darstellungen der Gruppe S_n und der Gruppe G im Tensorraum

Wir haben eine Darstellung der symmetrischen Gruppe durch die Matrizen $p(e)^m$ und eine Darstellung der Gruppe G durch die Matrizen $(a)^m$ definiert. Die Basis für diese Darstellungen ist die Basis des Tensorraumes, d. h. die Gesamtheit von n^m Tensoren mit nur einer von Null verschiedenen Komponente; diese Komponente ist 1. Wir werden die Einheitsvektoren dieser Basis mit

$$\eta_{i_1 i_2 \dots i_m}$$

bezeichnen. Ein beliebiger Tensor $V^{(m)}$ mit den Komponenten $V_{j_1\dots j_m}$ kann dann in folgender Form dargestellt werden:

$$V^{(m)} = \sum_{i_1,\dots,i_m} V_{i_1\dots i_m} \eta_{i_1\dots i_m}. \tag{16.14}$$

Wir zeigen jetzt, daß die Matrizen $p(e)^m$ und $(a)^m$ miteinander kommutieren. Mittels (16.10) können wir wirklich folgende Gleichungen ableiten:

$$q(e)^m (a)^m = q(a)^m, \quad (a)^m q(e)^m = q(a)^m \tag{16.15}$$

und daraus

$$q(e)^m (a)^m = (a)^m q(e)^m. \tag{16.16}$$

Nun gehen wir im Tensorraum zu einer neuen Basis über und wählen diese so, daß die Darstellung der symmetrischen Gruppe ausreduziert wird. Die Matrizen für die ausreduzierte Darstellung haben die Gestalt

$$\widetilde{q(e)}^m = \sum_{\{\lambda\}}^{\oplus} \left\{E_{r_{\{\lambda\}}} \times \Delta_{\{\lambda\}}(q)\right\}, \tag{16.17}$$

$r_{\{\lambda\}}$ ist die Vielfachheit der irreduziblen Darstellung $\Delta_{\{\lambda\}}$ in der Darstellung $q(e)^m$, $E_{r_{\{\lambda\}}}$ ist die $r_{\{\lambda\}}$-reihige Einheitsmatrix. Die Matrizen $\widetilde{q(e)}^m$ legen das Transformationsgesetz für die Tensorkomponenten in der neuen Basis fest. Wir bezeichnen die Einheitsvektoren der neuen Basis mit $\eta_{\{\lambda\}\varkappa\alpha}$; der Index $\{\lambda\}$ numeriert die irreduziblen Darstellungen der symmetrischen Gruppe, $\varkappa$ unterscheidet die mehrfach auftretenden äquivalenten irreduziblen Darstellungen, $\varkappa = 1, 2, \ldots, r_{\{\lambda\}}$, der Index α numeriert die Einheitsvektoren der Basis einer irreduziblen Darstellung, $\alpha = 1, 2, \ldots, l_{\{\lambda\}}$. Die neuen Einheitsvektoren drücken sich in den alten folgendermaßen aus:

$$\eta_{\{\lambda\}\varkappa\alpha} = \sum_{j_1, j_2, \ldots, j_n} T^{(\{\lambda\}\alpha\varkappa)}_{j_1 j_2 \ldots j_n} \eta_{j_1 j_2 \ldots j_n}. \tag{16.18}$$

Man kann die Koeffizienten $T^{(\{\lambda\}\alpha\varkappa)}_{j_1 j_2 \ldots j_n}$ als Komponenten des Tensors $\eta_{\{\lambda\}\alpha\varkappa}$ in der alten Basis auffassen.

Nun bestimmen wir die Gestalt der Matrizen $(a)^m$ in der neuen Basis. Wir verwenden die Vertauschbarkeit (16.16) und das SCHURsche Lemma und bekommen (vgl. die Überlegung in Kapitel V, S. 49)

$$(\tilde{a})^m = \sum_{\{\lambda\}}^{\oplus} \left\{R^{\{\lambda\}}(a) \times E_{l_{\{\lambda\}}}\right\} \tag{16.19}$$

oder

$$(\tilde{a})^m_{\{\lambda\}\varkappa\alpha, \{\lambda'\}\varkappa'\alpha'} = \delta_{\{\lambda\}\{\lambda'\}} \delta_{\alpha\alpha'} R^{\{\lambda\}}_{\varkappa\varkappa'}(a). \tag{16.20}$$

Die Matrizen $R^{\{\lambda\}}(a)$ haben $r^{\{\lambda\}}$ Reihen. Sie bilden eine Darstellung der Gruppe G im Raum mit den normierten Basisvektoren $\eta_{\{\lambda\}\varkappa\alpha}$, $\varkappa = 1, 2, \ldots, r_{\{\lambda\}}$ (bei festgehaltenen $\{\lambda\}$ und α). Die Darstellung $R^{\{\lambda\}}(a)$ wird als m-fach *symmetrisierte* Darstellung von a zur irreduziblen Darstellung $\Delta_{\{\lambda\}}$ der symmetrischen Gruppe bezeichnet.

4. Die Charaktere der symmetrisierten Darstellungen

In den Anwendungen ergibt sich häufig das Problem, die Darstellung $R_{\{\lambda\}}(a)$ auszureduzieren. Die benötigte Zerlegung kann gefunden werden, wenn die Charaktere dieser Darstellung bekannt sind.

Wir lösen zunächst ein Hilfsproblem, indem wir die Spur der Matrix $q(a)^m$ berechnen. Die Permutation q habe die Zyklenstruktur $(\alpha_1 \alpha_2 \ldots \alpha_m)$. Würde die Permutation q aus einem Zyklus mit der Länge m bestehen, dann bekämen wir

$$\{q(a)\}_{j_1 \ldots j_m, j'_1 \ldots j'_m} = a_{j_m j_1 j_2 \ldots j_{m-1}, j'_1 \ldots j'_m} = a_{j_m j'_1} a_{j_1 j'_2} \ldots a_{j_{m-1} j'_m} \tag{16.21}$$

und folglich

$$\operatorname{Sp} q(a) = \sum_{j_1, \ldots, j_m} a_{j_m j_1} a_{j_1 j_2} \ldots a_{j_{m-1} j_m} = \operatorname{Sp}(a)^m. \tag{16.22}$$

Von hier gelangt man unschwer zu dem Schluß, daß für eine beliebige Permutation die Gleichung gilt

$$\operatorname{Sp} q(a)^m = \left(\operatorname{Sp}(a)\right)^{\alpha_1} \left(\operatorname{Sp}(a)^2\right)^{\alpha_2} \ldots \left(\operatorname{Sp}(a)^m\right)^{\alpha_m}. \tag{16.23}$$

Jetzt stellen wir den Zusammenhang zwischen den Spuren der Matrizen $q(a)^m$ und $R^{\{\lambda\}}(a)$ fest. Dazu benutzen wir, daß nach (16.15)

$$q(a)^m = q(e)^m (a)^m$$

oder

$$\widetilde{q(a)}^m = \widetilde{q(e)}^m \widetilde{(a)}^m \tag{16.24}$$

ist, und demzufolge gelangen wir mit Hilfe von (16.17) und (16.19) zu

$$\widetilde{q(a)}^m = \sum_{\{\lambda\}}^{\oplus} \left\{E_{r_{\{\lambda\}}} \times \Delta_{\{\lambda\}}(q)\right\} \left\{R^{\{\lambda\}}(a) \times E_{l_{\{\lambda\}}}\right\} = \sum_{\{\lambda\}}^{\oplus} \{R^{\{\lambda\}}(a) \times \Delta_{\{\lambda\}}(q)\}. \tag{16.25}$$

Hieraus finden wir

$$\operatorname{Sp} q(a)^m = \operatorname{Sp} \widetilde{q(a)}^m = \sum_{\{\lambda\}} \operatorname{Sp} R^{\{\lambda\}}(a) \operatorname{Sp} \Delta^{\{\lambda\}}(q). \tag{16.26}$$

Weiter nutzen wir die Orthogonalitätseigenschaft der Charaktere $\chi^{\{\lambda\}}(q)$ der irreduziblen Darstellungen der symmetrischen Gruppe aus und erhalten[1])

$$\operatorname{Sp} R_{\{\lambda\}}(q) = \frac{1}{m!} \sum_{q} \operatorname{Sp} q(a)^m \chi^{\{\lambda\}}(q). \tag{16.27}$$

Wir setzen den Ausdruck (16.23) für $\operatorname{Sp} q(a)^m$ in (16.20) ein und summieren nicht mehr über die Gruppenelemente sondern über die Klassen; so ergibt sich

$$\operatorname{Sp} R^{\{\lambda\}}(a) = \frac{1}{m!} \sum_{\{\alpha\}} k_{\{\alpha\}} \chi_{\{\alpha\}}^{\{\lambda\}} (\operatorname{Sp} a)^{\alpha_1} \dots (\operatorname{Sp} a^m)^{\alpha_m}. \tag{16.28}$$

Hier bedeutet $\chi_{\{\alpha\}}^{\{\lambda\}}$ den Charakter der irreduziblen Darstellung $\Delta_{\{\lambda\}}(q)$ für die Klasse $\{\alpha\}$; $k_{\{\alpha\}}$ ist die Zahl der Elemente in dieser Klasse (s. Üb. 15.3)

$$k_{\{\alpha\}} = \frac{m!}{\alpha_1!\, 2^{\alpha_2} \alpha_2! \dots m^{\alpha_m} \alpha_m!}. \tag{16.29}$$

Besonders häufig hat man es mit der *symmetrischen* oder der *antisymmetrischen* Darstellung zu tun, d. h. mit den Darstellungen $R_m(a)$ oder $R_{\{11\dots1\}}(a)$; diese entsprechen der Einsdarstellung und der alternierenden irrduziblen Darstellung der symmetrischen Gruppe. Die Charaktere der Einsdarstellung sind 1, $\chi_{\{\alpha\}}^{(m)} = 1$, und wir bekommen danach für die Charaktere der symmetrischen Darstellung

$$\operatorname{Sp} R_m(a) = \sum_{\{\alpha\}} \frac{(\operatorname{Sp} a)^{\alpha_1} (\operatorname{Sp} a^2)^{\alpha_2} \dots (\operatorname{Sp} a^m)^{\alpha_m}}{a_1!\, 2^{\alpha_2} a_2! \dots m^{\alpha_m} a_m!}. \tag{16.30}$$

[1]) Die Charaktere für die Darstellung der symmetrischen Gruppe sind reell (s. Üb. 15.1).

Die Charaktere der antisymmetrischen Darstellung (s. Üb. 15.4) sind

$$\chi_{\{\alpha\}}^{\{1\,1\ldots 1\}} = (-1)^{\alpha_2+\alpha_4+\cdots}. \tag{16.31}$$

Setzen wir (16.31) in (16.28) ein, so erhalten wir für die Charaktere der antisymmetrischen Darstellung folgenden Ausdruck:

$$\operatorname{Sp} R_{\{1\,1\ldots 1\}}(a) = \sum_{\{\alpha\}} (-1)^{\alpha_2+\alpha_4+\cdots} \frac{(\operatorname{Sp} a)^{\alpha_1} (\operatorname{Sp} a^2)^{\alpha_2} \ldots (\operatorname{Sp} a^m)^{\alpha_m}}{\alpha_1!\, 2^{\alpha_2}\alpha_2! \ldots m^{\alpha_m}\alpha_m}. \tag{16.32}$$

Übungsaufgaben

16.1. Man berechne die Charaktere für das symmetrische und für das antisymmetrische Quadrat[1]) einer Darstellung!

16.2. Die in zwei und in drei Indizes symmetrisierten irreduziblen Darstellungen der Gruppe O sind auszureduzieren. Die Ergebnisse sind mit der Zerlegung der direkten Produkte der entsprechenden Darstellungen zu vergleichen.

16.3. Man bestimme die Darstellungen, nach denen sich die Wellenfunktionen für die Schwingungen des in Kapitel VI betrachteten oktaedrischen Moleküls zu allen Zuständen mit Zweiquanten-Anregungen transformieren!

---

[1]) Das heißt das direkte Produkt der Darstellung mit sich selbst. Anm. der dt. Red.

KAPITEL XVII

SYMMETRIEEIGENSCHAFTEN VON MEHRELEKTRONEN-WELLENFUNKTIONEN

In Abschn. 1 von Kapitel XV ist der Plan für eine gruppentheoretische Untersuchung von Mehrelektronen-Systemen angegeben worden. Wir schreiten jetzt zur Realisierung dieses Planes und benutzen dabei die Kenntnisse über die Darstellungen der symmetrischen Gruppe aus den Kapiteln XV und XVI.

1. Problemstellung

Die Eigenfunktionen der SCHRÖDINGER-Gleichung

$$H(\boldsymbol{r}_1, \ldots, \boldsymbol{r}_n)\, \Psi(\boldsymbol{r}_1, \ldots, \boldsymbol{r}_n) = E\, \Psi(\boldsymbol{r}_1, \ldots, \boldsymbol{r}_n) \tag{17.1}$$

zu einem bestimmten Eigenwert müssen sich nach einer irreduziblen Darstellung $\Delta_{\{\lambda\}}$ der symmetrischen Gruppe transformieren; die Elemente der symmetrischen Gruppe sind die Permutationen der Veränderlichen $\boldsymbol{r}_1, \boldsymbol{r}_2, \ldots, \boldsymbol{r}_n$. Der Entartungsgrad eines Eigenwertes ist gleich der Dimension der irreduziblen Darstellung, ist aber noch nicht der Entartungsgrad (das statistische Gewicht) des zugehörigen Energieniveaus. Der Entartungsgrad eines Energieniveaus ist definiert als die Zahl der vollständigen (d. h. auch von den Spinvariablen abhängigen) antisymmetrischen Eigenfunktionen der Gleichung (17.1) zu dem betrachteten Eigenwert.

$\Psi(\boldsymbol{r}_1, \boldsymbol{r}_2, \ldots, \boldsymbol{r}_n)$ sei eine der entarteten Bahneigenfunktionen der Gleichung (17.1). Offensichtlich ist

$$\Psi(\boldsymbol{r}_1, \boldsymbol{r}_2, \ldots, \boldsymbol{r}_n)\, \chi(\sigma_1, \sigma_2, \ldots, \sigma_n) \tag{17.2}$$

mit der Spinfunktion $\chi(\sigma_1, \sigma_2, \ldots, \sigma_n)$ (Spinor n-ter Stufe) ebenfalls eine Eigenfunktion der Gleichung (17.1). Vertauschen wir in (17.2) die Argumente,

$$\Psi\left(\boldsymbol{r}_{p_1}, \boldsymbol{r}_{p_2}, \ldots, \boldsymbol{r}_{p_n}\right) \chi\left(\sigma_{p_1}, \sigma_{p_2}, \ldots, \sigma_{p_n}\right), \tag{17.3}$$

so erhalten wir wiederum eine Eigenfunktion der SCHRÖDINGER-Gleichung zu demselben Eigenwert. Wir können infolgedessen die vollständige antisymmetrische Wellenfunktion unseres HAMILTON-Operators folgendermaßen aufbauen:

$$\Psi_A = \sum_p (-1)^{\varepsilon(q)}\, \Psi\left(\boldsymbol{r}_{p_1}, \ldots, \boldsymbol{r}_{p_n}\right) \chi\left(\sigma_{p_1}, \ldots, \sigma_{p_n}\right). \tag{17.4}$$

Wie wir später noch sehen werden, ist aber für manche Lösungen $\Psi(\boldsymbol{r}_1 \ldots, \boldsymbol{r}_n)$ der Gleichung (17.1) die nach (17.4) gebildete antisymmetrische Wellenfunktion identisch Null. Um eine vollständige antisymmetrische Wellenfunktion bilden zu können, müssen an die irreduziblen Darstellungen $\Delta_{\{\lambda\}}$, nach denen sich die physikalisch sinnvollen Lösungen der Gleichung (17.1) transformieren sollen, bestimmte Forderungen gestellt werden. Zur Auffindung dieser Forderungen müssen wir zunächst feststellen, nach welchen Darstellungen $\Delta_{\{\lambda'\}}$ der symmetrischen Gruppe die Spinfunktionen $\chi(\varkappa_1, \sigma_2, \ldots, \sigma_n)$ transformiert werden können. Danach können wir folgendes Kriterium anwenden: Zulässig sind die irreduziblen Darstellungen $\Delta_{\{\lambda\}}$, für die im direkten Produkt $\Delta_{\{\lambda\}} \times \Delta_{\{\lambda'\}}$ die antisymmetrische irreduzible Darstellung enthalten ist.

2. Symmetrieeigenschaften der Spinfunktionen

Die Spinfunktion $\chi(\sigma_1, \sigma_2, \ldots, \sigma_n)$ für ein System aus n Elektronen ist ein Spinor n-ter Stufe bezüglich der Drehungen des dreidimensionalen Raumes. Bei einer durch die Eulerschen Winkel φ_1, θ und φ_2 bstimmten Drehung des Koordinatensystems transformieren sich die Komponenten eines Spinors n-ter Stufe nach dem Gesetz

$$\chi'(\sigma_1, \sigma_2, \ldots, \sigma_n) = \sum_{\sigma'} \alpha_{\sigma_1\sigma_1'}[\varphi_1, \theta, \varphi_2] \ldots \alpha_{\sigma_n\sigma_n'}[\varphi_1, \theta, \varphi_2]\, \chi\left(\sigma_1', \sigma_2', \ldots, \sigma_n'\right), \tag{17.5}$$

die Matrix $\| \alpha_{\sigma\sigma'}[\varphi_1, \theta, \varphi_2) \|$ ist darin die kanonische Matrix für die irreduzible Darstellung $D^{(1/2)}$ der Drehgruppe. Die Transformationsmatrizen (17.5) bilden eine Darstellung der Drehgruppe; diese ist die n-te Potenz der Darstellung durch die Matrizen α. Offensichtlich kann der Spinor $\chi(\sigma_1, \sigma_2, \ldots, \sigma_n)$ als Tensor n-ter Stufe in einem zweidimensionalen Raum aufgefaßt werden, und es gelten für ihn alle Ergebnisse des vorhergehenden Kapitels.

In einem bestimmten Koordinatensystem können wir die 2^n Spinorkomponenten als Funktionen der n Spinvariablen σ_i ansehen; die Spinvariablen sind nur zweier Werte fähig: 1/2 und $-1/2$. Durch eine Permutation p der Argumente dieser Funktion oder der Spinorindizes können wir eine neue Funktion bilden:

$$p\,\chi(\sigma_1, \sigma_2, \ldots, \sigma_n) = \chi\left(\sigma_{p_1}, \sigma_{p_2}, \ldots, \sigma_{p_n}\right) \equiv \chi_p(\sigma_1, \sigma_2, \ldots, \sigma_n). \tag{17.6}$$

Die Größen $\chi_p(\sigma_1, \sigma_2, \ldots, \sigma_n)$ transformieren sich bei Drehungen des dreidimensionalen Raumes ebenfalls nach der Vorschrift (17.5) und sind daher die Komponenten eines neuen Spinors. Tatsächlich haben wir

$$\chi_p'(\sigma_1, \sigma_2, \ldots, \sigma_n) \equiv \chi'\left(\sigma_{p_1}, \ldots, \sigma_{p_n}\right) = \sum_{\sigma'} \alpha_{\sigma_{p_1}\sigma_1'}\, \alpha_{\sigma_{p_2}\sigma_2'} \ldots \alpha_{\sigma_{p_n}\sigma_n'}\, \chi(\sigma_1', \ldots, \sigma_n'). \tag{17.7}$$

Da wir die Summationsindizes frei wählen können, können wir auch schreiben

$$\chi_p'(\sigma_1, \sigma_2, \ldots, \sigma_n) = \sum_{\sigma'} \alpha_{\sigma_{p_1}\sigma_{p_1}'}\, \alpha_{\sigma_{p_2}\sigma_{p_2}'} \ldots \alpha_{\sigma_{p_n}\sigma_{p_n}'}\, \chi\left(\sigma_{p_1}', \ldots, \sigma_{p_n}'\right). \tag{17.8}$$

Durch Vertauschung der Faktoren erhalten wir endgültig

$$\chi_p'(\sigma_1, \dots, \sigma_n) = \sum_{\sigma'} \alpha_{\sigma_1\sigma_1'} \dots \alpha_{\sigma_n\sigma_n'}\, \chi_p(\sigma_1', \dots, \sigma_n'). \tag{17.9}$$

Natürlich ist auch eine beliebige Linearkombination

$$\sum_{p \in S_n} c_p \chi_p(\sigma_1, \sigma_2, \dots, \sigma_n) \tag{17.10}$$

ein Spinor.

Wir wenden auf den Spinor $\chi(\sigma_1, \dots, \sigma_n)$ alle Operatoren für die Permutationen p der Gruppe S_n an und bekommen $n!$ Spinoren. Natürlich sind aber nicht alle diese Spinoren unabhängig voneinander. Die Zahl der unabhängigen Spinoren kann nicht größer als die Zahl der Spinorkomponenten 2^n sein. Wir könnten als unabhängige Spinoren den Satz von 2^n Spinoren mit je einer Komponente 1 und den anderen Komponenten 0 wählen. In der so gebildeten Menge von Spinoren wird die in Kapitel XVI definierte Darstellung $p(e)^n$ der symmetrischen Gruppe realisiert; (e) ist die zweireihige Einheitsmatrix.

Die Darstellung $p(e)^n$ kann nach einem ähnlichen Verfahren ausreduziert werden, wie es in Kapitel XV zur Zerlegung der regulären Darstellung angewandt worden ist.

Wir zeichnen die Young-Tableaus auf und benutzen dazu das Rekursionsverfahren, jeweils ein weiteres Kästchen anzufügen (s. S. 153). Jedem Young-Tableau ordnen wir den Operator zu

$$\Omega_{\{\lambda\}} = \sum_p (-1)^{\varepsilon(p)}\, \hat{p} \sum_q \hat{q}, \tag{17.11}$$

die Summation über p bedeutet die Summation über alle Permutationen der Argumente, deren Indizes in je einer Spalte des Young-Tableaus stehen; die Summation über q ist die Summation über alle Permutationen der Argumente, deren Indizes in je einer Zeile des Young-Tableaus stehen. Die Anwendung des Operators (17.11) auf den Spinor $\chi(\sigma_1, \sigma_2, \dots, \sigma_n)$ ergibt einen Spinor $\chi_{\{\lambda\}}$, der zur Basis der irreduziblen Darstellung $\Delta_{\{\lambda\}}$ der Gruppe der Permutationen seiner Indizes gehört. Wenn ein Young-Tableau aus mehr als zwei Zeilen besteht, dann muß der Spinor $\chi_{\{\lambda\}}(\varkappa_1, \sigma_2, \dots, \sigma_n)$ bei Vertauschungen von mindestens drei Indizes antisymmetrisch sein. Alle Komponenten eines solchen Spinors müssen aber gleich Null sein; denn von drei Indizes sind unbedingt zwei Indizes gleich. Young-Tableaus mit mehr als zwei Zeilen können also aus unserer Untersuchung ausgeschlossen werden. Die zulässigen Young-Tableaus haben die Gestalt

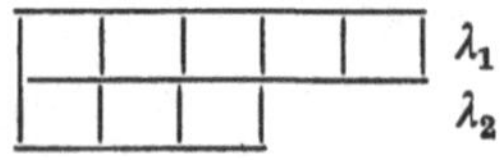

Die Spinoren $\chi_{\{\lambda\}}$ zu Young-Tableaus gleicher Struktur bilden eine Basis für die irreduzible Darstellung $\Delta_{\{\lambda\}}$ der Gruppe der Permutationen ihrer Indizes.

Die Zahl der unabhängigen Komponenten des Spinors $\chi_{\{\lambda\}}$ sei $r_{\{\lambda\}}$. Da dieser Spinor bei einer Vertauschung der Indizes in einer Spalte der zugehörigen Young-

Tableaus antisymmetrisch sein muß, können nur die Komponenten von Null verschieden sein, für die die Indizes in einer Spalte verschiedene Werte haben. Alle Komponenten, die sich nur durch den Wert dieser Indizes unterscheiden, sind bis auf das Vorzeichen einander gleich. In den anderen Indizes ist der Spinor $\chi_{\{\lambda\}}$ symmetrisch. Es gibt deshalb so viele unabhängige Komponenten, wie es verschiedene Sätze aus $\lambda_1-\lambda_2$ $1/2$ und $-1/2$ gibt. Diese Sätze sind

$$\left.\begin{array}{l} \frac{1}{2}\ \frac{1}{2}\cdots\ \frac{1}{2}, \\ -\frac{1}{2}\ \frac{1}{2}\cdots\ \frac{1}{2}, \\ \dots\dots\dots\dots \\ -\frac{1}{2}-\frac{1}{2}\cdots-\frac{1}{2}. \end{array}\right\} \tag{17.12}$$

Es gibt offenbar $\lambda_1-\lambda_2+1$ solche Sätze. Die Zahl der unabhängigen Komponenten des Spinors $\chi_{\{\lambda\}}$ ist also $r_{\{\lambda\}}=\lambda_1-\lambda_2+1$. Wir haben gerade so viel unabhängige Spinoren zu einer bestimmten Beschriftung der Kästchen eines Young-Tableau. Nach dem Schema auf S. 152 zählen wir ab, daß wir für jeden Wert von n auf diese Weise 2^n unabhängige Spinoren bekommen.

Die unabhängigen Komponenten eines symmetrisierten Spinors $\chi_{\{\lambda\}}$ müssen sich nach der symmetrisierten Darstellung $R_{\{\lambda\}}(\alpha)$ der Drehgruppe transformieren. Wir wollen die Darstellung $R_{\{\lambda\}}(\alpha)$ ausreduzieren. Eine Basis der irreduziblen Darstellung $D^{(l)}$ der Drehgruppe kann aus den $2l+1$ Eigenvektoren des erzeugenden Operators $\hat{H}_3$ zu den Eigenwerten $-l, -l+1, \ldots, l$ aufgebaut werden. Um die Darstellung $R_{\{\lambda\}}(\alpha)$ auszureduzieren, brauchen wir nur die Vielfachheit der Eigenwerte des Operators $\hat{H}_3$ im Darstellungsraum R festzustellen. In Übereinstimmung mit dem Transformationsgesetz (17.5) ist ein Spinor mit nur einer von Null verschiedenen Komponente (in einem bestimmten Koordinatensystem) ein Eigenvektor des erzeugenden Operators $\hat{H}_3$; im vorliegenden Fall stimmt $\hat{H}_3$ bis auf einen Faktor mit dem Operator $\hat{S}_3$ für die Projektion des Gesamtspins auf die z-Achse überein:

$$\begin{aligned} \hat{S}_3\chi(\sigma_1,\ldots,\sigma_n) &= \hbar\hat{H}_3\chi(\sigma_1,\ldots,\sigma_n) \\ &= \hbar(\sigma_1+\sigma_2+\cdots+\sigma_n)\,\chi(\sigma_1,\ldots,\sigma_n). \end{aligned} \tag{17.13}$$

Die „antisymmetrischen“ Indizes haben Werte mit entgegengesetzten Vorzeichen, die Werte der „symmetrischen“ Indizes werden durch die Sätze (17.12) bestimmt; wir erhalten deshalb für die unabhängigen Komponenten unseres Spinors die folgenden Eigenwerte:

$$\frac{1}{2}(\lambda_1-\lambda_2),\ \frac{1}{2}(\lambda_1-\lambda_2)-1,\ldots,-\frac{1}{2}(\lambda_1-\lambda_2). \tag{17.14}$$

Die Komponenten des Spinors $\chi_{\{\lambda\}}$ transformieren sich dementsprechend nach der irreduziblen Darstellung $D^{\left(\frac{\lambda_1-\lambda_2}{2}\right)}$ der Drehgruppe und sind Eigenvektoren des

Operators $\hat{H}_1^2 + \hat{H}_2^2 + \hat{H}_3^2$

$$(\hat{H}_1^2 + \hat{H}_2^2 + \hat{H}_3^2)\,\chi_{\{\lambda\}}\,(\sigma_1, \sigma_2, \ldots, \sigma_n)$$
$$= \frac{\lambda_1 - \lambda_2}{2}\left(\frac{\lambda_1 - \lambda_2}{2} + 1\right)\chi_{\{\lambda\}}\,(\sigma_1, \sigma_2, \ldots \sigma_n)\,. \tag{17.15}$$

Die folgenden Resultate sind für das weitere sehr wichtig. Eine beliebige Spinfunktion $\chi(\sigma_1, \sigma_2, \ldots, \sigma_n)$ kann nach den Spinfunktionen $\chi_{\{\lambda\}}(\sigma_1, \ldots, \sigma_n)$ entwickelt werden, die sich nach den irreduziblen Darstellungen der Gruppe der Permutationen ihrer Argumente transformieren. Dabei sind nur solche irreduzible Darstellungen zugelassen, deren Young-Tableaus nicht mehr als zwei Zeilen haben, $\{\lambda\} = \{\lambda_1, \lambda_2\}$. Die Komponenten der Spinfunktion $\chi_{\{\lambda\}}$ bilden eine Basis für die irreduzible Darstellung der Drehgruppe mit dem Gewicht $(\lambda_1 - \lambda_2)/2$ und sind demzufolge Eigenfunktionen des Operators für das Quadrat des Gesamtspins zum Eigenwert

$$\hbar^2\left(\frac{\lambda_1 - \lambda_2}{2}\right)\left(\frac{\lambda_1 - \lambda_2}{2} + 1\right). \tag{17.16}$$

3. Der Zusammenhang zwischen der Symmetrie von Spin- und Bahnfunktionen

Wir haben die Darstellung $p(e)^n$ der Gruppe S_n gefunden, nach der sich die Spinfunktion transformiert. Die Darstellung $p(e)^n$ zerfällt in irreduzible Darstellungen, deren Young-Tableaus nicht mehr als zwei Zeilen haben. Die irreduzible Darstellung $\Delta_{\{\lambda\}}$, nach der sich die Bahnfunktion transformiert, muß so beschaffen sein, daß die antisymmetrische Darstellung im direkten Produkt $\Delta_{\{\lambda\}} \times p(e)^n$ enthalten ist. Zur Bestimmung der zulässigen Darstellungen $\Delta_{\{\lambda\}}$ dient folgender Satz:

Die antisymmetrische Darstellung ist im direkten Produkt zweier irreduzibler Darstellungen nur dann enthalten, wenn die zugehörigen Young-Tableaus zueinander transponiert sind (d. h. wenn sie durch Vertauschen von Zeilen und Spalten auseinander hervorgehen).

Der Beweis dieses Satzes geschieht nach folgendem Plan. Wir betrachten das direkte Produkt $\Delta_{\{\lambda\}} \times \Delta_A$; Δ_A ist die antisymmetrische irreduzible Darstellung $\Delta_A = \Delta_{\{1,1,\ldots,1\}}$, $\Delta_{\{\lambda\}}$ ist eine beliebige irreduzible Darstellung. Die Darstellung $\Delta_{\{\lambda\}} \times \Delta_A$ wird irreduzibel sein, weil die Darstellung Δ_A eindimensional ist, und wir können schreiben

$$\Delta_{\{\lambda\}} \times \Delta_A = \Delta_{\{\tilde{\lambda}\}}. \tag{17.17}$$

Wir bestimmen nun die Darstellung $\Delta_{\{\tilde{\lambda}\}}$. Die Funktion $F_{\{\lambda\}}\,(y_1, y_2, \ldots, y_n)$ soll sich nach der Darstellung $\Delta_{\{\lambda\}}$ transformieren. Nach (15.29) kann man sie als antisymmetrisch bei Vertauschungen von Argumenten ansehen, deren Indizes jeweils in einer Spalte des Young-Tableaus $\{\lambda\}$ stehen. Die Funktion $F_A(y_1, \ldots, y_n)$ sei antisymmetrisch bei Vertauschungen ihrer Argumente. Die Funktion $F_{\{\lambda\}}F_A$ muß dann zur Basis der irreduziblen Darstellung $\Delta_{\{\tilde{\lambda}\}}$ gehören. Die Funktion $F_{\{\lambda\}}$ F_A ist symmetrisch bei Vertauschungen der Argumente, deren Indizes jeweils in einer Spalte des YOUNG-Tableau $\{\lambda\}$ angeordnet sind. Wie man sich einfach überzeugen kann, erhält man bei der Anwendung der Operatoren $\hat{\Omega}_{\{\lambda'\}}$ auf die Funktion $F_{\{\lambda\}} F_A$ nur dann ein von Null verschiedenes Ergebnis, wenn das YOUNG-Tableau zu dem betreffenden Operator zum YOUNG-Tableau $\{\lambda\}$ transponiert ist. Wir kommen auf diese Weise zu dem Resultat: Das YOUNG-Tableau $\{\tilde{\lambda}\}$ muß zum YOUNG-Tableau $\{\lambda\}$ transponiert sein.

Nun betrachten wir zwei irreduzible Darstellungen $\Delta_{\{\lambda\}}$ und $\Delta_{\{\lambda'\}}$ der Gruppe S_n. Wir bezeichnen die Charaktere dieser Darstellungen mit $\chi^{\{\lambda\}}(p)$ bzw. $\chi^{\{\lambda'\}}(p)$. Der Charakter der antisymmetrischen Darstellung Δ_A ist offensichtlich $(-1)^{\varepsilon(p)}$. Wir verwenden die Formel (3.88), um die Zahl $r^{(A)}_{\{\lambda\}\{\lambda\}}$ zu finden, die angibt, wie oft die Darstellung Δ_A im direkten Produkt $\Delta_{\{\lambda\}} \times \Delta_{\{\lambda'\}}$ vorkommt:[1])

$$r^{(A)}_{\{\lambda\}\{\lambda'\}} = \frac{1}{n!} \sum_p (-1)^{\varepsilon(p)} \chi^{\{\lambda\}}(p) \chi^{\{\lambda'\}}(p). \tag{17.18}$$

Es ist aber

$$(-1)^{\varepsilon(p)} \chi^{\{\lambda\}}(p) = \chi^{\{\tilde{\lambda}\}}(p) \tag{17.19}$$

und daher

$$r^{(A)}_{\{\lambda\}\{\lambda'\}} = \frac{1}{n!} \sum_p \chi^{\{\tilde{\lambda}\}}(p) \chi^{\{\lambda'\}}(p). \tag{17.20}$$

Unter Ausnutzung der Orthogonalitätseigenschaft der Charaktere der irreduziblen Darstellungen bekommen wir $r^{(A)}_{\{\lambda\}\{\lambda'\}} = 1$ für $\{\lambda'\} = \{\tilde{\lambda}\}$ und $r^{(A)}_{\{\lambda\}\{\lambda'\}} = 0$ in allen anderen Fällen. Damit ist der Satz bewiesen.

Wir wir im vorhergehenden Abschnitt gezeigt haben, zerfällt die Darstellung $p(e)^n$ in solche irreduziblen Darstellungen, deren YOUNG-Tableau aus nicht mehr als zwei Zeilen bestehen. Auf Grund des eben bewiesenen Satzes können wir behaupten, daß die für die Bahnfunktionen zulässigen irreduziblen Darstellungen $\Delta_{\{\lambda\}}$ YOUNG-Tableaus mit nicht mehr als zwei Spalten haben können. Die Lösungen der SCHRÖDINGER-Gleichung (17.1) die sich nach anderen Darstellungen der symmetrischen Gruppe transformieren, haben bei unserem Problem keinen physikalischen Sinn.

Wir nehmen an, daß uns diejenige Lösung $\Psi_{\{\lambda\}}(\boldsymbol{r}_1, \boldsymbol{r}_2, \ldots, \boldsymbol{r}_n)$ der SCHRÖDINGER-Gleichung (17.1) bekannt sei, die sich nach der irreduziblen Darstellung $\Delta_{\{\lambda\}}$ zu einem YOUNG-Tableau mit nicht mehr als zwei Spalten transformiert. Eine beliebige Spinfunktion $\chi(\sigma_1, \sigma_2, \ldots, \sigma_n)$ kann nach den symmetrisierten Spinfunktionen $\chi_{\{\lambda'\}}(\sigma_1, \ldots, \sigma_n)$ entwickelt werden, die sich nach den irreduziblen Darstellungen $\Delta_{\{\lambda'\}}$ transformieren:

$$\chi(\sigma_1, \sigma_2, \ldots, \varkappa_n) = \sum_{\{\lambda'\}} c_{\{\lambda'\}} \chi_{\{\lambda'\}}(\sigma_1, \ldots, \sigma_n). \tag{17.21}$$

Will man das Produkt $\Psi_{\{\lambda\}}(\boldsymbol{r}_1, \ldots, \boldsymbol{r}_n) \chi(\sigma_1, \ldots, \sigma_n)$ antisymmetrisieren, so erhält man offenbar nur für diejenige Spinfunktion ein von Null verschiedenes Ergebnis, die sich nach der irreduziblen Darstellung zu dem transponierten YOUNG-Tableau $\{\lambda\}$ transformiert.

[1]) Die Charaktere der Darstellungen der symmetrischen Gruppe sind reell (s. Üb. 15.2).

Alle Komponenten der Spinfunktion $\chi_{\{\lambda'\}}$ $(\sigma_1, \sigma_2, \ldots, \sigma_n)$ sind, wie wir wissen, Eigenfunktionen des Operators für das Quadrat des Gesamtspins:

$$\hat{S}^2 \chi_{\{\lambda'\}}(\sigma_1, \ldots, \sigma_n) = \hbar^2 \left(\frac{\lambda_1' - \lambda_2'}{2}\right)\left(\frac{\lambda_1' - \lambda_2'}{2} + 1\right) \chi_{\{\lambda\}}(\sigma_1, \ldots, \sigma_n). \qquad (17.22)$$

Da die vollständige antisymmetrische Wellenfunktion eine Linearkombination aus diesen Funktionen ist, ist sie ebenfalls eine Eigenfunktion des Operators $\hat{S}^2$ zu demselben Eigenwert.

Die Klassifizierung der Eigenwerte der Schrödinger-*Gleichung* (17.1) *nach den irreduziblen Darstellungen der symmetrischen Gruppe ist also auf Grund des* Pauli-*Prinzips gleichwertig mit der Klassifizierung nach den Eigenwerten des Quadrates des Gesamtspins.*

4. Symmetrieeigenschaften der Bahnfunktion

Die Bahnfunktion ist eine Lösung der Schrödinger-Gleichung (17.1) und muß sich nach einer irreduziblen Darstellung der symmetrischen Gruppe transformieren, deren Young-Tableau aus zwei Spalten besteht. Eine Funktion $\Psi_{\{\lambda\}}$ $(\boldsymbol{r}_1, \boldsymbol{r}_2, \ldots, \boldsymbol{r}_n)$ mit dieser Symmetrieeigenschaft kann aus einer beliebigen Funktion φ $(\boldsymbol{r}_1, \boldsymbol{r}_2, \ldots, \boldsymbol{r}_n)$ gewonnen werden, indem man in den Indizes der Argumente in einer Zeile des Young-Tableaus symmetrisiert und anschließend in den Indizes der Argumente in einer Spalte antisymmetrisiert:

1	$k+1$
2	$k+2$
$\vdots$	$\vdots$
$\vdots$	n
k	

Die so gebildete Funktion $\Psi_{\{\lambda\}}$ $(\boldsymbol{r}_1, \boldsymbol{r}_2, \ldots, \boldsymbol{r}_n)$ muß bei Vertauschungen zweier Gruppen von Argumenten antisymmetrisch sein, z. B.

$$\left.\begin{aligned} &\Psi_{\{\lambda\}}(\boldsymbol{r}_1, \boldsymbol{r}_2, \ldots, \boldsymbol{r}_k \mid \boldsymbol{r}_{k+1}, \ldots, \boldsymbol{r}_n) \\ &\qquad = -\Psi_{\{\lambda\}}(\boldsymbol{r}_2, \boldsymbol{r}_1, \boldsymbol{r}_3, \ldots, \boldsymbol{r}_k \mid \boldsymbol{r}_{k+1}, \ldots, \boldsymbol{r}_n), \\ &\Psi_{\{\lambda\}}(\boldsymbol{r}_1, \boldsymbol{r}_2, \ldots, \boldsymbol{r}_k \mid \boldsymbol{r}_{k+1}, \ldots, \boldsymbol{r}_n \\ &\qquad = -\Psi_{\{\lambda\}}(\boldsymbol{r}_1, \boldsymbol{r}_2, \ldots, \boldsymbol{r}_k \mid \boldsymbol{r}_{k+2}, \boldsymbol{r}_{k+1}, \boldsymbol{r}_{k+3}, \ldots, \boldsymbol{r}_n), \\ &k \geqq n - i. \end{aligned}\right\} \qquad (17.23)$$

Offensichtlich kann man diese Funktion in nicht mehr als k Argumenten antisymmetrisieren; denn dabei müßten wir diese Funktion in den Argumenten antisymmetrisieren, in denen sie vorher schon symmetrisiert worden ist. Diese Eigenschaft der Funktion $\Psi_{\{\lambda\}}$ kann zum Beispiel in Form folgender Gleichung geschrieben werden:

$$\Psi_{\{\lambda\}}(\boldsymbol{r}_1, \boldsymbol{r}_2, \ldots, \boldsymbol{r}_k \mid \boldsymbol{r}_{k+1}, \ldots, \boldsymbol{r}_n)$$
$$= \sum_i \Psi_{\{\lambda\}}(\boldsymbol{r}_1, \ldots, \boldsymbol{r}_{i-1}, \boldsymbol{r}_k, \boldsymbol{r}_{i+1}, \ldots, \boldsymbol{r}_k \mid \boldsymbol{r}_i, \boldsymbol{r}_{k+2}, \ldots, \boldsymbol{r}_n). \tag{17.24}$$

Die Symmetrieeigenschaften (17.23) und (17.24) der Bahnfunktion sind zuerst von Fock[1]) festgestellt worden.

Zum Schluß behandeln wir ein Verfahren zur Konstruktion der Bahnfunktion zu einem bestimmten Eigenwert des Operators $\hat{S}^2$ aus den unabhängigen Einelektronen-Funktionen $\varphi_1(\boldsymbol{r}_1), \varphi_2(\boldsymbol{r}_2), \ldots \varphi_n(\boldsymbol{r}_n)$. Der Eigenwert von $\hat{S}^2$ sei $\hbar^2 s(s+1)$. Die irreduzible Darstellung, nach der sich die Bahnfunktion transformieren muß, gehört zu einem Young-Tableau aus zwei Spalten mit den Längen $\lambda_1' = \frac{n}{2} + s$ und $\lambda_2' = \frac{n}{2} - s$. Wir versehen die Kästchen des Young-Tableaus mit den Nummern der Funktionen φ_i. Danach bilden wir den zugehörigen Operator $\hat{\Omega}_{\{\lambda\}}$ und wenden diesen auf das Produkt der Einelektronen-Funktionen an:

$$\hat{\Omega}_{\{\lambda\}}\, \varphi_1(\boldsymbol{r}_1) \ldots \varphi_n(\boldsymbol{r}_n) = \sum_q \hat{Q} \sum_p (-1)^{\varepsilon(p)} \hat{P} \varphi_1(\boldsymbol{r}_1)\, \varphi_2(\boldsymbol{r}_2) \ldots \varphi_n(\boldsymbol{r}_n). \tag{17.25}$$

Nachdem wir in den Spalten antisymmetrisiert haben, erhalten wir

$$\sum_p (-1)^{\varepsilon(p)} \hat{P} \varphi_1(\boldsymbol{r}_1) \ldots \varphi_n(\boldsymbol{r}_n)$$
$$= \begin{vmatrix} \varphi_1(\boldsymbol{r}_1) & \varphi_1(\boldsymbol{r}_2) & \ldots & \varphi_1(\boldsymbol{r}_{\lambda_1'}) \\ \varphi_2(\boldsymbol{r}_1) & \varphi_2(\boldsymbol{r}_2) & \ldots & \varphi_2(\boldsymbol{r}_{\lambda_1'}) \\ \cdot & \cdot & \cdot & \cdot \\ \varphi_{\lambda_1'}(\boldsymbol{r}_1) & \varphi_{\lambda_1'}(\boldsymbol{r}_2) & \ldots & \varphi_{\lambda_1'}(\boldsymbol{r}_{\lambda_1'}) \end{vmatrix} \times \begin{vmatrix} \varphi_{\lambda_1'+1}(\boldsymbol{r}_{\lambda_1'+1}) & \ldots & \varphi_{\lambda_1'+1}(\boldsymbol{r}_n) \\ \varphi_{\lambda_1'+2}(\boldsymbol{r}_{\lambda_1'+1}) & \ldots & \varphi_{\lambda_1'+2}(\boldsymbol{r}_n) \\ \cdot & \cdot & \cdot \\ \varphi_n(\boldsymbol{r}_{\lambda_1'+1} & \ldots & \varphi_n(\boldsymbol{r}_n) \end{vmatrix}. \tag{17.26}$$

Anschließend muß das Produkt aus den beiden Determinanten in Paaren von Funktionen symmetrisiert werden, deren Nummern jeweils in einer Zeile stehen. Der endgültige Ausdruck für die Bahnfunktion eines Mehrelektronen-Problems besteht aus einer Summe solcher Produkte.

Übungsaufgaben

17.1. Es sind sechs verschiedene Einelektronen-Funktionen $\varphi_1(\boldsymbol{r}_1), \varphi_2(\boldsymbol{r}_2), \ldots, \varphi_6(\boldsymbol{r}_6)$ gegeben. Man bilde für das System aus sechs Elektronen mit Hilfe der Young-Operatoren die Bahnfunktionen zu den verschiedenen möglichen Eigenwerten des Quadrates des Gesamtspins!

17.2. Beweise: Wenn die Einelektronen-Bahnfunktionen für ein System aus einer geraden Anzahl von Elektronen paarweise übereinstimmen, dann ist der Eigenwert für das Quadrat des Gesamtspins gleich Null.

---

[1]) V. A. Fock: JETP **10** (1940) 388 (russ.).

KAPITEL XVIII

SYMMETRIEEIGENSCHAFTEN DER WELLENFUNKTIONEN EINES SYSTEMS IDENTISCHER TEILCHEN MIT BELIEBIGEN SPINS

In diesem Kapitel verallgemeinern wir die Überlegungen von Kapitel XVII für ein System identischer Teilchen mit beliebigen Spins. Gleiche Kerne in einem mehratomigen Molekül bilden zum Beispiel ein solches System. Die in diesem Kapitel erzielten Resultate werden später auch zur Klassifizierung der Zustände eines Atoms mit mehreren Elektronen benutzt werden.

1. Problemstellung

Wir fixieren zunächst die Problemstellung. Wie schon früher werden wir es mit einer SCHRÖDINGER-Gleichung ohne Spinoperatoren für ein System identischer Teilchen zu tun haben. Die Spins der Teilchen können beliebig sein (d. h., sie müssen nicht unbedingt 1/2 sein). Darin besteht die erste Verallgemeinerung unserer früheren Überlegungen. Außerdem werden wir voraussetzen, daß die ursprüngliche SCHRÖDINGER-Gleichung infolge von Näherungen durch eine Näherungsgleichung ersetzt worden ist, in der die Symmetrie bei Vertauschungen identischer Teilchen verlorengegangen ist. Für ein System identischer Kerne in einem Molekül haben wir zum Beispiel (in adiabatischer Näherung) die SCHRÖDINGER-Gleichung

$$\left\{-\frac{\hbar^2}{2M}\sum_{i=1}^{n}\Delta_i + U(\boldsymbol{R}_1, \ldots, \boldsymbol{R}_n)\right\}\Psi = E\Psi, \tag{18.1}$$

die gegenüber Vertauschungen der Veränderlichen $\boldsymbol{R}_i$ invariant ist. In der Näherung harmonischer Oszillatoren wird die potentielle Energie $U(\boldsymbol{R}_1, \boldsymbol{R}_2, \ldots, \boldsymbol{R}_n)$ durch eine quadratische Form in den kleinen Auslenkungen aus den Ruhelagen ersetzt, und wir erhalten die Gleichung

$$\left\{-\frac{\hbar^2}{2M}\sum_{i=1}^{n}\Delta_i + \sum_{i,k=1}^{n}\left(\frac{\partial^2 U}{\partial \boldsymbol{R}_i\,\partial \boldsymbol{R}_k}\right)_{R=R^{(0)}}(\boldsymbol{R}_i - \boldsymbol{R}_i^{(0)}(\boldsymbol{R}_k - \boldsymbol{R}_k^{(0)})\right\}\Psi = 0. \tag{18.2}$$

Die Gleichung (18.2) ist in einer kleinen Umgebung des Punktes $\{\boldsymbol{R}_i^{(0)}\}$ des Konfigurationsraumes der Veränderlichen $\{\boldsymbol{R}_i\}$ richtig. Wenn wir aber berücksichtigen, daß in den Rotationsfreiheitsgraden (die eine Drehung des ganzen Moleküls beschreiben) keine Beschränkungen (über kleine Auslenkungen) vorhanden sind, dann gilt diese Gleichung auch in der Umgebung eines beliebigen Punktes $\{g\boldsymbol{R}_i^{(0)}\}$; g ist eine beliebige Drehung. $\boldsymbol{R}_2^{(0)}$ und $\boldsymbol{R}_1^{(0)}$ seien die Ruhelagen äquivalenter Kerne;

um eine Gleichung auch für einen anderen Bereich zu erhalten, zum Beispiel für die Umgebung des Punktes $\{\boldsymbol{R}_2^{(0)}, \boldsymbol{R}_1^{(0)}, \boldsymbol{R}_3^{(0)}, \ldots, \boldsymbol{R}_n^{(0)}\}$, können wir einfach die Veränderlichen $\boldsymbol{R}_1$ und $\boldsymbol{R}_2$ in der Gleichung (18.2) vertauschen. Offensichtlich gehen die Lösungen der neuen Gleichung aus den Lösungen der Gleichung (18.2) durch dieselbe Vertauschung hervor. Gegenüber einigen Vertauschungen von Veränderlichen $\boldsymbol{R}_i$ für äquivalente Kerne ist die Gleichung (18.2) invariant. Sie ist nämlich gegenüber denjenigen Vertauschungen invariant, die Drehungen oder Drehspiegelungen entsprechen, bei denen die Ruhelagen äquivalenter Kerne miteinander zur Deckung gebracht werden. Tatsächlich kann man sich unschwer davon überzeugen, daß eine solche Vertauschung einer Drehung (oder Drehspiegelung) und anschließender Substitution der Auslenkungen äquivalent ist, wie sie in Kapitel V behandelt worden ist (s. Abb. 1). Wir werden deshalb voraussetzen, daß sich die Eigenfunktionen der Näherungsgleichung nach den Darstellungen nur einer Untergruppe von S_n transformieren.[1]) Darin besteht die zweite Verallgemeinerung. Wir nehmen an, die (genäherte) SCHRÖDINGER-Gleichung sei gelöst, d. h., die Eigenwerte und Eigenfunktionen seien gefunden. Dabei erhebt sich die wichtige Frage nach den statistischen Gewichten jedes einzelnen Niveaus. Das *statistische Gewicht* eines Niveaus ist die Zahl der zugehörigen unabhängigen Zustände, oder mit anderen Worten, die Zahl der symmetrischen (antisymmetrischen) Funktionen, die man aus den gefundenen Eigenfunktionen und einer beliebigen Spinfunktion bilden kann. Unter einer beliebigen Spinfunktion verstehen wir eine Spinfunktion mit $(2s + 1)^n$ unabhängigen Komponenten; s ist die maximale Spinprojektion eines Teilchens, n die Zahl der Teilchen im System.[2])

Dieses Problem wird nach folgendem Plan gelöst. 1. Wir bestimmen die Darstellung der symmetrischen Gruppe zu den Lösungen der genäherten SCHRÖDINGER-Gleichung. 2. Wir suchen die Darstellung der symmetrischen Gruppe, nach der sich die $(2s + 1)$-komponentige Spinfunktion transformiert. 3. Wir bilden das direkte Produkt dieser Darstellungen und stellen fest, wie oft darin die symmetrische (oder die antisymmetrische) Darstellung enthalten ist. Diese Zahl ist das statistische Gewicht des betreffenden Niveaus.

2. Der Satz von Frobenius

H sei die Symmetriegruppe der genäherten SCHRÖDINGER-Gleichung. Die Eigenfunktionen dieser Gleichung zu einem bestimmten Eigenwert bilden eine Menge R_0, die gegenüber der Untergruppe H, aber nicht gegenüber der ganzen Gruppe S_n invariant ist. Die in diesem Abschnitt gewonnenen Ergebnisse gelten allgemein und sind nicht an die konkrete Wahl der symmetrischen Gruppe ge-

[1]) Das ist einer der seltenen Fälle, daß beim Übergang zu einem gröberen Modell die Symmetrie nicht erhöht sondern erniedrigt wird.

[2]) Bei der Behandlung eines Molekülproblems hat man zu beachten, daß die Wellenfunktion der Elektronen auch eine bestimmte Symmetrie bezüglich derjenigen Vertauschungen der $\boldsymbol{R}_i$ hat, die zu der angegebenen Untergruppe gehören. Diese Vertauschungen sind Drehungen oder Spiegelungen der Elektronenkoordinaten äquivalent. Bei der Bestimmung des statistischen Gewichtes eines Niveaus hat man deshalb das Produkt $\Psi_{el}\,\Psi_{kern}\,\Psi_{spin}$ zu betrachten (Ψ_{spin} bezieht sich auf die Kernspins). Unsere Überlegungen treffen für den Fall zu, daß sich Ψ_{el} nach der Einsdarstellung der Symmetriegruppe des Moleküls transformiert.

knüpft. Wir werden daher statt der Gruppe S_n eine beliebige Gruppe G der Ordnung N betrachten.

Wir zerlegen die Gruppe G in Nebenklassen zur Untergruppe H:

$$H, g_1 H, g_2 H, \ldots, g_m H. \tag{18.3}$$

Die Transformationen $\hat{g}_1, \hat{g}_2, \ldots, \hat{g}_m$ überführen den Raum R_0 in die neuen Räume R_i:

$$\hat{g}_i R_0 = R_i.$$

Die direkte Summe der Räume $R = R_0 \oplus R_1 \oplus \ldots \oplus R_m$ ist gegenüber der ganzen Gruppe G invariant. Tatsächlich ist für ein beliebiges Element aus G, z. B. $g = g_i h$, $h \in H$,

$$\hat{g} R_j = \hat{g}_i \hat{h} \hat{g}_j R_0 = \hat{g}_k \hat{h}' R_0 \tag{18.4}$$

mit $h' \in H$ und demzufolge

$$\hat{g} R_j = \hat{g}_k R_0 = R_k. \tag{18.5}$$

Wir bezeichnen mit γ die in R_0 realisierte Darstellung der Gruppe H und mit Γ die Darstellung der Gruppe G im Raum R. Es sind die Charaktere der Darstellung Γ zu berechnen. Wir suchen zunächst die Charaktere $X(h)$ der Darstellung Γ für $h \in H$. Dazu bestimmen wir zuerst die Zahl der Unterräume R_j, die bei Transformationen aus H invariant bleiben. Wegen

$$\hat{h} R_j = \hat{h} \hat{g}_j R_0 = \hat{g}_j (\hat{g}_j^{-1} \hat{h} \hat{g}_j) R_0 \tag{18.6}$$

ist die Invarianzforderung für

$$g_j^{-1} h g_j \in H \tag{18.7}$$

erfüllt. Falls diese Beziehung erfüllt ist, stimmt die Transformationmatrix im Raum R_j zum Element h mit der Darstellungsmatrix γ für das Element $g_j^{-1} h g_j$ überein. g_j gehört nicht zu H; deshalb kann das Element $g_j^{-1} h g_j$ nicht derselben Klasse C der Gruppe H angehören wie das Element h. Aber natürlich gehört dieses Element immer zur Klasse K der Gruppe G, in der C enthalten ist. Wir halten das Element $h \in H$ fest und zählen die Räume R_j ab, die sich bei einer Transformation $\hat{h}$ gleichartig transformieren. Dazu stellen wir fest, wieviel Elemente $g_i^{-1} h g_i$ ($i = 0, \ldots, m$) zu einer bestimmten Klasse C der Gruppe H gehören. Wenn für g_j die Bedingung

$$g_j^{-1} h g_j \in C \tag{18.8}$$

erfüllt ist, erhalten wir dasselbe Ergebnis für alle Elemente einer Nebenklasse $g_i H$. Wir bestimmen daher zuerst, wieviel Elemente $g^{-1} hg$ zu C gehören, wenn g durch die ganze Gruppe G läuft, und anschließend dividieren wir das Resultat durch die Gruppenordnung von H. Während g die ganze Gruppe G durchläuft, kommt in der Menge $g^{-1} hg$ jedes Element der Klasse K (N/k)-mal vor; k ist die Zahl der Elemente in der Klasse K. c sei die Zahl der Elemente in der Klasse C. In der betrachteten Menge finden wir dann Nc/k Elemente, die dieser Klasse angehören. Das Element g soll nun aber nicht durch die ganze Gruppe laufen, sondern nur die Werte $g_0, g_1, \ldots, g_m$ annehmen. Die gesuchte Zahl l_C der Elemente in der Menge $g_j^{-1} h g_j$, die zur Klasse C in der Klasse K gehören, ist

$$l_C = \frac{1}{N_1} \frac{N}{k} c, \tag{18.9}$$

N_1 ist darin die Ordnung der Untergruppe H. χ_C sei der Charakter der im Raum R_0 realisierten Darstellung der Klasse C von der Untergruppe H. Der Charakter der im Raum R realisierten Darstellung der Klasse K von der Gruppe G ist

$$X_K = \sum_{C \in K} l_C \chi_C = \frac{N}{N_1} \sum_{C \in K} \frac{c}{k} \chi_C, \tag{18.10}$$

wobei die Summation über alle in K enthaltenen Klassen C läuft. Die Charaktere der Klassen K', die keine gemeinsamen Elemente mit H haben, sind Null; denn bei Transformationen aus diesen Klassen bleibt kein einziger Unterraum R_i invariant. Wir werden sagen, die Darstellung γ der Gruppe H mit den Charakteren χ_e induziere die Darstellung Γ der Gruppe G mit den Charakteren X_K. Für eine irreduzible Darstellung γ ist die Darstellung Γ im allgemeinen reduzibel. Man kann sie nach dem folgenden Satz ausreduzieren.

Satz von FROBENIUS. *Die von der irreduziblen Darstellung $\gamma^{(i)}$ der Untergruppe H induzierte Darstellung Γ der Gruppe G enthält jede irreduzible Darstellung $\Gamma^{\{\lambda\}}$ der Gruppe G so oft, wie in der Darstellung der Gruppe H durch die Matrizen $\Gamma^{\{\lambda\}}$ die irreduzible Darstellung $\gamma^{(i)}$ enthalten ist.*

Beweis: Der Beweis dieses Satzes fällt uns nun nicht mehr schwer. Die uns interessierende Zahl wird durch die Formel

$$r_{i\{\lambda\}} = \frac{1}{N} \sum_K k \overline{X}_K^{(i)} X_K^{\{\lambda\}} \tag{18.11}$$

gegeben, in der $X_K^{(i)}$ den Charakter der Darstellung Γ und $X_K^{\{\lambda\}}$ den Charakter der irreduziblen Darstellung $\Gamma^{\{\lambda\}}$ bedeuten. Wir setzen den Ausdruck (18.10) für X_K ein und bekommen

$$r_{i\{\lambda\}} = \frac{1}{N} \sum_K k \frac{N}{N_1} X_K^{\{\lambda\}} \sum_{C \in K} \frac{c}{k} \overline{\chi}_C^{(i)} = \frac{1}{N_1} \sum_C c \overline{\chi}_C^{(i)} X_C^{\{\lambda\}}, \tag{18.12}$$

was zu beweisen war.

Wir kehren nun zu unserem Problem zurück und gelangen zu der Aussage: Der Charakter der Darstellung der symmetrischen Gruppe, nach der sich die betrachtete Wellenfunktion transformiert, wird durch die Formel (18.10) gegeben, und die Zerlegung dieser Darstellung in irreduzible Darstellungen kann mit Hilfe des Satzes von FROBENIUS gefunden werden.

3. s-Tensoren

Wir können jetzt den nächsten Schritt tun und die Darstellung der symmetrischen Gruppe auffinden, nach der sich eine $(2s + 1)$-komponentige Spinfunktion transformiert. Diese Spinfunktion kann als Tensor n-ter Stufe in einem $(2s + 1)$-dimensionalen Raum aufgefaßt werden; denn sie transformiert sich bei Drehungen des dreidimensionalen Raumes nach der Vorschrift

$$\chi' (\sigma_1, \varkappa_2, \ldots, \sigma_n) = \sum_{\sigma'} D_{\sigma_1\sigma'_1} \ldots D_{\sigma_n\sigma'_n} \chi(\sigma'_1, \ldots, \sigma'_n), \tag{18.13}$$

$\|D_{\sigma_i\sigma'_i}\|$ ist die Matrix für die irreduzible Darstellung der Drehgruppe mit dem Gewicht s. Der Kürze halber nennen wir diese einen s-Tensor n-ter Stufe. Offensichtlich kann jeder beliebige s-Tensor n-ter Stufe durch die $(2s + 1)^n$ unabhängigen Tensoren ausgedrückt werden, die die Basis des betrachteten Tensorraumes bilden. In diesem Raum können wir die Darstellung $p(E_{2s+1})^n$ der symmetrischen Gruppe definieren.[1]) Die Anwendung eines Permutationsoperators auf einen s-Tensor kann folgendermaßen geschrieben werden:

$$\hat{p} F (\sigma_1, \sigma_2, \ldots, \sigma_n) = F(\sigma_{p_1}, \sigma_{p_2}, \ldots, \sigma_{p_n}). \tag{18.14}$$

Ein s-Tensor n-ter Stufe kann in Tensoren zerlegt werden, die sich nach irreduziblen Darstellungen der symmetrischen Gruppe transformieren. Diese Tensoren können mit Hilfe der YOUNG-Operatoren gebildet werden. Offenbar sind nur solche Operatoren zulässig, deren YOUNG-Tableau nicht mehr als $2s + 1$ Zeilen enthalten; denn ein in mehr als $2s + 1$ Indizes antisymmetrischer s-Tensor ist identisch Null. Man kann zeigen, daß die Vielfachheit der zulässigen irreduziblen Darstellungen $\Delta_{\{\lambda\}}$ in der Darstellung $p(E_{2s+1})^n$ gleich[2])

$$\delta_{\{\lambda\}} = \frac{\prod\limits_{i>k} (l_i - l_k)}{(m-1)!\,(m-2)!\ldots 2!} \tag{18.15}$$

ist mit $l_j = \lambda_j + m - 1, m = 2s + 1$. Die Größe $\delta_{\{\lambda\}}$ gibt die Zahl der unabhängigen Komponenten eines Tensors an, der sich nach der irreduziblen Darstellung $\Delta_{\{\lambda\}}$ der symmetrischen Gruppe transformiert (vgl. die Behandlung der Spinoren n-ter Stufe in Kapitel XVII, Abschn. 2).

4. Das statistische Gewicht eines Energieniveaus

Nach diesen vorbereitenden Überlegungen können wir das statistische Gewicht f für ein gegebenes Niveau berechnen. Dazu benutzen wir die Tatsache, daß die (symmetrische) Einsdarstellung der symmetrischen Gruppe nur im direkten Pro-

[1]) S. Abschn. 3 in Kapitel XVI.
[2]) F. D. MURNAGHAN: The Theory of Group Representations, Baltimore 1938.

dukt äquivalenter irreduzibler Darstellungen vorkommt und die antisymmetrische Darstellung nur im direkten Produkt irreduzibler Darstellungen mit transponierten YOUNG-Tableaus enthalen ist (s. Kapitel XVI), und erhalten

$$\left.\begin{aligned} f &= \sum_{i,\{\lambda\}} k_i r_{i\{\lambda\}}\, \delta_{\{\lambda\}}, \quad s \text{ ganzzahlig} \\ f &= \sum_{i,\{\lambda\}} k_i r_{i\{\lambda\}}\, \delta_{\{\tilde{\lambda}\}}, \quad s \text{ halbzahlig} \end{aligned}\right\} \tag{18.16}$$

k_i gibt an, wie oft die irreduzible Darstellung $\gamma^{(i)}$ der Gruppe H in der Darstellung enthalten ist, nach der sich die Lösungen der genäherten SCHRÖDINGER-Gleichung transformieren. Die Zahlen $r_{i\{\lambda\}}$ und $\delta_{\{\lambda\}}$ entnimmt man den Formeln (18.12) bzw. (18.15). Das Symbol $\{\tilde{\lambda}\}$ bedeutet das transponierte YOUNG-Tableau.

Obwohl die Definition des statistischen Gewichtes ganz wesentlich mit der symmetrischen Gruppe verknüpft ist, braucht man interessanterweise bei der Bestimmung der statistischen Gewichte von Niveaus nicht auf die Darstellungen der symmetrischen Gruppe zurückzugreifen, sondern man hat nur die Punktgruppe H zu betrachten. Tatsächlich könnten wir folgendermaßen argumentieren. Da die Spinfunktionen die Basis für eine Darstellung der symmetrischen Gruppe bilden, bilden sie gleichzeitig auch die Basis für die Darstellungen der Punktgruppe H, die eine Untergruppe von S_n ist. Der Charakter dieser Darstellung ist einfach zu finden. p sei eine Permutation mit der Zyklenstruktur $(\alpha_1\, \alpha_2 \ldots \alpha_n)$. Nur diejenigen Komponenten der Spinfunktion liefern einen von Null verschiedenen Beitrag zum Charakter, die bei der angegebenen Permutation invariant bleiben, d. h., die gleiche Indizes für jeden Zyklus der Permutation p haben. Die Zahl dieser Komponenten ist offenbar gleich dem Charakter der Darstellung und gleich

$$(2s+1)^{\alpha_1+\alpha_2+\cdots+\alpha_n}. \tag{18.17}$$

Durch die Bildung aller möglichen Produkte aus Spin und Bahnfunktionen bekommen wir eine Basis Ω für die Darstellung γ der Punktgruppe. Diese Darstellung ist das direkte Produkt der Darstellungen, nach denen sich die Spin- und die Bahnfunktionen transformieren. Wir sehen uns die Darstellung der Punktgruppe H an, die sich aus der antisymmetrischen (symmetrischen) Darstellung Δ_A (Δ_S) der Gruppe S_n durch die Auswahl der entsprechenden Elemente ergibt. Diese Darstellung wird mit $\gamma^{(A)}$ $(\gamma^{(S)})$ bezeichnet. Das statistische Gewicht des betrachteten Energieniveaus ist gleich der Vielfachheit dieser Darstellung in der Darstellung γ, das wollen wir zeigen. Wir erweitern den von der Basis Ω aufgespannten Raum in derselben Weise wie oben bis zu dem gegenüber S_n invarianten Raum. In dem erweiterten Raum wird diejenige Darstellung der Gruppe S_n realisiert, die von der Darstellung γ der Gruppe H induziert wird. Die Darstellung Δ_A (Δ_S) kann nach dem Satz von FROBENIUS nur von der Darstellung $\gamma^{(A)}$ $(\gamma^{(S)})$ induziert werden. Die Vielfachheit der Darstellung Δ_A (Δ_S) in der erweiterten Darstellung muß daher gleich der Vielfachheit von $\gamma^{(A)}$ $(\gamma^{(S)})$ in der Darstellung γ sein. Damit ist unsere Behauptung bewiesen.

5. Die Eigenwerte des Operators für den Gesamtspin

Am Schluß dieses Kapitels berühren wir noch die Frage nach den Eigenwerten des Gesamtspins eines Systems für einen bestimmten Energiezustand. Wir haben gesehen, daß für ein Mehrelektronen-System zu jedem Eigenwert der spinfreien SCHRÖDINGER-Gleichung ein bestimmter Eigenwert des Gesamtspins gehört. In dem hier betrachteten allgemeinen Fall gibt es keine derartige eindeutige Zuordnung. Im allgemeinen können zu jedem Energieniveau einige Eigenwerte des Gesamtspins gehören. Das hängt erstens damit zusammen, daß sich ein s-Tensor n-ter Stufe, der einer irreduziblen Darstellung der symmetrischen Gruppe entspricht, jetzt nach einer reduziblen Darstellung der Drehgruppe transformiert. (Irreduzibilität liegt nur für $\frac{1}{2}$-Tensoren oder Spinoren vor.) Zweitens transformiert sich eine Lösung der SCHRÖDINGER-Gleichung im allgemeinen bezüglich der symmetrischen Gruppe nach einer reduziblen Darstellung, weil die SCHRÖDINGER-Gleichung eine Punktgruppe als Symmetriegruppe hat. Das bedeutet, daß nur diejenigen s-Tensoren einen von Null verschiedenen Beitrag zur vollständigen antisymmetrischen (oder symmetrischen) Funktion liefern werden, die sich nach gewissen irreduziblen Darstellungen der Gruppe S_n transformieren. Deshalb können selbst für $s = 1/2$ zu einem bestimmten Energieniveau Zustände mit verschiedenen Gesamtspins gehören.

Leider kann die Bestimmung der Darstellung der Drehgruppe, die von den Komponenten eines s-Tensors eines bestimmten Symmetrietyps realisiert wird, nicht genügend kompakt dargestellt werden.

Wir bezeichnen mit $R^{\{\lambda\}}$ $(D^{(S)})$ die Darstellung der Drehgruppe, nach der sich die unabhängigen Komponenten des s-Tensors zur irreduziblen Darstellung $\Delta_{\{\lambda\}}$ der symmetrischen Gruppe transformieren. Zur Berechnung der Eigenwerte für das Quadrat des Gesamtspins ist die Darstellung $R^{\{\lambda\}}$ $(D^{(S)})$ auszureduzieren. Die Charaktere dieser Darstellung können mittels Formel (16.28) gefunden werden, aber dazu müssen wir die Charaktere der irreduziblen Darstellungen der Gruppe S_n kennen. Wir beschränken uns hier ohne Beweis auf die Darstellung des Verfahrens, nach dem man die Darstellung $R^{\{\lambda\}}$ $(D^{(S)})$ ausreduzieren kann, wenn bekannt ist, wie die Darstellungen R^n $(D^{(S)})$ zur symmetrischen Darstellung der Gruppe S_n auszureduzieren ist. Der Charakter der Darstellung $R^n(D^{(S)})$ sei $\chi^{(s,n)}$, er kann zum Beispiel anhand von Formel (16.30) gefunden werden. Weiter wollen wir $\chi^{(s,0)} = 1$ $\chi^{(s,k)} = 0$ $k < 0$ annehmen. Der Charakter $\chi^{(s,\{\lambda\})}$ der Darstellung R $(D^{(S)})$ wird dann durch folgende Determinante gegeben:[1])

$$\chi^{(s,\{\lambda\})} = \chi^{(s;\lambda_1,\lambda_2,\ldots,\lambda_k)} = \begin{vmatrix} \chi^{(s,\lambda_1)} \chi^{(s,\lambda_1+1)} \ldots\ldots\ldots\ldots \\ \chi^{(s,\lambda_2-1)} \chi^{(s,\lambda_2)} \chi^{(s,\lambda_2+1)} \ldots\ldots \\ \ldots\ldots\ldots\ldots\ldots\ldots \\ \ldots\ldots\ldots\ldots \chi^{(s,\lambda_k-1)} \chi^{(s,\lambda_k)} \end{vmatrix} \qquad (18.18)$$

Da wir uns dafür interessieren, wie die Darstellung $R^{\{\lambda\}}$ $(D^{(S)})$ auszureduzieren ist, können wir zur Berechnung dieser Determinante die CLEBSCH-GORDAN-Regel benutzen.

[1]) J. D. TRIFONOW: Bote der Leningrader Staatsuniversität, Nr. 22 (1958) (russ.).

Übungsaufgaben

18.1. Man berechne die statistischen Gewichte für die Schwingungsniveaus des oktaedrischen Moleküls YX_6 für den Grundzustand und für die Zustände mit Einquanten-Anregung! Es sind die Fälle zu behandeln, daß der Kernspin des Atoms X

$$\text{a) } s = \frac{1}{2} \quad \text{und} \quad \text{b) } s = 1$$

ist.

18.2. Man bestimme die Darstellung der Drehgruppe, nach der sich der symmetrische 1-Tensor n-ter Stufe transformiert!

18.3. Es ist die Darstellung der Drehgruppe zu bestimmen, nach der sich der 1-Tensor vierter Stufe mit verschiedenen YOUNG-Tableaus transformiert.

KAPITEL XIX

KLASSIFIZIERUNG DER ZUSTÄNDE EINES ATOMS MIT MEHREREN ELEKTRONEN

In Kapitel XVII haben wir uns mit den Symmetrieeigenschaften einer Mehrelektronen-Wellenfunktion beschäftigt, die Eigenfunktion eines HAMILTON-Operators ohne Spinoperatoren war. Die einzige von uns ausgenutzte Symmetrieeigenschaft dieses HAMILTON-Operators war die Invarianz gegenüber Vertauschungen der Elektronenkoordinaten. Wir haben gesehen, daß die Zustände eines Mehrelektronen-Systems auf Grund dieser Invarianz und auf Grund des PAULI-Prinzips nach den Eigenwerten für das Quadrat des Gesamtspins klassifiziert werden.

Jetzt kommen wir zur Klassifizierung der Zustände eines Atoms mit mehreren Elektronen. Bei der Behandlung dieses konkreten quantenmechanischen Systems machen wir im Vergleich zum allgemeinen Mehrelektronen-Problem einige zusätzliche Annahmen über die Symmetrie des HAMILTON-Operators. Schließlich werden wir in den HAMILTON-Operator Spinoperatoren einbeziehen und die Spin-Bahn-Wechselwirkung berücksichtigen.

1. Die Elektronenkonfiguration

Man kann näherungsweise die Wechselwirkung zwischen den Elektronen in einem Atom durch ein kugelsymmetrisches effektives Feld ersetzen. Jedes Elektron wird dann unabhängig von den anderen Elektronen in diesem Feld und im Feld des Atomkerns behandelt. Wir erhalten auf diese Weise für das Atom ein Modell „nichtwechselwirkender" Elektronen mit maximaler Symmetrie, wie wir unten erkennen werden. Ferner werden wir zunächst die Spin-Bahn-Wechselwirkung vernachlässigen. Die potentielle Energie ist in dieser Näherung kugelsymmetrisch, und die Einelektronen-Zustände müssen, wie wir wissen, nach den irreduziblen Darstellungen der dreidimensionalen Drehgruppe klassifiziert werden, d. h., mit Hilfe der Nebenquantenzahl l (s. Kapitel XIII).

Um verschiedene Niveaus mit der gleichen Quantenzahl l unterscheiden zu können, führt man die zusätzliche Quantenzahl n in Analogie zur Hauptquantenzahl eines Wasserstoffatoms ein. Die Werte für diese Hauptquantenzahl können selbstverständlich willkürlich gewählt werden. Gewöhnlich wählt man sie entsprechend der Klassifizierung der Zustände im COULOMB-Feld. Jedes Energieniveau E_{nl} ist in der Drehimpulsprojektion oder in der Quantenzahl m entartet. Die Einelektronen-Bahnfunktionen können demnach mit $\psi_{nlm}(\boldsymbol{r})$ bezeichnet werden. Der Zustand eines Atoms mit N Elektronen wird durch einen Satz von $3N$ Einelektronen-Quantenzahlen n_i, l_i, m_i festgelegt. Die Gesamtheit der

Quantenzahlen n_i und l_i, die in unserem Modell die Energie eines Atoms bestimmen,

$$E = \sum_{i=1}^{N} E_{n_i l_i}, \tag{19.1}$$

wird als *Konfiguration* bezeichnet. In der Spektroskopie sind folgende Bezeichnungen gebräuchlich. Die Einelektronen-Zustände mit den Quantenzahlen $l = 0, 1, 2, \ldots$ werden mit den Buchstaben $s, p, d, \ldots$ versehen. Vor dieses Symbol schreibt man die Hauptquantenzahl, und die Zahl der Elektronen mit den betreffenden Quantenzahlen n und l wird als Exponent angefügt. Zum Beispiel besagt die Bezeichnung $(1s)^2\,(2s)^2\,(2p)^6\,3s$: Die betreffende Konfiguration besteht aus zwei Elektronen mit den Quantenzahlen $n = 1, l = 0$, zwei Elektronen in Zuständen mit den Quantenzahlen $n = 2, 1 = 0$, sechs Elektronen mit den Quantenzahlen $n = 2$, $l = 1$ und einem Elektron im Zustand mit den Quantenzahlen $n = 3, l = 0$. Jeder Konfiguration können wir die Quantenzahl $w = \pm 1$ für die Parität zuordnen und damit das Verhalten der Wellenfunktion bei einer Spiegelung beschreiben. Wie wir wissen (s. Kapitel XIII), ist für ein Elektron $w = (-1)^l$. Demnach haben wir für ein Mehrelektronen-System

$$w = (-1)^{\sum_i l_i}.$$

Aber auch in einem Modell nicht wechselwirkender Elektronen können wir den wechselseitigen Einfluß der Elektronen aufeinander nicht ganz vernachlässigen, weil wir das PAULI-Prinzip beachten müssen: Es dürfen nicht mehr als zwei Elektronen in einem Zustand sein (ohne Berücksichtigung des Spins bei der Abzählung der Zustände). Zu jeder vom PAULI-Prinzip erlaubten Konfiguration können wir im allgemeinen mehrere vollständige antisymmetrische Wellenfunktionen mit verschiedenen Eigenwerten für das Quadrat des Gesamtspins bilden. Zwischen einer Konfiguration und dem Eigenwert für das Quadrat des Gesamtspins gibt es einen eindeutigen Zusammenhang, den wir bei der Behandlung eines realistischeren Atommodells ausführlicher besprechen werden. Wir schließen die Diskussion des Modells nicht wechselwirkender Elektronen ab und geben noch die zugehörige Symmetriegruppe an. Diese Gruppe kann offensichtlich als direktes Produkt aus N dreidimensionalen Drehgruppen (genauer aus orthogonalen Gruppen) und der symmetrischen Gruppe für die Vertauschung der Ortskoordinaten dargestellt werden:

$$G = O(3) \times O(3) \times \cdots \times O(3) \times S_n. \tag{19.2}$$

2. Die Terme

Wir werden jetzt die Wechselwirkung zwischen den Elektronen unmittelbar berücksichtigen. Der HAMILTON-Operator wird jetzt Glieder der Art $1/|\boldsymbol{r}_i - \boldsymbol{r}_k|$ enthalten und bei unabhängigen Drehungen der Ortsvektoren $\boldsymbol{r}_i$ der einzelnen Elektronen nicht mehr invariant sein. Nur gegenüber der gleichzeitigen Drehung aller $\boldsymbol{r}_i$ ist der HAMILTON-Operator invariant. Die Symmetriegruppe für dieses Modell ist also

$$G = O(3) \times S_n. \tag{19.3}$$

Die Klassifizierung der Energiezustände eines Atoms nach den irreduziblen Darstellungen der Gruppe $O(3)$ entspricht der Klassifizierung nach den Eigenwerten für das Quadrat des Gesamtbahndrehimpulses oder nach der Quantenzahl L und der Quantenzahl w für die Parität. Die Parität eines Terms wird nicht mehr durch den Bahndrehimpuls bestimmt, wie es für ein Elektron der Fall war. Die Klassifizierung nach den irreduziblen Darstellungen der symmetrischen Gruppe S_n ist, wie wir wissen, der Klassifizierung nach den Eigenwerten für das Quadrat des Gesamtspins oder nach der Quantenzahl S äquivalent. Der Entartungsgrad eines Energieniveaus E_{LS} ist in diesem Modell $(2L + 1)(2S + 1)$. Den Satz der entarteten Zustände mit gegebenen Werten L und S bezeichnet man gewöhnlich als *Term*. Die Terme werden mit goßen lateinischen Buchstaben, $S, P, D, \ldots$ gekennzeichnet, links oben bringt man die Multiplizität $(2S + 1)$ als Index an; zum Beispiel wird der Term $(L = 1,\ S = 1/2)$ mit ^2P bezeichnet.

Mehrelektronenprobleme werden häufig mit Hilfe des Hartree-Fock-Verfahrens behandelt. Diesem Verfahren liegt ein Variationsprinzip für die Energie zugrunde. Die zu variierenden Wellenfunktionen werden aus Einelektronen-Funktionen aufgebaut; für ein Atom werden die Einelektronen-Funktionen in der Form

$$\psi_{nlm}(\boldsymbol{r}) = R_{nl}(r)\ Y_l^{(m)}(\theta, \varphi) \tag{19.4}$$

angesetzt, wobei die $Y_l^{(m)}(\theta, \varphi)$ Kugelfunktionen sind. Für die Funktionen $R_{nl}(r)$ ergibt sich ein System von Integrodifferentialgleichungen, das nach der Methode der sukzessiven Approximation gelöst wird. Wir brauchen uns vorläufig nicht genau mit dieser Methode zur Lösung eines Mehrelektronenproblems zu beschäftigen. Wichtig für uns ist allein, daß die Elektronenfunktionen in der Form (19.4) angesetzt werden und daß die vollständige Wellenfunktion deshalb aus Einelektronen-Funktionen zu einer bestimmten Konfiguration gebildet wird, d. h. aus Funktionen zu einem Satz von Quantenzahlen n_i, l_i, m_i. Die Einelektronen-Zustände mit gleichen Werten für n, l bilden eine Elektronenschale. Eine Schale ist besetzt, wenn in allen Zuständen dieser Schale (unter Berücksichtigung der beiden Spinzustände) Elektronen vorhanden sind. Die Wechselwirkung zwischen den Elektronen einer Schale mit derselben radialen Funktion ist stärker als die Wechselwirkung zwischen Elektronen in verschiedenen Schalen. Die zuletzt genannte Wechselwirkung kann als effektive Abschirmung des Kernfeldes angesehen werden. In dieser Näherung hat man die Wellenfunktionen für die einzelnen Schalen zu berechnen. Andererseits haben wir gesehen, daß die vollständige Wellenfunktion durch die Quantenzahlen L und S bestimmt werden muß. Es ist daher interessant zu klären, welche Werte für diese Quantenzahlen oder — mit anderen Worten — welche Terme zu einer bestimmten Konfiguration von Einelektronen-Zuständen gehören. Wir werden dieses Problem für die Konfiguration einer Schale behandeln.

3. Die Zuordnung von Konfigurationen und Termen

In der Schale l seien k Elektronen enthalten. Wir bilden das Produkt der Einelektronen-Bahnfunktionen für diese Elektronen (zur Vereinfachung der Schreibweise lassen wir die Indizes n und l weg):

$$\psi_{m_1}(\boldsymbol{r}_1)\ \psi_{m_2}(\boldsymbol{r}_2) \ldots \psi_{m_k}(\boldsymbol{r}_k). \tag{19.5}$$

Bei der Substitution

$$\boldsymbol{r}_i \to g^{-1} \boldsymbol{r}_i \tag{19.6}$$

mit einer beliebigen Transformation g aus der Drehgruppe transformiert sich jede Einelektronen-Funktion nach der Vorschrift

$$\psi_m(g^{-1}\boldsymbol{r}) = \sum_{m'=-l}^{l} D^{(l)}_{m'm}(g)\, \psi_{m'}(\boldsymbol{r}). \tag{19.7}$$

Die Matrix $\| D^{(l)}_{m'm}(g) \|$ gehört zur irreduziblen Darstellung der Drehgruppe mit dem Gewicht l. Gemäß (19.7) erhalten wir für das Produkt (19.5) aus Einelektronen-Funktionen folgendes Transformationsgesetz:

$$\psi_{m_1}(g^{-1}\boldsymbol{r}_1)\, \psi_{m_2}(g^{-1}\boldsymbol{r}_2) \ldots \psi_{m_k}(g^{-1}\boldsymbol{r}_k)$$
$$= \sum_{m'} D^{(l)}_{m_1'm_1}(g)\, D^{(l)}_{m_2'm_2}(g) \ldots D^{(l)}_{m_k'm_k}(g)\, \psi_{m_1'}(\boldsymbol{r}_1)\, \psi_{m_2'}(\boldsymbol{r}_2) \ldots \psi_{m_k'}(\boldsymbol{r}_k). \tag{19.8}$$

Bei Transformationen der Drehgruppe transformiert sich ein Produkt aus Einelektronen-Funktionen zu einer Schale wie ein l-Tensor. Wir wissen, daß sich die Bahnfunktion für ein Mehrelektronen-System bei einer Vertauschung der Argumente nach einer irreduziblen Darstellung der symmetrischen Gruppe transformieren muß; das zugehörige Young-Tableau darf nicht mehr als zwei Spalten haben. Die Konstruktion der Schrödingerschen Wellenfunktion ist damit auf die Zerlegung eines beliebigen l-Tensors k-ter Stufe in symmetrische Tensoren zurückgeführt, die sich nach irreduziblen Darstellungen der symmetrischen Gruppe mit zulässigen Young-Tableaus (aus zwei Spalten) transformieren. Diese Zerlegung ist in Kapitel XVIII besprochen worden. Die unabhängigen Komponenten eines symmetrisierten l-Tensors transformieren sich, wie wir wissen, nach der Darstellung $R^{\{\lambda\}}(D^{(l)})$ der Drehgruppe.

Um die am Schluß des vorhergehenden Abschnittes gestellte Frage zu beantworten, müssen wir feststellen, in welche irreduziblen Darstellungen der Drehgruppe die Darstellung $R^{\{\lambda\}}(D^{(l)})$ zerfällt. In Kapitel XVIII haben wir ein Verfahren zur Lösung dieses Problems kennengelernt. Wir benutzen die dort entwickelte Methode und finden auf diese Weise den Gesamtdrehimpuls.

Zur Illustration geben wir die Tabelle mit den möglichen Eigenwerten für den Gesamtbahndrehimpuls zur Konfiguration $(p)^k$ an. Wir werden die Symmetrie bei Vertauschung der Indizes des entsprechenden 1-Tensors durch die Zerlegung der Zahl k in ganzzahlige Summanden kennzeichnen.

Tabelle der möglichen Eigenwerte für den Gesamtbahndrehimpuls zur Konfiguration $(p)^k$

k	$\{\lambda\}$	L	k	$\{\lambda\}$	L
1	1	P	4	$2+2$	SD
2	2	SD		$2+1+1$	P
	$1+1$	P	5	$2+2+1$	P
3	$2+1$	PD	6	$2+2+2$	S
	$1+1+1$	S			

Aus dieser Tabelle ersehen wir, daß zu einigen YOUNG-Tableaus gleiche Gesamtdrehimpulse gehören. Diese YOUNG-Tableaus gehen auseinander hervor, indem man entweder die Spalte mit der „maximalen" Zahl $(2l + 1)$ von Kästchen streicht (in unserem Fall ist die „maximale" Zahl 3), oder indem man das YOUNG-Tableau zum „maximalen" Tableau ergänzt, z. B.:

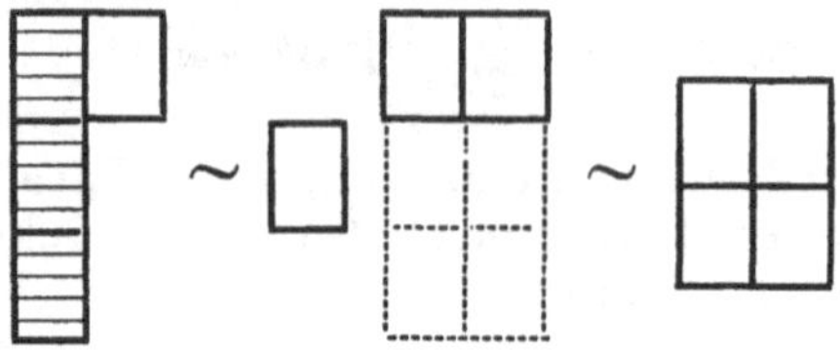

Das ist eine allgemeine Gesetzmäßigkeit, die wir aber hier nicht beweisen werden[1]).

Die Eigenwerte des Gesamtspins für die in der Tabelle angegebenen Zustände können leicht ermittelt werden; denn die Symmetrie der Spinfunktion wird durch das transponierte YOUNG-Tableau bestimmt. Sehen wir uns zum Beispiel die Konfiguration $(p)^4$ an. Das transponierte Tableau zum YOUNG-Tableau $\{2, 2\}$ wird ebenfalls durch die Zerlegung $\{2, 2\}$ gegeben. Wir erhalten daraus für den möglichen Gesamtspin $S = (2 - 2)/2 = 0$. Das transponierte Tableau zu $\{2, 1, 1\}$ ist $\{3, 1\}$, und es ist $S = (3 - 1)/2 = 1$. Zur Konfiguration $(p)^4$ sind also drei Terme möglich: ${}^1S$, ${}^1D$, ${}^3P$.

4. Die Spin-Bahn-Wechselwirkung

Wir befassen uns jetzt mit einem Atommodell, in dem die Spin-Bahn-Wechselwirkung berücksichtigt wird. Die Spin-Bahn-Wechselwirkung wird durch den Operator

$$\sum \xi_i(\boldsymbol{r}_i)\, \hat{s}_i \hat{l}_i \tag{19.9}$$

beschrieben; $\hat{s}_i$ und $\hat{l}_i$ sind darin die Operatoren für Spin- und Bahndrehimpuls des i-ten Elektrons, die ξ_i sind Funktionen der $\boldsymbol{r}_i$ (s. Kapitel XIII). Der Operator (19.9) kommutiert offensichtlich nicht mit den Operatoren $\hat{S} = \sum \hat{s}_i$ und $\hat{L} = \sum \hat{l}_i$ einzeln. Er kommutiert nur mit der Summe $\hat{S} + \hat{L}$, wie man leicht verifizieren kann[2]). Bisher konnten wir von der Invarianz bei Drehungen der Argumente der Bahnfunktion und von der Invarianz bei den durch die Drehungen induzierten Transformationen der Spinfunktionen getrennt sprechen, jetzt bleibt nur noch die Invarianz bei gleichzeitiger Ausführung dieser Transformationen erhalten. Die Energieniveaus werden jetzt nicht nach den Quantenzahlen L und S klassifiziert, sondern nach den Eigenwerten des Operators für den Gesamtdrehimpuls des Atoms

$$J = L + S = \sum_i (s_i + l_i). \tag{19.10}$$

[1]) S. z. B. [10].

[2]) Der Operator (19.9) für die Spin-Bahn-Wechselwirkung kommutiert mit allen Operatoren $\hat{s}_i + \hat{l}_i$.

Wenn man die Spin-Bahn-Wechselwirkung als Störung ansehen kann (L-S-Kopplung), dann ergeben sich die Eigenwerte des Gesamtdrehimpulses für die Niveaus, in die ein Term aufspaltet, nach der CLEBSCH-GORDAN-Regel. Als Beispiel betrachten wir die Konfiguration $(p)^4$. Die möglichen Werte für die Quantenzahl J zu dieser Konfiguration sind der Tabelle zu entnehmen:

Term	J	Bezeichnung der Energieniveaus
^1S	0	$^1S_0$
^1D	2	$^1D_2$
^3P	0, 1, 2	$^3P_0$, $^3P_1$, $^3P_2$

Für schwere Atome ist die Spin-Bahn-Wechselwirkung groß, und man kann sie nicht als Störung betrachten. Wenn sie größer als die Wechselwirkung zwischen den Elektronen ist, muß sie zuerst berücksichtigt werden[1]). In nullter Näherung kann dann jedes Elektron als unabhängig von den anderen angesehen werden, und

Tabelle der Zustände für j-Schalen

j	Elektronen-zahl	J
$j = \frac{3}{2}$	1	3/2
	2	2, 0
$j = \frac{5}{2}$	1	5/2
	2	4, 2, 0
	3	9/2, 5/2, 3/2
$j = \frac{7}{2}$	1	7/2
	2	6, 4, 2, 0
	3	15/2, 11/2, 9/2, 7/2, 5/2, 3/2
$j = \frac{9}{2}$	1	9/2
	2	8, 6, 4, 2, 0
	3	21/2, 17/2, 15/2, 13/2, 11/2, $(9/2)^2$, 7/2, 5/2, 3/2
	4	12, 10, 9, $(8)^2$, 7, $(6)^3$, 5, $(4)^3$, 3, $(2)^2$, $(0)^2$,
	5	25/2, 21/2, 19/2, $(17/2)^2$, $(15/2)^2$, $(13/2)^2$, $(11/2)^2$, $(9/2)^3$, $(7/2)^2$, $(5/2)^2$, 3/2, 1/2

die Einelektronen-Zustände müssen durch die Eigenwerte des Operators für den Gesamtdrehimpuls eines Elektrons $\hat{j} = \hat{l}_i + \hat{s}_i$ charakterisiert werden. Nunmehr muß die Wechselwirkung zwischen den Elektronen berücksichtigt werden. Diese Wechselwirkung verlangt, daß die Energieniveaus des ganzen Atoms wieder nach

[1]) Die Wechselwirkung zwischen den Elektronen kann teilweise durch ein effektives kugelsymmetrisches Potential erfaßt werden. Die Größe der Spin-Bahn-Wechselwirkung ist deshalb nur mit demjenigen Teil der Wechselwirkung der Elektronen untereinander zu vergleichen, der nicht in dieses effektive Potential eingeht.

den Eigenwerten des Gesamtdrehimpulses klassifiziert werden. In dieser Näherung spricht man von j-j-Kopplung. Falls die Spin-Bahn-Wechselwirkung genügend groß ist, so daß die Einelektronen-Energieniveaus zu verschiedenen j-Werten weit auseinander liegen, kann man den Begriff einer j-Schale analog zur l-Schale einführen. Die Wellenfunktion für eine j-Schale muß vom Standpunkt der Symmetrie bezüglich der Drehgruppe ein antisymmetrischer j-Tensor sein; denn die Mehrelektronen-Funktion muß bei Vertauschungen von Elektronen antisymmetrisch sein. Die Darstellung der Drehgruppe, die mit den Komponenten dieses Tensors realisiert wird, muß ausreduziert werden, um die möglichen Eigenwerte des Gesamtdrehimpulses zu finden. Dieses Problem kann nach demselben Verfahren wie für eine l-Schale gelöst werden. Praktisch braucht man aber diese umfangreiche Prozedur nicht jedesmal ausführen, weil die Ergebnisse bekannt und tabelliert sind. Um das Gesagte deutlicher zu machen, geben wir zum Schluß noch eine Tabelle mit den Gesamtdrehimpulsen für einige j-Schalen an. In eine j-Schale passen höchstens $2j + 1$ Elektronen. In der Tabelle findet man aber maximal $(2j + 1)/2$ Elektronen in den Zuständen einer j-Schale. Das liegt daran, daß die Klassifizierung der Zustände einer j-Schale mit k Elektronen und mit $2j + 1 - k$ Elektronen nach der Regel von S. 182 gleich ist.

KAPITEL XX

DIE ANWENDUNG DER GRUPPENTHEORIE IN DER STÖRUNGSTHEORIE

Die SCHRÖDINGER-Gleichung für die stationären Zustände eines quantenmechanischen Systems kann nur in Ausnahmefällen exakt gelöst werden. Ein wichtiges Näherungsverfahren zur Lösung der SCHRÖDINGER-Gleichung ist die Störungstheorie. Die Störungstheorie kann immer dann angewandt werden, wenn der HAMILTON-Operator in der Form

$$\hat{H} = \hat{H}_0 + \hat{V} \tag{20.1}$$

dargestellt werden kann; $\hat{H}_0$ ist der HAMILTON-Operator für ein einfacher zu lösendes Problem, $\hat{V}$ ist der Störoperator. Die Anwendung der Störungstheorie auf konkrete Probleme wird häufig bedeutend einfacher, wenn man die Symmetrie des ungestörten Operators $\hat{H}_0$ und des Störoperators $\hat{V}$ beachtet.

1. Aufspaltung der Energieniveaus unter dem Einfluß einer Störung

Der HAMILTON-Operator $\hat{H}_0$ habe die Symmetriegruppe G_0, der Störoperator $\hat{V}$ die Symmetriegruppe G_1. Normalerweise hat $\hat{H}_0$ eine größere Symmetrie als $\hat{H}$, weil $\hat{H}_0$ einfacher als der vollständige HAMILTON-Operator $\hat{H} = \hat{H}_0 + \hat{V}$ sein soll. Wir werden zwei Fälle untersuchen: a) Die Gruppen G_1 und G_0 sind gleich; b) die Gruppe G_1 ist eine Untergruppe der Gruppe G_0.

a) Die Symmetrie des vollständigen HAMILTON-Operators ist gleich der Symmetrie des ungestörten Problems: $G_0 = G_1$. Wir wissen, daß man die Eigenwerte der SCHRÖDINGER-Gleichung nach den irreduziblen Darstellungen der zugehörigen Symmetriegruppe klassifizieren kann. Klassifizierung und Entartungsgrad der Energieniveaus sind in diesem Fall für das gestörte und für das ungestörte Problem gleich. Wir können nur eine Verschiebung der Eigenwerte E_s des Operators $\hat{H}$ gegenüber den Eigenwerten $E_s^{(0)}$ des Operators $\hat{H}_0$ erwarten:

$$E_s = E_s^{(0)} + \Delta E_s. \tag{20.2}$$

In diesem Fall bewirkt also die Störung keine Aufspaltung der entarteten Energieniveaus. Eine Ausnahme von dieser Regel kann nur bei einer zufälligen Entartung vorkommen, wenn sich die Eigenfunktionen zu einem Energieniveaus des ungestörten Problems nach einer reduziblen Darstellung der Gruppe G_0 transformieren.

Variiert man die Stärke der Störung V bei gleichbleibender Symmetrie, dann werden sich auch die Verschiebungen ΔE_s der Eigenwerte ändern. Einige Energieniveaus E_s können sich als Funktionen des Störparameters überlappen. In den Schnittpunkten der Niveaus liegt eine zufällige Entartung vor; denn die Eigenfunktionen zu diesem Energiewert werden sich nach einer reduziblen Darstellung der Gruppe G_0 transformieren. Es gibt aber eine Regel, die in manchen Fällen eine Überlappung der Niveaus zu äquivalenten irreduziblen Darstellungen verbietet. Der Einfachheit halber betrachten wir zwei nicht entartete Niveaus und setzen voraus, daß sich die zugehörigen Wellenfunktionen ψ_1 und ψ_2 nach äquivalenten irreduziblen Darstellungen der Gruppe G_0 transformieren. Bei einer gewissen Stärke der Störung V_1 sollen die Energieniveaus E_1 und E_2 fast gleich sein. Wir wollen feststellen, ob eine Abweichung der Störung V vom Wert V_1 eine Überlappung dieser Niveaus hervorrufen kann. Die Differenz $V - V_1$ bezeichnen wir mit V'. Wir finden die neuen Energieniveaus durch Lösung der Säkulargleichung

$$\begin{vmatrix} E_1 + v'_{11} - E & v'_{12} \\ v'_{21} & E_2 + v'_{22} - E \end{vmatrix} = 0. \tag{20.3}$$

Das Ergebnis ist

$$E = \frac{1}{2} (E_1 + E_2 + v'_{11} + v'_{22}) \pm \sqrt{(v'_{11} - v'_{22} + E_1 - E_2)^2 + 4\,|v'_{12}|^2}. \tag{20.4}$$

Wenn die beiden Wurzeln der Säkulargleichung übereinstimmen sollen, dann müssen gleichzeitig die folgenden beiden Gleichungen erfüllt sein:

$$E_1 - E_2 + v'_{11} - v'_{22} = 0, \quad v'_{12} = 0.$$

Diese Bedingungen sind relativ starke Beschränkungen für die Störung. Wenn die Störung zum Beispiel nur von einem Parameter abhängt, dann können die beiden Bedingungen im allgemeinen nicht gleichzeitig erfüllt werden, und es ist keine Überlappung der Niveaus möglich. Falls sich die Wellenfunktionen zu den betrachteten Niveaus nach nichtäquivalenten irreduziblen Darstellungen transformieren, ist die zweite Bedingung $v'_{12} = 0$ identisch erfüllt [s. (5.32)], und die Niveaus können sich auch dann überlappen, wenn die Störung nur von einem Parameter abhängt.

b) Wir kommen nun zu dem Fall, daß die Gruppe G_1 eine Untergruppe der Gruppe G_0 ist. Die Eigenwerte des Hamilton-Operators $\hat{H}$ müssen jetzt nach den irreduziblen Darstellungen der Gruppe G_1 klassifiziert werden. In diesem Fall können die Niveaus des ungestörten Problems aufspalten; denn die Dimensionen der irreduziblen Darstellungen einer Untergruppe sind nicht größer als die Dimensionen der irreduziblen Darstellungen der Gruppe selbst. Wenn wir hier von einer Niveauspaltung sprechen, dann sehen wir die Störung als so klein an, daß die Niveaus des gestörten Problems den Eigenwerten des Operators $\hat{H}_0$ eindeutig zugeordnet werden können.

Betrachten wir einen Eigenwert $E^{(0)}$ des Operators $\hat{H}_0$. Die zugehörigen Eigenfunktionen $\psi_1, \psi_2, \ldots, \psi_n$ sollen sich bei Operationen g aus der Gruppe G_0 nach der irreduziblen Darstellung $\Gamma(g)$ transformieren. E_i seien die Energieniveaus des gestörten Problems, in die das Niveau $E^{(0)}$ aufspaltet. Die Eigenfunktionen $\psi_\alpha^{(i)}$

des Operatros $\hat{H}$ zu einem Eigenwert E_i werden sich bei Operationen aus der Gruppe G_1 nach irreduziblen Darstellungen γ_i der Gruppe G_1 transformieren. Später werden wir die Bezeichnung $\gamma = \sum_i^{\oplus} \gamma_i$ benötigen. Jetzt wollen wir die Störung V immer kleiner werden lassen, ohne ihre Symmetrie zu ändern. Für einen beliebigen Wert der Störung V können wir feststellen, daß sich die Wellenfunktionen zu allen Niveaus E_i nach der Darstellung γ der Gruppe G_1 transformieren. Im Grenzfall $V = 0$ erhalten wir Eigenfunktionen des ungestörten Operators, die durch eine unitäre Transformation aus den Funktionen $\psi_1, \psi_2, \ldots, \psi_n$ hervorgehen. Die Darstellung $\Gamma(g)$ muß daher der Darstellung $\gamma(g)$ für $g \in G_1$ äquivalent sein:

$$\gamma(g) = U^{-1}\Gamma(g)U, \quad g \in G_1,$$

und es ist demnach

$$U^{-1}\Gamma(g)U = \sum_i^{\oplus} \gamma_i(g), \quad g \in G_1. \tag{20.5}$$

Dieses Ergebnis kann verwendet werden, um festzustellen, in wieviel Komponenten das betreffende Energieniveau $E^{(0)}$ beim Einschalten der Störung aufspaltet. Offensichtlich braucht man dazu nur die Darstellung $\Gamma(g)$ in irreduzible Darstellungen der Gruppe G_1 zu zerlegen.

Eine Störung mit einer geringeren Symmetrie als der Symmetrie des ungestörten Problems kann die Entartung teilweise aufheben. Die Entartung der neuen Energieniveaus wird durch die Dimension der entsprechenden irreduziblen Darstellung der Gruppe G_1 bestimmt. Die erhaltenen Ergebnisse können an folgendem Schema veranschaulicht werden:

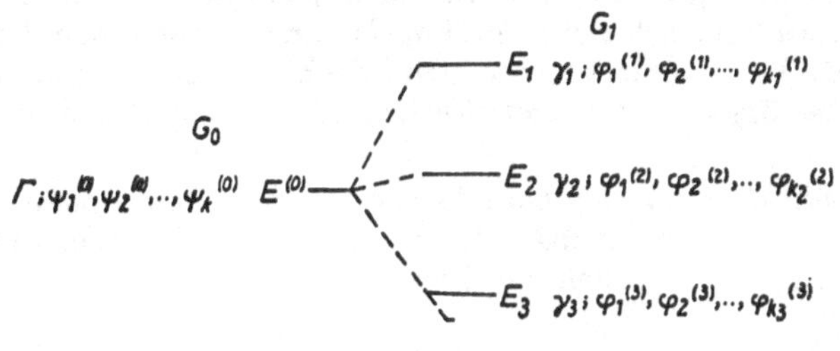

2. Die richtigen Funktionen nullter Näherung

Wir betrachten ein entartetes Niveau $E^{(0)}$ des ungestörten Systems. Die orthonormierten Wellenfunktionen zu diesem Niveau bezeichnen wir mit $\psi_1, \psi_2, \ldots, \psi_k$. Bekanntlich werden die Energiekorrekturen ΔE in der ersten Ordnung der Störungstheorie aus der Säkulargleichung

$$\begin{vmatrix} v_{11} - \Delta E & v_{12} & \ldots & v_{1k} \\ v_{21} & v_{22} - \Delta E & \ldots & v_{2k} \\ \ldots & \ldots & \ldots & \ldots \\ v_{k1} & v_{k2} & \ldots & v_{kk} - \Delta E \end{vmatrix} = 0 \tag{20.6}$$

mit

$$v_{ik} = \int \overline{\psi}_i V \psi_k d\tau \tag{20.7}$$

berechnet. Diejenigen Linearkombinationen aus den Funktionen $\psi_1, \psi_2, \ldots, \psi_k$, für die die Störmatrix diagonal ist, heißen *richtige Funktionen* nullter Näherung. Beim Abschalten der Störung gehen die Eigenfunktionen des gestörten Operators bekanntlich stetig in diese Funktionen über. Da der Störoperator $\hat{V}$ gegenüber der Gruppe G_1 invariant ist, müssen sich die richtigen Funktionen nullter Näherung nach irreduziblen Darstellungen dieser Gruppe transformieren (s. Kapitel V). Falls beim Ausreduzieren der Darstellung Γ, nach der sich die Funktionen $\psi_1, \psi_2, \ldots, \psi_k$ transformieren, jede irreduzible Darstellung der Gruppe G_1 nicht öfter als einmal auftritt, dann ergeben sich die richtigen Funktionen nullter Ordnung, indem man aus den Funktionen $\psi_1, \psi_2, \ldots, \psi_k$ Linearkombinationen bildet, die sich nach den irreduziblen Darstellungen der Gruppe G_1 transformieren. Kommt eine Darstellung in der Zerlegung von Γ r-mal vor, dann müssen wir eine Säkulargleichung r-ten Grades lösen, um die Störmatrix zu diagonalisieren. Gewöhnlich kommt eine irreduzible Darstellung nicht mit großer Häufigkeit vor. Die Lösung der Gleichung (20.6) wird deshalb durch die Bildung der Funktionen, die sich nach irreduziblen Darstellungen der Gruppe G_1 transformieren, beträchtlich vereinfacht.

3. Ein Atom in einem homogenen magnetischen oder elektrischen Feld

Zur Erläuterung der allgemeinen Theorie, die in den vorhergehenden Abschnitten abgehandelt worden ist, betrachten wir die Aufspaltung der Energieniveaus eines Atoms in einem homogenen äußeren magnetischen oder elektrischen Feld. Der Einfachheit halber setzen wir voraus, daß der Zustand des Atoms durch den Zustand eines Valenzelektrons im kugelsymmetrischen Feld des Atomrumpfes bestimmt wird. Wir benutzen eine vereinfachte Theorie ohne Beachtung des Elektronenspins, um die charakteristischen Eigenschaften dieser Erscheinungen zu erklären.

a) ZEEMAN-*Effekt*. Ein Atom befinde sich in einem homogenen Magnetfeld, die Feldrichtung sei die z-Richtung. Der Operator für die Wechselwirkung eines Elektrons mit einem Magnetfeld der Feldstärke H ist

$$\hat{V} = \frac{e}{2mc} H \hat{l}_z, \tag{20.8}$$

wobei $\hat{l}_z$ der Operator für die Projektion des Bahndrehimpulses auf die z-Achse ist. Die Symmetriegruppe G_0 sei für das vorliegende Problem die Gruppe $O(3)$. Nach Einschalten der Wechselwirkung (20.8) bleiben als Symmetrieoperationen nur noch die Drehungen um die z-Achse und die Spiegelungen an der xy-Ebene übrig. Die Gruppe G_1 ist also die Gruppe $C_{\infty h}$. Wie wir wissen, ist $C_{\infty h}$ eine ABELsche Gruppe, und alle ihre irreduziblen Darstellungen sind eindimensional. Die Zustände des ungestörten Problems können nach den irreduziblen Darstellungen der Drehgruppe klassifiziert werden, d. h. nach der Nebenquantenzahl l. Alle Niveaus E_l sind entartet, der Entartungsgrad ist $2l + 1$. Wir müssen die Darstellung $D^{(l)}$ der Drehgruppe in irreduzible Darstellungen der Gruppe $C_{\infty h}$ zerlegen, um zu sehen, wie dieses Niveau im Magnetfeld aufspaltet. Wir bekommen diese Zerlegung, wenn wir die entarteten Wellenfunktionen so wählen, daß sie eine kanonische Basis der irreduziblen Darstellung der Drehgruppe bilden. Tatsächlich haben in diesem Fall die Darstellungsmatrizen für die Drehungen um die z-Achse Diagonalform:

$$D^{(l)}(0, 0, \varphi) = \begin{pmatrix} e^{-il\varphi} & 0 & \dots & 0 \\ 0 & e^{-i(l-1)\varphi} & \dots & 0 \\ \dots & \dots & \dots & \dots \\ 0 & 0 & \dots & e^{il\varphi} \end{pmatrix}. \tag{20.9}$$

Die Darstellung $D^{(l)}$ der Drehgruppe zerfällt auf diese Weise in die $2l + 1$ irreduziblen Darstellungen $e^{im\varphi}$ $(m = -1, -1 + 1, \dots, l)$ der Gruppe $\boldsymbol{C}_{\infty h}$. Die Energieniveaus E_l spalten demzufolge in einem Magnetfeld in $2l + 1$ Niveaus auf, jedem solchen Niveau entspricht ein bestimmter Wert der magnetischen Quantenzahl $m = -l, -l + 1, \dots, l$. Jedem neu entstandenen Niveau können wir auch eine bestimmte Parität $w = (-1)^l$ zuordnen, weil die Spiegelung eine Symmetrieoperation des gestörten Operators ist.

Wir machen darauf aufmerksam, daß sich der Störoperator im vorliegenden Fall nur durch einen konstanten Faktor von einem erzeugenden Operator der Symmetriegruppe des ungestörten Operators $\hat{H}_0$ unterscheidet. Die nullte Näherung der Störungstheorie liefert daher bereits die exakte Lösung des betrachteten Problems.

b) Stark-*Effekt*. Ein Atom befinde sich jetzt in einem homogenen elektrischen Feld in Richtung der z-Achse. Der Operator für die Wechselwirkung eines Elektrons mit einem elektrischen Feld der Feldstärke $\mathcal{E} = \mathcal{E}\, \boldsymbol{e}_z$ ist

$$V = e\mathcal{E}z. \tag{20.10}$$

Auch in diesem Fall ist der Operator gegenüber Drehungen um die z-Achse invariant. Die Symmetrie bei einer Spiegelung des Ortsvektors an der xy-Ebene ist verlorengegangen; damit ist auch die Symmetrie gegenüber einer Spiegelung am Koordinatenursprung nicht mehr vorhanden; denn diese läßt sich aus einer Spiegelung an der xy-Ebene und einer anschließenden Drehung um 180° um die z-Achse zusammensetzen. Nach dem Einschalten eines elektrischen Feldes ist also die Parität w keine „gute" Quantenzahl mehr. Die Störung (20.10) ist nicht nur gegenüber Drehungen um die z-Achse invariant, sondern auch gegenüber Spiegelungen an Ebenen, die diese Achse enthalten. Deshalb ist in diesem Fall die Gruppe $\boldsymbol{C}_{\infty v}$ die Symmetriegruppe der Störung.

Wir wissen (s. Üb. 10.1), daß die Gruppe $\boldsymbol{C}_{\infty v}$ zwei eindimensionale und unendlich viele zweidimensionale Darstellungen hat. Die entsprechenden Darstellungsmatrizen sind in der folgenden Tabelle zu finden.

Gruppenelement	A_1	A_2	E_m
$C(\varphi)$	1	1	$\begin{pmatrix} e^{-im\varphi} & 0 \\ 0 & e^{im\varphi} \end{pmatrix}$
σ_v	1	−1	$\begin{pmatrix} 0 & 1 \\ 1 & 0 \end{pmatrix}$

Wir müssen die Darstellung der Gruppe $C_{\infty v}$ durch die Matrizen $D^{(l)}$ ausreduzieren, um die Aufspaltung des Niveaus E_l im elektrischen Feld zu finden. Wir wollen den Charakter der Darstellung $D^{(l)}$ für eine Drehung um den Winkel φ aufschreiben. Unter Benutzung von (20.9) bekommen wir

$$\operatorname{Sp} D^{(l)}(0, 0, \varphi) = \sum_{k=1}^{l} 2 \cos k\varphi + 1 = \sum_{k=1}^{l} \operatorname{Sp} E_k(\varphi) + 1 . \tag{20.11}$$

Der Charakter der Darstellung $D^{(l)}$ für eine Operation σ_v, zum Beispiel für σ_{zx}, kann folgendermaßen berechnet werden:

$$\begin{aligned}\operatorname{Sp} D^{(l)}(\sigma_{yz}) &= \operatorname{Sp} D^{(l)}\big(C_x(\pi) \times \boldsymbol{i}\big) = \operatorname{Sp} D^{(l)}\big(C_x(\pi)\big) \operatorname{Sp} D^{(l)}(\boldsymbol{i}) \\ &= (1 + 2\cos\pi + \cdots + 2\cos l\pi)w = (-1)^l w .\end{aligned}$$

Im vorliegenden Fall ist aber $w = (-1)^l$ und somit

$$\operatorname{Sp} D^{(l)}(\sigma_v) = 1 . \tag{20.12}$$

Wir vergleichen (20.11) und (20.12) mit den Charakteren der irreduziblen Darstellungen der Gruppe $C_{\infty v}$ und erhalten

$$D^{(l)}(g) = \sum_{k=1}^{l}{}^{\oplus} E_k(g) \oplus A_1, \quad g \in C_{\infty v} . \tag{20.13}$$

Auf diese Weise gelangen wir zu dem Schluß, daß das Niveau E_l in einem homogenen elektrischen Feld in l zweifach entartete Niveaus und in ein nichtentartetes Niveau aufspaltet. Die entarteten Niveaus gehören zu den Darstellungen E_k $(k = 1, \ldots, l)$, und die Wellenfunktion des nicht entarteten Niveaus transformiert sich nach der Darstellung $A^{(1)}$.

Die Matrixelemente des Störoperators verschwinden für Funktionen mit der gleichen Nebenquantenzahl l; denn das Produkt zweier solcher Funktionen ist eine gerade Funktion, dagegen ändert die Störung bei einer Spiegelung ihr Vorzeichen. Aus diesem Grunde ist die Korrektur zur Energie in der ersten Ordnung der Störungstheorie gleich Null. Eine Niveauaufspaltung erfolgt erst in der zweiten Ordnung, und die Größe dieser Aufspaltung ist dem Quadrat der Feldstärke proportional. Das Wasserstoffatom bildet eine Ausnahme: Wegen der zufälligen Entartung der Energieniveaus ist die Korrektur erster Ordnung von Null verschieden.

4. Ein Atom im Kristallfeld

Wir behandeln jetzt die Aufspaltung der Energieniveaus eines Atoms im Kristallfeld. Dabei nehmen wir an, daß das Kristallfeld für das Atom nur eine kleine Störung bedeutet. Die Symmetrie dieser Störung wird durch die Kristallsymmetrie bestimmt. Die Gruppe G_1, die eine Untergruppe der Drehgruppe sein muß, wird also in diesem Fall eine Punktgruppe sein. Die Charaktere der irreduziblen Darstellungen der Punktgruppen sind uns bekannt (s. Kapitel VI), und die Aufspaltungen der Energieniveaus ergeben sich aus der Formel

$$r_i = \frac{1}{m} \sum_g \bar{\chi}^{(l)}(g)\, \chi^{(i)}(g). \tag{20.14}$$

Hier ist $\chi^{(l)}(g)$ der Charakter der irreduziblen Darstellung der Drehgruppe (oder der orthogonalen Gruppe), die die Symmetrie des ungestörten Atoms beherrscht; die $\chi^{(i)}$ sind die Charaktere der irreduziblen Darstellungen Γ_i der betreffenden Punktgruppe. Die Größe r_i ist die Zahl der bei der Aufspaltung entstandenen Niveaus, für die sich die zugehörigen Wellenfunktionen nach der irreduziblen Darstellung Γ_i transformieren.

Als Beispiel verfolgen wir, wie ein Niveau mit der Nebenquantenzahl l in einem Kristallfeld mit der Symmetrie eines Oktaeders aufspaltet. Dazu berechnen wir zunächst mit Hilfe der Formel (11.31) die Charaktere der Darstellung der Gruppe O durch die Matrizen $D^{(l)}$ der irreduziblen Darstellungen der Gruppe O^+ (3). Den Klassen C_2 und C_4 der Gruppe O (s. Kapitel VI) entspricht $\varphi = \pi$, und es ist

$$\chi^{(l)}_{C_2} = \chi^{(l)}_{C_4} = \frac{\sin\left(l + \frac{1}{2}\right)\pi}{\sin\frac{\pi}{2}} = (-1)^l. \tag{20.15}$$

Zur Klasse C_3 gehört $\varphi = \pi/2$, und daher ist

$$\chi^{(l)}_{C_3} = \frac{\sin\left(\frac{l}{2} + \frac{1}{4}\right)\pi}{\sin\frac{\pi}{4}} = (-1)^{\left[\frac{l}{2}\right]}. \tag{20.16}$$

Der Klasse C_5 entspricht $\varphi = 2\pi/3$ und folglich

$$\chi^{(l)}_{C_5} = \frac{\sin\left(\frac{2l}{3} + \frac{1}{3}\right)\pi}{\sin\frac{\pi}{3}} = \begin{cases} 1, & l = 3\,m; \\ 0, & l = 3\,m + 1; \\ -1, & l = 3\,m + 2. \end{cases} \tag{20.17}$$

Schließlich haben wir für die Klasse E

$$\chi^{(l)}_E = 2l + 1. \tag{20.18}$$

Wir gelangen auf diese Weise zu folgender Tabelle für die Charaktere der irreduziblen Darstellung der Gruppe O durch die Matrizen $D^{(l)}$ für $l = 0, 1, 2, 3$:

l	E	C_2	C_3	C_4	C_5
0	1	1	1	1	1
1	3	−1	1	−1	0
2	5	1	−1	1	−1
3	7	−1	−1	−1	1

Tabelle der reellen Kugelfunktionen $K_{l\nu}^{(\varkappa)}(\theta, \varphi)$

	Γ_1	Γ_2	Γ_3
l	$K_{l\alpha}$	$K_{l\beta}$	$K_{l\gamma}$
0	$K_{0\alpha} = \frac{1}{\sqrt{2}}$		
1			
2			$K_{2\gamma}^{(1)} = P_2^{(0)}$ $K_{2\gamma}^{(2)} = \sqrt{2}\, P_2^{(2)} \cos 2\varphi$
3		$K_{3\beta} = \sqrt{2}\, P_3^{(2)} \sin^2 \varphi$	
4	$K_{4\alpha} = \sqrt{\frac{7}{12}}\, P_4^{(0)} + \sqrt{\frac{5}{6}}\, P_4^{(4)} \cos 4\varphi$		$K_{4\gamma}^{(1)} = \sqrt{2}\, P_4^{(2)} \cos 2\varphi$ $K_{4\gamma}^{(2)} = \sqrt{\frac{5}{12}}\, P_4^{(0)} - \sqrt{\frac{7}{6}}\, P_4^{(4)} \cos 4\varphi$

mit der Symmetrie eines Würfels $\left(\int [K_{lv}^{(\varkappa)}]^2 \, d\tau = 2\pi\right)$

Γ_4	Γ_5
$K_{l\delta}$	$K_{l\varepsilon}$
$K_{1\delta}^{(1)} = P_1^{(0)}$ $K_{1\delta}^{(2)} = \sqrt{2}\, P_1^{(1)} \cos\varphi$ $K_{1\delta}^{(3)} = \sqrt{2}\, P_1^{(1)} \sin\varphi$	
	$K_{2\varepsilon}^{(1)} = \sqrt{2}\, P_2^{(2)} \sin 2\varphi$ $K_{2\varepsilon}^{(2)} = \sqrt{2}\, P_2^{(1)} \cos\varphi$ $K_{2\varepsilon}^{(3)} = \sqrt{2}\, P_2^{(1)} \sin\varphi$
$K_{3\delta}^{(1)} = P_3^{(0)}$ $K_{3\delta}^{(2)} = \sqrt{\frac{5}{4}}\, P_3^{(3)} \cos 3\varphi - \sqrt{\frac{3}{4}}\, P_3^{(1)} \cos\varphi$ $K_{3\delta}^{(3)} = \sqrt{\frac{5}{4}}\, P_3^{(3)} \sin 3\varphi + \sqrt{\frac{3}{4}}\, P_3^{(1)} \sin\varphi$	$K_{3\varepsilon}^{(1)} = \sqrt{2}\, P_3^{(2)} \cos 2\varphi$ $K_{3\varepsilon}^{(2)} = \sqrt{\frac{3}{4}}\, P_3^{(3)} \cos 3\varphi + \sqrt{\frac{5}{4}}\, P_3^{(1)} \cos\varphi$ $K_{3\varepsilon}^{(3)} = \sqrt{\frac{3}{4}}\, P_3^{(3)} \sin 3\varphi - \sqrt{\frac{5}{4}}\, P_3^{(1)} \sin\varphi$
$K_{4\delta}^{(1)} = \sqrt{2}\, P_4^{(4)} \sin 4\varphi$ $K_{4\delta}^{(2)} = \sqrt{2}\sqrt{\frac{7}{8}}\, P_4^{(1)} \cos\varphi - \sqrt{2}\sqrt{\frac{1}{8}}\, P_4^{(3)} \cos 3\varphi$ $K_{4\delta}^{(3)} = \sqrt{2}\sqrt{\frac{7}{8}}\, P_4^{(1)} \sin\varphi + \sqrt{2}\sqrt{\frac{1}{8}}\, P_4^{(3)} \sin 3\varphi$	$K_{4\varepsilon}^{(1)} = \sqrt{2}\, P_4^{(2)} \sin 2\varphi$ $K_{4\varepsilon}^{(2)} = \sqrt{2}\sqrt{\frac{1}{8}}\, P_4^{(1)} \cos\varphi + \sqrt{2}\sqrt{\frac{7}{8}}\, P_4^{(3)} \cos 3\varphi$ $K_{4\varepsilon}^{(3)} = \sqrt{2}\sqrt{\frac{1}{8}}\, P_4^{(1)} \sin\varphi - \sqrt{2}\sqrt{\frac{7}{8}}\, P_4^{(3)} \sin 3\varphi$

Der Vergleich dieser Tabelle mit der Tabelle für die Charaktere der irreduziblen Darstellungen der Gruppe O lehrt uns

$$\left.\begin{aligned} \operatorname{Sp} D^{(0)} &= \operatorname{Sp} \Gamma_1, \\ \operatorname{Sp} D^{(1)} &= \operatorname{Sp} \Gamma_4, \\ \operatorname{Sp} D^{(2)} &= \operatorname{Sp} \Gamma_3 + \operatorname{Sp} \Gamma_5, \\ \operatorname{Sp} D^{(3)} &= \operatorname{Sp} \Gamma_2 + \operatorname{Sp} \Gamma_4 + \operatorname{Sp} \Gamma_5. \end{aligned}\right\} \tag{20.19}$$

Die Niveaus eines Valenzelektrons eines Atoms im Kristallfeld mit der Symmetrie eines Oktaeders spalten also nach folgendem Schema auf:

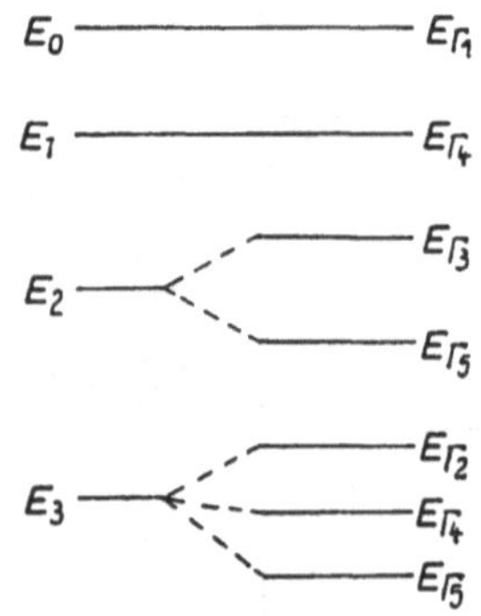

Die Berechnung der genäherten Wellenfunktionen zu den im Kristallfeld aufgespaltenen Niveaus ist bedeutend einfacher, wenn diejenigen Linearkombinationen $K_{l\Gamma p}^{(i)}(\theta, \varphi)$ der Kugelfunktionen bekannt sind, die die Basen für die irreduziblen Darstellungen der Punktgruppen bilden (der Index p unterscheidet wiederholt auftretende irreduzible Darstellungen, der Index i numeriert die Einheitsvektoren der Basen für diese Darstellungen). Die Funktionen $K_{l\Gamma p}^{(i)}(\theta, \varphi)$ werden als Kugelfunktionen mit Kristallsymmetrie bezeichnet. Als Beispiel geben wir eine Tabelle mit den kubischen Kugelfunktionen an, die die Basen für die irreduziblen Darstellungen der Symmetriegruppe eines Würfels bilden. Die Wellenfunktion eines Elektrons zum Niveau E_Γ kann durch die Kugelfunktionen mit Kristallsymmetrie folgendermaßen dargestellt werden:

$$\psi_i^\Gamma(\boldsymbol{r}) = \sum_{l,p} K_{l\Gamma p}^{(i)}(\theta, \varphi)\, R_{\Gamma p}(r), \tag{20.20}$$

die Funktionen $R_{\Gamma p}$ hängen nur vom Betrag des Ortsvektors ab.

KAPITEL XXI

AUSWAHLREGELN

Eine der wichtigsten Anwendungen der Gruppentheorie in der Quantenmechanik ist die Aufstellung von Auswahlregeln. Im weitesten Sinne des Wortes versteht man unter Auswahlregeln Kriterien zur Entscheidung, ob das Matrixelement eines Operators von Null verschieden sein kann, wenn bekannt ist, nach welchen Darstellungen einer bestimmten Gruppe dieser Operator und die Wellenfunktionen transformiert werden. In der Strahlungstheorie werden diese Kriterien auf das Matrixelement des Operators für die Wechselwirkung mit dem elektromagnetischen Feld angewandt und zur Berechnung der Übergangswahrscheinlichkeiten benutzt.

1. Allgemeine Formulierung von Auswahlregeln

Es sei ein Satz von Operatoren $\hat{O}_\alpha$, $\alpha = 1, 2, \ldots, k$, gegeben (z. B. $\hat{p}_x, \hat{p}_y, \hat{p}_z$). Bei einer Transformation g aus der Symmetriegruppe G des betrachteten quantenmechanischen Systems sollen sich die $\hat{O}_\alpha$ nach der Vorschrift

$$\hat{T}_g \hat{O}_\alpha \hat{T}_g^{-1} = \sum_{\beta=1}^{k} D'_{\beta\alpha} \hat{O}_\beta \tag{21.1}$$

transformieren. Wir bilden das Matrixelement des Operators $\hat{O}_\alpha$

$$O_{\alpha ij} = (\psi_i, \hat{O}_\alpha \varphi_j) \tag{21.2}$$

mit den Basisfunktionen ψ_i und φ_j der Darstellungen $D^{(1)}$ und $D^{(2)}$ der Gruppe G;

$$\left.\begin{aligned} \hat{T}_g \psi_i &= \sum_n D^{(1)}_{ni}(g)\, \psi_n, \\ \hat{T}_g \varphi_j &= \sum_m D^{(2)}_{mj}(g)\, \varphi_m. \end{aligned}\right\} \tag{21.3}$$

Wegen der Unitarität des Operators $\hat{T}_g$ ist

$$(\psi_i, \hat{O}_\alpha \varphi_j) = (\hat{T}_g \psi_i, \hat{T}_g \hat{O}_\alpha \varphi_j) = (\hat{T}_g \psi_i, \hat{T}_g \hat{O}_\alpha \hat{T}_g^{-1} \hat{T}_g \varphi_j). \tag{21.4}$$

Wir setzen die Gleichungen (21.1) und (21.3) in (21.4) ein und erhalten

$$\begin{aligned} O_{\alpha ij} &= \Big(\sum_n D^{(1)}_{ni}(g)\, \psi_n, \sum_\beta D'_{\beta\alpha}(g) \hat{O}_\beta \sum D^{(2)}_{mj}(g)\, \varphi_m\Big) \\ &= \sum_{n,\beta,m} \bar{D}^{(1)}_{ni}(g)\, D'_{\beta\alpha}(g)\, D^{(2)}_{mj}(g)\, O_{\beta nm} \end{aligned} \tag{21.5}$$

oder

$$O_{\alpha ij} = \sum_{n,\beta,m} D_{n\beta m,\,i\alpha j}\, O_{\beta nm}\,, \tag{21.6}$$

die Matrix $\| D_{n\beta m,\,i\alpha j} \|$ ist darin die Matrix des direkten Produktes der Darstellungen $\overline{D}^{(1)} \times D' \times D^{(2)}$. Nun summieren wir beide Seiten der Gleichung (21.6) über die Gruppe, dividieren das Ergebnis durch die Gruppenordnung N und bekommen

$$O_{\alpha ij} = \frac{1}{N} \sum_{g} \sum_{n,\beta,m} D^{(g)}_{n\beta m,\,i\alpha j}\, O_{\beta mn}\,. \tag{21.7}$$

Wie wir wissen, ergibt sich die Nullmatrix, wenn man die Matrizen einer beliebigen irreduziblen Darstellung, außer der Einsdarstellung, über die Gruppe summiert (s. Üb. 3.7). Die Darstellung $D = \overline{D}^{(1)} \times D' \times D^{(2)}$ sei durch eine Ähnlichkeitstransformation mit einer gewissen Matrix in irreduzible Darstellungen zerlegt worden, d. h.

$$V D(g)\, V^{-1} = \sum_{\lambda}{}^{\oplus} D^{(\lambda)}(g)\,, \tag{21.8}$$

wobei $D^{(\lambda)}(g)$ die Matrizen irreduzibler Darstellungen sind. Falls auf der rechten Seite dieser Gleichung die Einsdarstellung nicht enthalten ist, wird

$$\sum_{g} \sum_{\lambda}{}^{\oplus} D^{(\lambda)}(g) = 0\,, \tag{21.9}$$

und demzufolge ist auch

$$\sum_{g} D(g) = V^{-1} \sum_{g} \sum_{\lambda}{}^{\oplus} D^{(\lambda)}(g)\, V = 0\,. \tag{21.10}$$

Die rechte Seite der Gleichung (21.7) ist also gleich Null, wenn die Einsdarstellung in der Darstellung D nicht vorkommt.

Das gewonnene Kriterium für das Verschwinden des Matrixelementes $O_{\alpha ij}$ (oder *die Auswahlregeln*) kann so formuliert werden: *Das Matrixelement $O_{\alpha ij}$ ist nur dann von Null verschieden, wenn im direkten Produkt $\overline{D}^{(1)} \times D' \times D^{(2)}$ die Einsdarstellung enthalten ist. Diese Bedingung ist notwendig, aber nicht hinreichend.*

Wenn speziell der Operator $\hat{O}$ der Einheitsoperator ist und sich daher nach der Einsdarstellung transformiert, dann beinhalten die Auswahlregeln die Orthogonalitätseigenschaften der Funktionen, die sich nach nicht äquivalenten irreduziblen Darstellungen transformieren (s. Kapitel V, S. 26).

2. Auswahlregeln für die Absorption und Emission von Licht

Zur Erläuterung, wie die im vorhergehenden Abschnitt bewiesene Theorie anzuwenden ist, stellen wir die Auswahlregeln für die Lichtemission und -absorption durch Atome auf. Wir beschränken uns auf die Behandlung der Dipolstrahlung; in dieser Näherung ist die Wahrscheinlichkeit für einen Übergang aus dem

Zustand A in den Zustand B dem Betragsquadrat des Matrixelementes

$$\boldsymbol{r}_{AB} = \int \overline{\Psi}_A(x) \sum_j \boldsymbol{r}_j \, \Psi_B(x) \, d\tau \tag{22.11}$$

proportional; $\boldsymbol{r}_i$ sind die Ortsvektoren der Elektronen im Atom, x ist die Gesamtheit aller Orts- und Spinkoordinaten, die Integration über $d\tau$ bedeutet die Integration über die Ortsvariablen und die Summation über die Spinvariablen.

Wir betrachten den Fall der L-S-Kopplung. Dabei werden wir zunächst annehmen, daß die Wellenfunktionen Ψ_A und Ψ_B für Anfangs- und Endzustand aus Einelektronen-Funktionen zu einer bestimmten Konfiguration gebildet sind. Das Matrixelement (21.11) kann dann durch die Einelektronen-Matrixelemente

$$\int \overline{\psi}_l(\boldsymbol{r}) \, \boldsymbol{r} \psi_{l'}(\boldsymbol{r}) \, d\boldsymbol{r} \tag{21.12}$$

ausgedrückt werden; ψ_l ist dabei die Einelektronen-Funktion mit der Nebenquantenzahl l.

Wir stellen jetzt die Auswahlregeln infolge der Symmetrie des Systems bezüglich einer Spiegelung fest. Der Ortsvektor $\boldsymbol{r}$ transformiert sich nach einer ungeraden Darstellung der Spiegelgruppe; die Wellenfunktion ψ_l transformiert sich für geradzahliges l nach einer geraden Darstellung und für ungeradzahliges l nach einer ungeraden Darstellung. Soll das Integral (21.12) von Null verschieden sein, dann muß sich der Integrand nach einer geraden Darstellung (der Einsdarstellung) transformieren, d. h., l und l' müssen eine gerade und eine ungerade Zahl sein.

Jetzt betrachten wir die Auswahlregeln für das Matrixelement (21.12) infolge der Symmetrie des Systems bezüglich Drehungen. Offensichtlich transformiert sich der Integrand in (21.12) bei Drehungen nach der Darstellung $D^{(l)} \times D^{(1)} \times D^{(l')}$. Mittels der CLEBSCH-GORDAN-Formel finden wir, daß diese Darstellung die Einsdarstellung nur dann enthält, wenn

$$l = l' \quad \text{oder} \quad l = l' \pm 1$$

ist. Beachten wir noch obige Auswahlregeln bezüglich der Parität, so gelangen wir zu der Feststellung, daß das Matrixelement (21.12) nur dann von Null verschieden sein kann, wenn

$$\Delta l = l' - l = \pm 1 \tag{21.13}$$

ist. Der Operator für das Dipolmoment in (21.11) ist eine Summe von Einelektronen-Operatoren. Wir erhalten daher bei der Integration nur dann ein von Null verschiedenes Ergebnis, wenn sich die Konfigurationen im Anfangs- und Endzustand nur in einer Nebenquantenzahl unterscheiden.

Nun wollen wir die Auswahlregeln für das Matrixelement (21.12) ableiten, ohne uns auf die Einelektronen-Näherung zu stützen.

Die Zustände A und B sollen durch die Quantenzahlen L, S, J bzw. L', S', J' gekennzeichnet sein. Von der Drehgruppe her ergeben sich folgende Auswahlregeln für (21.12):

$$\Delta L = L' - L = 0, \pm 1, \tag{21.14}$$

$$\Delta J = J' - J = 0, \pm 1. \tag{21.15}$$

Die Übergänge $J = 0 \to J' = 0$ und $L = 0 \to L' = 0$ sind aber verboten. Das wird klar, wenn man die Darstellung $D^{(0)} \times D^{(1)} \times D^{(0)}$, nach der sich in diesem Fall das Produkt der drei Faktoren in (21.12) transformiert, nach der CLEBSCH-GORDAN-Regel ausreduziert. Der Operator für das Dipolmoment $\sum \boldsymbol{r}_i$ ist ferner symmetrisch bei Vertauschungen der Ortsvektoren $\boldsymbol{r}_i$. Die Funktionen Ψ_A und Ψ_B müssen sich nach äquivalenten Darstellungen der symmetrischen Gruppe transformieren, wenn die Darstellung, nach der sich der Integrand in (21.12) transformiert, die Einsdarstellung enthalten soll. Da nun eine Darstellung der symmetrischen Gruppe aus den Vertauschungen der Ortsvariablen $\boldsymbol{r}_i$ eindeutig einem Eigenwert des Gesamtspins entspricht (s. Kapitel XVII), bekommen wir

$$\Delta S = S' - S = 0. \tag{21.16}$$

3. Auswahlregeln für die Kombinationsstreuung von Licht an Molekülen

Als weiteres Beispiel behandeln wir die Auswahlregeln für die Kombinationsstreuung von Licht an Molekülen.

Der Einfachheit halber beschränken wir uns auf ein Molekülmodell mit zwei nicht entarteten Elektronentermen. Jeder Term hat seine eigene Schwingungsstruktur. In Abb. 17 sind die Schwingungsniveaus für eine Normalschwingung des Moleküls skizziert. Die Kombinationsstreuung ist ein Prozeß zweiter Ordnung in der Wechselwirkung mit dem elektromagnetischen Feld und hängt mit virtuellen Übergängen in die Schwingungsniveaus des angeregten Zustandes zusammen.

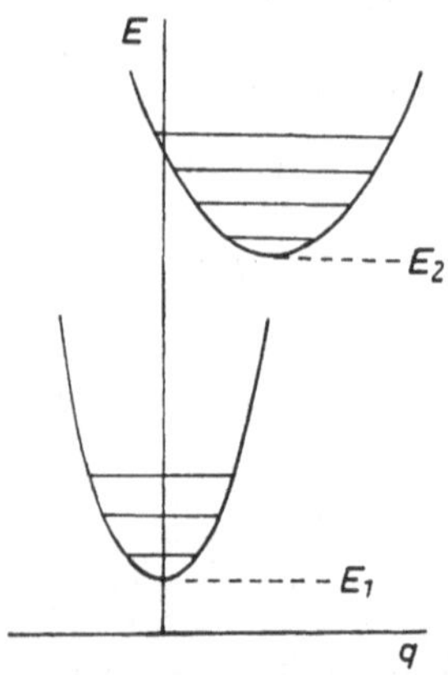

Abb. 17

Das Molekül soll ein Quant mit der Frequenz ω_0 und der Polarisation α absorbieren und ein Quant mit der Frequenz ω_1 und der Polarisation β emittieren. Dabei ändert das Molekül nur seinen Schwingungszustand, es bleibt nach wie vor im Grundzustand. Die Wahrscheinlichkeit für diesen Prozeß ist dem Betragsquadrat folgender Größe proportional:

$$K = \sum_m \frac{\langle 1n | M_\alpha | 2m \rangle \langle 2m | M_\beta | 1n' \rangle}{E_2 + \varepsilon_m - E_1 - \varepsilon_n - \hbar\omega_0} + \sum_m \frac{\langle 1n | M_\alpha | 2m \rangle \langle 2m | M_\beta | 1n' \rangle}{E_2 + \varepsilon_m - E_1 - \varepsilon_n + \hbar\omega_0}. \qquad (21.17)$$

Hier bedeutet $\langle 1n | M_\alpha | 2m \rangle$ das Matrixelement des Operators für das vom Elektron erzeugte Dipolmoment des Moleküls; dieses Matrixelement wird mit den Wellenfunktionen des n-ten Schwingungszustandes zum Grundzustand des Elektrons und des m-ten Schwingungszustandes zum angeregten Zustand des Elektrons berechnet; E_2 und E_1 sind die niedrigsten Energien im angeregten bzw. im Grundzustand des Elektrons; ε_m und ε_n sind die Energien der Schwingungszustände. Die Fequenz ω_1 des emittierten Quants ergibt sich aus dem Energiesatz:

$$E_1 + \varepsilon_n + \hbar\omega_0 = E_2 + \varepsilon_{n'} + \hbar w_1. \qquad (21.18)$$

Wir betrachten den Fall, daß bei der Kombinationsstreuung keine Resonanz vorkommt, d. h., wir nehmen an

$$E_2 - E_1 - \hbar\omega_0 \gg \varepsilon_m - \varepsilon_n. \qquad (21.19)$$

Die kleine Größe $\varepsilon_m - \varepsilon_n$ in den Nennern der Formel (21.17) können wir vernachlässigen und finden so

$$K = \left\{\frac{1}{E_2 - E_1 - \hbar\omega_0} + \frac{1}{E_2 - E_1 + \hbar\omega_0}\right\} \times \sum_m \langle 1n | M_\alpha | 2m \rangle \langle 2m | M_\beta | 1n' \rangle. \qquad (21.20)$$

In adiabatischer Näherung wird die Wellenfunktion des Moleküls in der Form

$$\Psi_{im}(\boldsymbol{r}, \boldsymbol{q}) = \psi_i(\boldsymbol{r}, \boldsymbol{q})\, \Phi_m^{(i)}(\boldsymbol{q}) \qquad (21.21)$$

angesetzt; $\psi_i\,(\boldsymbol{r}, \boldsymbol{q})$ ist dabei die Elektronen-Wellenfunktion, die sich als Lösung der Schrödinger-Gleichung für eine fixierte, durch die Auslenkungen $\boldsymbol{q}$ beschriebene Konfiguration der Kerne ergibt; $\Phi_m^{(i)}\,(\boldsymbol{q})$ ist die Wellenfunktion zur Beschreibung der Schwingungen. Wir können jetzt die Größe K folgendermaßen darstellen:

$$K = \frac{2(E_2 - E_1)}{(E_2 - E_1)^2 - (\hbar\omega_0)^2} \sum_m \langle n | M_{\alpha 12}(\boldsymbol{q}) | m \rangle \langle m | M_{\beta 21}(\boldsymbol{q}) | n' \rangle$$

$$= \frac{2(E_2 - E_1)}{(E_2 - E_1)^2 - (\hbar\omega_0)^2} \sum \langle n | M_{\alpha 12}(\boldsymbol{q})\, M_{\beta 21}(\boldsymbol{q}) | n' \rangle \qquad (21.22)$$

mit

$$M_{\alpha ij}(\boldsymbol{q}) = \int \overline{\psi}_i(\boldsymbol{r}, \boldsymbol{q})\, \boldsymbol{r}_\alpha \psi_j(\boldsymbol{r}, \boldsymbol{q})\, d\boldsymbol{r}. \qquad (21.23)$$

Bei der Suche nach den Auswahlregeln für die Größe (21.22) bestimmen wir zuerst das Transformationsgesetzt für die Matrixelemente $M_{\alpha ij}(\boldsymbol{q})$ für solche Transformationen der Auslenkungen $\boldsymbol{q}$, die eine Darstellung D der Symmetriegruppe G des Moleküls im Grundzustand bilden. Für ein Element g der Gruppe G können wir schreiben:

$$\psi_j\left(g^{-1}\boldsymbol{r}, D(g^{-1})\,\boldsymbol{q}\right) = e^{i\delta_j(g)}\,\psi_j(\boldsymbol{r}, \boldsymbol{q}). \tag{21.24}$$

Speziell für $\boldsymbol{q} = 0$ ist

$$\psi_j(g^{-1}\boldsymbol{r}, 0) = e^{i\delta_j(g)}\psi_j(\boldsymbol{r}, 0). \tag{21.25}$$

Daraus folgt, daß die Faktoren $e^{i\delta_j(g)}$ diejenige Darstellung der Gruppe G bilden, nach der sich die Elektronenfunktionen zur Gleichgewichtskonfiguration der Kerne transformieren. Uns interessiert die Größe $M_{\alpha 12}\left(D(g^{-1})\boldsymbol{q}\right)$:

$$M_{\alpha 12}\left(D(g^{-1})\boldsymbol{q}\right) = \int \overline{\psi}_1\left(\boldsymbol{r}, D(g^{-1})\boldsymbol{q}\right) \boldsymbol{r}_\alpha \psi_2\left(\boldsymbol{r}, D(g^{-1})\,\boldsymbol{q}\right) d\boldsymbol{r}. \tag{21.26}$$

Wir führen eine andere Integrationsvariable ein,

$$\boldsymbol{r} = g^{-1}\boldsymbol{r}' \tag{21.27}$$

und erhalten

$$M_{\alpha 12}\left(D(g^{-1})\boldsymbol{q}\right) = \int \overline{\psi}_1\left(g^{-1}\boldsymbol{r}', D(g^{-1})\boldsymbol{q}\right) \sum_\gamma g_{\alpha\gamma}^{-1} \boldsymbol{r}'_\gamma \psi_2\left(g^{-1}\boldsymbol{r}', D(g^{-1})\boldsymbol{q}\right) d\boldsymbol{r}. \tag{21.28}$$

Weiter benutzen wir (21.24) und die Orthogonalitätseigenschaft der Matrix $\|g_{\alpha\beta}\|$ und finden

$$\begin{aligned} M_{\alpha 12}\left(D(g^{-1})\boldsymbol{q}\right) &= e^{-i\delta_1(g)}\, e^{i\delta_2(g)} \sum_\gamma g_{\gamma\alpha} \int \overline{\psi}_1(\boldsymbol{r}', \boldsymbol{q})\, \boldsymbol{r}'_\gamma \psi_2(\boldsymbol{r}', \boldsymbol{q})\, d\boldsymbol{r}' \\ &= e^{-i\delta_1(g)}\, e^{i\delta_2(g)} \sum_\gamma g_{\gamma\beta} M_{\gamma 12}(\boldsymbol{q}). \end{aligned} \tag{21.29}$$

Jetzt können wir leicht das Transformationsgesetz für den Operator $O_{\alpha\beta}(\boldsymbol{q}) = M_{\alpha 12} M_{\beta 21}$ im Matrixelement (21.22) finden:

$$\begin{aligned} O_{\alpha\beta}\left(D(g^{-1})\boldsymbol{q}\right) &= M_{\alpha 12}\left(D(g^{-1})\boldsymbol{q}\right) M_{\beta 21}\left(D(g^{-1})\boldsymbol{q}\right) \\ &= \sum_{\gamma,\gamma'} g_{\gamma\alpha} g_{\gamma'\beta} M_{\alpha 12}(\boldsymbol{q})\, M_{\beta 21}(\boldsymbol{q}) = \sum_{\gamma,\gamma'} g_{\gamma\alpha} g_{\gamma'\beta} O_{\alpha\beta}. \end{aligned} \tag{21.30}$$

Wir sehen, daß sich der Operator $O_{\alpha\beta}(\boldsymbol{q})$ nach einer Tensordarstellung der Gruppe G transformiert. Wenn die Matrixelemente $M_{\alpha 12}$ für das Dipolmoment reell sind, erhalten wir zusätzlich die Bedingung

$$O_{\alpha\beta} = O_{\beta\alpha}. \tag{21.31}$$

In diesem Fall transformieren sich die sechs voneinander unabhängigen Größen nach dem symmetrisierten Quadrat $[g^2]$ der Vektordarstellung. Auf Grund dieses Resultates können wir schließlich folgende Auswahlregeln für die Kombinationsstreuung formulieren: $D^{(n)}$ *und* $D^{(n')}$ *seien die Darstellungen, nach denen sich die Schwingungsfunktionen transformieren. Ein Übergang ist erlaubt, wenn im direkten Produkt der Darstellungen* $D^{(n)} \times D^{(n')} \times [g^2]$ *die Einsdarstellung enthalten ist.*[1])

[1]) Zur Transformation der Schwingungsfunktionen s. in Kapitel XIV S. 146 sowie Üb. 16.3.

4. Matrixelemente mit Basisfunktionen

Wenn die Wellenfunktionen, mit denen das Matrixelement eines hermiteschen Operators gebildet wird, zur Basis einer Darstellung gehören, dann kann man strengere Auswahlregeln ableiten als in den vorhergehenden Abschnitten. Diese Auswahlregeln sind zum Beispiel dann wesentlich, wenn man Matrixelemente mit Wellenfunktionen zu einem Energieniveau zu berechnen hat.

Zu Beginn sehen wir uns den Fall an, daß die Wellenfunktionen reell und spinunabhängig sind. Das uns interessierende Matrixelement des hermiteschen Operators $\hat{O}_\alpha$ kann folgendermaßen geschrieben werden:

$$\langle i|\hat{O}_\alpha|j\rangle = \int \psi_i \hat{O}_\alpha \psi_j \, d\tau. \tag{21.32}$$

Die Funktionen ψ_k sollen sich nach der Darstellung D und der Operator $\hat{O}_\alpha$ nach der Darstellung D' einer Gruppe G transformieren. Im direkten Produkt $D \times D \times D'$ muß die Einsdarstellung vorkommen, wenn das Matrixelement (21.32) von Null verschieden sein soll. Man kann noch einige zusätzliche Beschränkungen ableiten, wenn man die Symmetrie des Matrixelementes bei einer Vertauschung der Indizes i und j berücksichtigt. Wenn die Funktionen links und rechts vom Operator zur gleichen Basis einer Darstellung gehören, dann erhält man bei einer Vertauschung der Indizes dieselbe Menge von Matrixelementen; diese Aussage ist nicht richtig, wenn die betreffenden Funktionen zu verschiedenen Basen gehören. Wir haben nunmehr

$$\begin{aligned}\langle i|\hat{O}_\alpha|j\rangle &= \int \psi_i \hat{O}_\alpha \psi_j \, d\tau = \int (\bar{\hat{O}}_\alpha \psi_i) \psi_j \, d\tau \\ &= \pm \int \psi_j \hat{O}_\alpha \psi_i \, d\tau = \pm \langle j|\hat{O}_\alpha|i\rangle.\end{aligned} \tag{21.33}$$

Die beiden Vorzeichen in dieser Formel beziehen sich auf die Fälle, daß der Operator $\hat{O}_\alpha$ reell (+) oder rein imaginär (−) ist. (Zum Beispiel ist der Operator für die Wechselwirkung eines Elektrons mit einem elektrischen Feld reell, der Operator für die Wechselwirkung mit einem Magnetfeld rein imaginär.) Auf Grund der gefundenen Symmetrieeigenschaft der Matrixelemente können wir feststellen, daß die Darstellung, nach der sich diese transformieren, das symmetrische (oder antisymmetrische) Quadrat der Darstellung D enthalten muß. Mit den Bezeichnungen aus Kapitel XVI schreiben wir die Darstellung, nach der sich die Matrixelemente transformieren, in der Gestalt

$$\left.\begin{aligned} &[D^2] \times D' \text{ für einen reellen Operator,} \\ &\{D^2\} \times D' \text{ für einen rein imaginären Operator.}\end{aligned}\right\} \tag{21.34}$$

Jetzt können wir die Auswahlregeln so abfassen: *Das Matrixelement* (21.32) *ist nur dann von Null verschieden, wenn in der Darstellung* (21.34) *die Einsdarstellung enthalten ist.*

Wir modifizieren diese Auswahlregeln, indem wir die Spinzustände des Mehrelektronen-Systems in die Betrachtung einbeziehen.[1])

---

[1]) I. B. Lewinson: Arbeiten der Akad. d. Wissenschaften der Litauischen SSR, Serie B, 2 (1961) 67 (russ.).

Wir beschränken uns auf den Fall, daß der HAMILTOM-Operator des betrachteten Systems gegenüber einer Zeitumkehr invariant ist, d. h., er enthält keine Wechselwirkung mit einem Magnetfeld (s. Kapitel XIII). ψ sei eine Eigenfunktion dieses HAMILTON-Operators; dann ist auch $\hat{\Theta}\psi$ eine Eigenfunktion dieses HAMILTON-Operators zu demselben Eigenwert, wenn $\hat{\Theta}$ der Operator für die Zeitumkehr ist. Für ein n-Elektronensystem ist der Operator $\hat{\Theta}$, wie wir bereits wissen,

$$\hat{\Theta} = \hat{S}_{1y}\hat{S}_{2y} \dots \hat{S}_{ny}K, \tag{21.35}$$

dabei ist $\hat{S}_{iy}$ der Operator für die Spinprojektion auf die y-Achse (für das i-te Elektron), K bedeutet die komplexe Konjugation.

Wie man leicht nachprüfen kann, kommutiert der Operator $\hat{\Theta}$ mit den Operatoren für infintesimale Drehungen und somit auch mit einer beliebigen Drehung. Daraus folgt: Wenn sich die Funktion ψ nach der Darstellung D der Drehgruppe (oder einer Untergruppe derselben) transformiert, dann transformiert sich die Funktion $\hat{\Theta}\psi$ nach der konjugiert komplexen Darstellung $\bar{D}$; tatsächlich ist

$$\hat{T}_g\hat{\Theta}\psi_i = \hat{\Theta}\hat{T}_g\psi_i = \hat{\Theta}\sum_j D_{ji}(g)\psi_j = \sum \bar{D}_{ji}(g)\hat{\Theta}\psi_j. \tag{21.36}$$

Die Eigenfunktionen des betrachteten HAMILTON-Operators zu einem Eigenwert transformieren sich deshalb entweder nach einer reellen Darstellung oder nach einer Darstellung, die der zugehörigen konjugiert komplexen Darstellung äquivalent ist. Für den letzteren Fall kann sie in der Gestalt $D^{(s)} \oplus \bar{D}^{(s)}$ dargestellt werden, wenn $D^{(s)}$ eine Darstellung der betreffenden Gruppe ist. Man kann unschwer eine Ähnlichkeitstransformation finden, die die Darstellung $D^{(s)} \oplus \bar{D}^{(s)}$ in eine reelle Darstellung überführt.

Wir betrachten jetzt die Transformation der Wellenfunktionen bei Anwendung des Operators $\hat{\Theta}$ und finden

$$\hat{\Theta}\psi_i = \sum_j \theta_{ji}\psi_j \tag{21.37}$$

mit einer unitären Matrix $\|\Theta_{ji}\| : \Theta^+ = \Theta^{-1}$. Bekanntlich ist (s. Kapitel XIII)

$$\hat{\Theta}^2 = \varkappa \tag{21.38}$$

mit $\varkappa = 1$ für eine gerade Elektronenzahl und $\varkappa = -1$ für eine ungerade Elektronenzahl. Die entsprechende Matrixgleichung ist

$$\Theta\bar{\Theta} = \varkappa E, \tag{21.39}$$

und daraus folgt

$$\Theta^{-1} = \varkappa\hat{\Theta}. \tag{21.40}$$

Wegen der Unitarität der Matrix Θ bekommen wir

$$\Theta^{-1} = \Theta^+ = \varkappa\bar{\Theta} \tag{21.41}$$

oder

$$\Theta^* = \varkappa\Theta, \tag{21.42}$$

Θ^* bedeutet die transponierte Matrix. Diese Eigenschaft der Matrix Θ nutzen wir aus, um die Symmetrie des Matrixelementes $O_{\alpha ij} = (\psi_i, \hat{O}_\alpha \psi_j)$ bei einer Vertauschung der Indizes i und j zu bestimmen.

Wir können folgende Gleichung aufschreiben:

$$O_{\alpha ij} = (\hat{\Theta}\psi_i, \hat{\Theta}\hat{O}_\alpha \psi_j) = (\hat{\Theta}\psi_i, \hat{\Theta}\hat{O}_\alpha \hat{\Theta}^{-1}\hat{\Theta}\psi_j) = \pm \sum_{m,n} \bar{O}_{\alpha mn}\theta_{mi}\bar{\theta}_{nj}. \qquad (21.43)$$

Hier gehören das obere Vorzeichen zum Fall $\hat{\Theta}\hat{O}_\alpha\hat{\Theta}^{-1} = \hat{\Theta}_\alpha$ und das untere zum Fall $\hat{\Theta}\hat{O}_\alpha\hat{\Theta}^{-1} = -\hat{O}_\alpha$. Nun denken wir daran, daß der Operator $\hat{O}_\alpha$ hermitesch ist, $\bar{O}_{\alpha mn} = O_{\alpha nm}$, und daß die Matrix θ unitär ist, $\Theta^{-1} = \Theta^+$, und wir können die Gleichung (21.43) umformen in

$$\sum_i \bar{\theta}_{mi}\, O_{\alpha ij} = \pm \sum_n \bar{\theta}_{nj}\, O_{\alpha nm} \qquad (21.44)$$

oder vermöge (21.45) in

$$\sum_i \bar{\theta}_{mi}\, O_{\alpha ij} = \pm \varkappa \sum_n \bar{\theta}_{jn}\, O_{\alpha nm}. \qquad (21.45)$$

Führen wir statt der Matrixelemente $O_{\alpha ij}$ die Größen

$$\tilde{O}_{\alpha mj} = \sum_i \underline{\theta}_{mi} O_{\alpha ij} \qquad (21.46)$$

ein, so erhalten wir aus (21.45)

$$\tilde{O}_{\alpha mj} = \pm \varkappa \tilde{O}_{\alpha jm}. \qquad (21.47)$$

Nun suchen wir die Auswahlregeln für die Größen $\tilde{O}_{\alpha mj}$. Wir haben gezeigt, daß man die Darstellung, nach der sich die Wellenfunktionen ψ_i transformieren, als reell ansehen kann. Deshalb transformieren sich die Größen $\tilde{O}_{\alpha mj}$ in den Indizes m und j wie Tensorkomponenten. Auf Grund von (21.47) sind die Größen $\tilde{O}_{\alpha mj}$ für eine gerade Elektronenzahl ($\varkappa = 1$) und für einen mit dem Operator $\hat{\Theta}$ kommutierenden Operator $\tilde{O}_\alpha$ Komponenten eines symmetrischen Tensors; dasselbe gilt auch für eine ungerade Elektronenzahl ($\varkappa = -1$) und für einen Operator $\tilde{O}_\alpha$, der mit dem Operator $\hat{\Theta}$ antikommutiert. Für ungerade Elektronenzahl und einen mit dem Operator $\hat{\Theta}$ kommutierenden Operator $\tilde{O}_\alpha$ sowie für gerade Elektronenzahl und einen mit dem Operator $\hat{\Theta}$ antikommutierenden Operator $\tilde{O}_\alpha$ sind die Größen $\tilde{O}_{\alpha mj}$ Komponenten eines antisymmetrischen Tensors. Demzufolge ist die Darstellung, nach der sich die Größen $\tilde{O}_{\alpha mj}$ transformieren, im ersten Fall

$$[D^2] \times D' \qquad (21.48)$$

und im zweiten Fall

$$\{D^2\} \times D'. \qquad (21.49)$$

Wir gelangen schließlich zu folgender Aussage: *Die Größen $\tilde{O}_{\alpha ij}$ sind nur dann von Null verschieden, wenn in den Darstellungen* (21.48) *und* (21.49) *die Einsdarstellung enthalten ist.* Diese Auswahlregeln gelten auch für die Matrixelemente $O_{\alpha ij}$, die durch eine unitäre Transformation aus den Größen $\tilde{O}_{\alpha mj}$ hervorgehen.

Als Beispiel für die Anwendung der in diesem Abschnitt aufgestellten Auswahlregeln behandeln wir die Stabilität symmetrischer Molekülkonfigurationen.

5. Das Jahn-Teller-Theorem

Die SCHRÖDINGER-Gleichung für die Wellenfunktionen eines Elektronenzustandes in einem Molekül ist

$$\left[-\frac{\hbar^2}{2m}\Delta_r + V(\boldsymbol{r}, \boldsymbol{R})\right]\psi(\boldsymbol{r}, \boldsymbol{R}) = E(\boldsymbol{R})\,\psi(\boldsymbol{r}, \boldsymbol{R}). \tag{21.50}$$

In dieser Gleichung steht $\boldsymbol{R}$ für die Koordinaten der Kerne, $\boldsymbol{r}$ bezeichnet die Elektronenkoordinaten. Ein Eigenwert der Elektronenenergie $E(\boldsymbol{R})$ ist eine Funktion der Kernkoordinaten. Das Minimum dieses Eigenwertes wird für die Ruhelage der Kerne zu dem betrachteten Elektronenzustand angenommen. Die exakte Ruhelage der Kerne sei uns vorläufig unbekannt. Wir wählen als nullte Näherung eine symmetrische Konfiguration $\boldsymbol{R}^{(1)}$ und setzen voraus, daß diese Konfiguration nur wenig von der Gleichgewichtskonfiguration $\boldsymbol{R}^{(0)}$ abweicht, d. h. $\boldsymbol{R}_i^{(0)} = \boldsymbol{R}_i^{(1)} + \Delta\boldsymbol{R}_i$ mit einer kleinen Verrückung $\Delta\boldsymbol{R}_i$ des i-ten Kernes. Zur Berechnung der Gleichgewichtskonfiguration $\boldsymbol{R}^{(0)}$ wenden wir die Störungstheorie an. Die SCHRÖDINGER-Gleichung (21.50) für die Konfiguration $\boldsymbol{R}^{(0)}$ kann in der Form

$$\left[-\frac{\hbar^2}{2m}\Delta_r + V(\boldsymbol{r}, \boldsymbol{R}^{(1)}) + W(\boldsymbol{r})\right]\psi(\boldsymbol{r}) = E\psi(\boldsymbol{r}) \tag{21.51}$$

mit

$$W(\boldsymbol{r}) = V(\boldsymbol{r}, \boldsymbol{R}^{(0)}) - V(\boldsymbol{r}, \boldsymbol{R}^{(1)}) \cong \sum_i \left(\frac{\partial V(\boldsymbol{r}, \boldsymbol{R})}{\partial \boldsymbol{R}_i}\right)_{\boldsymbol{R}^{(1)}} \Delta\boldsymbol{R}_i \tag{21.52}$$

geschrieben werden; $W(\boldsymbol{r})$ kann als Störung angesehen werden.

Die kartesischen Komponenten der Verrückungen der Kerne gegenüber der Konfiguration $\boldsymbol{R}^{(1)}$ werden wir mit x_β bezeichnen; der Index β unterscheidet sowohl die Koordinatenachsen als auch die Kerne. Wir wissen (s. Kapitel V), daß sich die Verrückungen x_β nach einer Darstellung der Symmetriegruppe G der Konfiguration $\boldsymbol{R}^{(1)}$ transformieren:

$$x'_\alpha = \sum_\beta D_{\alpha\beta}(g)\, x_\beta. \tag{21.53}$$

Wir gehen jetzt von den Verrückungen x_β zu den symmetrisierten Verrückungen q_β über. Die q_β transformieren sich nach irreduziblen Darstellungen der Gruppe G:

$$q_\beta = \sum_\alpha b_{\alpha\beta}\, x_\alpha. \tag{21.54}$$

Die Störung W kann jetzt auf die Koordinaten q_α umgeschrieben werden:

$$W = \sum_\alpha \left(\frac{\partial V}{\partial q_\alpha}\right)_{q=0} q_\alpha. \tag{21.55}$$

Wir können nunmehr die Korrektur zum Energieeigenwert $E(\boldsymbol{R}^{(1)})$ infolge der Störung W berechnen. Der Eigenwert $E(\boldsymbol{R}^{(1)})$ sei s-fach entartet, und die zugehörigen Eigenfunktionen sollen sich nach der irreduziblen Darstellung D der Symmetriegruppe G zur Konfiguration $\boldsymbol{R}^{(1)}$ transformieren. Wir bezeichnen diese Funktionen mit $\psi_1, \psi_2, \ldots, \psi_s$ und nehmen sie als orthonormiert an. In der ersten Ordnung der Störungstheorie werden die Korrekturen zur Energie, wie wir schon wissen, als Wurzeln der Säkulargleichung

$$|w_{ik} - \lambda\delta_{ik}| = 0 \tag{21.56}$$

berechnet. In unserem Fall ist

$$w_{ik} = \int \overline{\psi}_i(\boldsymbol{r}) \sum_\alpha \left(\frac{\partial V}{\partial q_\alpha}\right)_0 q_\alpha \psi_k(\boldsymbol{r})\, d\boldsymbol{r}. \tag{21.57}$$

Die Wurzeln der Gleichung (21.56) sind Funktionen der Größen q_α. Die Werte von q_α für die Gleichgewichtskonfiguration ergeben sich aus der Forderung, daß die Energie $E(q)$ ein Minimum sein soll. Gehen wir mit den gefundenen Werten für q_α in die Gleichungen (21.54) ein, so können wir die Verrückungen der Kerne und damit die möglichen Gleichgewichtskonfigurationen bestimmen.

In Kapitel VI haben wir die Koordinaten q_α für ein Molekül mit kubischer Symmetrie ausgerechnet und ihren geometrischen Sinn erläutert. Insbesondere haben wir dort gesehen, daß nur die Koordinate q_1, die sich nach der Einsdarstellung der Punktgruppe transformiert, einer Änderung der Kernorte ohne Änderung der Molekülsymmetrie entspricht.

Jetzt stellen wir gruppentheoretische Überlegungen an, um ein Kriterium zu finden, wann die Matrixelemente

$$\int \overline{\psi}_i(\boldsymbol{r}) \left(\frac{\partial V(\boldsymbol{r})}{\partial q_\alpha}\right)_0 \psi_k(\boldsymbol{r})\, d\boldsymbol{r} \tag{21.58}$$

gleich Null sind. Dazu stellen wir zunächst fest, wie sich die Funktionen $\left(\frac{\partial V(\boldsymbol{r})}{\partial q_\alpha}\right)_0 \equiv W_\alpha(\boldsymbol{r})$ transformieren, wenn die Elektronenkoordinaten einer Transformation aus der Punktgruppe G unterworfen werden. Wir betrachten die Ableitungen $\left(\frac{\partial V}{\partial q_\alpha}\right)_0$ nach den Koordinaten q_α, die sich nach einer irreduziblen Darstellung Γ der Gruppe G transformieren, und zeigen, daß sich diese Ableitungen nach derselben Darstellung Γ transformieren. Die Störung W bleibt invariant, wenn die Ortsvektoren der Kerne und der Elektronen gleichzeitig einer beliebigen orthogonalen Transformation unterworfen werden. Wir haben deshalb

$$W = \sum_\alpha W_\alpha(\boldsymbol{r})\, q_\alpha = \sum_\beta W_\beta(\boldsymbol{r}')\, q'_\beta \tag{21.59}$$

mit

$$\boldsymbol{r}' = g\boldsymbol{r}, \quad q'_\beta = \sum_\alpha \Gamma_{\beta\alpha}(g)\, q_\alpha. \tag{21.60}$$

Auf diese Weise erhalten wir

$$\sum_\beta W_\beta(\boldsymbol{r}') q'_\beta = \sum_{\beta,\alpha} W_\beta(\boldsymbol{r}')\, \Gamma_{\beta\alpha} q_\alpha = \sum_\alpha W_\alpha(\boldsymbol{r})\, q_\alpha \tag{21.61}$$

und hieraus

$$W_\alpha(\boldsymbol{r}) = \sum_\beta \Gamma_{\beta\alpha} W_\beta(g\boldsymbol{r}). \tag{21.62}$$

Nach der Substitution $\boldsymbol{r} \to g^{-1}$ ergibt sich endgültig

$$W_\alpha(g^{-1}\boldsymbol{r}) = \sum_\beta \Gamma_{\beta\alpha}(g)\, W_\beta(\boldsymbol{r}), \tag{21.63}$$

was zu beweisen war.

Da der HAMILTON-Operator für unser Problem keine Spinoperatoren enthält, können wir die auf S. 201 formulierten Auswahlregeln anwenden. Der Störoperator W_α ist reell. Auf Grund dessen können wir erwarten, daß das Matrixelement (21.58) nur dann von Null verschieden ist, wenn die Darstellung Γ in der Darstellung $[D^2]$ enthalten ist. Für einen nicht entarteten Elektronenzustand, d. h. für eine eindimensionale Darstellung D, ist $[D^2]$ die identische Darstellung, und es sind nur völlig symmetrische Verrückungen möglich, bei denen die Molekülsymmetrie unverändert bleibt. Im Falle eines entarteten Elektronenzustandes zeigt eine ausführliche Untersuchung aller möglichen symmetrischen Molekülarten, daß man immer eine nicht völlig symmetrische Verrückung die sich nach einer in $[D^2]$ enthaltenen Darstellung transformiert, finden kann.[1]) Offensichtlich kann man diese Verrückung so wählen, daß die zugehörige Energiekorrektur negativ ist. Wenn diese Korrektur für $q = \Delta$ positiv ist, dann muß sie für $q = -\Delta$ negativ sein. Hieraus ergibt sich folgender Satz: Wenn der Elektronenzustand für eine symmetrische Konfiguration der Kerne entartet ist, dann strebt das Molekül danach, seine Symmetrie zu erniedrigen, so daß die Entartung aufgehoben wird (JAHN-TELLER-Theorem).

Übungsaufgaben

21.1. Man gebe die Auswahlregeln für Lichtabsorption und -emission durch Atome im Falle einer j-j-Kopplung an!

21.2. Beweise: Die Tetraederkonfiguration eines CH_3-Moleküls ist für entartete Elektronenzustände instabil.

---

[1]) H. A. JAHN und E. TELLER: Proc. Roy. Soc. **A 161** (1937) 220. Nur die linearen Moleküle bilden eine Ausnahme.

KAPITEL XXII

DIE LORENTZ-GRUPPE UND IHRE IRREDUZIBLEN DARSTELLUNGEN

1. Die allgemeine Lorentz-Gruppe

In der Relativitätstheorie sind Raum- und Zeitkoordinaten in zwei geradlinig und gleichförmig gegeneinander bewegten Bezugssystemen durch eine lineare Transformation miteinander verknüpft. Wir werden diese Transformation als eigentliche LORENTZ-Transformation bezeichnen. Die Koordinaten für Raum und Zeit seien in einem Bezugssystem x_0, x_1, x_2, x_3 und in einem anderen y_0, y_1, y_2, y_3. Damit können wir die Beziehungen

$$y_\alpha = \sum_{\beta=0}^{3} \Lambda_{\alpha\beta}\, x_\beta \tag{22.1}$$

aufschreiben; $\|\Lambda_{\alpha\beta}\|$ ist die Matrix für eine LORENTZ-Transformation. Wir wollen einige Eigenschaften dieser Matrix feststellen und verwenden dazu die Tatsache, daß eine LORENTZ-Transformation die quadratische Form[1])

$$\varphi = -x_0^2 + x_1^2 + x_2^2 + x_3^2 \tag{22.2}$$

invariant läßt. Wenn wir den vierdimensionalen Vektor mit den Komponenten x_0, x_1, x_2, x_3 als Spaltenmatrix

$$X = \begin{pmatrix} x_0 \\ x_1 \\ x_2 \\ x_3 \end{pmatrix}$$

darstellen, dann können wir die quadratische Form (22.2) in der Gestalt

$$\varphi = X^* F X \tag{22.3}$$

schreiben; der Stern bedeutet die transponierte Matrix, und F ist

$$F = \begin{pmatrix} -1 & 0 & 0 & 0 \\ 0 & 1 & 0 & 0 \\ 0 & 0 & 1 & 0 \\ 0 & 0 & 0 & 1 \end{pmatrix}. \tag{22.4}$$

[1]) Die Lichtgeschwindigkeit ist gleich 1 gesetzt.

Die Invarianz der quadratischen Form (22.2) bei einer LORENTZ-Transformation Λ kann jetzt so formuliert werden:

$$X^* F X + Y^* F Y \tag{22.5}$$

mit

$$Y = \Lambda X. \tag{22.6}$$

Einsetzen von (22.6) in (22.5) ergibt

$$(\Lambda X)^* F \Lambda X = X^* \Lambda^* F \Lambda X = X^* F X \tag{22.7}$$

und weiter

$$\Lambda^* F \Lambda = F. \tag{22.8}$$

Wie wir nunmehr erkennen, ist die Bedingung (22.8) für eine viel größere Klasse von reellen linearen Transformationen als für die eigentlichen LORENTZ-Transformationen erfüllt. Alle diese Transformationen werden wir als *allgemeine* LORENTZ-Transformationen bezeichnen. Die allgemeinen LORENTZ-Transformationen bilden, wie man leicht nachprüft, eine Gruppe, die allgemeine LORENTZ-Gruppe L.

Wir berechnen die Determinanten beider Seiten der Gleichung (22.8) und finden

$$(\det \Lambda)^2 = 1 \tag{22.9}$$

und daraus

$$\det \Lambda = \pm 1. \tag{22.10}$$

Man kann auf diese Weise die allgemeine LORENTZ-Gruppe in zwei Teile zerlegen: in L_+, die Menge aller Matrizen mit der Determinante 1, und in L, die Menge aller Matrizen mit der Determinante -1.

Die Menge L_+ ist selbst eine Gruppe, dagegen ist die Menge L_- keine Gruppe.

Für die Elemente am Platz (1, 1) (erste Zeile, erste Spalte) besagt die Formel (22.8)

$$\Lambda_{00}^2 - \Lambda_{10}^2 - \Lambda_{20}^2 - \Lambda_{30}^2 = 1. \tag{22.11}$$

Ähnlich finden wir aus der Gleichung

$$\Lambda F \Lambda^* = F, \tag{22.12}$$

die sich aus (22.8) durch Transponieren ergibt, die Beziehung

$$\Lambda_{00}^2 - \Lambda_{01}^2 - \Lambda_{02}^2 - \Lambda_{03}^2 = 1. \tag{22.13}$$

Aus (22.11) [oder aus (22.13)] folgt

$$\Lambda_{00}^2 \geq 1, \tag{22.14}$$

das bedeutet entweder $\Lambda_{00} \geqq 1$ oder $\Lambda_{00} \leqq -1$. Nach diesem Kriterium kann man die beiden Mengen L_+ und L_- ihrerseits in zwei Mengen zerlegen. Auf diese Weise zerfällt die LORENTZ-Gruppe in vier Mengen:

L_+^+	L_+^-	L_-^+	L_-^-
$\Lambda_{00} \geqq 1$	$\Lambda_{00} \leqq -1$	$\Lambda_{00} \geqq 1$	$\Lambda_{00} \leqq -1$
$\det \Lambda = 1$	$\det \Lambda = 1$	$\det \Lambda = -1$	$\det \Lambda = -1$

Diese vier Mengen gehen offenbar nicht durch stetige Änderung der Matrixelemente der LORENTZ-Gruppe auseinander hervor. Die Menge L_+^+ ist selbst eine Gruppe. Der Beweis stützt sich auf folgende Eigenschaft: Die Matrizen mit $\Lambda_{00} \geqq 1$ bilden eine Gruppe. Λ und $\tilde{\Lambda}$ seien zwei solche Matrizen. Das uns interessierende Matrixelement von $\Lambda\tilde{\Lambda}$ ist

$$\{\Lambda\tilde{\Lambda}\}_{00} = \Lambda_{00}\tilde{\Lambda}_{00} + \Lambda_{01}\tilde{\Lambda}_{10} + \Lambda_{02}\tilde{\Lambda}_{20} + \Lambda_{03}\tilde{\Lambda}_{30}. \tag{22.15}$$

Wir wenden die SCHWARZsche Ungleichung an, benutzen die Formeln (22.11) und (22.13) und bekommen

$$\left(\Lambda_{01}\tilde{\Lambda}_{10} + \Lambda_{02}\tilde{\Lambda}_{20} + \Lambda_{03}\tilde{\Lambda}_{30}\right) \leqq \left(\Lambda_{01}^2 + \Lambda_{02}^2 + \Lambda_{03}^2\right)\left(\tilde{\Lambda}_{10}^2 + \tilde{\Lambda}_{20}^2 + \tilde{\Lambda}_{30}^2\right) < \Lambda_{00}^2\tilde{\Lambda}_{00}^2. \tag{22.16}$$

Daraus ergibt sich $\{\Lambda\tilde{\Lambda}\}_{00} > 0$. Da die Matrix $\Lambda\tilde{\Lambda}$ zur allgemeinen LORENTZ-Gruppe gehört, erhalten wir endgültig

$$\{\Lambda\tilde{\Lambda}\}_{00} \geqq 1, \tag{22.17}$$

was zu beweisen war.

Man kann zeigen, daß zwei beliebige Matrizen, die zur gleichen Menge gehören, stetig ineinander übergeführt werden können. Daraus folgt insbesondere, daß die Gruppe L_+^+, die die Einheitsmatrix enthält, auch alle eigentlichen LORENTZ-Transformationen umfaßt. Die Gruppe L_+^+ heißt eigentliche LORENTZ-Gruppe. Mit den drei allgemeinen Matrizen

$$F = \begin{pmatrix} -1 & 0 & 0 & 0 \\ 0 & 1 & 0 & 0 \\ 0 & 0 & 1 & 0 \\ 0 & 0 & 0 & 1 \end{pmatrix}, \qquad S = \begin{pmatrix} 1 & 0 & 0 & 0 \\ 0 & -1 & 0 & 0 \\ 0 & 0 & -1 & 0 \\ 0 & 0 & 0 & -1 \end{pmatrix},$$

$$I = \begin{pmatrix} -1 & 0 & 0 & 0 \\ 0 & -1 & 0 & 0 \\ 0 & 0 & -1 & 0 \\ 0 & 0 & 0 & -1 \end{pmatrix}.$$

kann die volle LORENTZ-Gruppe in die folgenden Nebenklassen zerlegt werden:

$$L_+^+, \quad FL_+^+, \quad SL_+^+, \quad IL_+^+.$$

Offensichtlich sind die letzten drei Nebenklassen gleich den früher eingeführten Mengen L_-^-, L_-^+ und L_+^-.

2. Der Zusammenhang zwischen der Lorentz-Gruppe und der vierdimensionalen Drehgruppe

In der Umgebung des Einselementes hängt die LORENTZ-Gruppe eindeutig mit der vierdimensionalen Drehgruppe $O^+(4)$ zusammen. Später wird uns dieser Zusammenhang helfen, alle endlichdimensionalen irreduziblen Darstellungen der LORENTZ-Gruppe aufzufinden.

Zu Beginn stellen wir die Zahl der Parameter oder die Zahl der unabhängigen Matrixelemente einer LORENTZ-Transformation fest. Die Matrizen für LORENTZ-Transformationen müssen die Gleichung (22.8) erfüllen. Da die Matrix $\Lambda^* F \Lambda$ symmetrisch ist, $(\Lambda^* F \Lambda)^* = \Lambda^* F \Lambda$, enthält die Bedingung (22.8) 10 Beziehungen zwischen den Matrixelementen. Von den 16 Matrixelementen sind also nur sechs voneinander unabhängig. Eine LORENTZ-Transformation hängt somit von sechs Parametern ab. Als diese sechs Parameter können die drei Komponenten der Relativgeschwindigkeit und die drei EULERschen Winkel zur Angabe der Orientierung der Koordinatensysteme zueinander gewählt werden. Für das folgende wird es aber zweckmäßig sein, die Drehwinkel in den zweidimensionalen Ebenen $(x_0 x_1)$, $(x_0 x_2)$, $(x_0 x_3)$, $(x_1 x_2)$, $(x_1 x_3)$ und $(x_2 x_3)$ als unabhängige Parameter zu nehmen. Wir werden diese Parameter mit $\varphi_{01}, \varphi_{02}, \varphi_{03}; \psi_{12}, \psi_{13}, \psi_{23}$ und die zugehörigen Erzeugenden mit $B_{01}, B_{02}, B_{03}; B_{12}, B_{13}, B_{23}$ bezeichnen.

Wir wenden uns nun der vierdimensionalen Drehgruppe $O^+(4)$ zu. Die Koordinaten des Raumes, in dem die Transformationen der Gruppe $O^+(4)$ ausgeführt werden, wollen wir ebenfalls mit x_0, x_1, x_2, x_3 bezeichnen. Im Unterschied zu (22.1) bleibt bei dieser Gruppe die positiv definite quadratische Form

$$x_0^2 + x_1^2 + x_2^2 + x_3^2 \tag{22.18}$$

invariant.

Betrachten wir eine beliebige vierdimendsionale Drehung, die die Koordinaten x_2 und x_3 invariant läßt. Offenbar ist das eine gewöhnliche Drehung in der $x_0 x_1$-Ebene und kann folgendermaßen geschrieben werden:

$$x_0' = x_0 \cos \varphi - x_1 \sin \varphi, \quad x_1' = x_0 \sin \varphi + x_1 \cos \varphi. \tag{22.19}$$

Wir ersetzen φ durch $i\varphi$, x_0 durch $i x_0$, x_0' durch $i x_0'$ und betrachten die Gleichungen (22.19) für rein imaginäre Veränderliche x_0 und φ; statt (22.19) erhalten wir dann

$$i x_0' = i x_0 \cos i\varphi - x_1 \sin i\varphi, \quad x_1' = i x_0 \sin i\varphi + x_1 \cos i\varphi \tag{22.20}$$

oder

$$x_0' = x_0 \operatorname{ch} \varphi + x_1 \operatorname{sh} \varphi, \quad x_1' = x_0 \operatorname{sh} \varphi + x_1 \operatorname{ch} \varphi. \tag{22.21}$$

Die Transformation (22.19) läßt folgende Größe invariant:

$$x_0^2 + x_1^2 = \text{inv}. \tag{22.22}$$

Die Invariante zur Transformation (22.21) entsteht aus (22.22), indem man x_0 durch $i x_0$ ersetzt:

$$-x_0^2 + x_1^2 = \text{inv}. \tag{22.23}$$

Diese quadratische Form bleibt aber auch bei einer LORENTZ-Transformation in der x_0x_1-Ebene invariant. Wir gelangen somit zu dem Schluß, daß die Transformation (22.21) eine zweidimensionale LORENTZ-Transformation ist. Analog können wir den Zusammenhang zwischen den LORENTZ-Transformationen und den Transformationen der Gruppe $O^+(4)$ in der x_0x_2- und der x_0x_3-Ebene herstellen. Die Transformationen in der x_1x_2-, der x_2x_3- und der x_1x_3-Ebene sind für beide Gruppen gleich und bilden die Gruppe $O^+(3)$.

Auf diese Weise sehen wir, daß die LORENTZ-Transformationen aus den vierdimensionalen Drehungen hervorgehen, indem man die reellen Drehwinkel in den x_0x_i-Ebenen ($i = 1, 2, 3$) durch rein imaginäre Größen ersetzt und gleichzeitig statt x_0 die Koordinate ix_0 verwendet. Der eindeutige Zusammenhang zwischen den Transformationen der LORENTZ-Gruppe und der Gruppe $O^+(4)$ besteht nur in einer bestimmten Umgebung des Einselementes, weil die Matrixelemente für die vierdimensionalen Drehungen periodische Funktionen sind. Wenn $O\,(\varphi_{01}, \varphi_{02}, \varphi_{03}; \psi_{12}, \psi_{13}, \psi_{23})$ die Matrix für eine vierdimensionale Drehung ist, dann hat die entsprechende Matrix für eine LORENTZ-Transformation die Gestalt

$$\Lambda(\varphi_{01}, \varphi_{02}, \varphi_{03}; \psi_{12}, \psi_{13}, \psi_{23}) = V^{-1}\,O(i\varphi_{01}, i\varphi_{02}, i\varphi_{03}; \psi_{12}, \psi_{13}, \psi_{23})\,V \quad (22.24)$$

mit

$$V = \begin{pmatrix} i & 0 & 0 & 0 \\ 0 & 1 & 0 & 0 \\ 0 & 0 & 1 & 0 \\ 0 & 0 & 0 & 1 \end{pmatrix}.$$

3. Vertauschungsregeln für die Erzeugenden

Wir wollen die Vertauschungsregeln für die Erzeugenden, d. h. der infinitesimalen Matrizen der LORENTZ-Gruppe ableiten; die Erzeugenden entsprechen infinitesimalen Drehungen in zweidimensionalen Ebenen. Dazu schreiben wir zuerst die Vertauschungsregeln für die Erzeugenden der Gruppe $O^+(4)$ auf, anschließend benutzen wir den oben festgestellten Zusammenhang (22.24) und finden so die Vertauschungsregeln für die LORENTZ-Gruppe.

In der vierdimensionalen Drehgruppe sind vier dreidimensionale Drehgruppen als Untergruppen enthalten. Diese Drehungen werden in den Räumen R_{ikj} mit den Koordinaten x_i, x_k, x_j ausgeführt:

$$\begin{aligned} &R_{012}: x_0, x_1, x_2; \\ &R_{123}: x_1, x_2, x_3; \\ &R_{230}: x_2, x_3, x_0; \\ &R_{301}: x_3, x_0, x_1. \end{aligned}$$

Die Erzeugenden der Gruppe O^+ (4), A_{01}, A_{02}, A_{03}, A_{12}, A_{12}, A_{23} ($A_{ik} = -A_{ki}$), können daher gleichzeitig als die Erzeugenden der vier dreidimensionalen Drehgruppen angesehen werden:

$$R_{012}: A_{12}, A_{20}, A_{01};$$
$$R_{123}: A_{23}, A_{31}, A_{12};$$
$$R_{230}: A_{30}, A_{02}, A_{23};$$
$$R_{301}: A_{01}, A_{13}, A_{30}.$$

Für jedes Tripel von Erzeugenden haben wir Vertauschungsregeln der Art (s. Kapitel XI)

$$A_i A_k - A_k A_i \equiv [A_i, A_k] = A_j. \tag{22.25}$$

Wir erhalten 12 Vertauschungsregeln. Die restlichen drei Vertauschungsregeln sind

$$[A_{01}, A_{23}] = 0, \quad [A_{12}, A_{30}] = 0, \quad [A_{02}, A_{13}] = 0, \tag{22.26}$$

denn die auf verschiedene Koordinatenpaare wirkenden Matrizen müssen miteinander kommutieren.

Nunmehr sind die Vertauschungsregeln für die Erzeugenden der LORENTZ-Gruppe leicht zu finden. Nach (22.24) bekommen wir folgenden Zusammenhang zwischen den Erzeugenden der beiden Gruppen:

$$\left.\begin{aligned} \left(\frac{\partial \Lambda}{\partial \varphi}\right)_0 &= i\, V^{-1} \left(\frac{\partial O}{\partial \varphi}\right)_0 V, \qquad \varphi = \varphi_{01}, \varphi_{02}, \varphi_{03}; \\ \left(\frac{\partial \Lambda}{\partial \psi}\right)_0 &= V^{-1} \left(\frac{\partial O}{\partial \psi}\right)_0 V, \qquad \psi = \psi_{12}, \psi_{13}, \psi_{23}. \end{aligned}\right\} \tag{22.27}$$

Die Vertauschungsregeln bleiben bei einer Ähnlichkeitstransformation unverändert. Daher sind die Vertauschungsregeln für die Erzeugenden der LORENTZ-Gruppe $B_{01}, B_{02}, B_{03}, B_{12}, B_{13}, B_{23}$ gleich den Vertauschungsregeln für die Matrizen $iA_{01}, iA_{02}, iA_{03}, A_{12}, A_{13}, A_{23}$. Diese Eigenschaft haben natürlich auch die Erzeugenden der Darstellungen dieser Gruppen, die wir ebenfalls mit B_{ik} und A_{ik} bezeichnen werden.

4. Die irreduziblen Darstellungen

Die Bestimmung der irreduziblen Darstellungen einer stetigen Gruppe wird, wie wir schon wissen, auf die Bestimmung der Erzeugenden dieser Darstellungen zurückgeführt.

Die endlichdimensionalen irreduziblen Darstellungen der LORENTZ-Gruppe ergeben sich aus den entsprechenden Darstellungen der Gruppe $O^+(4)$. Nehmen wir an, wir würden die Erzeugenden für die irreduziblen Darstellungen der Gruppe $O^+(4)$ kennen; die entsprechenden Erzeugenden für die LORENTZ-Gruppe stimmen dann entweder mit diesen überein (für die räumlichen Drehungen), oder sie unterscheiden sich durch einen Faktor i (für Transformationen, die Zeit- und Raumkoordinaten miteinander verknüpfen).

Bei der Berechnung der Erzeugenden für die irreduziblen Darstellungen der Gruppe O^+ (4) gehen wir folgendermaßen vor. Zuerst bilden wir die Matrizen

$$\left.\begin{aligned} \mu_1 &= \frac{1}{2}(A_{23} + A_{01}), & \tau_1 &= \frac{1}{2}(A_{23} - A_{01}), \\ \mu_2 &= \frac{1}{2}(A_{31} + A_{02}), & \tau_2 &= \frac{1}{2}(A_{31} - A_{02}), \\ \mu_3 &= \frac{1}{2}(A_{12} + A_{03}), & \tau_3 &= \frac{1}{2}(A_{12} - A_{03}). \end{aligned}\right\} \tag{22.28}$$

Anhand der Vertauschungsregeln für die Matrizen A_{ik} kann man einfach nachprüfen, daß die Matrizen μ und τ dieselben Vertauschungsregeln erfüllen wie die Erzeugenden der dreidimensionalen Drehgruppe, d. h.

$$[\mu, \mu] = \mu, \qquad [\tau, \tau] = \tau. \tag{22.29}$$

Außerdem kommutieren die Matrizen μ_k und τ_i miteinander. Wir können diese Forderungen mit

$$\left.\begin{aligned} \mu_i &= M_i \times E_T, \\ \tau_i &= E_M \times T_i \end{aligned}\right\} \tag{22.30}$$

erfüllen, wenn M_i und T_i die Erzeugenden zweier Darstellungen der dreidimensionalen Drehgruppe und E_T und E_M die Einheitsmatrizen in diesen Darstellungen sind. Auf Grund der Formel (22.30) gelangen wir zu dem Schluß, daß die vierdimensionale Drehgruppe dem direkten Produkt aus zwei dreidimensionalen Drehgruppen isomorph ist. Die irreduziblen Darstellungen der Gruppe O^+ (4) sind direkte Produkte aus den irreduziblen Darstellungen zweier dreidimensionaler Drehgruppen; denn alle irreduziblen Darstellungen des direkten Produktes zweier Gruppen können als direkte Produkte der irreduziblen Darstellungen der Faktoren gewonnen werden (s. Kapitel IV).

Jede irreduzible Darstellung der Drehgruppe wird eindeutig durch ihr Gewicht j festgelegt; j kann eine nicht negative ganze Zahl sein oder halbzahlige Werte annehmen. Die irreduziblen Darstellungen der Gruppe O^+ (4) werden daher mit den beiden Zahlen j und j' indiziert werden; j und j' können halb- oder ganzzahlig sein. Die Dimension einer solchen Darstellung ist gleich dem Produkt aus den Dimensionen der irreduziblen Darstellungen der dreidimensionalen Drehgruppe, d. h. gleich

$$(2j + 1)(2j' + 1).$$

Die Erzeugenden einer *irreduziblen* Darstellung der Gruppe O^+ (4) werden durch die Formeln (22.30) gegeben, wenn man statt M_i und T_i die Erzeugenden von *irreduziblen* Darstellungen der Gruppe O^+ (3) einsetzt.

Wir führen nun neue Bezeichnungen für die Erzeugenden der Gruppe O^+ (4) ein:

$$\left.\begin{aligned} A_1^{(+)} &= A_{23}, & A_1^{(-)} &= A_{01}, \\ A_2^{(+)} &= A_{31}, & A_2^{(-)} &= A_{02}, \\ A_3^{(+)} &= A_{12}, & A_3^{(-)} &= A_{03}, \end{aligned}\right\} \tag{22.31}$$

und bekommen damit

$$A_1^{(\pm)} = (M_i \times E_T \pm E_M \times T_i). \tag{22.32}$$

Für die Erzeugenden der irreduziblen Darstellungen der Lorentz-Gruppe verwenden wir ähnliche Bezeichnungen wie in (22.31) und erhalten endgültig folgende Ausdrücke:

$$\left.\begin{aligned} B_i^{(+)} &= (M_i \times E_T + E_M \times T_i), \\ B_i^{(-)} &= i(M_i \times E_T - E_M \times T_i). \end{aligned}\right\} \tag{22.33}$$

Die gefundenen irreduziblen Darstellungen der eigentlichen Lorentz-Gruppe werden durch ein Zahlenpaar j, j' festgelegt; j und j' können halb- oder ganzzahlig sein. Wir werden diese Darstellungen mit $D^{(jj')}$ bezeichnen. Die Dimension der Darstellung $D^{(jj')}$ ist $(2j + 1)(2j' + 1)$. Die Erzeugenden dieser Darstellung sind den Formeln (22.33) zu entnehmen, in denen M_i und T_i die Erzeugenden für die Darstellungen der Drehgruppe mit den Gewichten j bzw. j' sind.

Wir machen darauf aufmerksam, daß die Erzeugenden $B_i^{(-)}$ nicht antihermitesch und somit die Darstellungen $D^{(jj')}$ nicht unitär sind, weil in der zweiten Formel von (22.33) der Faktor i vorkommt. Da die Lorentz-Gruppe nicht kompakt ist, sind die endlichdimensionalen Darstellungen der Lorentz-Gruppe nicht unitär. Außer den endlichdimensionalen irreduziblen Darstellungen der Lorentz-Gruppe gibt es auch noch unendlichdimensionale unitäre irreduzible Darstellungen. In der Quantenmechanik finden diese Darstellungen kaum Verwendung (s. Kapitel XIV), und wir werden uns hier nicht mit ihnen beschäftigen.

5. Das direkte Produkt irreduzibler Darstellungen der Lorentz-Gruppe

Bei der Behandlung dieses Problems werden wir wieder die oben festgestellte Korrespondenz zwischen den Darstellungen der Lorentz-Gruppe und den Darstellungen der Gruppe $O^+(4)$ heranziehen. Wir bezeichnen die irreduziblen Darstellungen der Gruppe $O^+(4)$, die den irreduziblen Darstellungen $D^{(jj')}$ der Lorentz-Gruppe entsprechen, mit $\tilde{D}^{(jj')}$.

Die irreduziblen Darstellungen der Gruppe $O^+(4)$ kann man, wie wir gesehen haben, als direktes Produkt von irreduziblen Darstellungen zweier dreidimensionaler Drehgruppen ausdrücken:

$$\tilde{D}^{(jj')} = D^{(j)}(g) \times D^{(j')}(g'), \tag{22.34}$$

g und g' sind Elemente der beiden unabhängigen dreidimensionalen Drehgruppen. Wir wollen das direkte Produkt $\tilde{D}^{(jj')} \times \tilde{D}^{(jj')}$ ausreduzieren. Nach (22.34) haben wir

$$\tilde{D}^{(j_1 j_1')} \times \tilde{D}^{(j_2 j_2')} = D^{(j_1)}(g) \times D^{(j_1')}(g') \times D^{(j_2)}(g) \times D^{(j_2')}(g'). \tag{22.35}$$

Wenn wir von einer Ähnlichkeitstransformation absehen, können wir die Reihenfolge der Faktoren auf der rechten Seite von (22.35) vertauschen. Mit Hilfe der

CLEBSCH-GORDAN-Regel für die Gruppen O^+ (3) (s. Kapitel XII) finden wir

$$\tilde{D}^{(j_1j_1')} \times \tilde{D}^{(j_2j_2')} = \left(D^{(j_1)}(g) \times D^{(j_2)}(g)\right) \times \left(D^{(j_1')}(g') \times D^{(j_2')}(g')\right)$$
$$= \sum_{j=|j_1-j_2|}^{j_1+j_2}{}^{\oplus} D^{(j)}(g) \times \sum_{j'=|j_1'-j_2'|}^{j_1'+j_2'}{}^{\oplus} D^{(j')}(g'). \tag{22.36}$$

Mittels (22.34) kann man das erhaltene Resultat in folgende Form bringen:

$$\tilde{D}^{(j_1j_1')} \times \tilde{D}^{(j_2j_2')} = \sum_{j=|j_1-j_2}^{j_1+j_2} \sum_{j'=|j_1'-j_2'|}^{j_1'+j_2'}{}^{\oplus} \tilde{D}^{(jj')}. \tag{22.37}$$

Wegen der festgestellten Korrespondenz zwischen den irreduziblen Darstellungen der LORENTZ-Gruppe und der Gruppe O^+ (4) erhalten wir eine ähnliche Zerlegung für das direkte Produkt zweier endlichdimensionaler irreduzibler Darstellungen der LORENTZ-Gruppe.

Übungsaufgaben

22.1. Man beweise, daß eine beliebige eigentliche LORENTZ-Transformation als Produkt von sechs einparametrigen Transformationen in zweidimensionalen Ebenen dargestellt werden kann!

22.2. Es ist der explizite Ausdruck für die Erzeugenden der folgenden irreduziblen Darstellungen anzugeben:

$$D^{\left(0\,\frac{1}{2}\right)},\quad D^{\left(\frac{1}{2}\,0\right)},\quad D^{\left(\frac{1}{2}\,\frac{1}{2}\right)},\quad D^{\left(\frac{1}{2}\,\frac{3}{2}\right)}.$$

22.3. In welche irreduziblen Darstellungen der dreidimensionalen Drehgruppe kann die Darstellung $D^{(jj')}$ zerlegt werden?

22.4. Folgende Darstellungen sind auszureduzieren:

$$D^{\left(\frac{1}{2}\,0\right)} \times D^{\left(\frac{1}{2}\,\frac{1}{2}\right)},\quad D^{\left(\frac{1}{2}\,\frac{1}{2}\right)} \times D^{\left(\frac{1}{2}\,\frac{1}{2}\right)}.$$

22.5 Man beweise, daß sich der vierdimensionale Vektor (x_0, x_1, x_2, x_3) nach der irreduziblen Darstellung $D^{\left(\frac{1}{2}\,\frac{1}{2}\right)}$ transformiert!

KAPITEL XXIII

DIE DIRAC-GLEICHUNG

Als Anwendung für die Darstellungstheorie der LORENTZ-Gruppe behandeln wir die relativistisch invariante Wellengleichung für ein freies Teilchen mit dem Spin 1/2, die DIRAC-Gleichung. Die Wellenfunktion ist in diesem Fall eine mehrkomponentige Größe, die sich bei LORENTZ-Transformationen nach einer irreduziblen Darstellung der LORENTZ-Gruppe transformiert. Die entsprechende Wellengleichung ist daher in Wirklichkeit ein System linearer Differentialgleichungen. Wir nehmen an, daß der Leser mit der Theorie der DIRAC-Gleichung vertraut ist, wie sie gewöhnlich in Lehrbüchern über Quantenmechanik dargestellt wird. Deshalb werden wir uns in diesem Kapitel auf das Studium der Transformationseigenschaften der Lösungen beschränken. Zu Beginn befassen wir uns mit allgemeinen Eigenschaften relativistisch invarianter Gleichungen.

1. Relativistisch invariante Gleichungen

Das lineare Differentialgleichungssystem erster Ordnung zur Beschreibung des Zustandes eines freien Teilchens kann in der Gestalt

$$L_0 \frac{\partial \psi}{\partial x_0} + L_1 \frac{\partial \psi}{\partial x_1} + L_2 \frac{\partial \psi}{\partial x_2} + L_3 \frac{\partial \psi}{\partial x_3} + i\varkappa\psi = 0 \tag{23.1}$$

geschrieben werden; $\psi = \begin{pmatrix} \psi_1 \\ \psi_2 \\ \vdots \end{pmatrix}$ ist darin eine mehrkomponentige Wellenfunktion und hängt von den Veränderlichen x_0, x_1, x_2 und x_3 ab; $L_0, \ldots, L_3$ und $\varkappa$ sind Matrizen, deren Elemente orts- und zeitunabhängig sind.

Wir betrachten die Bedingung für die Invarianz des Systems (23.1) gegenüber LORENTZ-Transformationen. Dazu schreiben wir es in einem neuen (gestrichenen) Koordinatensystem auf. X und $X' = \Lambda X$ sei derselbe Raum-Zeit-Punkt in den beiden betrachteten Systemen. Die Transformationsvorschrift für die Wellenfunktion beim Übergang zum gestrichenen Koordinatensystem ist

$$\psi'(x') = D(\Lambda)\,\psi(x) \tag{23.2}$$

oder

$$\psi'_\alpha(x') = \sum_\beta D_{\alpha\beta}(\Lambda)\,\psi_\beta(x).$$

Wir werden zeigen, daß die Matrizen $D(\Lambda)$ eine Darstellung der LORENTZ-Gruppe bilden. Wenn wir zwei LORENTZ-Transformationen nacheinander ausführen, erhalten wir tatsächlich

$$\psi_\gamma''(x'') = \sum_\delta D_{\gamma\delta}(\Lambda)'\,\psi_\delta'(x') = \sum_{\beta,\delta} D_{\gamma\delta}(\Lambda')\,D_{\delta\beta}(\Lambda)\,\psi_\beta(x) = \sum_\beta D_{\gamma\beta}(\Lambda'')\,\psi_\beta(x). \tag{23.3}$$

Nun schreiben wir die Gleichung (23.1) im gestrichenen Koordinatensystem auf. Dazu führen wir die inverse Transformation aus und finden

$$\psi(x) = D^{-1}(\Lambda)\,\psi'(x'). \tag{23.4}$$

Ferner haben wir

$$x_i' = \sum_{k=0}^{3} \Lambda_{ik} x_k \tag{23.5}$$

und folglich

$$\frac{\partial}{\partial x_i} = \sum_{k=0}^{3} \Lambda_{ki} \frac{\partial}{\partial x_k'}. \tag{23.6}$$

Mit (23.4) und (23.6) gehen wir in (23.1) ein und bekommen

$$\sum_{i,k=0}^{3} L_i D^{-1} \frac{\partial \psi'}{\partial x_k'} \Lambda_{ki} + i\varkappa D^{-1}\psi' = 0. \tag{23.7}$$

Die Matrix $\varkappa$ sei nach Voraussetzung nichtsingulär. Ohne Beschränkung der Allgemeinheit können wir sie dann als ein Vielfaches der Einheitsmatrix annehmen. Tatsächlich können wir immer beide Seiten der Gleichung (23.1) mit $\varkappa^{-1}$ multiplizieren. Multiplizieren wir nun (23.7) von links mit der Matrix D, so entsteht

$$\sum_{k,i=0}^{3} \Lambda_{ki}\, D L_i D^{-1} \frac{\partial \psi'}{\partial x_k'} + i\varkappa\psi' = 0. \tag{23.8}$$

Aus der Forderung, daß die Gleichung (23.1) gegenüber LORENTZ-Transformationen invariant sein soll, folgt

$$L_k = \sum_{i=0}^{3} \Lambda_{ki}\, D L_i D^{-1} \tag{23.9}$$

oder

$$D^{-1} L_k D = \sum_{i=0}^{3} \Lambda_{ki} L_i. \tag{23.10}$$

Auf Grund dieser Gleichung sagt man, daß sich die Matrizen L_k wie ein vierdimensionaler Vektor transformieren. Die Formeln (23.9) sind die Invarianzbedingung für das betrachtete Differentialgleichungssystem.

Wir untersuchen nun, wie die einfachsten relativistisch invarianten Systeme (23.1) mit möglichst wenig Gleichungen aussehen. Die Anzahl der Gleichungen ist gleich der Zahl der Komponenten der Wellenfunktion. Letztere transformiert sich nach einer Darstellung der LORENTZ-Gruppe. Wir müssen daher mit dem Studium derjenigen Gleichung beginnen, die der irreduziblen Darstellung der LORENTZ-Gruppe mit der kleinsten Dimension entspricht. Wir können mit der eindimensionalen Einsdarstellung $D^{(00)}$ anfangen. Man überzeugt sich aber leicht davon, daß man für diese Darstellung keine relativistisch invariante Gleichung der Gestalt (23.1) aufstellen kann. Dazu bringen wir das Glied $i\varkappa\psi$ in (23.1) auf die rechte Seite und erhalten links eine Größe, die sich nach der Darstellung $D^{(00)} \times D^{\left(\frac{1}{2}\frac{1}{2}\right)}$ transformiert, während sich die rechte Seite nach der Darstellung $D^{(00)}$ transformiert.[1]) Zwei Größen, die sich nach verschiedenen Darstellungen transformieren, können natürlich nicht gleich sein. Um ein relativistisch invariantes System aufzuschreiben, dessen Lösung sich nach einer Darstellung transformiert, die die Einsdarstellung enthält, müßte die Einsdarstellung wenigstens mit der Darstellung $D^{\left(\frac{1}{2}\frac{1}{2}\right)}$ erweitert werden. In diesem Fall würden wir ein System mit fünf Gleichungen erhalten. Wir wollen jetzt die Gleichung für eine Wellenfunktion untersuchen, die sich nach der zweidimensionalen Darstellung $D^{\left(\frac{1}{2}0\right)}$ transformiert. Nach der gleichen Überlegung wie oben sehen wir, daß sich die Größe auf der linken Seite der Gleichung nach der Darstellung

$$D^{\left(\frac{1}{2}0\right)} \times D^{\left(\frac{1}{2}\frac{1}{2}\right)} = D^{\left(1\frac{1}{2}\right)} \oplus D^{\left(0\frac{1}{2}\right)}$$

und die Größe auf der rechten Seite nach der Darstellung

$$D^{\left(\frac{1}{2}0\right)}$$

transformieren, d. h. auch in diesem Fall kann man kein relativistisch invariantes System aufschreiben. Wir vermeiden aber einen Widerspruch, wenn wir annehmen, daß sich die Wellenfunktion nach der vierdimensionalen reduziblen Darstellung $D^{\left(\frac{1}{2}0\right)} \oplus D^{\left(0\frac{1}{2}\right)}$ transformiert. Unter der Voraussetzung $D = D^{\left(\frac{1}{2}0\right)} \oplus D^{\left(0\frac{1}{2}\right)}$ kann man die Matrizen L_i in (23.10) eindeutig bestimmen. Das resultierende System wird aus vier Gleichungen für die vier Komponenten der Wellenfunktion bestehen. Dieses System in der Schreibweise von Gleichung (23.1) heißt DIRAC-Gleichung.

2. Die Dirac-Gleichung

Die Matrizen L_i können aus den Bedingungen (23.10) berechnet werden (s. [6], Teil 2, Kapitel 2). Wir geben sofort die explizite Gestalt der DIRAC-Gleichung an:

$$L_0 \frac{\partial \psi}{\partial x_0} + L_1 \frac{\partial \psi}{\partial x_1} + L_2 \frac{\partial \psi}{\partial x_2} + L_3 \frac{\partial \psi}{\partial x_3} + i\varkappa\psi = 0 \tag{23.11}$$

[1]) S. Üb. 22.5.

mit

$$\left.\begin{aligned} L_0 &= \begin{pmatrix} 0 & 0 & 1 & 0 \\ 0 & 0 & 0 & 1 \\ 1 & 0 & 0 & 0 \\ 0 & 1 & 0 & 0 \end{pmatrix}, & L_1 &= \begin{pmatrix} 0 & 0 & 0 & -1 \\ 0 & 0 & -1 & 0 \\ 0 & 1 & 0 & 0 \\ 1 & 0 & 0 & 0 \end{pmatrix}, \\ L_2 &= \begin{pmatrix} 0 & 0 & 0 & i \\ 0 & 0 & -i & 0 \\ 0 & -i & 0 & 0 \\ i & 0 & 0 & 0 \end{pmatrix}, & L_3 &= \begin{pmatrix} 0 & 0 & 1 & 0 \\ 0 & 0 & 0 & -1 \\ -1 & 0 & 0 & 0 \\ 0 & 1 & 0 & 0 \end{pmatrix}. \end{aligned}\right\} \tag{23.12}$$

Die vierkomponentige Wellenfunktion (DIRAC-Spinor) $\psi = \begin{pmatrix} \psi_1 \\ \psi_2 \\ \psi_3 \\ \psi_4 \end{pmatrix}$ transformiert sich nach der Darstellung

$$D = D^{\left(\frac{1}{2}0\right)} \oplus D^{\left(0\frac{1}{2}\right)},$$

d. h., die ersten beiden Komponenten ψ_1, ψ_2 transformieren sich nach der Darstellung $D^{\left(\frac{1}{2}0\right)}$, die letzten beiden ψ_3, ψ_4 nach der Darstellung $D^{\left(0\frac{1}{2}\right)}$. Wir verwenden das im vorhergehenden Kapitel erhaltene Ergebnis und können die Erzeugenden für diese irreduziblen Darstellungen explizit aufschreiben. Für die Erzeugenden der Darstellung $D^{\left(\frac{1}{2}0\right)}$ bekommen wir die folgenden Ausdrücke:

$$\left.\begin{aligned} B_1^{(+)} &= \frac{i}{2}\begin{pmatrix} 0 & 1 \\ 1 & 0 \end{pmatrix}, & B_1^{(-)} &= -\frac{1}{2}\begin{pmatrix} 0 & 1 \\ 1 & 0 \end{pmatrix}, \\ B_2^{(+)} &= \frac{1}{2}\begin{pmatrix} 0 & -1 \\ 1 & 0 \end{pmatrix}, & B_2^{(-)} &= \frac{i}{2}\begin{pmatrix} 0 & -1 \\ 1 & 0 \end{pmatrix}, \\ B_3^{(+)} &= \frac{i}{2}\begin{pmatrix} 1 & 0 \\ 0 & -1 \end{pmatrix}, & B_3^{(-)} &= -\frac{1}{2}\begin{pmatrix} 1 & 0 \\ 0 & -1 \end{pmatrix}, \end{aligned}\right\} \tag{23.13}$$

und für die Erzeugenden der Darstellung $D^{\left(0\frac{1}{2}\right)}$ finden wir

$$\left.\begin{aligned} B_1^{(+)} &= \frac{i}{2}\begin{pmatrix} 0 & 1 \\ 1 & 0 \end{pmatrix}, & B_1^{(-)} &= \frac{1}{2}\begin{pmatrix} 0 & 1 \\ 1 & 0 \end{pmatrix}, \\ B_2^{(+)} &= \frac{1}{2}\begin{pmatrix} 0 & -1 \\ 1 & 0 \end{pmatrix}, & B_2^{(-)} &= -\frac{i}{2}\begin{pmatrix} 9 & -1 \\ 1 & 0 \end{pmatrix}, \\ B_3^{(+)} &= \frac{i}{2}\begin{pmatrix} 1 & 0 \\ 0 & -1 \end{pmatrix}, & B_3^{(-)} &= \frac{1}{2}\begin{pmatrix} 1 & 0 \\ 0 & -1 \end{pmatrix}. \end{aligned}\right\} \tag{23.14}$$

Nehmen wir statt der „kanonischen" Komponenten der Wellenfunktion die Linearkombinationen $\varphi_\alpha = \sum C_{\alpha\beta}\psi_\beta$, dann ergibt sich für die Funktion φ eine Gleichung der Gestalt (23.11) mit den Matrizen $L_i' = C L_i C^{-1}$. Zum Beispiel ergibt sich für die Linearkombinationen

$$\left.\begin{aligned} \varphi_1 &= \psi_2 + \psi_4, & \varphi_3 &= -\psi_2 + \psi_4, \\ \varphi_2 &= -(\psi_1 + \psi_3), & \varphi_4 &= \psi_1 - \psi_3 \end{aligned}\right\} \tag{23.15}$$

eine Gleichung mit den Matrizen $L_i' = \gamma_i$:

$$\left.\begin{aligned} \gamma_0 &= \begin{pmatrix} 1 & 0 & 0 & 0 \\ 0 & 1 & 0 & 0 \\ 0 & 0 & -1 & 0 \\ 0 & 0 & 0 & -1 \end{pmatrix}, & \gamma_1 &= \begin{pmatrix} 0 & 0 & 0 & 1 \\ 0 & 0 & 1 & 0 \\ 0 & -1 & 0 & 0 \\ -1 & 0 & 0 & 0 \end{pmatrix}, \\ \gamma_2 &= \begin{pmatrix} 0 & 0 & 0 & -i \\ 0 & 0 & i & 0 \\ 0 & i & 0 & 0 \\ -i & 0 & 0 & 0 \end{pmatrix}, & \gamma_3 &= \begin{pmatrix} 0 & 0 & 1 & 0 \\ 0 & 0 & 0 & -1 \\ -1 & 0 & 0 & 0 \\ 0 & 1 & 0 & 0 \end{pmatrix}. \end{aligned}\right\} \tag{23.16}$$

Meist wird die Dirac-Gleichung mit den Matrizen γ_i aufgeschrieben.

3. Der konjugiert komplexe Dirac-Spinor

Wir suchen die Transformationsvorschrift für die konjugiert komplexe Wellenfunktion $\overline{\psi}$. Es ist klar, daß sich die konjugiert komplexen Funktionen nach der Darstellung mit konjugiert komplexen Matrizen transformieren werden.

Etwas allgemeiner können wir unser Problem folgendermaßen formulieren. Es sei eine irreduzible Darstellung der Lorentz-Gruppe gegeben: $D^{(j_1 j_2)}$. Nehmen wir statt der Matrizen dieser Darstellung die dazu konjugiert komplexen Matrizen, so erhalten wir wieder eine Darstellung der Gruppe, und wir bezeichnen diese mit $\overline{D}^{(j_1 j_2)}$. Offensichtlich ist diese Darstellung ebenfalls irreduzibel, d. h.

$$\overline{D}^{(j_1 j_2)} = D^{(j_1' j_2')}.$$

j_1' und j_2' sind zu bestimmen. Dazu bilden wir das konjugiert Komplexe der Erzeugenden für die irreduzible Darstellung $D^{(j_1 j_2)}$. Wir erinnern daran, daß die Erzeugenden der Lorentz-Gruppe in der Form

$$\left.\begin{aligned} B_i^{(+)} &= \frac{1}{2}(M_i \times E_T + E_M \times T_i), \\ B_i^{(-)} &= \frac{i}{2}(M_i \times E_T - E_M \times T_i) \end{aligned}\right\} \tag{23.17}$$

dargestellt werden können; T_i und M_i sind die Erzeugenden für die irreduziblen Darstellungen der Gruppe $O^+(3)$ mit den Gewichten j_1 bzw. j_2, E_M und E_T sind die Einheitsmatrizen in diesen Darstellungen. Die konjugiert komplexen

Ausdrücke zu (23.17) sind

$$\overline{B}_i^{(+)} = \frac{1}{2} (\overline{M}_i \times E_T + E_M \times \overline{T}_i), \tag{23.18}$$

$$\overline{B}_i^{(-)} = \frac{i}{2} (E_M \times \overline{T}_i - \overline{M}_i \times E_T). \tag{23.19}$$

Wir wissen, daß die Vertauschung der Faktoren in einem direkten Produkt von Matrizen einer Ähnlichkeitstransformation äquivalent ist, und bekommen deshalb

$$\overline{B}_i^{(+)} = \frac{1}{2} U [E_T \times \overline{M}_i + \overline{T} \times E_M] U^{-1}, \tag{23.20}$$

$$\overline{B}_i^{(-)} = \frac{i}{2} U [\overline{T}_i \times E_M - E_T \times \overline{M}_i] U^{-1}. \tag{23.21}$$

Weiter können, wie wir wissen (s. Kapitel XII, Abschn. 4), die Matrizen $\overline{M}_i$ und $\overline{T}_i$ vermöge einer Ähnlichkeitstransformation durch die kanonischen Matrizen M_i und T_i ausgedrückt werden:

$$V_T T_i V_T^{-1} = \overline{T}_i, \qquad V_M M_i V_M^{-1} = \overline{M}_i, \tag{23.22}$$

die Matrizen V_T und V_M sind darin die Matrizen für die Drehung um 180° um die y-Achse in den betreffenden Darstellungen. Einsetzen von (23.22) in (23.20) und (23.21) ergibt

$$\left.\begin{aligned} \overline{B}_i^{(+)} &= \frac{1}{2} W [E_T \times M_i + T_i \times E_M] W^{-1}, \\ \overline{B}_i^{(-)} &= \frac{i}{2} W [T_i \times E_M - E_T \times Mi] W^{-1} \end{aligned}\right\} \tag{23.23}$$

mit

$$W = (E_T \times V_M)(V_T \times E_M) U. \tag{23.24}$$

Wir vergleichen (23.23) mit (23.17) und erkennen, daß die konjugiert komplexen Erzeugenden $\overline{B}_i^{(+)}$ und $\overline{B}_i^{(-)}$ bis auf eine Ähnlichkeitstransformation mit den kanonischen Erzeugenden für die irreduzible Darstellung $D^{(j_2 j_1)}$ übereinstimmen. Auf diese Weise gelangen wir zu

$$j_1' = j_2, \quad j_2' = j_1. \tag{23.25}$$

Neben diesem Ergebnis haben wir auch die explizite Gestalt der Transformation gefunden, die die konjugiert komplexen Erzeugenden in die kanonische Form überführt. Diese Transformation wird durch Formel (23.24) gegeben. Wenn $\{q_\alpha\}$ eine Basis der Darstellung $D^{(j_1 j_2)}$ ist, dann ist also $\{\overline{q}_\alpha\}$ eine Basis der Darstellung $D^{(j_2 j_1)}$. Die Basis $\{\overline{q}_\alpha\}$ ist keine kanonische Basis. Der Übergang zur kanonischen Basis $\{\tilde{q}_\alpha\}$ erfolgt durch die Transformation

$$\tilde{q}_\alpha = \sum_\beta W_{\beta\alpha} \overline{q}_\beta. \tag{23.26}$$

Wir wollen die Transformation (23.26) für die Darstellung $D^{\left(0\,\frac{1}{2}\right)}$ aufschreiben. Da eine Basis für diese Darstellung gleichzeitig eine Basis für eine irreduzible Darstellung der Drehgruppe ist, erhalten wir nach (12.52)

$$\tilde{q} = (2A_2)^{-1}\bar{q} \tag{23.27}$$

oder

$$\tilde{q}_{\frac{1}{2}} = \bar{q}_{-\frac{1}{2}}, \qquad \tilde{q}_{-\frac{1}{2}} = -\bar{q}_{\frac{1}{2}}.$$

Wie wir gezeigt haben, bilden die Größen $\tilde{q}_{\frac{1}{2}}, \tilde{q}_{-\frac{1}{2}}$ eine Basis für die Darstellung $D^{\left(\frac{1}{2}\,0\right)}$. Wenn $p_{\frac{1}{2}}, p_{-\frac{1}{2}}$ eine Basis der Darstellung $D^{\left(\frac{1}{2}\,0\right)}$ ist, dann folgt umgekehrt aus (23.27), daß die Größen

$$\tilde{p}_{\frac{1}{2}} - \bar{p}_{-\frac{1}{2}}, \qquad \tilde{p}_{-\frac{1}{2}} = \bar{p}_{\frac{1}{2}} \tag{23.28}$$

eine Basis für die irreduzible Darstellung $D^{\left(0\,\frac{1}{2}\right)}$ bilden. Diese Ergebnisse können wir unmittelbar anwenden, um die Transformationsvorschrift für den konjugiert komplexen DIRAC-Spinor zu finden, und wir erhalten

$$\bar{\psi}_1 = \psi_4', \quad \bar{\psi}_2 = -\psi_3', \quad \bar{\psi}_3 = \psi_2', \quad \bar{\psi}_4 = -\psi_1', \tag{23.29}$$

wobei $\psi_1', \psi_2', \psi_3', \psi_4'$ die vier Komponenten eines neuen Spinors sind.

4. Die invariante quadratische Form

Aus den Komponenten eines Spinors bilden wir jetzt eine hermitesche quadratische Form, die bei eigentlichen LORENTZ-Transformationen invariant bleibt:

$$\text{inv} = \sum_{i,k} \bar{\psi}_i \psi_k a_{ik} = \sum_{i,k} \psi_i' \psi_k b_{ik}. \tag{23.30}$$

Bei der Berechnung der Koeffizienten a_{ik} werden uns folgende Bemerkungen nützlich sein: 1. Die Einsdarstellung der LORENTZ-Gruppe ist nur im direkten Produkt gleicher Darstellungen enthalten. 2. Die quadratische Form muß auch gegenüber der Drehgruppe invariant sein. 3. Es ist $a_{ik} = \bar{a}_{ki}$ (Hermitezitätsbedingung). Unter Beachtung der ersten beiden Bemerkungen können wir

$$\text{inv} = a(\psi_1\psi_1' - \psi_2\psi_2') + b(\psi_3\psi_3' - \psi_4\psi_4') = -a(\psi_1\bar{\psi}_4 + \psi_2\bar{\psi}_3) + b(-\psi_3\bar{\psi}_2 - \psi_4\bar{\psi}_1) \tag{23.31}$$

mit beliebigen komplexen Zahlen a und b schreiben. Aus der Forderung $a_{ik} = \bar{a}_{ki}$ ergibt sich $a = \bar{b}$,

$$\text{inv} = a(\psi_1\bar{\psi}_4 + \psi_2\bar{\psi}_3) + \bar{a}(\psi_3\bar{\psi}_2 + \psi_4\bar{\psi}_1). \tag{23.32}$$

Wie man sich leicht überzeugen kann, ist diese Form nicht positiv definit in Übereinstimmung mit der Tatsache, daß die betrachteten Darstellungen der LORENTZ-Gruppe nicht unitär sind. Speziell für $a = 1$ erhalten wir die Invariante

$$\text{inv} = \tilde{\psi}\psi \tag{23.33}$$

mit der Zeilenmatrix $\tilde{\psi} = (\bar{\varphi}_4, \bar{\varphi}_3, \bar{\varphi}_2, \bar{\varphi}_1)$ und der Spaltenmatrix $\psi = \begin{pmatrix} \varphi_1 \\ \varphi_2 \\ \varphi_3 \\ \varphi_4 \end{pmatrix}$.

Die Transformationsvorschriften für die Größen ψ, $\tilde{\psi}$ bei LORENTZ-Transformationen können in der Form

$$\psi' = D\psi, \quad \tilde{\psi}' = \tilde{\psi}\tilde{D} \tag{23.34}$$

geschrieben werden. Wegen der Invarianz von $\psi\tilde{\psi}$ ist

$$\tilde{\psi}'\psi' = \tilde{\psi}\tilde{D}D\psi = \tilde{\psi}\psi \tag{23.35}$$

und demnach

$$\tilde{D} = D^{-1}.$$

Mit diesem Ergebnis und der Formel (23.10) können wir zum Beispiel einfach beweisen, daß sich die Größe $\tilde{\psi}L_i\psi$ wie ein vierdimensionaler Vektor transformiert.

ANHANG

Hinweise zur Lösung der Übungsaufgaben

1.1. Wir betrachten eine Kugel mit dem Mittelpunkt im Punkt O. Auf der Kugeloberfläche geben wir uns zwei beliebige Punkte A und B vor und verfolgen die Bewegung der Kugel, bei der die Punkte A und B in die Punkte A' und B' übergehen (Abb. 18). Offenbar ist der Großkreisbogen AB gleich dem Bogen $A'B'$. Wir verbinden die Punkte A und A' sowie B und B' mit Großkreisen. Danach halbieren wir die Großkreisbögen AA' und BB' und ziehen durch die Halbierungspunkte zu AA' bzw. BB' senkrechte Großkreisbögen. In Abb. 18 sind diese Mittelsenkrechten gestrichelt eingezeichnet; sie schneiden sich im Punkt M. Die Kugeldreiecke MAB und $MA''B$ sind einander gleich und können durch eine Drehung um den Winkel φ miteinander zur Deckung gebracht werden; die Drehachse geht dabei durch den Punkt M und den Kugelmittelpunkt. Wenn die Mittelsenkrechten zusammenfallen, wird die Drehachse durch den Schnittpunkt der Bögen AB und $A'B'$ bestimmt.

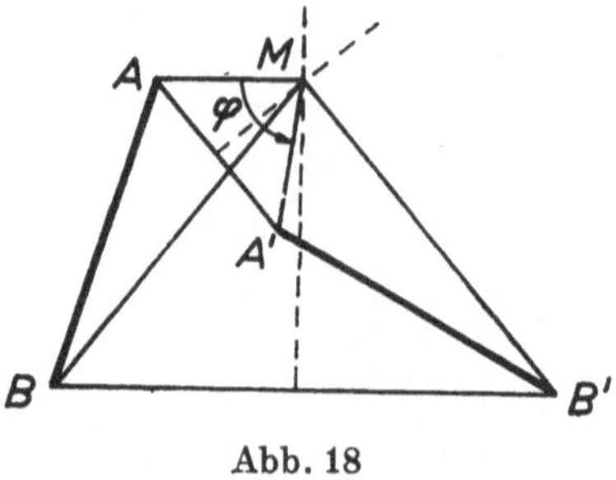

Abb. 18

Die Aufgabe kann auch folgendermaßen gelöst werden. Wir betrachten die orthogonale Matrix U (det $U = +1$) für die betreffende Drehung. Die Eigenwerte dieser Matrix sind $e^{i\varphi}$, $e^{-i\varphi}$ und 1. Nun gehen wir von dem Koordinatensystem, in dem die Matrix U gegeben ist, zu einem neuen System über. Eine Achse des neuen Systems (z. B. die x_3'-Achse) soll die Richtung des Eigenvektors u_3 zum Eigenwert 1 haben. Im neuen System hat die Matrix U die Gestalt

$$V^{-1} U V = \begin{pmatrix} \cos\varphi & \sin\varphi & 0 \\ -\sin\varphi & \cos\varphi & 0 \\ 0 & 0 & 1 \end{pmatrix},$$

sie entspricht also der Drehung um den Winkel $\varphi = \arccos \frac{1}{2} (\operatorname{Sp} U - 1)$ um die durch u_3 bestimmte Achse.

2.6. k sei die Zahl der Elemente in der Klasse K, zu der das Element A gehört. Wir nehmen statt A irgendein anderes Element A', das ebenfalls zur Klasse K gehört. Wenn B die ganze Gruppe durchläuft, dann werden die Mengen BAB^{-1} und $BA'B^{-1}$ gleich sein; wir bezeichnen eine solche Menge mit ω. Lassen wir A durch die ganze Klasse K und B durch die ganze Gruppe laufen, dann erhalten wir k-mal die Menge ω. Wir bezeichnen diese neue Menge mit Ω. Nun halten wir das Element B fest und lassen das Element A durch die ganze Klasse K laufen. Die Elemente BAB^{-1} sind dann alle verschieden voneinander und bilden wiederum die Klasse K. Wir gelangen somit zu der Feststellung, daß die Menge Ω jedes Element der Klasse K n-mal enthält, wenn n die Ordnung der betrachteten Gruppe ist. Da die Menge Ω aber k-mal die Menge ω enthält, kommt in der Menge ω jedes Element der Klasse $\frac{n}{k}$-mal vor, was zu beweisen war. Hieraus ergibt sich, daß die Gruppenordnung immer ein ganzzahliges Vielfaches der Ordnung einer beliebigen Klasse sein muß.

3.1. Wenn eine Gruppe eine homomorphe Darstellung hat, dann bilden diejenigen Gruppenelemente, denen die Einheitsmatrix in der Darstellung entspricht, einem Normalteiler.

3.3. B sei ein beliebiges festes Gruppenelement, das Element A durchlaufe eine Klasse K. Die Menge BAB^{-1} gibt uns dann wiederum die ganze Klasse. Verwenden wir die irreduzible Darstellung der Gruppe durch die Matrizen D, so können wir schreiben

$$D(B)\left[\sum_{A\in K} D(A)\right] D^{-1}(B) = \sum_{A\in K} D(A)$$

oder

$$D(B) \sum_{A\in K} D(A) = \left[\sum_{A\in K} D(A)\right] D(B).$$

Da das Element B willkürlich gewählt war, können wir auf Grund des ersten SCHURschen Lemmas behaupten, daß die Matrix $\sum_{A\in K} D(A)$ ein Vielfaches der Einheitsmatrix ist.

3.4. Die Matrixelemente der regulären Darstellung werden folgendermaßen bestimmt. Für $g_s g_i = g_j$ ist

$$R_{ji}(g_s) = 1, \quad R_{ti}(g_s) = 0, \quad t \neq j.$$

Anders kann man sagen, daß für $g_m g_n^{-1} = g_s$ $R_{mn}(g_s) = 1$ und für $g_m g_n^{-1} = g_t$, $t \neq s$, $R_{mn}(g_s) = 0$ ist. Mit Hilfe der Multiplikationstafel der betrachteten Gruppe stellen wir eine neue Multiplikationstafel auf; der erste Faktor (nach unten aufgetragen) ist g_m, $m = 1, 2, \ldots, 6$, der zweite Faktor (nach rechts aufgetragen) ist g_n^{-1}, $n = 1, 2, \ldots, 6$.

Gemäß unserer obigen Feststellung erhalten wir die Matrix für das Element g_s in der regulären Darstellung, wenn wir in der aufgestellten Tafel, statt des Elementes g_s 1 und statt der anderen Elemente 0 einsetzen.

g_m \ g_n^{-1}	E	A	B	C	F	D
E	E	A	B	C	F	D
A	A	E	D	F	C	B
B	B	F	E	D	A	C
C	C	D	F	E	B	A
D	D	C	A	B	E	F
F	F	B	C	A	D	E

3.6. Die Charaktere einer reduziblen Darstellung können in der Form

$$\chi(g) = \sum_j k_j \chi^{(j)}(g)$$

geschrieben werden, wenn $\chi^{(j)}(g)$ die Charaktere der irreduziblen Darstellungen und k_j die Vielfachheiten dieser Darstellungen sind. Auf Grund der Orthogonalität der Charaktere der irreduziblen Darstellungen erhalten wir

$$\frac{1}{n} \sum_g \overline{\chi(g)}\, \chi(g) = \sum_j k_j^2 .$$

Die rechte Seite dieser Gleichung kann nur dann gleich 1 sein, wenn nur eine der Zahlen k_j von Null verschieden und gleich 1 ist.

3.7. Man verwendet die Orthogonalität der Matrixelemente für zwei nichtäquivalente irreduzible Darstellungen, von denen eine die Einsdarstellung ist (Formel (3.66)).

4.1. Man benutzt die Orthogonalität der Charaktere der irreduziblen Darstellungen und die Formel (4.20).

4.3. Man nutzt aus, daß die Charaktere der irreduziblen Darstellungen der zu multiplizierenden Gruppen orthogonal sind.

4.5. Die Vertauschung der Faktoren in einem direkten Produkt ist einer bestimmten Vertauschung der Zeilen und derselben Vertauschung der Spalten in der Matrix für das direkte Produkt gleichwertig. Deshalb haben wir

$$A \times B = V(B \times A)\, V^{-1};$$

V ist darin die orthogonale Matrix aus Nullen und Einsen, die die angegebene Vertauschung der Zeilen bewirkt, die Matrix $V^{-1} = V^*$ führt dieselbe Vertauschung der Spalten aus.

6.1. Wir benutzen die Formeln (6.17), (6.21) und die Tabelle der irreduziblen Darstellungen für die Gruppe C_{3v} und finden, daß das NH_3-Molekül zwei nichtentartete Normalschwingungen vom Typ A_1 und eine zweifach entartete Schwingung vom Typ E hat.

7.1. Wir wenden den Operator $\hat{T}_g$ auf die Funktion $\varphi_k(\boldsymbol{r})$ an und bekommen

$$\begin{aligned}\hat{T}_g\varphi_k(\boldsymbol{r}) &= \hat{T}_g\psi(|\boldsymbol{r}-\boldsymbol{R}_k|) = \psi(|g^{-1}\boldsymbol{r}-\boldsymbol{R}_k|)\\ &= \psi(|g^{-1}(\boldsymbol{r}-g\boldsymbol{R}_k)|) = \psi(|\boldsymbol{r}-\boldsymbol{R}_i|)\end{aligned}$$

mit $\boldsymbol{R}_i = g\boldsymbol{R}_k$. Demzufolge ist

$$\hat{T}_g\varphi_k(\boldsymbol{r}) = \varphi_i(\boldsymbol{r}).$$

Wir suchen nun die Charaktere der Darstellung D, nach der sich die Funktionen $\varphi_1, \varphi_2, \ldots, \varphi_6$ transformieren. Einen von Null verschiedenen Beitrag zum Charakter liefern offensichtlich für die gegebene Transformation g nur diejenigen Funktionen, die sich bei Anwendung des Operators $\hat{T}_g$ nicht ändern: $\hat{T}_g\varphi_k(\boldsymbol{r}) = \varphi_k(\boldsymbol{r})$.

Wir erhalten

E	$3C_4^2$	$6C_4$	$6C_2$	$8C_3$	i	$3iC_4^2$	$6iC_4$	$6iC_2$	$8iC_3$
6	2	2	0	0	0	4	0	2	0

Unter Benutzung der Formel (6.17) und der Tabelle der Charaktere für die Gruppe O_h finden wir

$$D = \Gamma_1 \oplus \Gamma_3 \oplus \Gamma_4'.$$

In dieser Zerlegung kommen nichtäquivalente irreduzible Darstellungen nicht öfter als einmal vor. Bildet man die Matrix des HAMILTON-Operators mit den Funktionen, die sich nach den irreduziblen Darstellungen transformieren, so ist diese Matrix diagonal. Die gebildeten Funktionen sind infolgedessen genäherte Eigenfunktionen für das betreffende Problem. Wir wollen diese Funktionen explizit angeben. Statt der Funktionen $\varphi_k(\boldsymbol{r})$ führen wir diejenigen Linearkombinationen ein, die bei einer Spiegelung symmetrisch oder antisymmetrisch sind:

$$\varphi_1+\varphi_3,\ \varphi_2+\varphi_4,\ \varphi_5+\varphi_6,\ \varphi_1-\varphi_3,\ \varphi_2-\varphi_4,\ \varphi_5-\varphi_6.$$

Es ist klar, daß sich die Funktionen $\varphi_1-\varphi_3$, $\varphi_2-\varphi_4$ und $\varphi_5-\varphi_6$ nach der Darstellung Γ_4' transformieren müssen. Wir vernachlässigen die Überlappung der Funktionen φ_k und sehen sie als normiert an. Die entsprechenden genäherten Eigenfunktionen für unser Problem können dann in der Form

$$\frac{1}{\sqrt{2}}(\varphi_1-\varphi_3),\quad \frac{1}{\sqrt{2}}(\varphi_2-\varphi_4),\quad \frac{1}{\sqrt{2}}(\varphi_5-\varphi_6)$$

geschrieben werden. Die genäherte Eigenfunktion, die sich nach der Einsdarstellung Γ_1 transformiert, ist

$$\frac{1}{\sqrt{6}}(\varphi_1+\varphi_2+\varphi_3+\varphi_4+\varphi_5+\varphi_6).$$

Die restlichen beiden unabhängigen Funktionen der symmetrischen Kette transformieren sich nach der irreduziblen Darstellung Γ_3 und können folgendermaßen gewählt werden:

$$\frac{1}{\sqrt{4}}\,[(\varphi_2 + \varphi_4) - (\varphi_1 + \varphi_3)],$$

$$\frac{1}{\sqrt{12}}\,[(\varphi_2 + \varphi_4) + (\varphi_1 + \varphi_3) - (\varphi_5 + \varphi_5)].$$

8.3. Für ein einfaches kubisches Gitter ist das reziproke Gitter ebenfalls einfach kubisch. Für ein flächenzentriertes kubisches Gitter ist das reziproke Gitter kubisch raumzentriert. Die BRILLOUINschen Zonen für diese Gitter sind in Abb. 19 und 20 dargestellt.

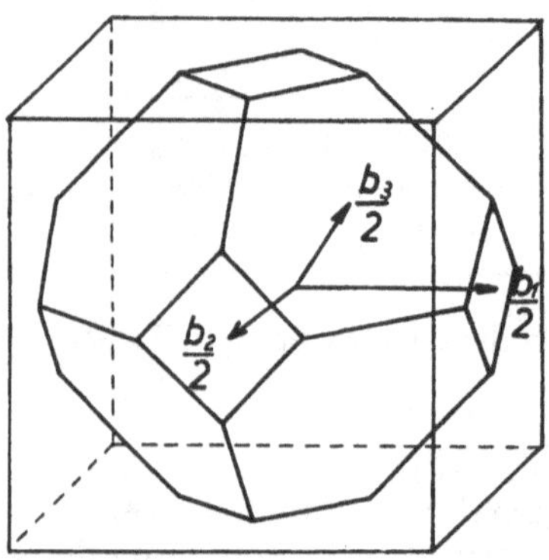

Abb. 19

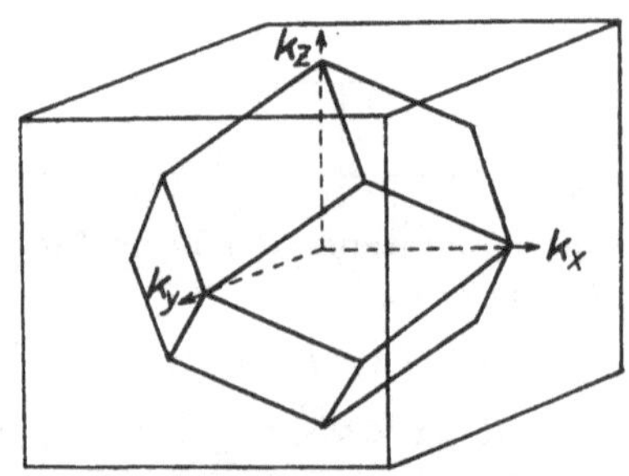

Abb. 20

Die BRILLOUINsche Zone für ein flächenzentriertes Gitter wird durch die zu den vier- und dreizähligen Achsen senkrechten Ebenen begrenzt. Der Rand der BRILLOUINschen Zone für ein raumzentriertes Gitter besteht aus den Ebenen senkrecht zu den zweizähligen Achsen.

9.1. Mit den Buchstaben Γ, R, M, X, Λ, Δ, Σ, T, S, Z sind einige typische Symmetriepunkte der BRILLOUINschen Zone eines einfachen kubischen Gitters bezeichnet (Abb. 21). Die Charaktere

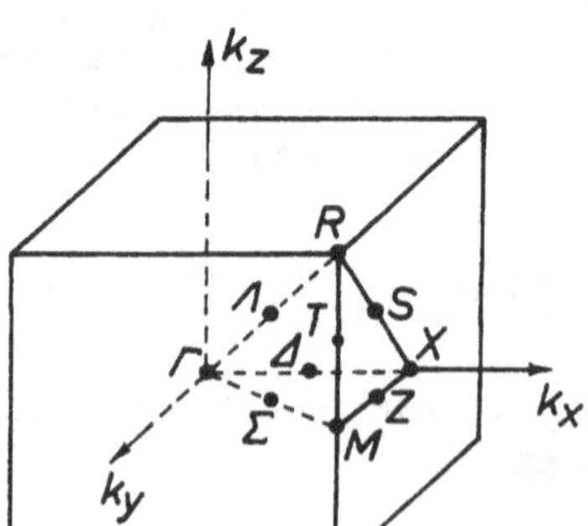

Abb. 21

der irreduziblen Darstellungen für die Gruppen der Wellenzahlvektoren zu diesen Punkten sind in den folgenden Tabellen enthalten:

Λ	E	$2C_3$	$3iC_2$
Λ_1	1	1	1
Λ_2	1	1	−1
Λ_3	2	−1	0

Z	E	C_4^2	iC_4^2	$iC_4^2\perp$
Z_1	1	1	1	1
Z_2	1	1	−1	−1
Z_3	1	−1	−1	1
Z_4	1	−1	1	−1

Γ, R	E	$3C_4^2$	$6C_4$	$6C_2$	$8C_3$	i	$3iC_4^2$	$6iC_4$	$6iC_2$	$8iC_3$
Γ_1	1	1	1	1	1	1	1	1	1	1
Γ_2	1	1	−1	−1	1	1	1	−1	−1	1
Γ_3	2	2	0	0	−1	2	2	0	0	−1
Γ_4	3	−1	−1	1	0	3	−1	−1	1	0
Γ_5	3	−1	1	−1	0	3	−1	1	−1	0
Γ_1'	1	1	1	1	1	−1	−1	−1	−1	−1
Γ_2'	1	1	−1	−1	1	−1	−1	1	1	−1
Γ_3'	2	2	0	0	−1	−2	−2	0	0	1
Γ_4'	3	−1	−1	1	0	−3	1	1	−1	0
Γ_5'	3	−1	1	−1	0	−3	1	−1	1	0

Δ, T	E	C_4^2	$2C_4$	$2iC_4$	$2iC_2$
Δ_1	1	1	1	1	1
Δ_1'	1	1	1	−1	−1
Δ_2	1	1	−1	1	−1
Δ_2'	1	1	−1	−1	1
Δ_5	2	−2	0	0	0

Σ, S	E	C_2	iC_4^2	iC_2
Σ_1	1	1	1	1
Σ_2	1	1	−1	−1
Σ_3	1	−1	−1	1
Σ_4	1	−1	1	−1

M X	E E	$2C_4^2$ $2C_4^2\perp$	$C_4^2\perp$ $C_4^2\parallel$	$2C_4\perp$ $2C_4\parallel$	$2C_2$ $2C_2$	i i	$2iC_4^2$ $2iC_4^2\perp$	$iC_4^2\perp$ $iC_4^2\parallel$	$2iC_4\perp$ $2iC_4\parallel$	$2iC_2$ $2iC_2$
M_1	1	1	1	1	1	1	1	1	1	1
M_2	1	1	1	−1	−1	1	1	1	−1	−1
M_3	1	−1	1	−1	1	1	−1	1	−1	1
M_4	1	−1	1	1	−1	1	−1	1	1	−1
M_5	2	0	−2	0	0	2	0	−2	0	0
M_1'	1	1	1	1	1	−1	−1	−1	−1	−1
M_2'	1	1	1	−1	−1	−1	−1	−1	1	1
M_3'	1	−1	1	−1	1	−1	1	−1	1	−1
M_4'	1	−1	1	1	−1	−1	1	−1	−1	1
M_5'	2	0	−2	0	0	−2	0	2	0	0

A n m e r k u n g. Die Drehung um eine Achse senkrecht zum Vektor k wird mit $C_\perp$ bezeichnet, die Drehung um eine Achse, die den Vektor k enthält, mit $C_\parallel$.

Will man die Normalschwingungen klassifizieren, so hat man die irreduziblen Darstellungen für diejenigen Gruppen der Wellenzahlvektoren zu bestimmen, nach denen sich die Normalkoordinaten transformieren. Zur Berechnung der Charaktere der reduziblen Darstellung, nach der sich die Normalkoordinaten zu einem bestimmten Wert des Wellenzahlvektors transformieren, benutzen wir die Formeln (9.8) und (9.9). Wir schreiben diese zweckmäßig in folgender Form:

$$\chi(g) = \begin{cases} (1 + 2\cos\varphi) \sum\limits_a e^{i(ka)}\, n_a & \text{für eine Drehung,} \\ -(1 + 2\cos\varphi) \sum\limits_a e^{i(ka)}\, n_a & \text{für eine Drehspiegelung.} \end{cases} \qquad (*)$$

Für Vektoren k innerhalb der BRILLOUINschen Zone können wir die Faktoren $e^{i(ka)}$ weglassen, weil in diesem Fall $(ka) = 0$ ist.

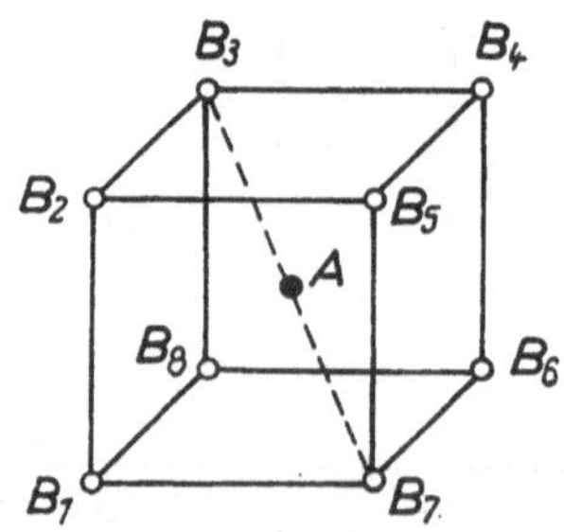

Abb. 22

Wir wählen das Symmetriezentrum im Gitterpunkt A (Abb. 22) und betrachten die Elementarzelle mit den Atomen A und B_1. Bei Symmetrietransformationen bleibt das Atom A immer auf seinem Platz, das Atom B_1 wird mit den Atomen B_2, $B_3, \ldots, B_8$ vertauscht. Die Vektoren $\boldsymbol{a}$ in der Formel ($*$) verbinden den Gitterpunkt B_1 mit den äquivalenten Gitterpunkten $B_2, B_3, \ldots, B_8$. Wir berechnen die Charaktere der Darstellung nach der Formel ($*$) und reduzieren diese Darstellung nach dem üblichen Verfahren aus; so erhalten wir folgendes Schema zur Klassifizierung der Normalschwingungen des betrachteten Kristalls:

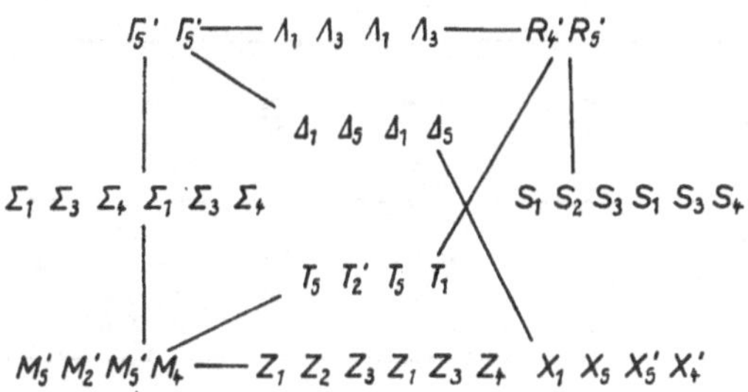

Wir machen auf folgenden Umstand aufmerksam: Geht man in der BRILLOUINschen Zone von einem Punkt höherer Symmetrie zu einem Punkt geringerer Symmetrie über (z. B. vom Punkt Γ zum Punkt Λ), so können die irreduziblen Darstellungen für den letzteren durch Ausreduzieren der Darstellungen für den ersten Punkt gewonnen werden.

Zum Beispiel sind $\Gamma_5' = \Lambda_1 + \Lambda_3$, $\Gamma_5' = \Sigma_1 + \Sigma_2 + \Sigma_3$ usw. Die hier gegebene Klassifizierung der Normalschwingungen stützt sich auf eine rein mechanische Betrachtung und ist nur für unpolare Kristalle richtig.

10.1. Nach einem ähnlichen Verfahren wie bei der Berechnung der Matrizen für die irreduziblen Darstellungen der Gruppe C_{nv} in Kapitel VI erhalten wir folgendes Ergebnis:

Matrizen für die irreduziblen Darstellungen der Gruppe $C_{\infty v}$

	A_1	A_2	E_m
Drehung um den Winkel φ	1	1	$\begin{pmatrix} e^{-im\varphi} & 0 \\ 0 & e^{im\varphi} \end{pmatrix}$
Spiegelung an einer Ebene, die die Achse enthält	1	-1	$\begin{pmatrix} 0 & 1 \\ 1 & 0 \end{pmatrix}$

18.1. Man benutzt das auf S. 175 erläuterte Verfahren und die Klassifizierung der Normalkoordinaten für dieses Molekül aus Kapitel VII. Das Transformationsgesetz für die Schwingungsfunktionen entnimmt man S. 146. Die Zwischen- und die Endergebnisse für den Fall a) sind in der folgenden Tabelle zusammengestellt:

	E	$3C_2$	$6C_4$	$6C_2$	$8C_3$	i	$3iC_2$	$6iC_4$	$6iC_2$	$8iC_3$	statist. Gewichte
a_i	$\alpha_1 = 7$	$\alpha_1 = 3$ $\alpha_2 = 2$	$\alpha_1 = 3$ $\alpha_4 = 1$	$\alpha_1 = 1$ $\alpha_2 = 3$	$\alpha_1 = 1$ $\alpha_3 = 2$	$\alpha_1 = 1$ $\alpha_2 = 3$	$\alpha_1 = 5$ $\alpha_2 = 1$	$\alpha_1 = 1$ $\alpha_2 = 1$ $\alpha_4 = 1$	$\alpha_1 = 3$ $\alpha_2 = 2$	$\alpha_1 = 1$ $\alpha_6 = 1$	
$\sum_i a_i$	7	5	4	4	3	4	6	3	5	2	
Parität	g	g	n	n	g	n	n	g	g	n	
$\Gamma^{(2)'} = \gamma_A$	1	1	−1	−1	1	−1	−1	1	1	−1	
$\chi = 2^{\Sigma a_i}$	128	32	16	16	8	16	64	8	32	4	
$\Gamma^{(1)}$	1	1	1	1	1	1	1	1	1	1	2
$\Gamma^{(3)}$	2	2	0	0	−1	2	2	0	0	−1	0
$\Gamma^{(4)}$	3	−1	−1	1	0	−3	−1	−1	1	0	12
$\Gamma^{(4)'}$	3	−1	−1	1	0	3	1	1	−1	0	0
$\Gamma^{(5)'}$	3	−1	1	−1	0	3	1	−1	1	0	6

18.2. Wir betrachten den Tensor n-ter Stufe in kanonischer Basis, d. h. als 1-Tensor. Jeder der n Indizes des 1-Tensors nimmt die drei Werte 1, 0, -1 an. Wir suchen zunächst die Zahl δ_m der Komponenten desjenigen symmetrischen Tensors n-ter Stufe, für den die Summe der Indizes gleich m ist. Die Vielfachheit r_L der irreduziblen Darstellung $D^{(L)}$ in der betrachteten Tensordarstellung wird durch die Formel gegeben:

$$r_L = \delta_L - \delta_{L+1}.$$

Mit α_1, α_0, α_{-1} bezeichnen wir für eine bestimmte Komponente die Zahl der Tensorindizes, die gleich 1, 0 bzw. -1 sind ($\alpha_1 + \alpha_0 + \alpha_{-1} = n$). Offensichtlich ist $m = \alpha_1 - \alpha_{-1}$. Wir gelangen daher zu der Ungleichung

$$m \leqq \alpha_1 + \alpha_{-1} \leqq n.$$

Das rechte Gleichheitszeichen gilt nur dann, wenn die Zahlen m und n beide gerade oder beide ungerade sind. Daraus folgt $\delta_m = n - m + 1$, wenn m und n beide gerade oder beide ungerade sind, und $\delta_m = n - m$, wenn von den Zahlen m und n eine gerade und eine ungerade ist. Als Resultat erhalten wir $r_L = (n - L + 1) - (n - L) = 1$, wenn L und n beide gerade oder beide ungerade sind; $r_L = (n - L) - (n - L) = 0$, wenn von L und n eine Zahl gerade und die andere ungerade ist. In beiden Fällen ist natürlich $L \leqq n$.

18.3. Man benutzt das auf S. 146 erläuterte Verfahren und das Ergebnis der Aufgabe 18.2.

22.1. Wir betrachten zwei Bezugssysteme, die sich gegeneinander mit der konstanten Geschwindigkeit V bewegen, und suchen die LORENTZ-Transformation, die die räumlichen Koordinaten und die Zeit in diesen Systemen miteinander verknüpft. Sehen wir uns die LORENTZ-Transformation g_{03} an, die einer Bewegung in z-Richtung entspricht. Offensichtlich kann die LORENTZ-Transformation zu einer Bewegung mit der Geschwindigkeit v in der Form $u g_{03}(\psi) u^{-1}$ dargestellt werden, wenn die Transformation u die z-Achse in die Richtung der Geschwindigkeit v dreht. Die Transformation u^{-1} kann in der Gestalt $g_{12}(\varphi) g_{23}(\theta)$ geschrieben werden, θ ist dabei der Winkel zwischen der z-Achse und der Geschwindigkeit v. Da die räumlichen Achsen der beiden Systeme beliebig orientiert werden können, erfolgt der Übergang zwischen den betrachteten Bezugssystemen endgültig mit Hilfe der Transformation

$$\Lambda = u' u g_{03}(\psi) u^{-1} = u'' g_{03}(\psi) u^{-1}.$$

Die willkürliche Drehung u'' kann in der Form

$$u'' = g_{12}(\varphi_2'')\, g_{23}(\theta'')\, g_{12}(\varphi)''$$

dargestellt werden, und wir erhalten endgültig

$$\Lambda = g_{12}(\varphi_2'') g_{23}(\theta'') b_{12}(\varphi_1'') g_{03}(\psi) g_{12}(\varphi) g_{23}(\theta).$$

22.3. Wir betrachten die erzeugenden Matrizen für diejenigen irreduziblen Darstellungen $D^{(l_1 l_2)}$ der LORENTZ-Gruppe, die den dreidimensionalen Drehungen entsprechen. Nach Formel (22.33) haben sie die Gestalt

$$B_i^+ = (M_i \times E_T + E_M \times T_i),$$

d. h., sie sind gleich den Erzeugenden für das direkte Produkt $D^{(l_1)} \times D^{(l_2)}$ zweier irreduzibler Darstellungen der Drehgruppe. Nach der CLEBSCH-GORDAN-Regel erhalten wir auf diese Weise folgende Zerlegung für die irreduzible Darstellung $D^{(l_1 l_2)}$:

$$D^{(l_1 l_2)} = D^{(l^1 + l_2)} \oplus D^{(l_1 + l_2 - 1)} \oplus \cdots \oplus D^{(|l_1 - l_2|)}.$$

ANHANG ZU KAPITEL VII

Matrizen für die irreduziblen Darstellungen der Gruppe O

	E	$C_2^{(x)}$	$C_2^{(y)}$	$C_2^{(z)}$	$C_4^{(x)}$	$C_4^{(y)}$	$C_4^{(z)}$	$(C_4^{(x)})^3$
$\Gamma^{(1)}$	1	1	1	1	1	1	1	1
$\Gamma^{(2)}$	1	1	1	1	-1	-1	-1	-1
$\Gamma^{(3)}$ x^2-y^2 $3z^2-r^2$	$\begin{pmatrix}1&0\\0&1\end{pmatrix}$	$\begin{pmatrix}1&0\\0&1\end{pmatrix}$	$\begin{pmatrix}1&0\\0&1\end{pmatrix}$	$\begin{pmatrix}1&0\\0&1\end{pmatrix}$	$\begin{pmatrix}-1&0\\0&1\end{pmatrix}$	$\begin{pmatrix}\frac{1}{2}&\frac{\sqrt{3}}{2}\\\frac{\sqrt{3}}{2}&-\frac{1}{2}\end{pmatrix}$	$\begin{pmatrix}\frac{1}{2}&-\frac{\sqrt{3}}{2}\\-\frac{\sqrt{3}}{2}&-\frac{1}{2}\end{pmatrix}$	$\begin{pmatrix}-1&0\\0&1\end{pmatrix}$
$\Gamma^{(4)}$	$\begin{pmatrix}1&0&0\\0&1&0\\0&0&1\end{pmatrix}$	$\begin{pmatrix}1&0&0\\0&-1&0\\0&0&-1\end{pmatrix}$	$\begin{pmatrix}-1&0&0\\0&1&0\\0&0&-1\end{pmatrix}$	$\begin{pmatrix}-1&0&0\\0&-1&0\\0&0&1\end{pmatrix}$	$\begin{pmatrix}-1&0&0\\0&0&1\\0&-1&0\end{pmatrix}$	$\begin{pmatrix}0&0&-1\\0&-1&0\\1&0&0\end{pmatrix}$	$\begin{pmatrix}0&1&0\\-1&0&0\\0&0&-1\end{pmatrix}$	$\begin{pmatrix}-1&0&0\\0&0&-1\\0&1&0\end{pmatrix}$
$\Gamma^{(5)}$ x, y, z	$\begin{pmatrix}1&0&0\\0&1&0\\0&0&1\end{pmatrix}$	$\begin{pmatrix}1&0&0\\0&-1&0\\0&0&-1\end{pmatrix}$	$\begin{pmatrix}-1&0&0\\0&1&0\\0&0&-1\end{pmatrix}$	$\begin{pmatrix}-1&0&0\\0&-1&0\\0&0&1\end{pmatrix}$	$\begin{pmatrix}1&0&0\\0&0&-1\\0&1&0\end{pmatrix}$	$\begin{pmatrix}0&0&1\\0&1&0\\-1&0&0\end{pmatrix}$	$\begin{pmatrix}0&-1&0\\1&0&0\\0&0&1\end{pmatrix}$	$\begin{pmatrix}1&0&0\\0&0&1\\0&-1&0\end{pmatrix}$

Bezeichnung: $C_k^{(a)}$ ist die k-zählige Achse durch den Punkt $\boldsymbol{a}$ (Abb. 23 auf S. 238).

	$C_3^{(a)}$	$C_3^{(b)}$	$C_3^{(c)}$	$C_3^{(d)}$	$(C_3^{(a)})^2$	$(C_3^{(b)})^2$	$(C_3^{(c)})^2$	$(C_3^{(d)})^2$
$\Gamma^{(1)}$	1	1	1	1	1	1	1	1
$\Gamma^{(2)}$	1	1	1	1	1	1	1	1
$\Gamma^{(3)}$ x^2-y^2 $3z^2-r^2$	$\begin{pmatrix} -\frac{1}{2} & \frac{\sqrt{3}}{2} \\ -\frac{\sqrt{3}}{2} & -\frac{1}{2} \end{pmatrix}$	$\begin{pmatrix} -\frac{1}{2} & -\frac{\sqrt{3}}{2} \\ \frac{\sqrt{3}}{2} & -\frac{1}{2} \end{pmatrix}$	$\begin{pmatrix} -\frac{1}{2} & \frac{\sqrt{3}}{2} \\ -\frac{\sqrt{3}}{2} & -\frac{1}{2} \end{pmatrix}$	$\begin{pmatrix} -\frac{1}{2} & -\frac{\sqrt{3}}{2} \\ \frac{\sqrt{3}}{2} & -\frac{1}{2} \end{pmatrix}$	$\begin{pmatrix} -\frac{1}{2} & -\frac{\sqrt{3}}{2} \\ \frac{\sqrt{3}}{2} & -\frac{1}{2} \end{pmatrix}$	$\begin{pmatrix} -\frac{1}{2} & \frac{\sqrt{3}}{2} \\ -\frac{\sqrt{3}}{2} & -\frac{1}{2} \end{pmatrix}$	$\begin{pmatrix} -\frac{1}{2} & -\frac{\sqrt{3}}{2} \\ \frac{\sqrt{3}}{2} & -\frac{1}{2} \end{pmatrix}$	$\begin{pmatrix} -\frac{1}{2} & \frac{\sqrt{3}}{2} \\ -\frac{\sqrt{3}}{2} & -\frac{1}{2} \end{pmatrix}$
$\Gamma^{(4)}$	$\begin{pmatrix} 0 & 0 & -1 \\ 1 & 0 & 0 \\ 0 & -1 & 0 \end{pmatrix}$	$\begin{pmatrix} 0 & -1 & 0 \\ 0 & 0 & -1 \\ 1 & 0 & 0 \end{pmatrix}$	$\begin{pmatrix} 0 & 0 & 1 \\ 1 & 0 & 0 \\ 0 & 1 & 0 \end{pmatrix}$	$\begin{pmatrix} 0 & -1 & 0 \\ 0 & 0 & 1 \\ -1 & 0 & 0 \end{pmatrix}$	$\begin{pmatrix} 0 & 1 & 0 \\ 0 & 0 & -1 \\ -1 & 0 & 0 \end{pmatrix}$	$\begin{pmatrix} 0 & 0 & 1 \\ -1 & 0 & 0 \\ 0 & -1 & 0 \end{pmatrix}$	$\begin{pmatrix} 0 & 1 & 0 \\ 0 & 0 & 1 \\ 1 & 0 & 0 \end{pmatrix}$	$\begin{pmatrix} 0 & 0 & -1 \\ -1 & 0 & 0 \\ 0 & 1 & 0 \end{pmatrix}$
$\Gamma^{(5)}$ x, y, z	$\begin{pmatrix} 0 & 0 & -1 \\ 1 & 0 & 0 \\ 0 & -1 & 0 \end{pmatrix}$	$\begin{pmatrix} 0 & -1 & 0 \\ 0 & 0 & -1 \\ 1 & 0 & 0 \end{pmatrix}$	$\begin{pmatrix} 0 & 0 & 1 \\ 1 & 0 & 0 \\ 0 & 1 & 0 \end{pmatrix}$	$\begin{pmatrix} 0 & -1 & 0 \\ 0 & 0 & 1 \\ -1 & 0 & 0 \end{pmatrix}$	$\begin{pmatrix} 0 & 1 & 0 \\ 0 & 0 & -1 \\ -1 & 0 & 0 \end{pmatrix}$	$\begin{pmatrix} 0 & 0 & 1 \\ -1 & 0 & 0 \\ 0 & -1 & 0 \end{pmatrix}$	$\begin{pmatrix} 0 & 1 & 0 \\ 0 & 0 & 1 \\ 1 & 0 & 0 \end{pmatrix}$	$\begin{pmatrix} 0 & 0 & -1 \\ -1 & 0 & 0 \\ 0 & 1 & 0 \end{pmatrix}$

	$(C_4^{(y)})^3$	$(C_4^{(z)})^3$	$C_2^{(1)}$	$C_2^{(2)}$	$C_2^{(3)}$	$C_2^{(4)}$	$C_2^{(5)}$	$C_2^{(6)}$
$\Gamma^{(1)}$	1	1	1	1	1	1	1	1
$\Gamma^{(2)}$	−1	−1	−1	−1	−1	−1	−1	−1
$\Gamma^{(3)}$ x^2-y^2 $3z^2-r^2$	$\begin{pmatrix} \frac{1}{2} & \frac{\sqrt{3}}{2} \\ \frac{\sqrt{3}}{2} & -\frac{1}{2} \end{pmatrix}$	$\begin{pmatrix} \frac{1}{2} & -\frac{\sqrt{3}}{2} \\ -\frac{\sqrt{3}}{2} & -\frac{1}{2} \end{pmatrix}$	$\begin{pmatrix} \frac{1}{2} & -\frac{\sqrt{3}}{2} \\ -\frac{\sqrt{3}}{2} & -\frac{1}{2} \end{pmatrix}$	$\begin{pmatrix} \frac{1}{2} & -\frac{\sqrt{3}}{2} \\ -\frac{\sqrt{3}}{2} & -\frac{1}{2} \end{pmatrix}$	$\begin{pmatrix} \frac{1}{2} & \frac{\sqrt{3}}{2} \\ \frac{\sqrt{3}}{2} & -\frac{1}{2} \end{pmatrix}$	$\begin{pmatrix} \frac{1}{2} & \frac{\sqrt{3}}{2} \\ \frac{\sqrt{3}}{2} & -\frac{1}{2} \end{pmatrix}$	$\begin{pmatrix} -1 & 0 \\ 0 & 1 \end{pmatrix}$	$\begin{pmatrix} -1 & 0 \\ 0 & 1 \end{pmatrix}$
$\Gamma^{(4)}$	$\begin{pmatrix} 0 & 0 & 1 \\ 0 & -1 & 0 \\ -1 & 0 & 0 \end{pmatrix}$	$\begin{pmatrix} 0 & -1 & 0 \\ 1 & 0 & 0 \\ 0 & 0 & -1 \end{pmatrix}$	$\begin{pmatrix} 0 & 1 & 0 \\ 1 & 0 & 0 \\ 0 & 0 & 1 \end{pmatrix}$	$\begin{pmatrix} 0 & -1 & 0 \\ -1 & 0 & 0 \\ 0 & 0 & 1 \end{pmatrix}$	$\begin{pmatrix} 0 & 0 & 1 \\ 0 & 1 & 0 \\ 1 & 0 & 0 \end{pmatrix}$	$\begin{pmatrix} 0 & 0 & -1 \\ 0 & 1 & 0 \\ -1 & 0 & 0 \end{pmatrix}$	$\begin{pmatrix} 1 & 0 & 0 \\ 0 & 0 & 1 \\ 0 & 1 & 0 \end{pmatrix}$	$\begin{pmatrix} 1 & 0 & 0 \\ 0 & 0 & -1 \\ 0 & -1 & 0 \end{pmatrix}$
$\Gamma^{(5)}$ x, y, z	$\begin{pmatrix} 0 & 0 & -1 \\ 0 & 1 & 0 \\ 1 & 0 & 0 \end{pmatrix}$	$\begin{pmatrix} 0 & 1 & 0 \\ -1 & 0 & 0 \\ 0 & 0 & 1 \end{pmatrix}$	$\begin{pmatrix} 0 & -1 & 0 \\ -1 & 0 & 0 \\ 0 & 0 & -1 \end{pmatrix}$	$\begin{pmatrix} 0 & 1 & 0 \\ 1 & 0 & 0 \\ 0 & 0 & -1 \end{pmatrix}$	$\begin{pmatrix} 0 & 0 & -1 \\ 0 & -1 & 0 \\ -1 & 0 & 0 \end{pmatrix}$	$\begin{pmatrix} 0 & 0 & 1 \\ 0 & -1 & 0 \\ 1 & 0 & 0 \end{pmatrix}$	$\begin{pmatrix} -1 & 0 & 0 \\ 0 & 0 & -1 \\ 0 & -1 & 0 \end{pmatrix}$	$\begin{pmatrix} -1 & 0 & 0 \\ 0 & 0 & 1 \\ 0 & 1 & 0 \end{pmatrix}$

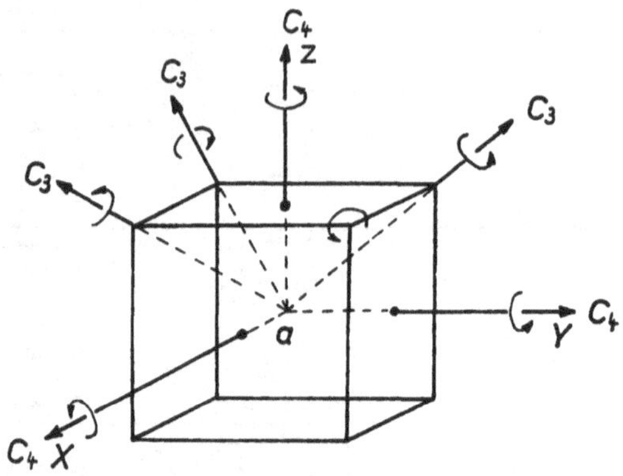

Abb. 23

Verzeichnis der im Vorwort zitierten Literatur

[1] Wigner, E. P., Gruppentheorie und ihre Anwendungen auf die Quantenmechanik der Atomspektren. Braunschweig 1931.

[2] Waerden, B. L. van der, Die gruppentheoretische Methode in der Quantenmechanik. Berlin 1932.

[3] Weyl, H., Gruppentheorie und Quantenmechanik. 1931.

[4] Ljubarski, G. J., Anwendungen der Gruppentheorie in der Physik. Berlin 1962.

[5] Heine, V., Group Theory in Quantum Mechanics. London 1960.

[6] Gelfand, I. M., Minlos, R. A., und Shapiro, S. Ya., Representations of the Rotation and Lorentz Groups. New York 1963.

[7] Murbaghan, F. D., The Theory of Group Representations. Baltimore 1938.

[8] Boerner, H., Darstellungen von Gruppen. Berlin 1955.

[9] Lomont, J. S., Applications of Finite Groups. New York 1959.

[10] Hameresh, M., Group Theory and its Application to Physical Problems. Reading/Mars. 1964.

[11] McWeeny., Symmetry. London 1963.

SACHVERZEICHNIS

FSC
www.fsc.org
MIX
Papier | Fördert
gute Waldnutzung
FSC® C083411

Zeitfracht Medien GmbH
Ferdinand-Jühlke-Straße 7
99095 Erfurt, Deutschland
produktsicherheit@kolibri360.de